Franz-Josef-Land
Kap Tscheljuskin
Nowaja Semlja
Barents-see
Karasee
Taimyrhalbinsel
Laptewsee
Ostsibirische See
Werchojansk
Werchojansker Gebirge
Lena
Kola
Salechard
Ural
Ob
Sibirien
Jenissej
Bering-meer
Alëuten
Kamtschatka
Ochotskisches Meer
Stanowoigebirge
Jablonowygebirge
Ladogasee
Moskau
Wolga
Irtysch
Nowosibirsk
Baikalsee
Amur
Altai
Kaspische Senke
ASIEN
Gobi
Mandschurei
Japanisches Meer (Ostmeer)
Pazifischer
Honshu
Tokio
Schwarzes Meer
Kaukasus
5642
Elbrus
Kaspisches Meer
Turan
Tian Shan
Tarim-becken
Peking
Huang He
Korea
Ostchinesisches Meer
Hindukusch
Kunlun Shan
Hochland von Tibet
Himalaya
10554
Mesopotamien
Hochland von Iran
Mt. Everest
8848
Delhi
Indus
Jangtsekiang
Kairo
Nil
Arabien
Thar
Ganges
Südchinesisches Bergland
Guangzhou
Rotes Meer
Große Arabische Wüste
Indien
Mumbai
Arabisches Meer
Golf von Bengalen
Marianen
Ozean
Bangkok
Mekong
Philippinen
Südchinesisches Meer
Ras Daschan
4533
Andamanen
11034
Kap Guardafui
Hochland von Äthiopien
Nikobaren
Kap Komorin
Sri Lanka
10540
Mikronesien
Karolinen
Malediven
Malaiischer
Borneo
Melanesien
Mount Kenia
5199
Victoriasee
5895
Kilimandscharo
Sumatra
Archipel
Neuguinea
Daressalam
Seychellen
Tschagos-Inseln
Indischer
Java
Komoren
7450
Kap York
Salomon-Inseln
Sambesi
Str. v. Mosambik
Kokosinseln
Darwin
Great Barrier Reef
Korallen-see
Madagaskar
Maskarenen
Große Sandwüste
Neukaledonien
AUSTRALIEN
Australisches Bergland
Ozean
Große Victoriawüste
Australisches Tiefland
Perth
Darling
Große Australische Bucht
Sydney
Tasman-see
Mt. Kosciuszko
2230
St-Paul
Tasmanien
Neuseeland
Kerguelen
Chatham-Inseln
Auckland-Inseln
Südpolarmeer
RKTIKA

westermann

Diercke

Geographie 3

Gymnasium / Hamburg

Moderator:
Ulrich Brameier

Autorinnen und Autoren:
Ulrich Brameier
Philipp Rothermel
Carolin Venne
Gratia Wohlgemuth
Melanie Ziob

unter Mitwirkung der Verlagsredaktion

Beraterin
Nina Scholten

Titelbild: Yellowstone Nationalpark, USA, |Alamy Stock Photo (RMB), Abingdon/Oxfordshire: lucky-photographer Titel.

Druck A[3] / Jahr 2024
Alle Drucke der Serie A sind im Unterricht parallel verwendbar.

Redaktion: Lektoratsbüro Eck, Berlin
Druck und Bindung: Westermann Druck Zwickau GmbH, Crimmitschauer Straße 43, 08058 Zwickau

ISBN 978-3-14-**144136**-9

Inhalt

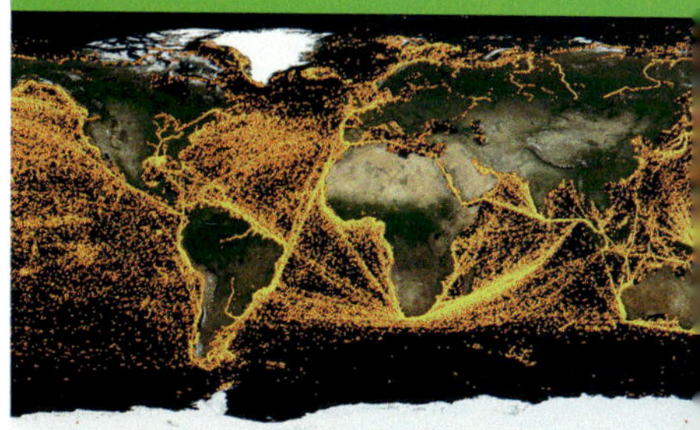

Welternährung 106

Endogene und exogene Kräfte prägen die Erdoberfläche 126

Nachhaltiges Handeln 162

Diercke-Links, Weblinks, QR-Codes

100800-251-05
schueler.diercke.de

Durch Eingabe des Karten-Codes auf der Internetseite diercke.westermann.de gelangst du auf die passende Seite im Diercke Weltatlas (2015). Dort erhältst du Hinweise zu ergänzenden Atlaskarten sowie weiterführenden Materialien.

Web-Code: WES-144136-181

Internetlinks, Aufgabenlinks und Zusatzmaterialien kannst du mithilfe eines QR-Code-Readers herunterladen oder du kannst einen Webcode auf der Internetseite www.westermann.de/webcode eingeben.

Unsere Welt – ungleiche wirtschafliche Entwicklung

Mali: Familie Natomo auf dem Dach ihres Lehmziegelhauses in Kouakourou. Gekocht wird auf einem Holzfeuer. Die Lebensmittel werden durch das Trocknen an der Luft haltbar gemacht. Wöchentliche Ausgaben für Nahrung: 21,30 Euro.

USA: Familie Revis in der Küche ihres Hauses in einer Vorstadt von Raleigh (North Carolina). Gekocht, gebacken und gegrillt wird auf einem Elektroherd, in einem Minibackofen, einer Mikrowelle und draußen auf einem BBQ-Grill. Zur Aufbewahrung von Lebensmitteln gibt es eine Kühltruhe. Wöchentliche Ausgaben für Nahrung: 275,60 Euro.

Philippinen: Familie Cabana im Wohnzimmer ihres 19 m² großen Appartements in Manila. Gekocht wird auf einem Gasherd. Es gibt keine Möglichkeit, Lebensmittel haltbar zu machen. Wöchentliche Ausgaben für Nahrung: 39,80 Euro.

Ecuador: Familie Ayme in der Küche ihres Hauses in Tingo. Gekocht wird auf einem Holzfeuer. Die Lebensmittel werden durch das Trocknen an der Luft haltbar gemacht. Wöchentliche Ausgaben für Nahrung: 25,40 Euro.

Erinnert euch – wirtschaftliche Entwicklung

Bevor du Neues erfährst, solltest du dich vergewissern, dass du dich an Wichtiges aus deinem bisherigen Geographieunterricht noch erinnerst, damit du dieses Wissen im Folgenden anwenden kannst.

Entwicklungsunterschiede

Alle Menschen der Erde haben eines gemeinsam – das sind ihre **Grundbedürfnisse**. Diese sind für ein erfülltes und menschenwürdiges Leben unabdingbar. Für jeden Menschen müssen die Voraussetzungen erfüllt sein, damit er seine Grundbedürfnisse befriedigen kann.

In den einzelnen Ländern der Erde sind diese Voraussetzungen in sehr unterschiedlicher Weise gegeben. Im Allgemeinen sind die Bedingungen für die Befriedigung der Grundbedürfnisse in einkommensstarken Ländern eher gewährleistet als in einkommensschwachen. Aber es spielen dafür noch eine Reihe anderer Faktoren eine Rolle.

Um den Entwicklungsstand eines Landes zu bestimmen, werden auch soziale Merkmale wie die Gesundheitsversorgung und der Bildungsstand untersucht. Die politische Situation und die Art der Regierungsführung sind ebenfalls wichtig, um die Lebensbedingungen in einem Land einzuschätzen.

Wirtschaftliche Merkmale

Ein wichtiges Kennzeichen für die Entwicklung eines Landes ist dessen Wirtschaftskraft. Die Wirtschaftskraft wird mithilfe des Bruttoinlandsprodukts (BIP) gemessen. Das BIP gibt den Gesamtwert aller produzierten Güter, z. B. Maschinen und Dienstleistungen (z. B. einen Friseurbesuch) an, den die Einwohner eines Landes in einem Jahr erwirtschaftet haben. Um die Wirtschaftsleistung einzelner Länder vergleichen zu können, wird das BIP in einer einheitlichen Währung (US-$) angegeben und durch die Einwohnerzahl des Landes geteilt. So wird das BIP pro Kopf, d. h. pro einzelnem Einwohner, errechnet. Unterschiede im BIP/Kopf weisen auf unterschiedlichen Wohlstand hin.

Im Vergleich zum BIP gibt das Bruttonationaleinkommen (BNE) den Wert aller Produkte und Dienstleistungen an, die während eines Jahres von den Bürgern und Firmen eines Landes im In- und Ausland erbracht wurden.

Trinkwasser

Kleidung

Wohnen

Arbeit

politische Teilhabe

medizinische Versorgung

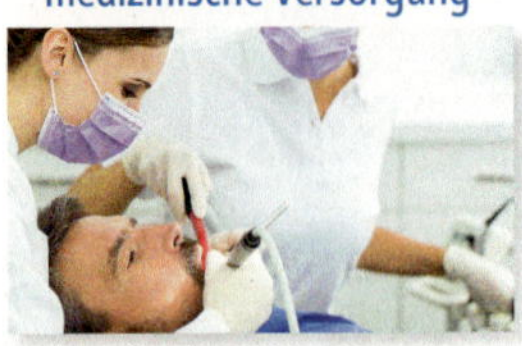

Bildung

Nahrung

M1 Grundbedürfnisse des Menschen

	Land	BIP/Kopf		Land	BIP/Kopf
1	Luxemburg	115839	7	USA	65254
2	Schweiz	82484	18	Deutschland	46473
3	Irland	80504	69	China	10522
4	Macau	79251	193	Burundi	270
5	Norwegen	75294		Weltdurchschnitt	10900
6	Island	67857			

M2 Liste der Länder nach BIP/Kopf in US-$ (Auswahl, Stand 10/2020)

Entwicklungsländer
In einem Entwicklungsland sind die Grundbedürfnisse vieler Menschen nicht befriedigt und das **BIP/Kopf** ist niedrig. Viele Menschen leben unterhalb der **Armutsgrenze**. Entwicklungsländer haben einen hohen Anteil des **primären Sektors** am **Bruttoinlandsprodukt** (BIP). Die wirtschaftliche Entwicklung ist noch nicht weit vorangeschritten. Es mangelt an ausreichendem Zugang zu sauberem Trinkwasser und sanitären Einrichtungen. Oftmals ist die Kindersterblichkeit sehr hoch und die Gesundheitsversorgung mangelhaft. Es gibt nur wenige Ärzte pro Einwohner. Deshalb ist auch die Lebenserwartung vergleichsweise gering.
Viele Menschen in Entwicklungsländern leiden Hunger. Die Analphabetenrate ist sehr hoch. In Entwicklungsländern gibt es oft große Ungleichheiten (Disparitäten) innerhalb der Städte sowie zwischen Stadt und Land.

Schwellenländer
In Schwellenländern ist die wirtschaftliche Entwicklung verhältnismäßig weit vorangeschritten. Diese Länder haben ein hohes BIP. Typisch für Schwellenländer ist eine Ausweitung des **sekundären Sektors** und des Exports. Die gesellschaftliche und soziale Entwicklung kann oft mit dem rasanten Wirtschaftswachstum nicht Schritt halten. Daher ist die Versorgung der Menschen in Schwellenländern mit Sozialleistungen wie Schulbildung und Gesundheitsversorgung oft noch nicht auf dem Niveau von Industrieländern. Das heißt zum Beispiel, dass die Zahl der Ärzte nicht ausreicht und die Analphabetenrate noch relativ hoch ist. Die Lebenserwartung steigt in Schwellenländern langsam an. Oft gibt es weiterhin große Disparitäten zwischen dem ländlichen und dem städtischen Raum und auch innerhalb von Städten.

Industrieländer
In Industrieländern sind die Grundbedürfnisse der meisten Menschen befriedigt. Diese Länder haben ein hohes BIP. Die wirtschaftliche Entwicklung ist weit vorangeschritten. Ein hoher Anteil der Beschäftigten arbeitet im sekundären und **tertiären Sektor**. Industrieländer verfügen über eine gute Gesundheitsversorgung, das heißt, die Anzahl der Ärzte pro Einwohner und die Lebenserwartung sind hoch. Aufgrund eines gut ausgebauten Bildungssystems ist die Analphabetenrate niedrig. Ein weiteres Merkmal ist eine oft gut ausgebaute Verkehrsinfrastruktur.
Trotzdem gibt es auch in Industrieländern besonders zwischen dem ländlichen und städtischen Raum Unterschiede, beispielsweise bei der Versorgung mit Sozialleistungen. Auch innerhalb großer Städte gibt es Disparitäten.

M3 Ländergruppen im Vergleich

Unsere Welt

INFO

Umstrittene Begriffe
In der Vergangenheit wurde mit dem Begriff „Entwicklungsland“ zumeist ein Land mit geringer Industrialisierung beschrieben, in dem die Mehrheit der Einwohner einen relativ niedrigen Lebensstandard hat. Die Verwendung dieses Begriffes wird zunehmend kritisiert, weil er einen Entwicklungsprozess nahelegt, der nicht stattfindet. Zudem weist er auf etwas hin, was es nicht gibt: einen „richtigen“ Entwicklungspfad für eine nachholende Entwicklung.
Die UN prägten den Begriff Least Developed Countries (LDC). Dabei handelt es sich um die am wenigsten entwickelten Länder. Gebräuchlich sind heute auch die Begriffe Globaler Süden als Sammelbegriff für die sogenannten Entwicklungs- und Schwellenländer sowie Globaler Norden als Bezeichnung der sogenannten Industrieländer. Die Bezeichnung Nord/Süd versteht sich in diesem Zusammenhang als neutraler Begriff.

1. Vergleiche die Fotos auf den Seiten 6/7. Was sagen sie aus über die Lebensverhältnisse (z.B. Familie, Wohnung, Art der Ernährung)?
2. Fasse zusammen, woran Entwicklungsunterschiede deutlich werden (M2, M3).
3. Erkläre, inwieweit die Kategorisierung von Ländern nach ihrem Entwicklungsstand hilfreich oder irreführend ist (Info).
4. Erkläutere, inwieweit das BIP/Kopf geeignet ist, Entwicklungsunterschiede zu beschreiben.
5. a) Benenne Grundbedürfnisse, die für dich besonders wichtig sind.
b) Erkläre, warum zwischen Defizit- und Wachstumsbedürfnissen unterschieden wird (QR-Code).

100800-274 schueler.diercke.de
100800-275 schueler.diercke.de

Web-Code: WES-144136-009

Eine Erde – verschiedene Welten

Bis heute gehen die Meinungen darüber auseinander, welche Kriterien für den Entwicklungsstand eines Landes ausschlaggebend sind und wie man diese messen kann. Welche Rückschlüsse kann man aufgrund verschiedener Indikatoren auf den Entwicklungsstand ziehen und wie aussagekräftig sind die Indikatoren?

Ungleiche Entwicklungsstände von Räumen

Häufig wird die Entwicklung eines Landes nur auf rein wirtschaftliche Faktoren reduziert. Dabei werden anhand bestimmter ökonomischer Indikatoren Entwicklungsstände miteinander verglichen. Ein solcher Indikator ist das Bruttoinlandsprodukt (BIP). Eine rein ökonomische Betrachtung von Ländern reicht allerdings nicht aus, um einen differenzierteren Blick auf Entwicklungsstände zu erlangen. Daher werden auch soziale Indikatoren herangezogen.

Seit 1990 geben die UN einen „Bericht über die menschliche Entwicklung“ heraus, in dem mit dem **Human Development Index (HDI)** wichtige Indikatoren zur sozialen Entwicklung behandelt werden. Errechnet wird der HDI aus drei Faktoren: der Lebenserwartung bei der Geburt, der Alphabetisierungsrate bei den über 15-Jährigen und der Einschulungsquote sowie der realen Kaufkraft pro Kopf. Damit stellt der HDI einen generalisierten Maßstab zur Berechnung der Lebensverhältnisse eines Landes dar. Der HDI liegt zwischen den Werten 0 (gar nicht entwickelt) und 1 (hoch entwickelt).

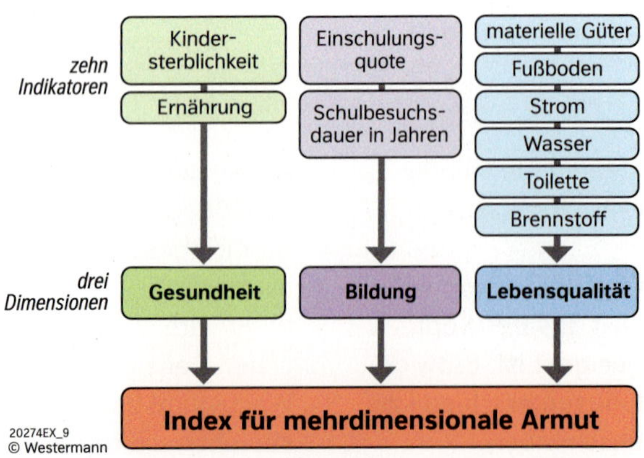

M1 Multidimensional Poverty Index (MPI)

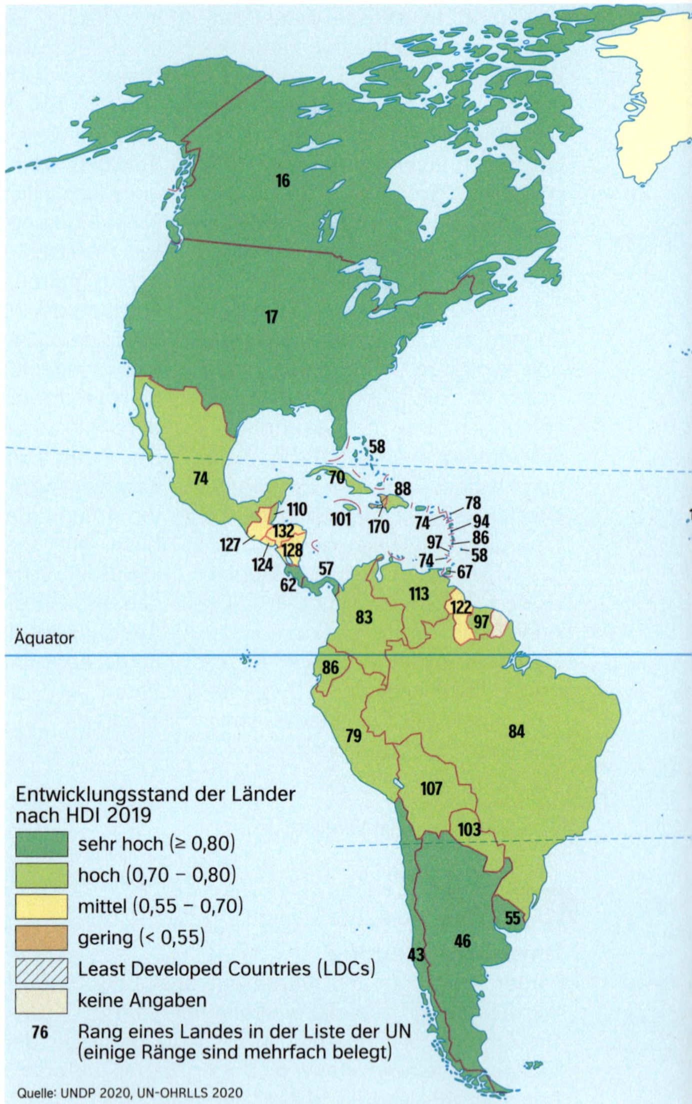

M2 Entwicklungsstand der Länder der Erde nach dem HDI

INFO

Kritik am HDI

Der HDI berücksichtigt weder ökologische Faktoren wie den Umweltschutz noch die politische Stabilität eines Landes. Weitere Kritikpunkte beziehen sich darauf, dass auch der Grad der Ungleichheit in der Einkommensverteilung sowie soziale Ungleichheiten wie die Gleichstellung der Frau nicht zur Berechnung des Index herangezogen werden. Der Index lässt also keine Rückschlüsse auf Disparitäten innerhalb der Gesellschaft oder die Menschenrechtssituation innerhalb eines Landes zu.

Seit der Einführung des HDI wird auch über die Gewichtung der einzelnen Indikatoren diskutiert.

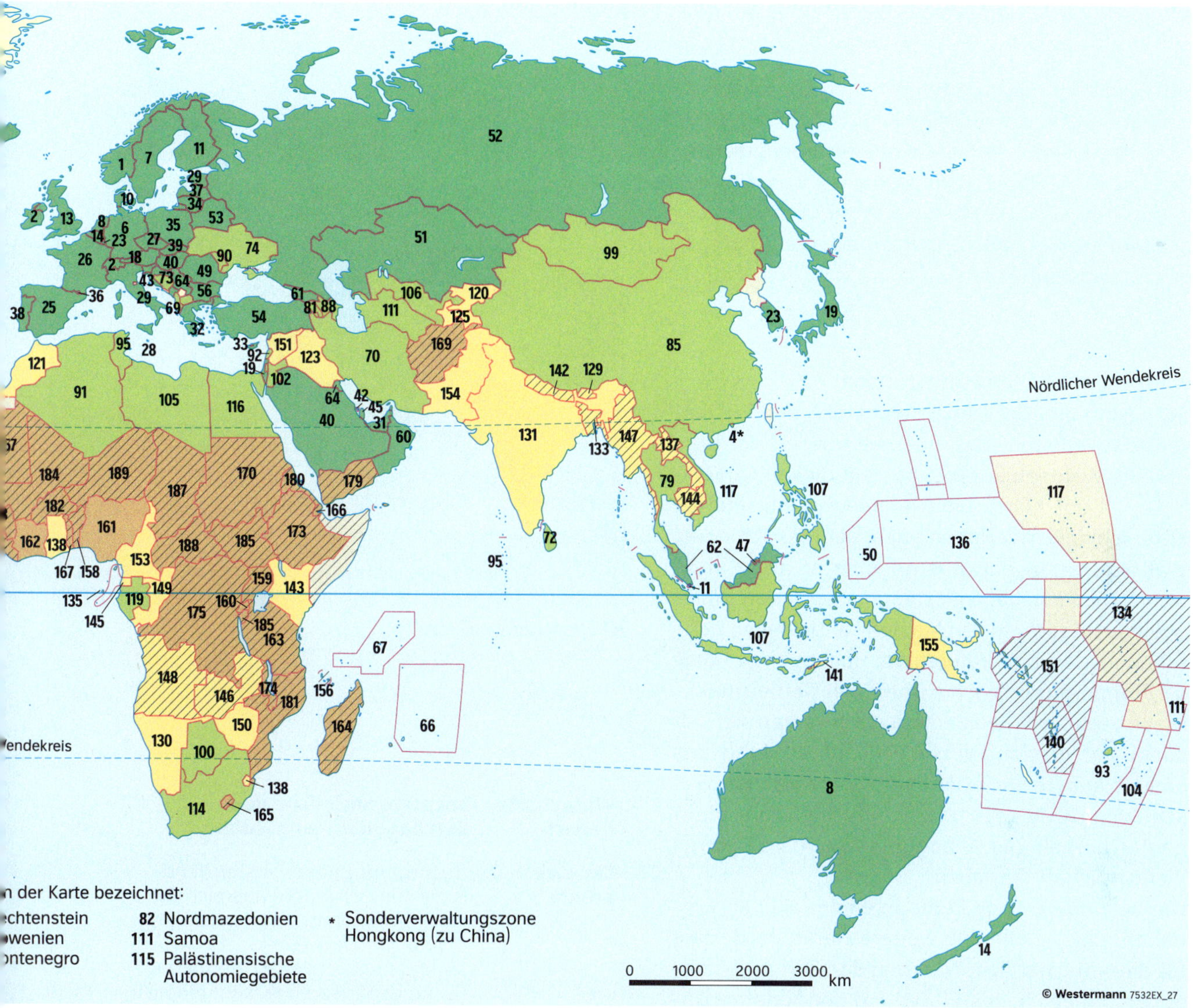

1 Nenne Länder, die aus deiner Sicht einen überraschenden HDI-Wert haben. Recherchiere Gründe dafür.

2 a) Nenne aus jeder der in Karte M2 dargestellten Gruppe zwei Länder je Kontinent.

b) Recherchiere den HDI-Wert eines dieser Länder von vor 10 Jahren und finde Gründe für die Veränderung des HDI-Wertes.

GeoPlus

3 a) Erläutere Vorteile des HDI zur Beschreibung des Entwicklungsstandes eines Landes.

b) Erläutere, warum die Nutzung des HDI zur Beschreibung des Entwicklungsstandes eines Landes kritisiert wird.

4 Diskutiert die Aussagekraft des HDI und des MPI im Vergleich.

1

Das Land Peru – Einflussfaktoren auf den Entwicklungsstand

Mögliche Auswirkungen des Naturraums auf den Entwicklungsstand

In Peru wird das Zusammenwirken der Faktoren für Entwicklung sehr deutlich. Auf den Seiten 12 bis 19 wird dies mithilfe eines Gruppenpuzzles untersucht. Dabei stellt sich die Frage, inwiefern innere und äußere Faktoren in ihrem Zusammenspiel den Entwicklungsstand eines Landes beeinflussen.

Naturräumliche Voraussetzungen

Peru ist in drei Großräume eingeteilt, den Küstenraum im Westen, das Hochgebirge im Zentrum und die Waldgebiete im Osten. In diesen Landesteilen ist das Klima, unter anderem aufgrund der unterschiedlichen Höhenlagen, sehr verschieden. Während es in den Küstengebieten ganzjährig wenig Niederschläge gibt, regnet es in den Waldgebieten täglich. In den flachen Landesteilen herrschen milde Temperaturen, im Hochgebirge fallen die Temperaturen nachts unter den Gefrierpunkt.
Diese verschiedenen Bedingungen wirken sich vor allem auf die landwirtschaftliche Nutzung des Landes aus. Je nach Höhe und Klima werden verschiedene Gemüse- oder Kartoffelsorten angebaut. Oberhalb der Anbaugrenze wird im Gebirge Viehwirtschaft betrieben.
Die besondere Lage Perus in einem aktiven Erdbebengebiet stellt eine weitere Herausforderung für die wirtschaftliche Nutzung dar. Das Aufeinandertreffen der Nazca-Platte und der Südamerikanischen Platte führt zu heftigen Erd- und Seebeben, die auch Tsunamis nach sich ziehen können. Das Risiko für eine Naturkatastrophe ist sehr hoch.
Relief, Klima und Plattentektonik wirken sich in Peru auf den Bau und Ausbau einer leistungsfähigen Infrastruktur aus. Die bis zu 6700 Meter hohen Anden teilen das Land wie eine Barriere und erschweren den Schienen- und Straßenbau. Die wichtigste Verkehrsachse ist die parallel zur Küste liegende Schnellstraße Panamericana, die über weite Strecken nur aus zwei Fahrspuren besteht. Immer wieder werden die Fahrbahnen durch Felsstürze oder Überschwemmungen blockiert.

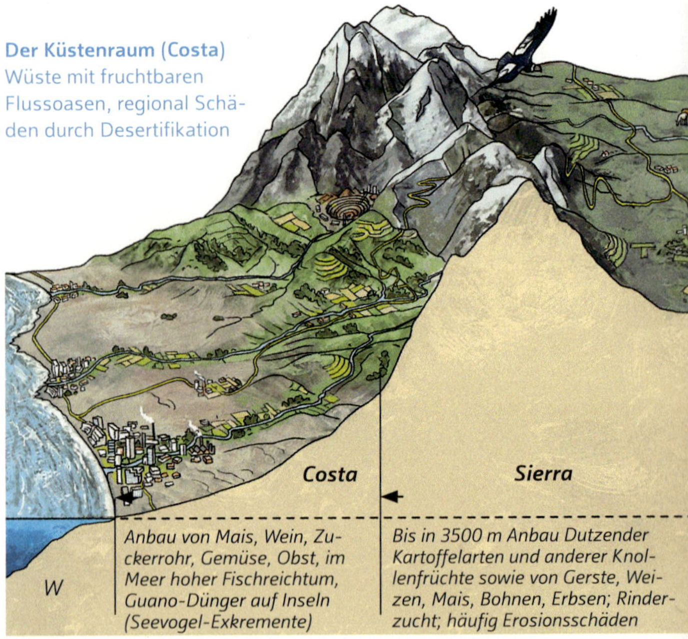

M1 Der Naturraum Perus

Wirtschaftsbereich	wichtige natürliche Voraussetzungen für eine Nutzung
Landwirtschaft	fruchtbarer Boden, ausreichend hohe Temperaturen, ausreichend lange Vegetationszeit, (ganzjährig) genügend Niederschlag, Bewässerungsmöglichkeiten, genügend flache bebaubare Flächen, Möglichkeiten für die Viehwirtschaft
Fischerei	fischreiche Gewässer
Bergbau/ Industrie	Bodenschätze, insbesondere wertvolle Bodenschätze, wie z. B. Erdöl, Seltene Erden; Möglichkeiten für den Ausbau einer guten Infrastruktur, z. B. schiffbare Flüsse, kein zu starkes Relief; Zugang zum Meer (kein Binnenland)
Tourismus	„tourismusfreundliche" Temperatur- und Niederschlagsverteilung, Seen und Küsten mit Stränden und nicht zu geringer Wassertemperatur

M2 Voraussetzungen für verschiedene Wirtschaftsbereiche

Unsere Welt

Das Hochgebirge (Sierra)
mit zahlreichen
tiefen Tälern

Die Waldgebiete (Selva/Oriente)
Regenwald mit Brandrodung, Plantagen (Holz, Bananen, Kaffee, Kakao), illegaler Cocaanbau

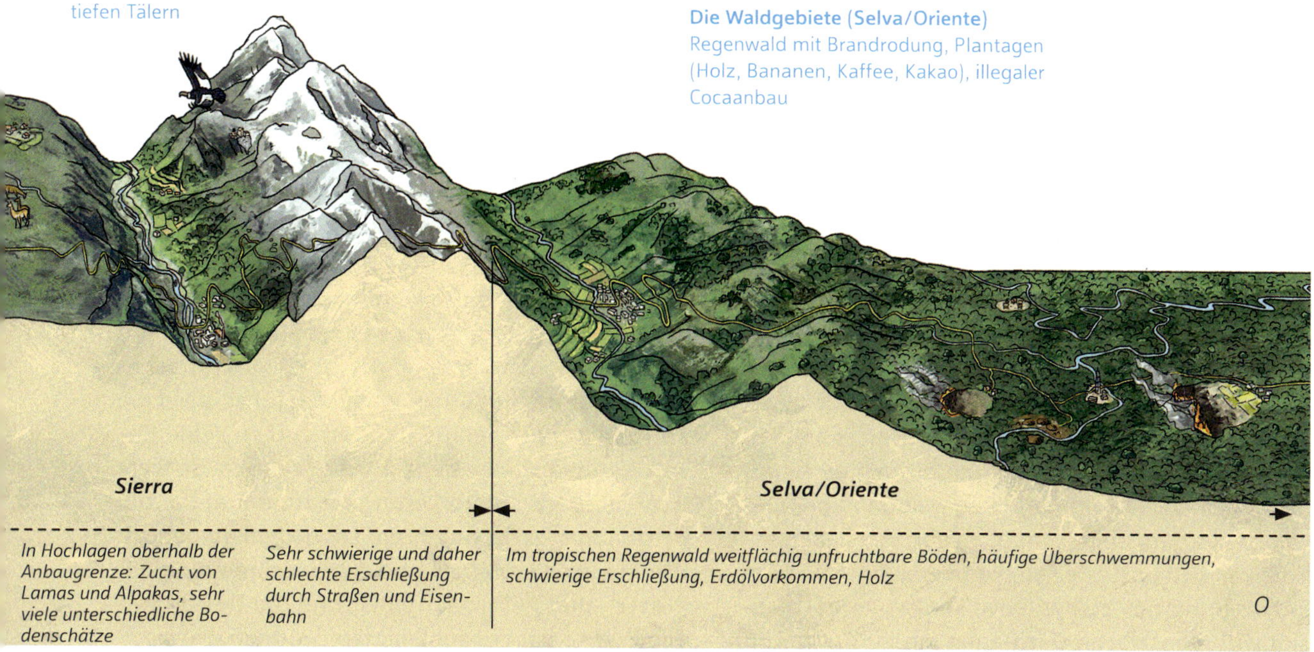

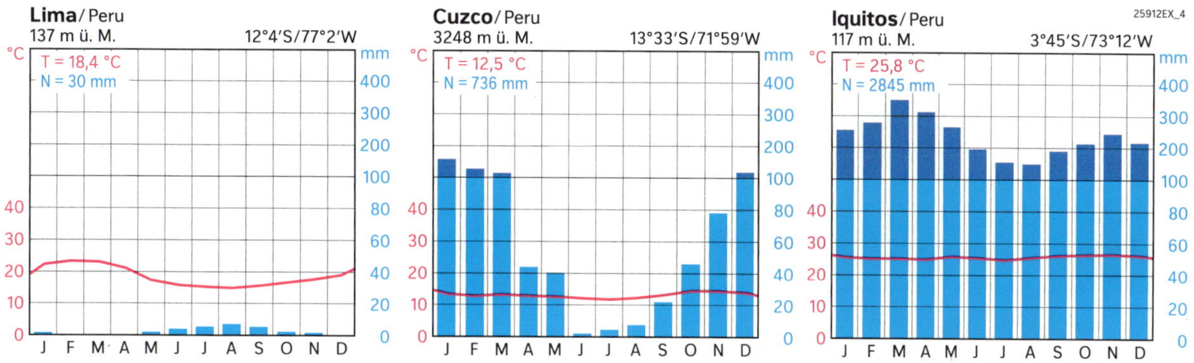

M3 Das Klima von Lima, Cuzco und Iquitos

Starkregen und Überschwemmungen

In unregelmäßigen Abständen von etwa fünf bis sieben Jahren ändern sich im Pazifik die Meeresströmungen. Dies bekommen besonders die Fischer durch das Ausbleiben von Fischschwärmen zu spüren. Weitere Folgen der veränderten Strömungsverhältnisse sind starke Regenfälle entlang der gesamten Westküste Südamerikas. In Peru kam es zum Beispiel 2017 zu extremen Überschwemmungen. Davon waren etwa 500 000 Peruaner direkt betroffen. Häuser wurden zerstört, Häfen mussten geschlossen werden und die Trinkwasserversorgung war aufgrund der verschmutzten Flüsse eingeschränkt.

1. Beschreibe die geographische Lage Perus (Atlas).

2. Beschreibe Schwierigkeiten, die beim Bau einer Straße von der Costa zur Selva zu beachten sind (M1).

3. Prüfe, ob in Peru Entwicklungsvoraussetzungen für die in M2 genannten Wirtschaftsbereiche existieren (M3, Atlas).

4. Erläutere Faktoren …
   a) … die zu einer Entwicklung des Landes beitragen.
   b) … die eine Entwicklung des Landes behindern.

100800-282-01
schueler.diercke.de
100800-244
schueler.diercke.de

2

Gesellschaftliche und politische Faktoren

Gesellschaft und Politik haben großen Einfluss auf die Entwicklung eines Landes. So können sich beispielsweise Unruhen oder gar Kriege negativ, eine stabile politische Lage dagegen kann sich positiv auf ein Land auswirken. Inwiefern beeinflussen Politik und Gesellschaft die Entwicklung eines Landes?

Regierungsführung

Die gesellschaftliche und politische Lage in einem Land haben einen großen Einfluss auf eine ausgeglichene Entwicklung. In vielen Entwicklungsländern bestimmt eine kleine, reiche Oberschicht die Leitlinien der Entwicklung. Das staatliche Handeln ist von Korruption geprägt und die Bürokratie ist schwerfällig und ineffizient. Den Herrschenden fehlt es an Verantwortungsgefühl für das Allgemeinwohl. Vor allem, wenn Regierungen über viele Jahre im Amt sind, kommt es vor, dass einzelne Politiker sich und ihre Familien bereichern und die Entwicklung der breiten Bevölkerung vernachlässigt wird. Diese schlechte Regierungsführung wird auch **Bad Governance** genannt.

M1 Die Bevölkerungsverteilung in Peru

Politische Lage in Peru

Das Land ist heute eine demokratische Republik und seit etwa 20 Jahren finden alle fünf Jahre Wahlen des Staatspräsidenten statt, wobei es seit 2016 mehrere Regierungswechsel gab. Das Land befindet sich noch im Aufbau demokratischer staatlicher Institutionen, was dazu führt, dass die Korruption noch relativ hoch ist und einzelne Bevölkerungsgruppen benachteiligt werden. So werden indigene Bevölkerungsgruppen etwa bei Bergbauprojekten auf ihrem Land kaum angehört. Weitere Problemfelder sind die Einschränkung der Presse- und Religionsfreiheit und die Gewalt gegenüber sozial benachteiligten Gruppen.

INFO

Korruptionswahrnehmungsindex
Seit 1995 erhebt die NGO Transparency International den Korruptionswahrnehmungsindex. Er listet die Länder nach dem Grad auf, in dem dort **Korruption** bei Amtsträgern und Politikern wahrgenommen wird. Der Index geht von 0 – 100, wobei 100 die geringste Korruption angibt. Für Peru liegt dieser Wert seit Jahren zwischen 60 und 65 Punkten.

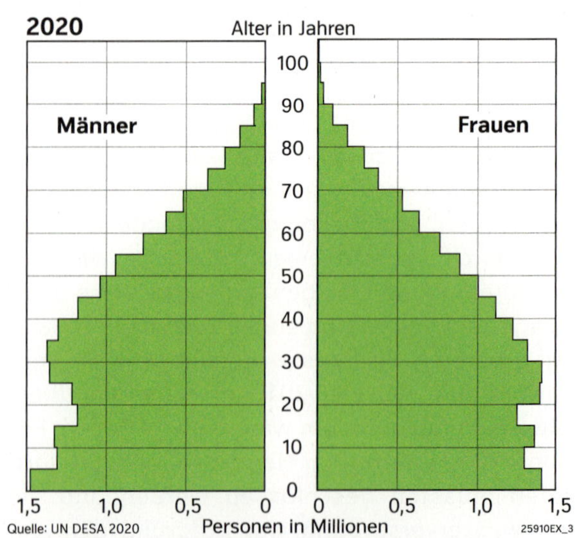

M2 Die Altersstruktur der peruanischen Bevölkerung

Unsere Welt

M3 In der Sierra

INFO

Gini-Index

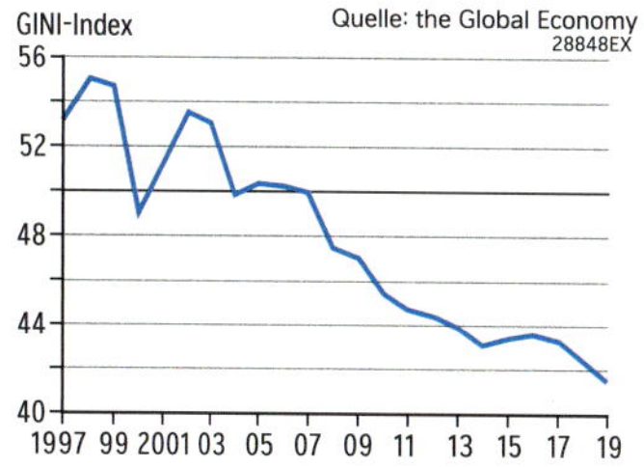

Der Gini-Index ist ein Maß zur Messung der Ungleichheit der Einkommensverteilung. Je höher der Wert ist, desto stärker ist die Ungleichheit. Der Wert wird zwischen 0 und 100 angegeben. Bei einem Wert von 0 haben alle Menschen genau das gleiche Einkommen. Ein Wert von 100 bedeutet dagegen, dass eine Person das gesamte Einkommen eines Landes besitzt. Länder mit einem Wert von über 50 gelten als sehr einkommensungleich.

Der größte Teil der indigenen Bevölkerung lebt im Bergland oder in den Randsiedlungen der Großstädte. In der Sierra werden noch die alten Sprachen Quechua und Aymara gesprochen und indigene Traditionen gepflegt. Die indigene Bevölkerung (31%) und Mestizen (44%), also die Nachfahren europäischer und indigener Bevölkerung stellen den höchsten Anteil an Armen dar. Sie haben kaum Zugang zu Bildung, Strom, Wasser und politischer Partizipation. In Peru werden indigene Völker – wie in keinem anderen Land Südamerikas – diskriminiert.

M4 Diskriminierung der indigenen Bevölkerung

	2002	2019
Menschen unterhalb der Armutsgrenze	16 % (1990 – 2001)	20,2 %
BIP pro Kopf	2021,24 US-$	6126,87 US-$
Kindersterblichkeit (0 bis 5 Jahren)	3,0 ‰	1,32 ‰
Analphabeten weibl.	15 %	8,3 %
Analphabeten männl.	5 %	2,7 %
Zugang zu sauberem Trinkwasser	80 %	90 %

Quelle: Fischer Weltalmanach 2005, Neuer Fischer Weltalmanach 2020

M6 Entwicklung der Lebensbedingungen

In den letzten 20 Jahren wurden in Lateinamerika beachtliche Fortschritte bei der Gleichstellung der Geschlechter erzielt. Bei der Vergabe politischer Ämter liegen die lateinamerikanischen Länder dank Quotenregelung teilweise vor europäischen Ländern. Es wurden Gesetze verabschiedet, die die Rechte von Frauen schützen und stärken sollen. Trotz dieser Fortschritte bleiben Frauen in Peru stark benachteiligt. Festgefahrene Rollenbilder und die mangelnde Wertschätzung von Frauen führen dazu, dass besonders Mädchen aus armen Haushalten und ländlichen Regionen benachteiligt sind. Frauen sind in Peru stärker von Armut betroffen als Männer. Auch die Gewalt gegen Frauen ist in Peru weiterhin sehr hoch. 2020 gaben zwei Drittel aller Frauen in Peru an, schon einmal Opfer sexueller Gewalt gewesen zu sein.

M5 Rolle der Frau

1 a) Beschreibe die räumliche Verteilung der Bevölkerung (M1).
b) Werte das Bevölkerungsdiagramm vor dem Hintergrund des Entwicklungsstandes Perus aus (M2).

2 Beschreibe die Veränderung der Einkommensverteilung in Peru (Info S. 15).

3 Erläutere, inwieweit Bad Governance die Entwicklung eines Landes behindert.

4 Beurteile die gesellschaftlichen und politischen Verhältnisse in Peru im Hinblick auf die Entwicklung des Landes.

Die Einbindung in die Weltwirtschaft

Peru ist eines der wichtigsten Länder für den Gewinn und den Verkauf von Rohstoffen. Das Land erwirtschaftet durch den Verkauf von Rohstoffen hohe Erträge, dennoch ist Peru verschuldet. Welchen Einfluss hat der Handel auf die Entwicklung des Landes?

Perus Wirtschaft

Der bedeutendste Wirtschaftszweig des Landes ist der Bergbau. Peru ist ein wichtiger Lieferant von Silber, Kupfer, Zink, Zinn, Blei und Gold. Die Bergbauexporte betrugen im Jahre 2012 etwa 26 Mrd. US-$. 2019 beliefen sie sich auf 28 Mrd. US-$. Auch die Landwirtschaft ist von Bedeutung. Peru ist mittlerweile ein großer Exporteur von Spargel und Blaubeeren. Die industrielle Landwirtschaft, die für den Export produziert, ist vor allem in den Küstenregionen angesiedelt. Im Hochland wird nach wie vor eher **Subsistenzwirtschaft** betrieben.

Mit diesen Exportprodukten ist Peru ein Beispiel für die Handelsbeziehungen zwischen den sogenannten Entwicklungs- und Industrieländern. Bis heute exportieren viele Entwicklungsländer überwiegend Rohstoffe und importieren Fertigwaren. Die Preise für Rohstoffe schwanken jedoch sehr stark und sinken bei einem Überangebot an Rohstoffen häufig. Im Gegensatz dazu sind die Preise für hochwertige Fertigwaren, z. B. Maschinen, stetig gestiegen. Viele Entwicklungsländer müssen also für die importierten Fertigwaren auch bei gleichbleibender Menge, stetig mehr bezahlen. Die Erlöse für die exportierten Rohstoffe steigen nicht in dem selben Maß. Eine Verschlechterung dieser Preisentwicklung führt so zu einer Verschuldung eines Landes. Häufig werden Kredite bei den Industrieländern aufgenommen. Eine hohe Auslandsverschuldung führt allerdings dazu, dass Staatseinnahmen für die Rückzahlung der Kredite und deren Zinsen verwendet werden müssen. Damit sinken oft die Investitionen in das eigene Land.

M1 Auslandsverschuldung von Peru

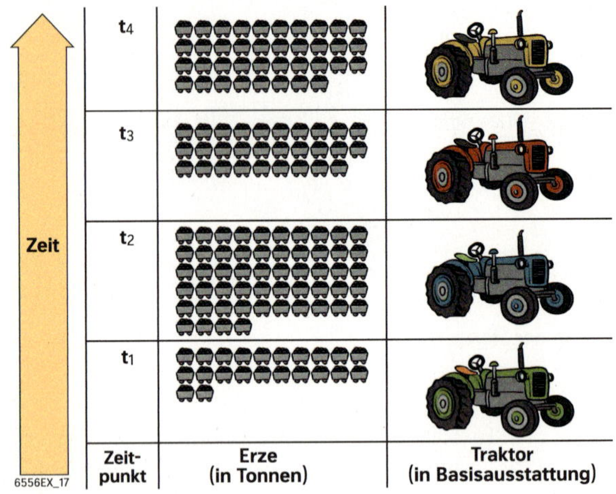

M2 Die Entwicklung der Terms of Trade am Beispiel Traktor und Erz

INFO

Terms of Trade
Verhältnis zwischen Exportpreisen und Importpreisen. Das Verhältnis verschlechtert sich z. B. für ein Land, wenn die Exportpreise fallen und die Importpreise steigen oder die Exportpreise langsamer steigen als die Importpreise.

Import: 42,4 Mrd. US-$; Güter: 14 % Treibstoffe, 13 % Maschinen, 10 % Elektronik, 10 % Nahrungsmittel, 9 % Kfz und Kfz-Teile
Handelspartner: 24,2 % China, 20,8 % USA, 5,7 % Brasilien, 4,4 % Mexiko, 4,2 % Argentinien

Export: 46,1 Mrd. US-$; Güter: 66 % Bergbauprodukte (z. B. Silber[1], Kupfer[2], Zink[2], Blei[1], Molybdän[3], Gold[6], Erdöl, Uran[7], in Zukunft: Lithium), 16 % landwirtschaftliche Produkte (z. B. Blaubeeren[1] und Spargel[2], Mangos, Zuckerrohr)
Handelspartner: 29,4 % China, 12,5 % USA, 5,2 % Kanada, 4,9 % Rep. Korea, 4,9 % Schweiz

1–7: jeweiliger Weltrang
Quelle: Fresh Plaza, UN Comtrade, Weltbank, Statistisches Bundesamt

M3 Die Struktur des Außenhandels von Peru (2019)

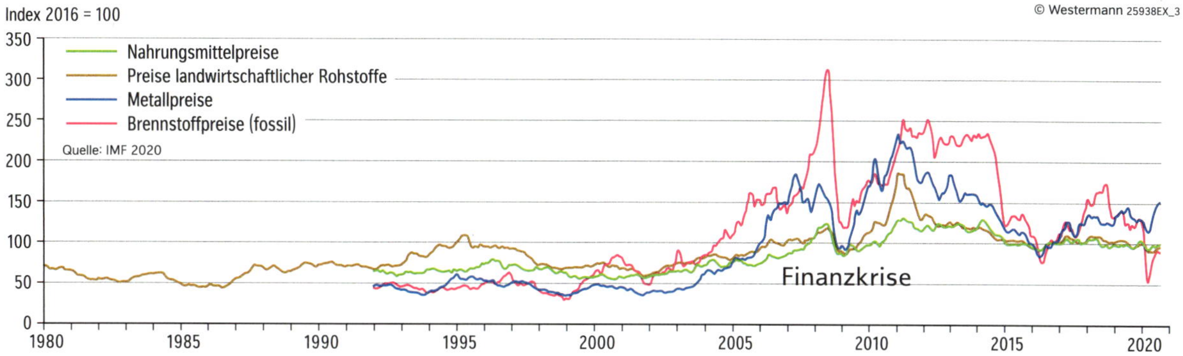

M4 Die Entwicklung der Preise auf dem Weltmarkt

Nachdem 1542 das Vizekönigreich Peru gegründet worden war, errichteten die spanischen Eroberer Bergwerke, um die reichen Bodenschätze des Landes, vor allem Gold und Silber, abzubauen und nach Europa zu verschiffen. Auf großen Flächen wurden landwirtschaftliche Rohstoffe wie Wolle und Baumwolle produziert. Für einen schnelleren Export gründeten die spanischen Kolonialherren an der Küste die heutige Hauptstadt Lima, die zu einer der wichtigsten Städte des kolonialen Südamerikas wurde. Die gesamte Infrastruktur des Landes wurde auf die Küstenstadt ausgerichtet. Die exportierten Rohstoffe wurden in Europa zu Fertigwaren weiterverarbeitet und an die Kolonien verkauft. Der Aufbau von Industrien innerhalb des Landes wurde zu dieser Zeit weitgehend behindert oder sogar verboten.

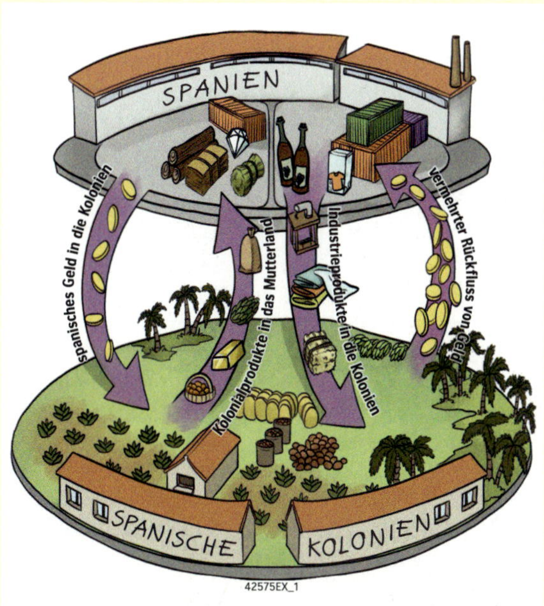

M5 Folgen der Kolonialzeit

INFO

Folgen der Finanzkrise 2008/2009

2008 kam es zu einer weltweiten Finanzkrise, die auf eine Immobilienkrise in den USA zurückzuführen waren. Viele US-Bürger mit einem geringen Einkommen bekamen Kredite von Banken, die diese unsicheren Kredite als Aktien an andere Banken weiterverkauften. Als die Zinsen jedoch wieder stiegen, konnten viele Kreditnehmer ihre Häuser nicht mehr abbezahlen und mussten sie verkaufen. Oft reichte der Erlös nicht, um die Kredite vollständig zurückzahlen zu können. Der Umsatzverlust erfasste nacheinander weltweit die Banken, die mit der Vergabe dieser Kredite ihr Geld verdienten. Auch die Weltwirtschaft geriet in die Krise. Die Nachfrage nach Konsumgütern sank enorm und damit auch die Nachfrage nach Rohstoffen. Die Rohstoffpreise sanken. Für viele rohstoffexportierende Länder wie Peru stieg die Staatsverschuldung enorm.

Länder wie Deutschland haben die Finanzkrise besser verkraftet, da sie umfangreiche Wirtschaftshilfen leisten konnten.

1 Beschreibe die wirtschaftlichen Strukturen, die heute noch auf die Kolonialzeit zurückzuführen sind (M1, M2, M5).

2 Erkläre, inwieweit der überwiegende Export von landwirtschaftlichen und bergbaulichen Rohstoffen für die Exportländer problematisch sein kann (M1 – M5).

3 Beurteile, inwieweit die Einbindung in den Welthandel Einfluss auf die Entwicklung Perus nimmt.

Unsere Welt

Die Disparitäten innerhalb des Landes

Im Landesinneren Perus gibt es Regionen, die infrastrukturell kaum erschlossen sind. Demgegenüber stehen die Küstenstädte. Besonders die Hauptstadt Lima stellt ein wirtschaftliches, kulturelles und politisches Zentrum dar. Warum sind solche Unterschiede für die Entwicklung des Landes problematisch?

Regionale und lokale Disparitäten

Innerhalb von weniger entwickelten Ländern konzentrieren sich das wirtschaftliche Leben und die politische Macht oft in wenigen oder sogar nur einer Metropole. Dort befinden sich oft auch die meisten Unternehmen. Es gibt eine gute Verkehrsanbindung, eine ausreichende Energieversorgung, Bildungsangebote und medizinische Einrichtungen. Die Städte sind auch der kaufkräftigste Absatzmarkt für Industrieprodukte. Demgegenüber stehen ländliche Regionen, die schlecht ausgestattet sind. Diese **Fragmentierung** oder auch „Zerstückelung" des Raums in Regionen mit unterschiedlich guter Ausstattung führt oft zu einer starken Binnenmigration. Menschen verlassen die ländlichen Regionen und hoffen auf ein besseres Leben in den Städten (**Landflucht**). Dadurch verschlechtert sich die wirtschaftliche Perspektive der ländlichen Räume weiter.

Wenn die Bevölkerungszahl auf dem Land sinkt, wird oft weniger getan, um die Infrastruktur, das Bildungssystem oder die medizinische Versorgung zu verbessern. Im Gegensatz dazu steigen die Investitionen in die Städte. Dies führt zu einer Verstärkung der Landflucht. Eine weitere Folge sind Spannungen in der Gesellschaft. So gibt es in Peru immer wieder soziale Unruhen und Streiks.

Doch auch innerhalb der Städte gibt es starke Unterschiede: Arme Wohngebiete grenzen an sehr wohlhabende Gebiete, global tätige Unternehmen haben ihren Sitz neben lokal tätigen Firmen, gut gesicherte Viertel liegen neben No-Go-Areas mit hohen Gewalt- und Kriminalitätsraten.

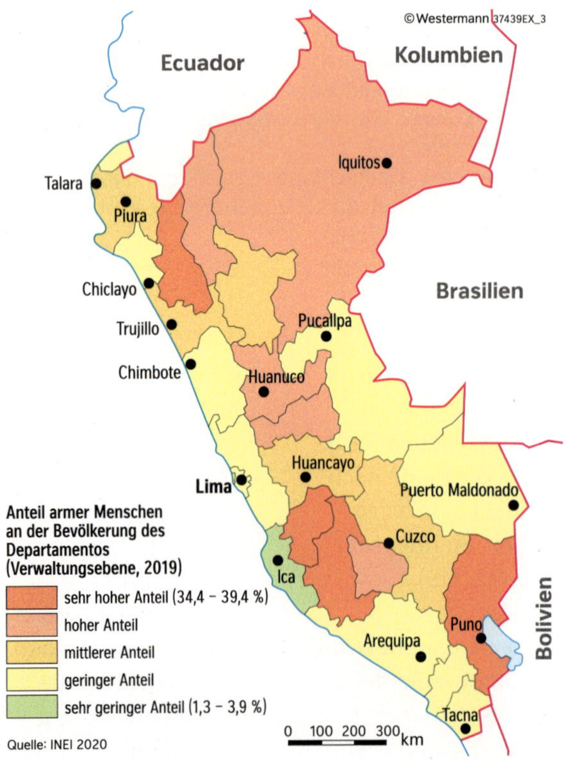

M1 Räumliche Disparitäten in Peru: die Verteilung der Armut

Die Wirtschaftskraft des Landes ballt sich an der Küste, dort vor allem in der Hauptstadt Lima.
Die ländlichen Gebiete in der Sierra und in der Selva sind vom modernen wirtschaftlichen Leben weitgehend abgeschnitten. Arbeitsplätze gibt es fast nur in der Landwirtschaft und im Bergbau. Nur an den kulturell bedeutenden Stätten wie der vorkolonialen Inka-Hauptstadt Cuzco und der Inka-Festung Machu Picchu (Weltkulturerbe) gibt es nennenswerten Tourismus. Armut, Arbeitslosigkeit und Unterbeschäftigung sind starke Push-Faktoren.
Bedingt durch Landflucht konzentriert sich in Lima rund ein Drittel der gesamten Bevölkerung. Das hat große soziale Probleme zur Folge. Besonders die indigene Bevölkerung Limas lebt unterhalb der Armutsgrenze. Das starke Bevölkerungswachstum führt zu einer rasanten Ausdehnung von Slums, die weder an das Stromnetz angeschlossen sind, noch eine Trinkwasserver- bzw. Abwasserentsorgung haben. Viele Zugezogene finden Arbeit im informellen Sektor. Außerdem haben sie hier einen besseren Zugang zu medizinischer Versorgung. Auch die Bildungschancen sind in der Stadt höher als auf dem Land.

M2 Zentrum und Peripherie in Peru

M3 Stadtteile von Lima: Miraflores (dt. „wunderbare Blumen“) und Hüttensiedlung an der Panamericana (Nord-Lima)

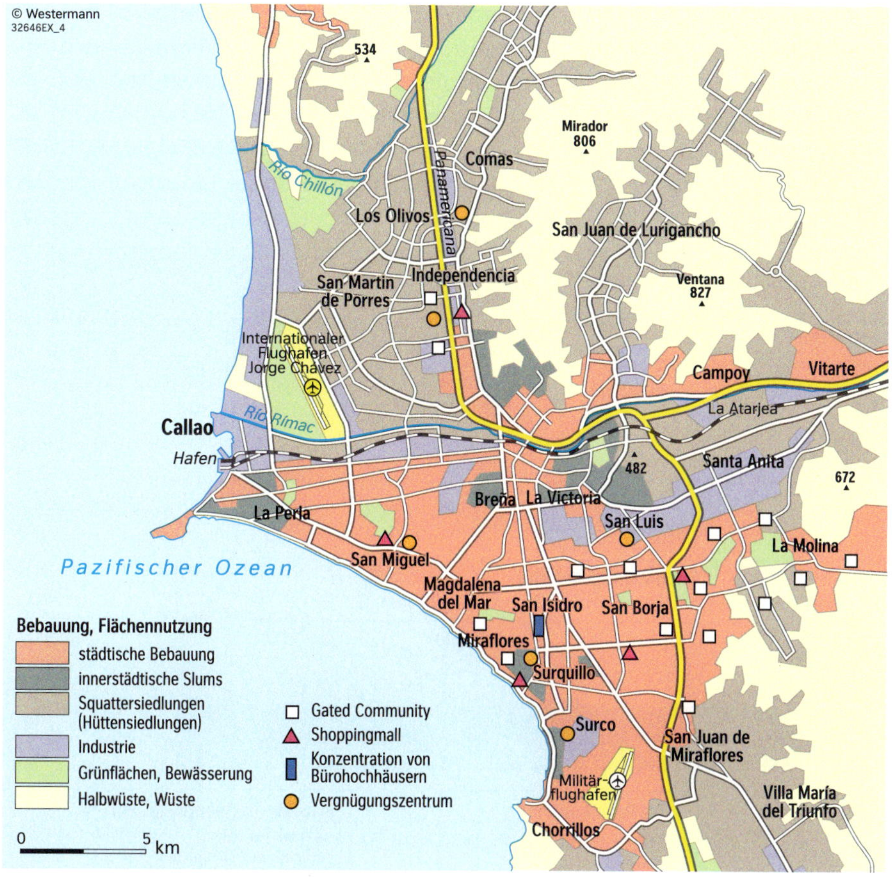

M4 Lima – Flächennutzung

Jahr	Bev.
2020	10,7 Mio
2015	9,0 Mio.
2000	6,3 Mio.
1981	4,0 Mio.
1961	1,3 Mio.
1940	0,5 Mio.
Zum Vergleich die zweitgrößte Stadt Perus: Arequipa (2020)	1,1 Mio.

M5 Limas Bevölkerungsentwicklung (mit Hafenstadt Callao)

1 Beschreibe die räumlichen Disparitäten innerhalb Perus (M1 – M3, QR-Code).

2 Erläutere die Auswirkungen der Disparitäten auf die Bevölkerungsverteilung.

3 a) Beschreibe die Bedeutung Limas für Peru (QR-Code, M2, M4).

b) Begründe, inwieweit man hier von einer „Fragmentierung“ der Stadt sprechen kann (M4).

4 Erläutere, inwieweit Disparitäten die Entwicklung eines Landes beeinflussen können.

Web-Code: WES-144136-019

Ursachen für den Entwicklungsstand

Die Frage nach den Ursachen für ungleiche Entwicklungsstände im Globalen Norden und Globalen Süden beschäftigt die Wissenschaft schon lange. Welche Ansätze gibt es, um die unterschiedlichen Entwicklungsstände zu erklären?

Unterschiedliche Theorien – verschiedene Antworten

Entwicklungstheorien sind stark vereinfachte Erklärungsmuster für sehr komplexe Erscheinungsformen von Entwicklungsunterschieden. In der Regel wird davon ausgegangen, dass ein Zusammenspiel aus mehreren Ursachen den Entwicklungsstand eines Landes beeinflusst.

- Die **Modernisierungs-** oder **Wachstumstheorie** geht davon aus, dass sich alle Länder allmählich von einer Agrar- zu einer Dienstleistungsgesellschaft entwickeln. Sie sieht die Ursachen für die fehlende Entwicklung im Land selbst (endogene Ursachen).
- Die **Dependenztheorie** sieht die Ursachen in einer fehlgeleiteten Entwicklung von außen (exogene Ursachen). Anhänger dieser Theorie verweisen auf koloniale oder nachkoloniale Ausbeutung und die dadurch bis heute bestehenden Abhängigkeiten einzelner Länder.

Eine wichtige Rolle spielen mittlerweile auch Ansätze, die besondere Ereignisse wie Naturkatastrophen oder Kriege berücksichtigen. Auch Einflüsse der Globalisierung spielen bei der Entwicklung eines Landes eine Rolle. Jedoch profitieren von möglichen Entwicklungsimpulsen nicht ganze Länder, sondern nur einzelne Regionen.

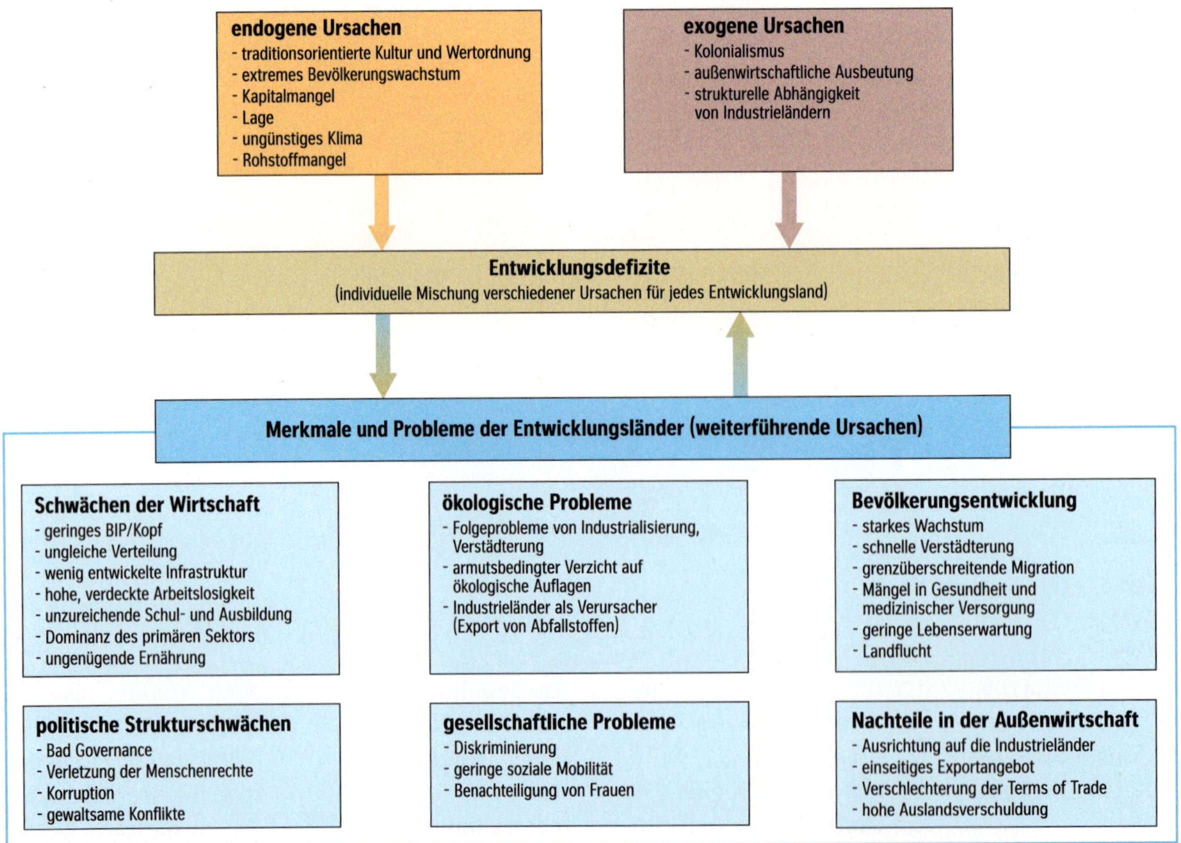

 32554EX_2

M1 Mögliche Ursachen für Entwicklungsdefizite

M2 Frauen bei der Kartoffelernte im Hochland und Minenarbeiter in einer Goldmine in Peru

Lösungsmöglichkeiten in Sicht?

Auf Grundlage der unterschiedlichen Entwicklungstheorien wurden Entwicklungsstrategien erstellt. Modernisierungstheoretiker gehen davon aus, dass eine Entwicklung nach dem Vorbild der Industrieländer nachgeholt werden soll. Hierzu sind umfassende Investitionen (big push) in Form von finanzieller, technischer und wirtschaftlicher Hilfe aus den Industrieländern vonnöten. Ziel ist es, die wirtschaftliche Entwicklung durch gezielte Maßnahmen anzukurbeln, sodass der wirtschaftliche Take-off und damit ein selbsttragendes Wachstum möglich ist. Dadurch soll es durch Sickereffekte (Trickle-down-Effekt) zu einer Verbesserung der Situation der breiten Bevölkerung kommen.

Aus Sicht der Dependenztheoretiker muss es keine Industrialisierung nach westlichem Vorbild geben. Vielmehr gehen diese von einer zeitweiligen Abkopplung des Entwicklungslandes vom Weltmarkt aus. Dadurch könnten bestehende Abhängigkeiten beseitigt werden. Diese Zeit soll genutzt werden, um aus eigener Kraft unter Nutzung der vorhandenen Ressourcen und durch Rückbesinnung auf traditionelle Gewerbe, die Landwirtschaft und den Handel innerhalb des Landes die heimische Wirtschaft zu stabilisieren.

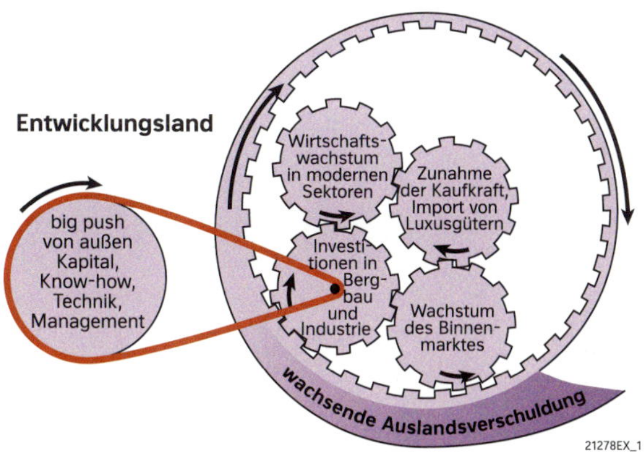

M3 Entwicklung durch Modernisierung

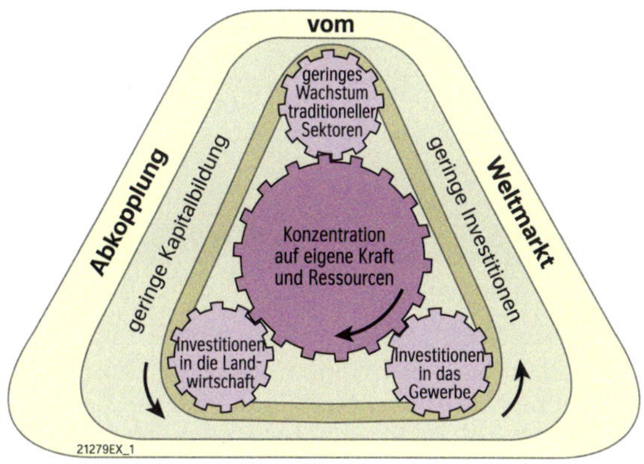

M5 Entwicklung durch Abkopplung

1 Erkläre die unterschiedlichen Entwicklungstheorien.

2 Ordne mögliche Ursachen für Entwicklungsdefizite (M1) den unterschiedlichen Entwicklungstheorien zu.

3 Erläutere, welche in Peru (Seite 12 – 19) dargestellten Aspekte sich in M1 wiederfinden.

4 a) Beschreibe, wie eine Entwicklung durch Modernisierung oder Abkopplung gelingen kann (M3, M5).
b) Erkläre, welche Strategie Peru deiner Meinung nach wählen sollte.

Unsere Welt

Förderung von Entwicklung

Ziel jeder Entwicklungszusammenarbeit ist es, Erfolge darin zu erzielen, dass Menschen nachhaltig ihre Grundbedürfnisse befriedigen können. Die Strategien dafür sind vielfältig und entwickeln sich stetig weiter. Inwiefern hat sich Entwicklungszusammenarbeit verändert?

Entwicklungsstrategien und Entwicklungsgrundsätze

Entwicklungszusammenarbeit kann ganz unterschiedlich aussehen. Sie reicht von der Planung und dem Bau einer Straße bis hin zur Unterstützung beim Aufbau stabiler politischer Systeme. In den letzten Jahrzehnten hat sich die Entwicklungszusammenarbeit stark verändert. Die Umsetzung sowohl der Modernisierungstheorie als auch der Dependenztheorie war in der Praxis nur phasenweise erfolgreich. Man erkannte, dass eine Theorie allein nicht ausreicht, um eine mangelnde Entwicklung zu erklären. Demzufolge kann auch nur die Kombination verschiedener Entwicklungsstrategien zu einer Verbesserung des Entwicklungsstandes einer Region oder eines Landes führen. Unter dem Begriff Entwicklungszusammenarbeit versteht man das gemeinsame Bemühen der Länder des globalen Nordens und Südens, globale Unterschiede in der wirtschaftlichen und sozialen Entwicklung dauerhaft abzubauen. Unter den Begriff fallen also alle Maßnahmen, die ein wirtschaftliches Wachstum und die soziale Entwicklung unterstützen. Die Zusammenarbeit kann zwischen zwei Ländern (bilateral), zwischen mehreren Ländern (multilateral) oder über internationale Organisationen erfolgen. In jedem Fall gelten dabei die Grundsätze: Hilfe zur Selbsthilfe, angepasste Technologien und nachhaltige Entwicklung. Eines der wichtigsten Ziele von Entwicklungsprojekten ist es, die Grundbedürfnisse aller Menschen zu befriedigen.

Die Grüne Revolution in Südasien. Bauer mit Reissetzmaschine in Bangladesch

In den 1970er-Jahren konzentrierte sich die Entwicklungshilfe darauf, die Grundbedürfnisse der Menschen zu befriedigen und die Armut zu bekämpfen. Ein wichtiger Punkt dieser Entwicklungshilfe war die Beteiligung der Betroffenen (**Partizipation**), damit die Projekte auch langfristig weiterlaufen können. In diesem Sinne entstand aus der Entwicklungshilfe eine Zusammenarbeit, die Länder nicht als Empfänger von Hilfsleistungen, sondern als gleichberechtigte Partner ansieht.

Hilfsgüter in Burkina Faso (Obervolta)

In den 1990er-Jahren setzte man insbesondere auf die Beratung von Gemeinden. Entwicklungshelfer hielten Workshops über angepasste landwirtschaftliche Anbaumethoden, Bewässerungssysteme oder den Aufbau von Grundschulen. Die Gemeinden sollten in die Lage versetzt werden, ihre Stärken zu erkennen und selbst Projekte zu entwickeln. Gleichzeitig bemühte man sich darum, die Rolle der Frau zu stärken.

1970 1990

Fall 1: Ein internationales Gutachterteam analysiert zusammen mit einheimischen Kolleginnen und Kollegen die technische Machbarkeit, die Kosten sowie den ökonomischen und sozialen Nutzen der Asphaltierung einer Schotterpiste in Sambia, die eine ländliche Region mit den städtischen Zentren verbinden soll.

Fall 2: Eine nepalesische Nichtregierungsorganisation (NRO, engl.: NGO) unterstützt mit lokalen Fachleuten die Bewohner von Bergdörfern beim Aufbau von Dorforganisationen. Dabei sollen u.a. die Wasserversorgung verbessert werden und die Interessen der Bevölkerung gegenüber der Gemeindeverwaltung und den Händlern effektiver vertreten werden.

Fall 3: Der globale Klimawandel gefährdet die Fischarten am Rio Magdalena in Kolumbien. Das BZE unterstützt die Fischereigemeinden beim Aufbau eines Fischereimanagements, um die Fischbestände zu überwachen sowie Fangquoten und Schonzeiten festzulegen. Zusätzlich sollen verschiedene Strategien zur Stärkung der lokalen Wirtschaft entwickelt werden, z.B. Bootsverleih, Fischzuchtprojekte oder Transportdienstleistungen.

M1 Entwicklungspolitik und Entwicklungszusammenarbeit in der Praxis

1 Erkläre, was man unter den Leitbildern der Nachhaltigkeit und der Partizipation in der Entwicklungszusammenarbeit versteht (QR-Code).

2 Stelle den Wandel der Entwicklungsstrategien seit den 1970er-Jahren dar.

3 Erläutere, inwieweit sich die drei Fallbeispiele (M1) einzelnen Entwicklungsstrategien zuordnen lassen (Zeitstrahl).

4 Stelle ein selbstgewähltes Projekt der Entwicklungszusammenarbeit vor (Internet).

GeoPlus

5 „Es gibt nicht die eine Entwicklungsstrategie, es geht um eine sinnvolle Vernetzung." Diskutiert diese Aussage.

Seit den 2000er-Jahren ist das Prinzip der Nachhaltigkeit in den Fokus der Entwicklungszusammenarbeit gerückt. Nachhaltigkeit in der Entwicklungszusammenarbeit bedeutet, dass Entwicklungsprojekte nicht nur wirtschaftlich, sondern auch ökologisch und sozial verträglich sein sollen. Daneben konzentrierte sich die Entwicklungszusammenarbeit auch auf die Stärkung der politischen Stabilität der sogenannten Entwicklungsländer.

2015 einigten sich die Vereinten Nationen auf 17 nachhaltige Entwicklungsziele (Seite 168). In gemeinsamer Anstrengung sollen bis 2030 folgende Ziele erreicht werden: die Abschaffung von Armut und des Hungers, die Verbesserung der Gesundheit und Bildung für alle, Schutz des Klimas, der Meere und der Ökosysteme. Dementsprechend fördert Entwicklungszusammenarbeit eine sozial gerechte und nachhaltige Gestaltung der Globalisierung.

2000 2020

M1 Reis wird für den Export in Säcke abgefüllt – Vietnam war 2021 der drittgrößte Reisexporteur.

M2 Trocknung von Kaffeebohnen – Vietnam war 2021 der weltweit zweitgrößte Kaffeeexporteur.

Vietnam – die Landwirtschaft als wirtschaftlicher Entwicklungsmotor

Noch vor 30 Jahren war die landwirtschaftliche Produktion in Vietnam nicht ausreichend, um die eigene Bevölkerung zu ernähren. Heute ist das Land einer der größten Reis- und Kaffee-Exporteure der Welt. Wie konnte diese Entwicklung gelingen?

Landwirtschaft im Wandel

Vietnam liegt in der tropischen Klimazone. Ganzjährig hohe Temperaturen und Niederschläge bieten im Süden des Landes gute Voraussetzungen für die Landwirtschaft. Die fruchtbaren Ebenen des Mekong-Deltas im Süden und des Roten Flusses im Norden bilden den Schwerpunkt der landwirtschaftlichen Nutzfläche.

Trotz dieser günstigen Bedingungen konnte sich das Land bis in die 1980er-Jahre nicht selbst mit ausreichend Lebensmitteln versorgen. Die Reisproduktion lag mit 265 kg/Kopf unter der Grenze zur Eigenversorgung (300 kg/Kopf). Das lag vor allem am Vietnamkrieg, der 1975 endete.

1976 wurde die Sozialistische Republik Vietnam gegründet. Der großflächige Einsatz eines Pflanzengiftes zur Entwaldung der Wälder während des Krieges hatte bis zu 50 Prozent der Ackerflächen verseucht und das Trinkwasser verschmutzt. Landminen machen Anbauflächen bis heute unnutzbar. Die Folge waren schwere Hungersnöte. Erst mit den Wirtschaftsreformen in den 1980er-Jahren (Info) gelang es dem Land, die Selbstversorgung mit Lebensmitteln zu sichern. Im Jahr 2020 lebten noch immer 63 Prozent der Bevölkerung auf dem Land und rund 36 Prozent verdienten ihren Lebensunterhalt in der Landwirtschaft.

INFO

Doi moi (Erneuerung)

Die Kommunistische Partei Vietnams leitete 1986 eine Reihe von Wirtschaftsreformen ein. Oberstes Ziel war die Versorgung der Bevölkerung. Die Reformen beinhalteten eine Stärkung der Privatwirtschaft und eine Öffnung des Landes für ausländische Investoren. Den Bauern wurde Land zur eigenen Nutzung übertragen. Investitionen in die Landwirtschaft führten zu deren Modernisierung. Bereits drei Jahre nach der Einführung der Reformen konnte das Land wieder Reis exportieren.

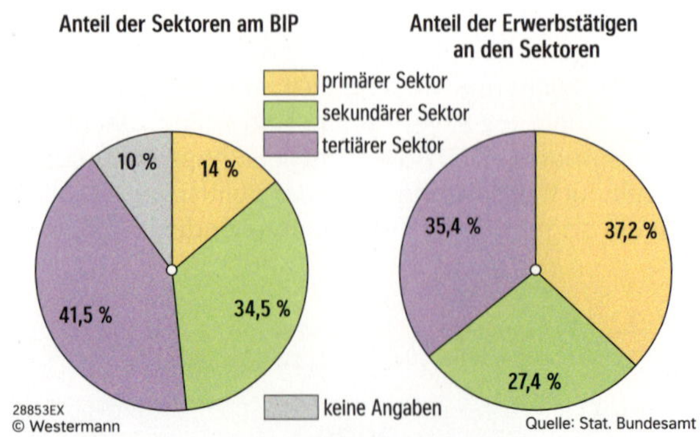

M3 BIP und Erwerbstätige nach Sektoren (2020)

Die Familie von Tran Van Thiet hat 1,5 Hektar für den Reisanbau und Garnelenzucht. Jährlich pflanzt seine Familie Reis auf einer Fläche von einem Hektar. Nach einigen Jahren versalzte der Boden. Sowohl der Reisanbau, als auch die Garnelenzucht gerieten in Schwierigkeiten. Um einen Ausweg zu suchen, hat er sich im Jahr 2018 an der Genossenschaft für Dienstleistung – Reisanbau und Garnelenzucht Tri Luc beteiligt. Die Mitglieder in der Genossenschaft fingen an, Reis nach biologischen Prozessen anzubauen. Die beteiligten Familien mussten die strengen Kriterien von der Bodenverarbeitung bis zum Pflanzenschutz einhalten. Für die ganze Saison durften sie keinen chemischen Dünger und Pflanzenschutzmittel benutzen. [...]
Nach zwei Jahren konnte die Familie von Thiet jährlich 10 Prozent Reis mehr als in den vergangenen Jahren ernten. Die Reisqualität kann die Kriterien in allen Exportmärkten erfüllen. [...]

Quelle: Tran Hieu: Ca Mau entwickelt Marke für hygienischen Reis. VOVWORLD Online, Vietnams, Hanoi, 04.01.2021

M4 Ca Mau entwickelt Marke für hygienischen Reis.

[...]Smart Farming bezeichnet [...] den Einsatz von künstlicher Intelligenz und Informationstechnologie. In Hanoi gibt es derzeit 164 Modelle zur landwirtschaftlichen Produktion mit Hightech. Die Agrarprodukte mit Hightech machen 35 Prozent der gesamten landwirtschaftlichen Produkte der Stadt Hanoi aus. Dafür wurden Technologien und moderne Ausrüstungen angewendet. Zum Beispiel wurden Gewächshäuser und Netzhäuser mit einem automatischen System zur Steuerung der Temperatur, Licht und Feuchtigkeit eingesetzt. Drohnen sind auch im Einsatz, um Pflanzen vor Insekten zu schützen. Bei der Aquawirtschaft wurden Bioprodukte und Sauerstoffgeneratoren verwendet. [...]
Hanoi hat auch bestimmt, dass die Agrarplanung eine wichtige Rolle bei Smart Farming spielt. Angesicht der rasanten Urbanisierung in der Umgebung von Hanoi achtet die Stadt gezielt auf Anbaufläche

Quelle: Ngoc Anh: Hanoi baut und entwickelt Smart Farming. VOVWORLD Online, Vietnams, Hanoi, 22.11.2021

M7 Hanoi baut und entwickelt Smart Farming

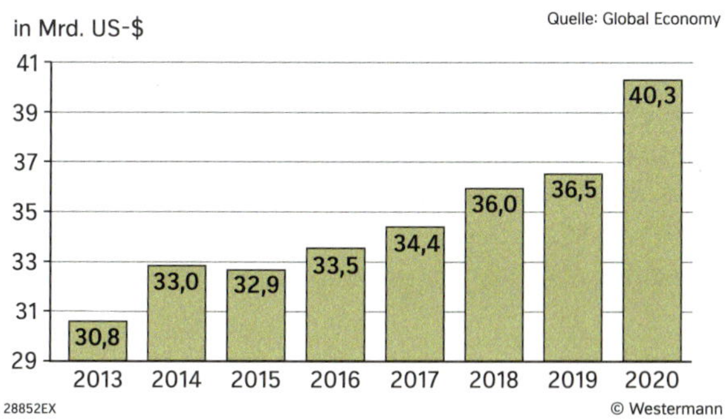

M5 Wertschöpfung der Landwirtschaft

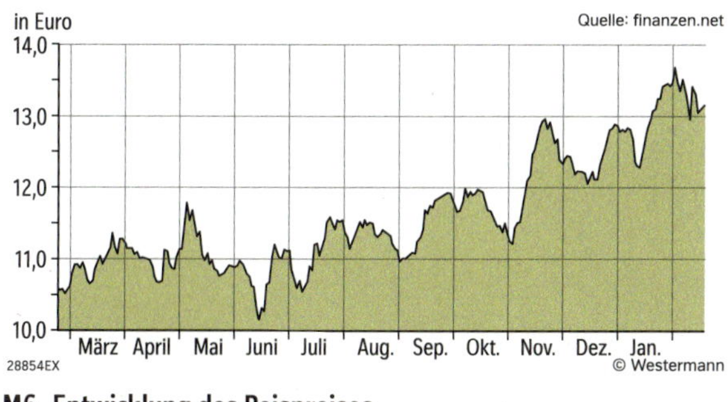

M6 Entwicklung des Reispreises

Bevölkerung	97 Mio.
Geburtenrate / Sterberate	16,5 bzw. 6,4/1000 EW
Bevölkerungswachstum	0,96 %
Verstädterungsgrad	37 %
Lebenserwartung	75,3 Jahre
HDI-Wert	2003: 0,624 2019: 0,704
Bevölkerung unter der Armutsgrenze	1993: 58 % 2018: 6,7 %

M8 Sozio-ökonomische Daten Vietnams (2020)

Land	Produktion in Tonnen	Produktion pro Kopf	Ertrag kg pro ha
China	211 090 813	151,443	6 932,4
Indien	158 756 871	118,787	3 695,0
Indonesien	77 297 509	291,672	5 414,8
Bangladesch	52 590 000	318,484	4 618,8
Vietnam	43 437 229	458,876	5 581,0

M9 Reisproduktion (2020)

1. Erläutere die Entwicklung der Landwirtschaft in Vietnam seit dem Ende des Vietnamkrieges 1975.
2. Erkläre, vor welchen Herausforderungen die Landwirtschaft in Vietnam steht. (M3 – M7)
3. Erkläre, welche Folgen aus der Entwicklung des Reispreises (M6) für das Land entstehen können.
4. Bewerte die Bedeutung der Landwirtschaft als zukünftigen Entwicklungsmotor des Landes.

M1 Ho-Chi-Minh-Stadt, Vietnam

M3 Herr Tran in der Produktionsstätte seiner Firma

Vietnam – die Industrie als Entwicklungsmotor

Vietnam verzeichnet seit der wirtschaftlichen Öffnung des Landes immense Fortschritte in der Wirtschaftsentwicklung und Armutsbekämpfung. Das Land zählt heute zu den am schnellsten wachsenden Volkswirtschaften Asiens. Welche Faktoren begünstigen diese Entwicklung?

Die Industrie in Vietnam

Aufgrund der niedrigen Löhne siedelten sich nach dem Ende des Vietnamkrieges arbeitsintensive Industrien, wie etwa die Textilindustrie, an. Auch dadurch konnte die Zahl der Menschen, die unterhalb der Armutsgrenze leben, innerhalb von 20 Jahren von rund 50 Prozent auf unter zehn Prozent gesenkt werden. Die Regierung schuf im ganzen Land Industriezonen, die für die Produktion von Waren und Dienstleistungen vorgesehen sind. Diese Zonen bieten den Unternehmen eine gute Infrastruktur, steuerliche Vorteile und sogar fertige Fabrikgebäude. So konnten Unternehmen der Elektroindustrie gewonnen werden. Der Beitritt des Landes in die WHO (1997) fördert zusätzlich die Ansiedlung ausländischer Unternehmen. Ein zunehmendes Problem ist der Fachkräftemangel. Um dem entgegenzuwirken baute die vietnamesische Regierung ihre Investitionen im Bildungsbereich stark aus. Ein Problem stellt allerdings nach wie vor die ausbaubedürftige Infrastruktur dar.

	China	Vietnam
Jahresgehalt Industriearbeiter in US-$	12000	2830
Jahresgehalt Ingenieur in US-$	19200	5760
BIP/Kopf in US-$	10511	3499
HDI-Rang / Wert	85/0,761	117/0,704

M4 Vergleich China – Vietnam 2020

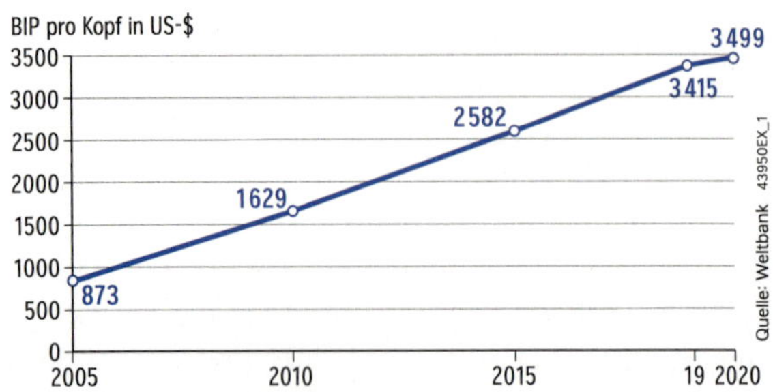

M2 Wachstum des BIP/Kopf in US-$

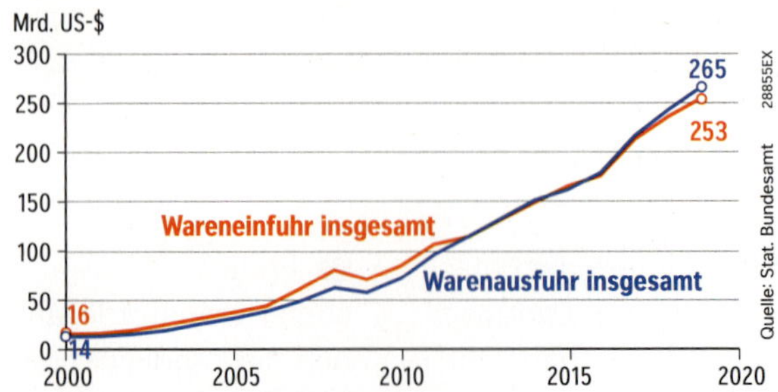

M5 Entwicklung des Außenhandels

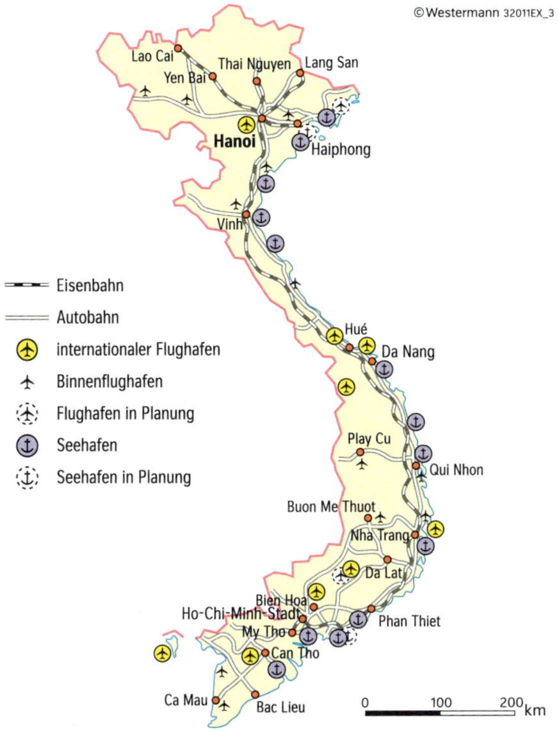

M6 Vietnam: Verkehrsinfrastruktur

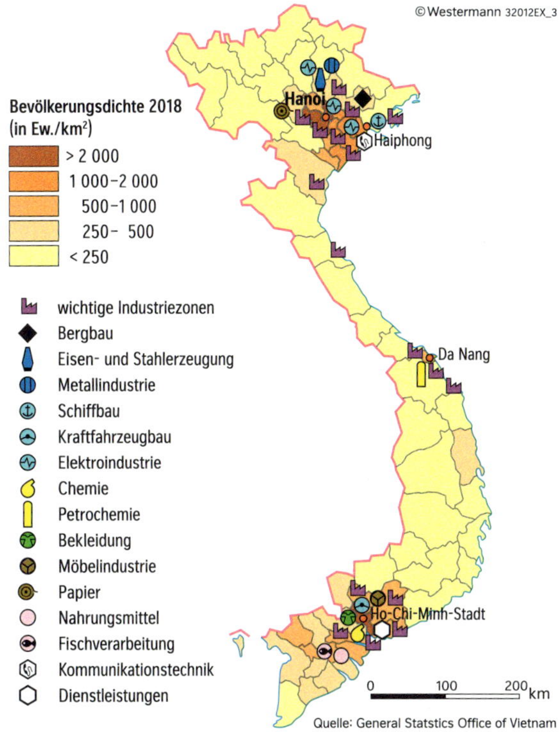

M8 Ausgewählte Industriezonen und Bevölkerungsdichte

„Vietnam liegt sehr günstig. Durch die Nachbarländer und die Nähe zu China gibt es sehr viele potenzielle Kunden für Samsungprodukte. Der regionale Absatzmarkt ist für uns größer als in der EU."
(Herr Phan, Geschäftsführer Samsung, Hanoi)

„Die Regierung hat uns in den ersten Jahren enorm unterstützt. Wir mussten zum Beispiel weniger Steuern zahlen. Das hat dem Unternehmen sehr geholfen, den neuen Standort erfolgreich aufzubauen."
(Frau Hoang, Unternehmensgründer, Hanoi)

„Ich bin froh, dass ich in diesem Unternehmen eine sichere Arbeit gefunden habe. Zwar ist es anstrengend, den ganzen Tag zu stehen und immer dieselbe Arbeit zu machen. Jedoch verdiene ich so wenigstens ein bisschen Geld für meine Familie."
(Herr Pham, Mitarbeiter einer Hightech-Firma in Thai Nguyen)

„Vietnam liegt direkt an der Hauptroute der Containerschiffe von Japan über Singapur nach Europa. So ist auch der Im- und Export von Produkten und Rohstoffen logistisch einfach. Ein zügiger Im- oder Export ist für die produzierenden Firmen ein wichtiger Faktor bei der Kostensenkung!"
(Herr Ngô, Hafenarbeiter, Containerterminal Haiphong)

„Vietnam hat 97 Millionen Einwohner. Die Bevölkerung ist sehr jung, der Altersdurchschnitt liegt bei 32 Jahren. Mittlerweile gibt es über 90 Hochschulen und Universitäten, an denen Studenten ihren Abschluss machen können. Die Alphabetisierungsquote liegt mit über 96 Prozent deutlich über der anderer Länder mit dem gleichen Entwicklungsstand."
(Prof. Duong, Universität der Sozialwissenschaften, Ho-Chi-Minh-Stadt)

M7 Standortfaktoren Vietnams

1. Verorte und beschreibe die Industriezonen in Vietnam (M8).
2. Nenne Gründe für das Wirtschaftswachstum Vietnams seit 2005 (M2).
3. Erkläre, warum immer mehr Firmen ihre Produktion von China nach Vietnam verlegen (M2, M4, M8).
4. Beurteile, inwieweit die Industrie als Entwicklungsmotor für Vietnam angesehen werden kann (M5, M6).

M1 Sicht auf die Stadt Luang Prabang, Laos

Unsere Welt

Der Tourismus als Entwicklungsmotor – Beispiel Laos

Fast alle Länder in Südostasien sehen den Tourismus als Chance für die wirtschaftliche Entwicklung an. Auch abgelegene Regionen sollen davon profitieren. Laos öffnete sich dem Tourismus erst zu Beginn der 1990er-Jahre und hofft auf einen weiteren Aufschwung der Branche. Kann der Tourismus langfristig zu einem Wirtschaftswachstum beitragen?

Tourismus in Laos

Laos ist eines unberührtesten, jedoch wirtschaftlich schwächsten Länder Südostasiens. Das liegt vor allem an dessen jahrzehntelanger Isolation. Laos ist ein autoritärer Einparteienstaat, der sich erst in den 1990er-Jahren dem Ausland öffnete. Deswegen blieb die Anlage der alten Königsstadt Luang Prabang mit ihren Tempelbauten, Klosteranlagen und dem goldenen Palast in fast unveränderter Form erhalten. Bereits 1995, kurz nach der Öffnung es Landes, wurde die Königsstadt in die Liste des UN-Weltkulturerbes aufgenommen.

Luang Prabang ist heute ein internationales Touristenzentrum. Hier sind viele Hotels und günstige Hostels entstanden. Der Tourismus ist vor allem von Gruppen- und Individualtouristen mit einer kurzen Verweildauer geprägt. Die wenigen Tourismusveranstalter bieten meist zwei- bis dreitägige Abstecher nach Luang Prabang im Rahmen einer Thailandreise an. Das Land verzeichnete 2019 etwa fünf Millionen Touristen und erwirtschaftete in diesem Wirtschaftssektor rund 870 Mio. Euro, was etwa 5,2 Prozent des BIP entsprach.

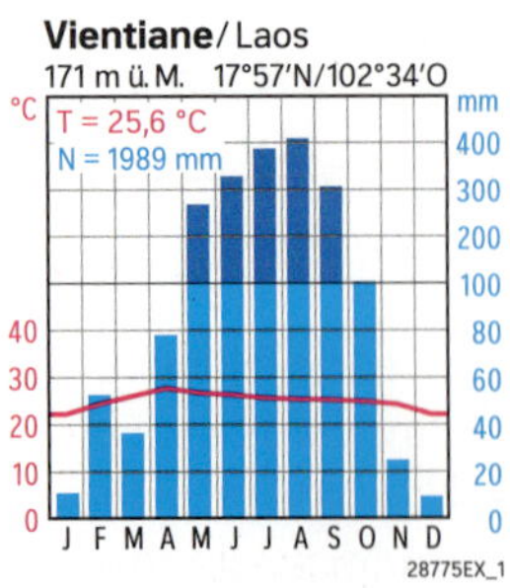

M2 Klimadiagramm

Jahr	Anteils des Tourismus am BIP
1995	2,9 %
2005	5,2 %
2019	5,2 %
2020	1,2 %

M3 Tourismusanteil am BIP

Bevölkerung	7,3 Mio.
Bevölkerungswachstum	1,5 %
BIP/Kopf	2587 US-$
Anteile der Sektoren am BIP:	I.Sektor: 16,2 %, II.Sektor: 32,2 %, III.Sektor: 40,6 %
Anteil der Stadtbevölkerung	36,3 %
HDI	0,61

M4 Strukturdaten von Laos 2020

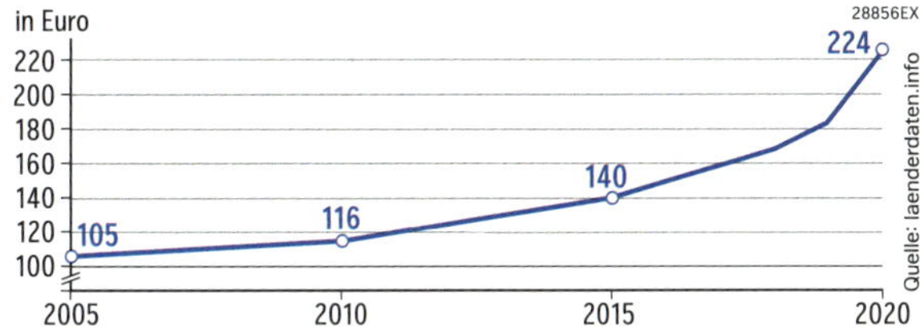

M5 Einnahmen pro Tourist in Euro

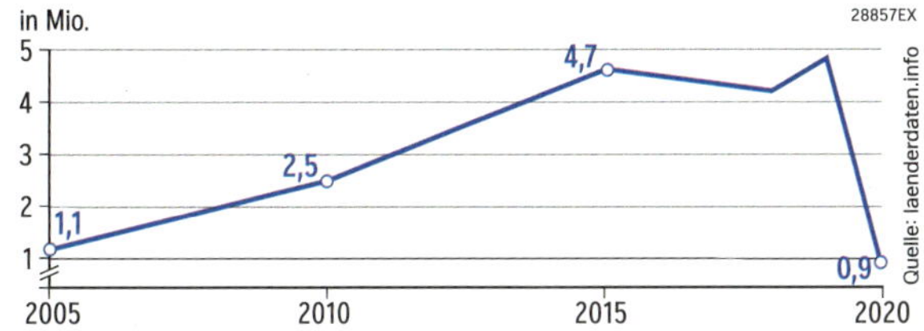

M6 Internationale Touristenankünfte in Mio.

Jeder in der Tourismusindustrie ist auf ausländische Touristen eingestellt und die Zahl der inländischen Touristen ist immer noch zu gering. Viele Arbeitskräfte aus dem Tourismus helfen nun beim Bau oder in der Landwirtschaft aus. Einige Bewohner kleiner Dörfer in den Naturschutzgebieten, die vorher ihr Geld im Ökotourismus verdienten, gehen nun wieder auf illegale Wildtierjagd. Auch die illegale Abholzung des Regenwaldes hat wieder zugenommen. Finanzielle Unterstützungen vom Staat gibt es nicht für die Tourismusbranche. Diese Anfälligkeit gegenüber Krisen (**Vulnerabilität**) wird es uns schwer machen, nach Corona neu zu starten.
Ein Lichtblick: Die Kampagne „Lao Thiao Lao" (Laoten besuchen Laos) wurde im Zuge der Corona-Pandemie entwickelt, als der internationale Tourismus eingebrochen ist. Ziel ist es, den regionalen Tourismus zu stärken. Viele Hotels, Reiseveranstalter und Erlebnisparks bieten Sonderangebote an.

Unser oberstes Ziel ist die touristische Entwicklung im Einklang mit den langfristigen Interessen des Landes. Auf diesem Weg haben wir interessante Angebote für Touristen geschaffen, die auch unserer Bevölkerung zugute kommen. Viele Individualreisende wollen die landestypischen Lebensformen und die Ursprünglichkeit des Landes entdecken. Sie übernachten in privaten Guesthouses und essen in kleinen Restaurants oder besuchen Essensstände. Wir wollen einen qualitativ hochwertigen Tourismus, keinen Massentourismus. Unser Ziel ist es, über fünf Millionen Touristen pro Jahr ins Land zu bringen, um das touristische Potenzial weiter auszubauen.

M7 Sprecher der nationalen Tourismusbehörde

M9 Tourismusunternehmer über die Corona-Pandemie

In Laos wurden sogenannte National Protected Areas (NPAs) für den Erhalt von Flora und Fauna unter Schutz gestellt. Dort befinden sich Hunderte, teilweise vom Aussterben bedrohte Tier- und Pflanzenarten. Die Einrichtung der NPAs soll auch dazu genutzt werden, die lokale Bevölkerung und deren Traditionen zu unterstützen und zu schützen. Mithilfe von Weiterbildungsprogrammen lernen die Menschen zum Beispiel Englisch oder werden als Tour-Guides oder Fahrer ausgebildet. Für die Touristen werden Trekking-, Kajak- oder Fahrradtouren angeboten.

M8 Öko-Tourismus

1 Beschreibe das touristische Potenzial von Laos (Atlas).

2 Erläutere Chancen und Risiken des Tourismus in Laos.

GeoPlus

3 Beurteile, mit Bezug auf das Modell von Butler, inwieweit der Tourismus als Entwicklungsmotor für Laos angesehen werden kann (QR-Code).

Web-Code: WES-144136-029

100800-194 schueler.diercke.de **100800-196** schueler.diercke.de

Alles klar?

1. Entwicklungsstände beschreiben
Erkläre, welche Indikatoren herangezogen werden, um den Entwicklungsstand eines Landes zu beschreiben.

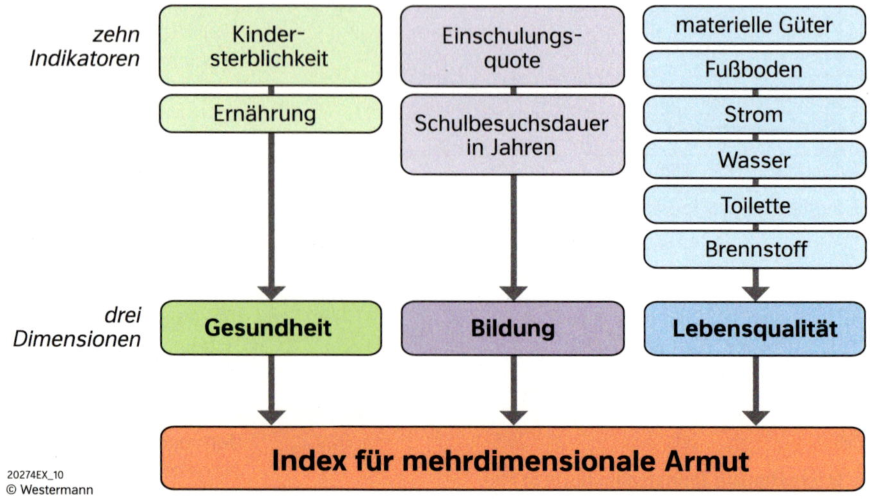

2. Entwicklungstheorien
Erläutere unterschiedliche Theorien darüber, wie Entwicklungsdefizite entstehen.

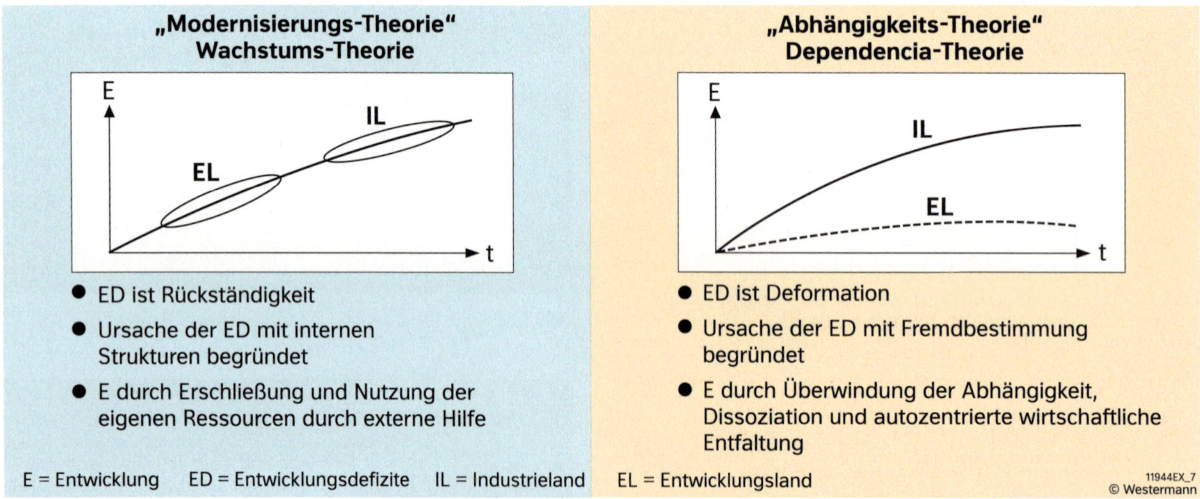

3. Staaten erkennen
a) Nennen die Namen der Staaten und ihre Hauptstadt. Nutze die Karte zum HDI S. 10/11.
b) Erläutere den Entwicklungsstand der beiden Staaten.

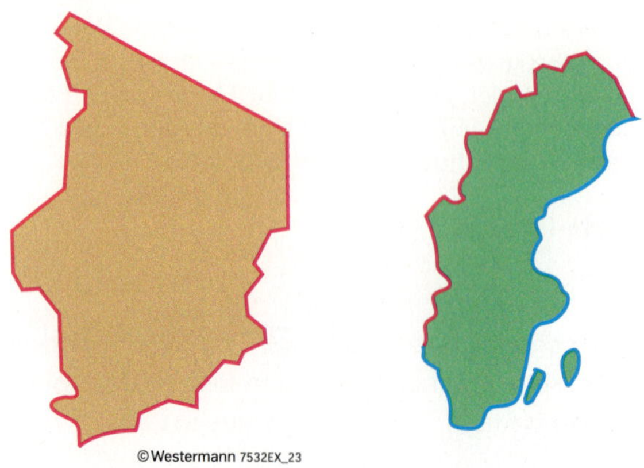

CHECK

4. Räumliche Disparitäten

Werte die Karikatur „Bildung in Zeiten der Pandemie“ (nach einer peruanischen Zeitschrift) aus.

6. Tourismus im Globalen Süden

Erstelle eine Mindmap zu den Folgen des Tourismus in Entwicklungsländern.

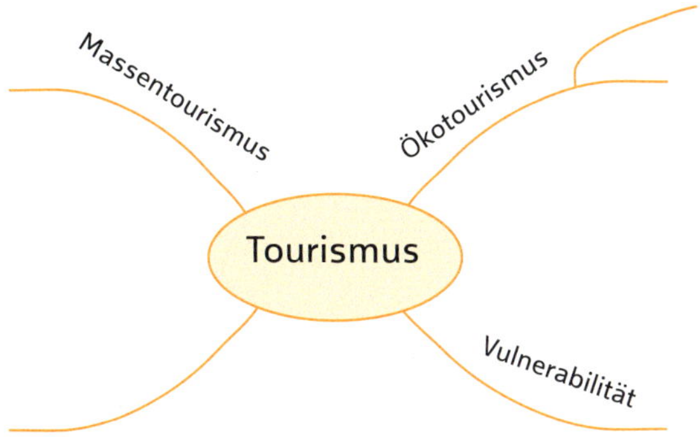

5. Grundbedürfnisse

Benenne die dargestellten Grundbedürfnisse.

Du kannst jetzt:

- Entwicklungsstände von Ländern beschreiben und vergleichen.
- Ursachen für Entwicklungsdefizite erläutern.
- Ursachen für Entwicklungsdefizite und deren Zusammenwirken am Beispiel Perus erklären.
- Entwicklungstheorien erklären.
- Merkmale einer gelungenen Entwicklungszusammenarbeit beschreiben.
- Die Landwirtschaft als Entwicklungsmotor bewerten.
- Die Industrie als Entwicklungsmotor bewerten.
- Den Tourismus als Entwicklungsmotor bewerten.

Grundbegriffe

- Armutsgrenze
- Bad Governance
- Bevölkerungsdiagramm
- BIP/Kopf
- Bruttoinlandsprodukt
- Dependenztheorie
- Fragmentierung
- Grundbedürfnisse
- Human Development Index (HDI
- Korruption
- Landflucht
- Modernisierungstheorie / Wachstumstheorie
- Partizipation
- primärer Sektor
- sekundärer Sektor
- Subsistenzwirtschaft
- Terms of Trade
- tertiärer Sektor
- Vulnerabilität

Globalisierung

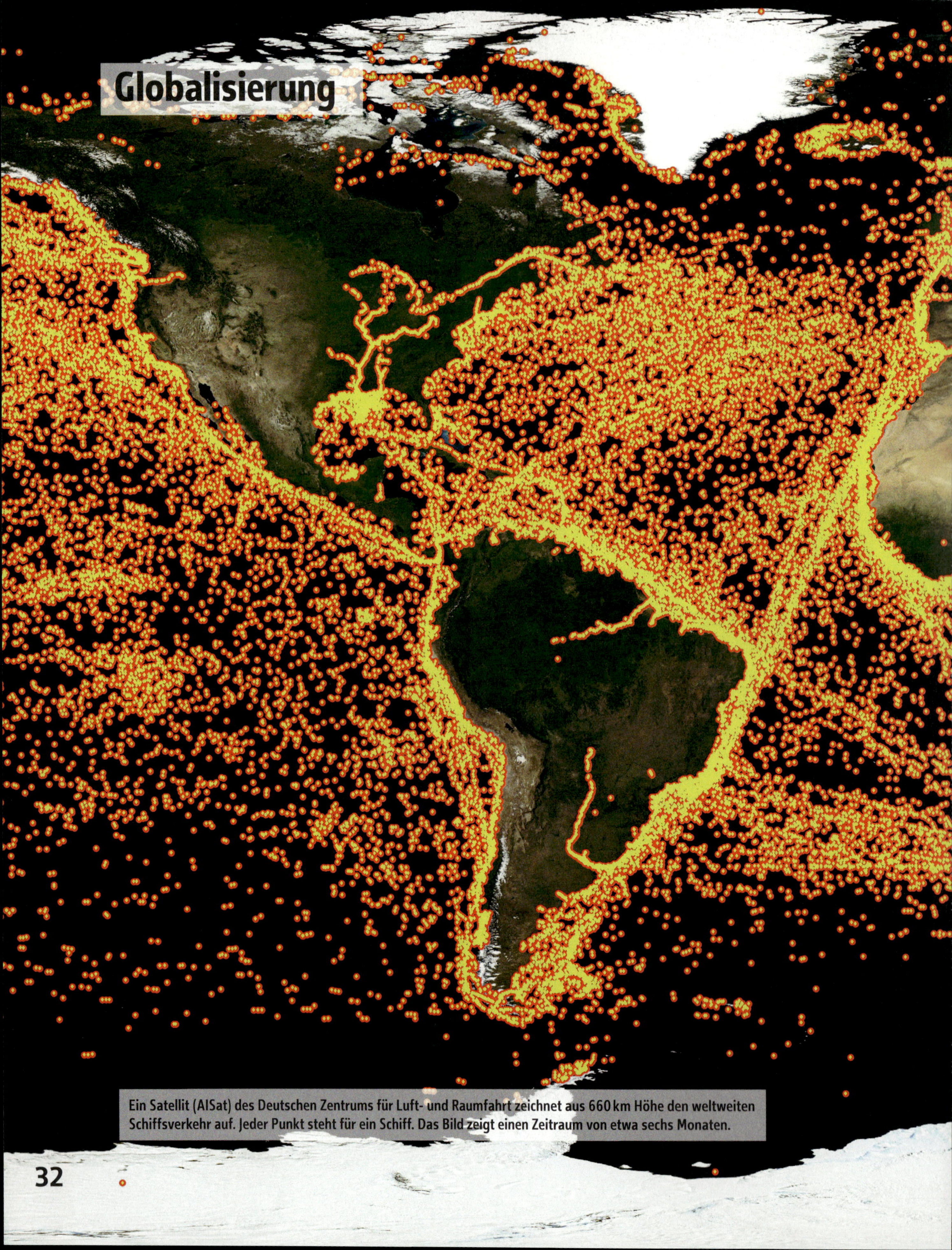

Ein Satellit (AISat) des Deutschen Zentrums für Luft- und Raumfahrt zeichnet aus 660 km Höhe den weltweiten Schiffsverkehr auf. Jeder Punkt steht für ein Schiff. Das Bild zeigt einen Zeitraum von etwa sechs Monaten.

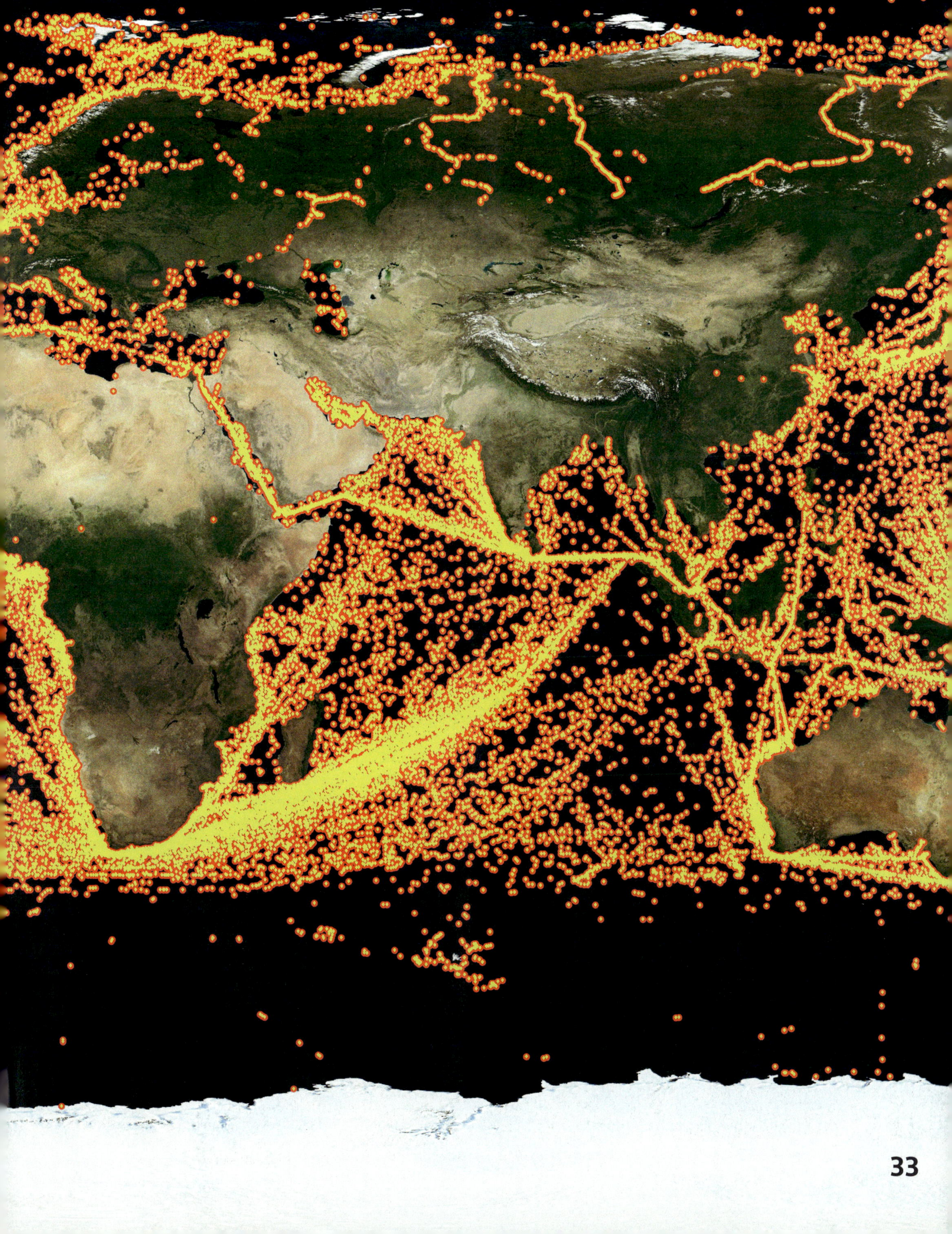

Globalisierung früher und heute

„Globalisierung“ und „globalisierte Welt“ sind Vokabeln, die heute in der Alltagssprache allgegenwärtig sind. Welche Sachverhalte und Prozesse werden damit beschrieben und wie sind diese zeitlich einzuordnen?

Internationale Beziehungen

Den Warenaustausch über Ländergrenzen hinweg gibt es seit Jahrhunderten. So besteht auch die Ansicht, dass die Globalisierung kein neues Phänomen ist. Bereits in der Antike und im Mittelalter bestand zum Beispiel ein europäisches Handelsnetz, das bis nach Afrika und Asien reichte. In der Neuzeit (ab etwa 1500) wurde der Austausch durch neue Entdeckungsfahrten europäischer Seemächte räumlich deutlich ausgeweitet (M2) und ab etwa 1760 im Zuge der Industrialisierung verstärkt.

Von Globalisierung im engeren Sinne sprechen Geographen jedoch erst ab etwa 1990. Zu dieser Zeit führten technologische Neuerungen (z. B. Internet) zeitgleich mit politischen Umbrüchen (Ende des Kalten Krieges und Abbau des „Eisernen Vorhangs") zu einem Wandel in Wirtschaft und Gesellschaft. Grenzen verloren an Bedeutung und die weltweiten politischen, wirtschaftlichen und kulturellen Verflechtungen intensivierten sich. Das Reisen wurde einfacher. Der Handel wuchs rasant und brachte einigen Ländern mehr Wohlstand.

Im kulturellen Bereich sorgt die Globalisierung einerseits für eine größere Vielfalt, andererseits für eine scheinbar immer einheitlichere „Weltkultur“. Das World Wide Web bewirkt zum Beispiel, dass sich Ereignisse und Entwicklungen in einzelnen Regionen weltweit auswirken. Unser Konsumverhalten beeinflusst die Wirtschaft und die Kultur in anderen Teilen der Welt. Politische, gesellschaftliche und wirtschaftliche Krisen in der Welt sind im Gegenzug auch in Deutschland spürbar. Die Globalisierung sorgt dafür, dass die Bewohner unseres Planeten enger zusammenrücken.

Die Corona-Pandemie verdeutlicht, wie aufgrund der engen, grenzüberschreitenden Verflechtung aus einem zunächst regionalen Problem in großer Geschwindigkeit eine globale Krise wurde, die nicht nur die Gesundheit der Menschen betraf, sondern auch massive ökonomische und soziale Folgen hatte. Auch das ist Ausdruck der Globalisierung.

M2 Querschnitt durch eine Karavelle (14. bis 16. Jahrhundert) – dieser Schiffstyp spielte eine wichtige Rolle bei den Entdeckungs- und Handelsfahrten der Portugiesen und Spanier.

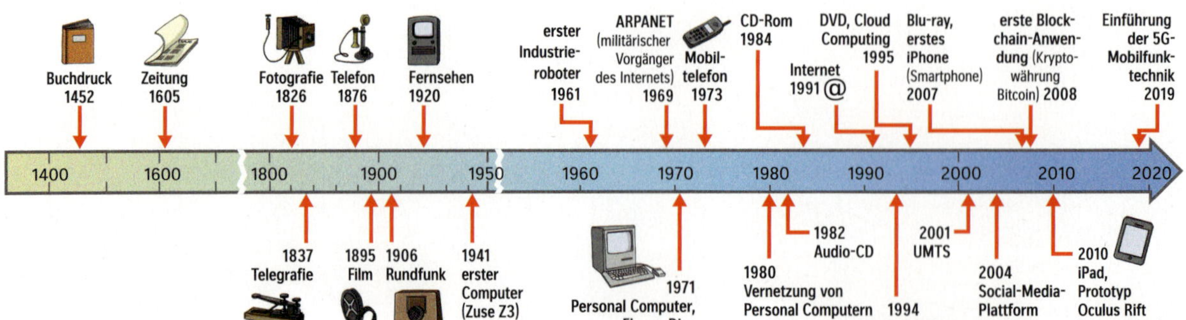

M1 Entwicklung von Kommunikationstechnik

Das vorindustrielle Zeitalter (vor 1770):
Kaufmannsfamilien wie die Fugger sorgen bereits um 1500 dafür, dass zahlreiche Güter zumindest europaweit gehandelt wurden. Bis zur Mitte des 18. Jahrhunderts wird allerdings fast jedes Produkt in kleinen Stückzahlen und in Handarbeit gefertigt. Nur selten hilft hierbei eine durch Wasserkraft oder die Kraft von Tieren betriebene Maschine. Über größere Entfernungen werden meistens nur Luxusgüter gehandelt.
Das Fortbewegungsmittel dieser Epoche ist die Pferdekutsche.

Veränderungen durch erste Maschinen (1770 bis etwa 1880):
1769 entwickelt James Watt die erste leistungsfähige Dampfmaschine und läutet damit ein neues Zeitalter ein. Die Mechanisierung der Arbeit durch Maschinen revolutioniert zuerst das Textilgewerbe, später auch alle anderen Gewerbezweige. Im Jahr 1804 fährt die erste Dampflokomotive auf Schienen.

Massenproduktion (ab etwa 1880):
Gegen Ende des 19. Jahrhunderts kommt es im Zuge der Industriellen Revolution zur Entwicklung der Massenproduktion. Viele Wirtschaftsbereiche, wie beispielsweise die Stahlindustrie und der Maschinenbau, werden erfasst.
1904 führt Henry Ford in seiner Fabrik das erste Fließband ein. Dadurch werden die einzelnen Arbeitsschritte bei der industriellen Fertigung besser und vor allem schneller verbunden. Das Auto und später auch das Flugzeug werden zum Fortbewegungsmittel der Zeit.

Kommunikationszeitalter (seit etwa 1970):
Entscheidend für diesen Zeitabschnitt war die Erfindung des Mikrochips Ende der 1950er-Jahre. Sein massenhafter Einsatz begann allerdings erst in den 1970er-Jahren.
1976 gründete Steve Jobs mit seinen Partnern die Firma „Apple Inc". Der Konzern gehört zu den ersten Produzenten von PCs und trug entscheidend zu deren Verbreitung bei. Die seitdem erfolgten tiefgreifenden Neuerungen in der Kommunikations- und Computertechnologie sorgen dafür, dass heute große Datenmengen transportiert werden.

M3 Erfindungen und ihre Folgen

1. Formuliere eine eigene Definition von Globalisierung.

2. Ist die Globalisierung ein altes oder ein neues Phänomen? Begründe deine Meinung.

3. „Globalisierung bedeutet Entgrenzung". Erörtere diese These.

4. a) Erläutere, welche Bedeutung die in M1 und M3 genannten Erfindungen für den Wandel in Wirtschaft sowie Gesellschaft hatten und wie diese Erfindungen Globalisierungsprozesse begünstigten.
b) Ergänze M3 durch eine mögliche weitere Phase.

a) Chinesische Touristen in Heidelberg b) UNO-Konferenz in New York c) Karneval der Kulturen in Berlin

M1 Beispiele für Globalisierung

Globalisierung ist überall

Die Globalisierung umfasst nicht nur Verflechtungen in der Wirtschaft. Welche bedeutenden Lebensbereiche werden von der Globalisierung beeinflusst?

Globalisierung in der Wirtschaft

Ökonomische Interessen sind die prägendste Kraft der Globalisierung. Sie sorgten schon im Altertum und im Mittelalter für weitreichende Handelsbeziehungen. Die Entdeckungsfahrten der Europäer im 15./16. Jahrhundert und als Folge der Kolonialismus waren im Wesentlichen auch ökonomisch motiviert. In der jüngeren Vergangenheit nahm der Warenhandel stark zu. Auch Dienstleistungen und Kapitalströme sind von der Globalisierung erfasst. Firmen operieren heute weltweit, sie nutzen immer leistungsfähigere Transportmittel und schicken Informationen, Geld oder Aufträge über das Internet und Satelliten schnell und günstig um den ganzen Erdball.

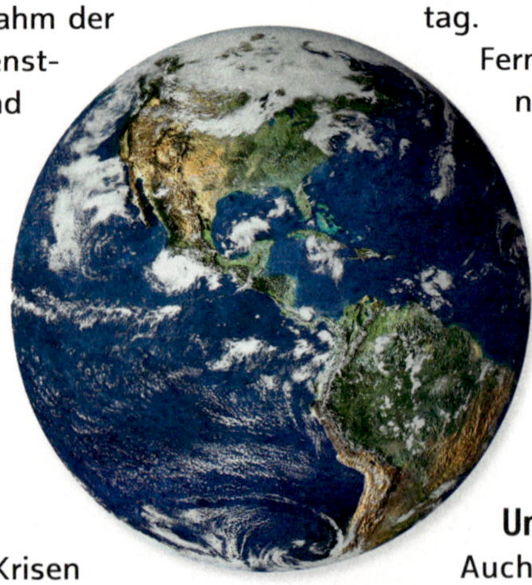

Globalisierung in der Politik

Immer mehr Entwicklungen und Krisen haben weltweite Folgen und werden international diskutiert. Durch die globalen politischen und wirtschaftlichen Interessen von Staaten entwickeln sich lokale Konflikte oft zu Krisen, deren Folgen weit über die Landesgrenzen hinausreichen. Viele Krisen können daher auch nur international gelöst werden.
Internationale Organisationen wie die UN oder die EU bemühen sich um politische Stabilität.

Globalisierung in Gesellschaft und Kultur

Über die Medien verbreiten sich Mode, Musik und Lebensstile in alle Welt. Jeder von uns spürt mehr oder weniger die globalen Auswirkungen von bestimmten Ereignissen. Die Nutzung von Smartphones und sozialen Netzwerken gehört heute auch in entlegenen Gebieten der Welt oft zum Alltag.
Fernreisen nehmen weltweit zu. Doch nicht nur Menschen aus den westlichen Industrieländern reisen in alle Welt, auch die Bewohner der aufstrebenden Schwellenländer entdecken touristische Attraktionen in der Ferne. Die Chinesen haben die Deutschen mittlerweile als Reiseweltmeister abgelöst.

Umwelt

Auch Umweltprobleme haben eine globale Dimension. Das bekannteste Beispiel ist der Klimawandel. Seine Folgen werden weltweit zu spüren sein, auch und vor allem in den Ländern, die kaum für den Klimawandel verantwortlich sind. Wirkungsvolle Maßnahmen erfordern gerade bei Umweltfragen globale Absprachen mit Entscheidungen auf internationaler Ebene.

d) Warenterminbörse in Chicago

e) Fußballfans im Jemen

f) Holi-Fest in Barcelona

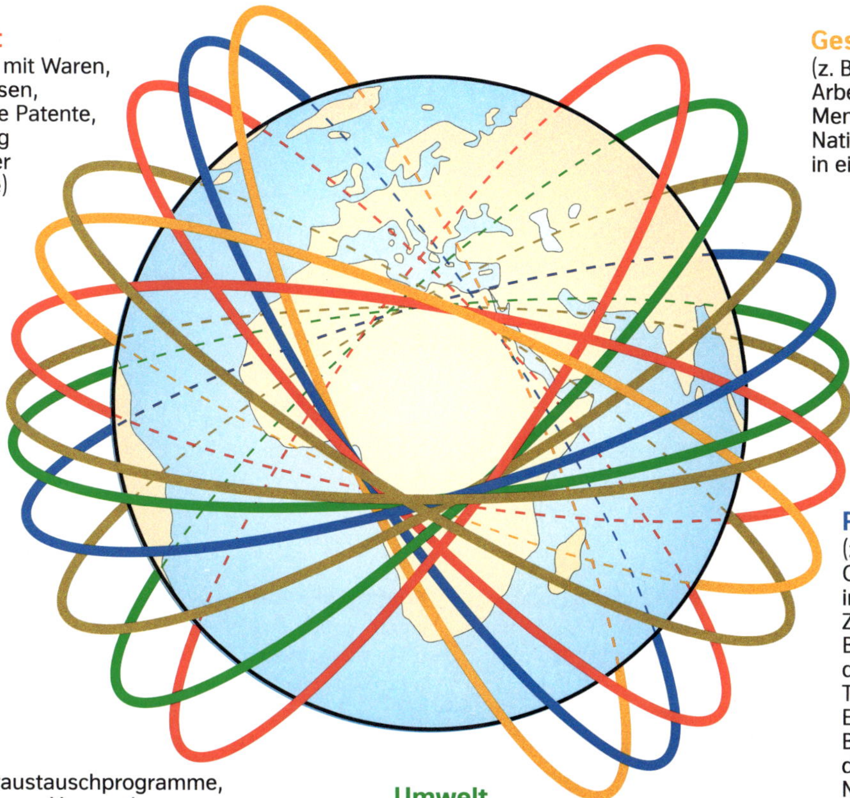

M2 Bereiche der Globalisierung

1 a) Nenne zu jeder der beschriebenen Dimension in M2 ein weiteres Beispiel.
b) Kann man sich der Globalisierung entziehen? Nimm Stellung.

2 Erstelle ausgehend von M2 eine Mindmap zum Thema.

3 Wähle eine der Aussagen (QR-Code) und erläutere sie.

GeoPlus

4 a) Erläutere, welche Bereiche in M2 der Globalisierung stärker bzw. schwächer ausgesetzt sind.
b) Erörtere Vor- oder Nachteile der Globalisierungsprozesse für einzelne Bereiche (M2).

Web-Code: WES-144136-037

Wirtschaft global – wachsender Welthandel

Der internationale Handel wurde in den letzten Jahrzehnten deutlich gesteigert. Welche Faktoren begünstigten diese Entwicklung?

Entgrenzung fördert Welthandel

Seit Jahrzehnten nimmt der weltweite Handel stetig zu (M2). Viele Länder versprechen sich Vorteile von der Integration in den Weltmarkt. Unterstützt und vorangetrieben wird dieser Prozess von Staaten und internationalen Organisationen, die einen freien Welthandel zum Ziel haben (M1).

Innovationen und Vereinfachungen führten zu Verbesserungen in der **Logistik** und zu einer drastischen Senkung der Kosten der Raumüberwindung (M1, M4). Zahlreiche Unternehmen verlagerten ihre Produktion in Niedriglohnländer. Die kostensparenden Produktionsabläufe führten letztlich zu günstigen Endprodukten. Dadurch stieg die Nachfrage nach diesen Produkten, was zu einem weiteren Anwachsen des Welthandels führte.

Bis vor einigen Jahrzehnten wurden Autos eines Herstellers im Wesentlichen in dem Land verkauft, in dem das Auto auch hergestellt wurde. Heute produziert und verkauft ein Automobilunternehmen weltweit. Mittlerweile stellen die deutschen Automobilunternehmen mehr Autos im Ausland her als in Deutschland. Dadurch sparen sie Kosten, vor allem für die Löhne der Mitarbeiter sowie Steuern und Sozialabgaben.

Auch die in Deutschland produzierten Automobile bestehen aus Einzelteilen, die zum Teil im Ausland hergestellt wurden. Diese einzelnen Komponenten werden **just in time** geliefert. Experten nennen dies internationale Arbeitsteilung. Sie trägt auch zum wachsenden Welthandel bei.

M3 Globalisierung – das Beispiel Automobilindustrie

Zusammenarbeit

Nach dem Ende des Zweiten Weltkrieges (1945) entstanden Organisationen der internationalen Zusammenarbeit. Eine dieser Organisationen ist die **World Trade Organization** (WTO). Sie ist eine eigenständige Organisation im System der Vereinten Nationen und setzt sich für den freien Welthandel ein. Einige Länder gründeten **Freihandelszonen** (siehe S. 53, M3). Innerhalb dieser Zonen nahm der Handel rasant zu.

Transport

Mit den Vereinheitlichungen (Standardisierungen) im Transport durch **Container** (M5) und leistungsfähige Häfen sanken die Transportkosten drastisch (M4). Auch künstliche Wasserstraßen wie der Suez- oder der Panamakanal verkürzen Transportzeiten und -kosten erheblich.

Kommunikation

Durch Innovationen im Bereich der Kommunikation (M4) ist es möglich, jederzeit unkompliziert und kostengünstig weltweit zu kommunizieren und den Handel zu organisieren. Besonders das Internet leistet seit den 1990er-Jahren einen wesentlichen Beitrag.

M1 Gründe für den zunehmenden Welthandel (Auswahl)

M2 Entwicklung des Welthandels

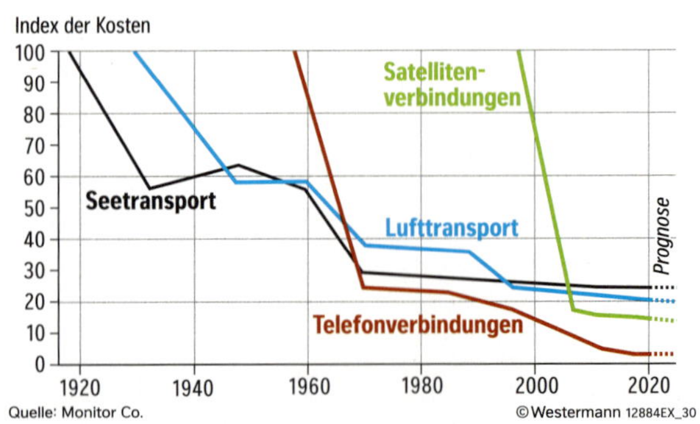

M4 Entwicklung der Transport- und Kommunikationskosten

Die ersten Container gingen 1956 auf Reisen. ‚Ideal X' hieß der umgebaute Tanker, den der amerikanische Transportunternehmer Malcom McLean bei der US-Marine günstig erworben hatte. […]
‚Ich habe keine Schiffe, ich habe seegängige Lkw', erklärte Malcom McLean damals. Er konnte nicht ahnen, welche Revolution er mit seiner eigentlich so simplen Idee auslösen sollte. […] Da sich mit dem raschen Güterumschlag vor allem die Liegezeiten der Schiffe verkürzen ließen und gleichzeitig die Transportauslastung der Schiffe deutlich gesteigert werden konnte, interessierten sich die Reeder für die Containerboxen beim Stückguttransport. 1968 gelang es dann, sich weltweit auf das 20-Fuß-Standardmaß bei Containern zu einigen. […] Container sind ungemein praktisch, da sich so gut wie alles in ihnen verstauen lässt, was früher in Säcken, Kisten oder Ballen verschifft wurde. […] Ohne die Containerschifffahrt wäre die Globalisierung des Welthandels undenkbar. […] Mit der Einführung der Stahlboxen konnten die Transportkosten drastisch verringert werden. In einen 20-Fuß-Standardcontainer passen etwa 10000 in Fernost geschneiderte US-Markenjeans. Sämtliche Transportkosten vom Hersteller zum Auftraggeber […] bis zum Endverbraucher werden mit wenigen Tausend Euro pro Container veranschlagt. Damit liegt der gesamte Transportkostenanteil pro Jeans heute geschätzt bei 40 Cent. […] Sind die Container erst einmal an Land, werden sie per Lkw oder Bahn zum Kunden transportiert. Die Ware muss nicht mehr im Hafen ausgepackt und dort abgeholt werden […]. All das spart Zeit und damit Geld.

Quelle: Ulrich Neumann: Hamburger Hafen. Planet Wissen, WDR, Köln, 13.05.2020

M5 Container – Welterfolg mit der „Wunderkiste"

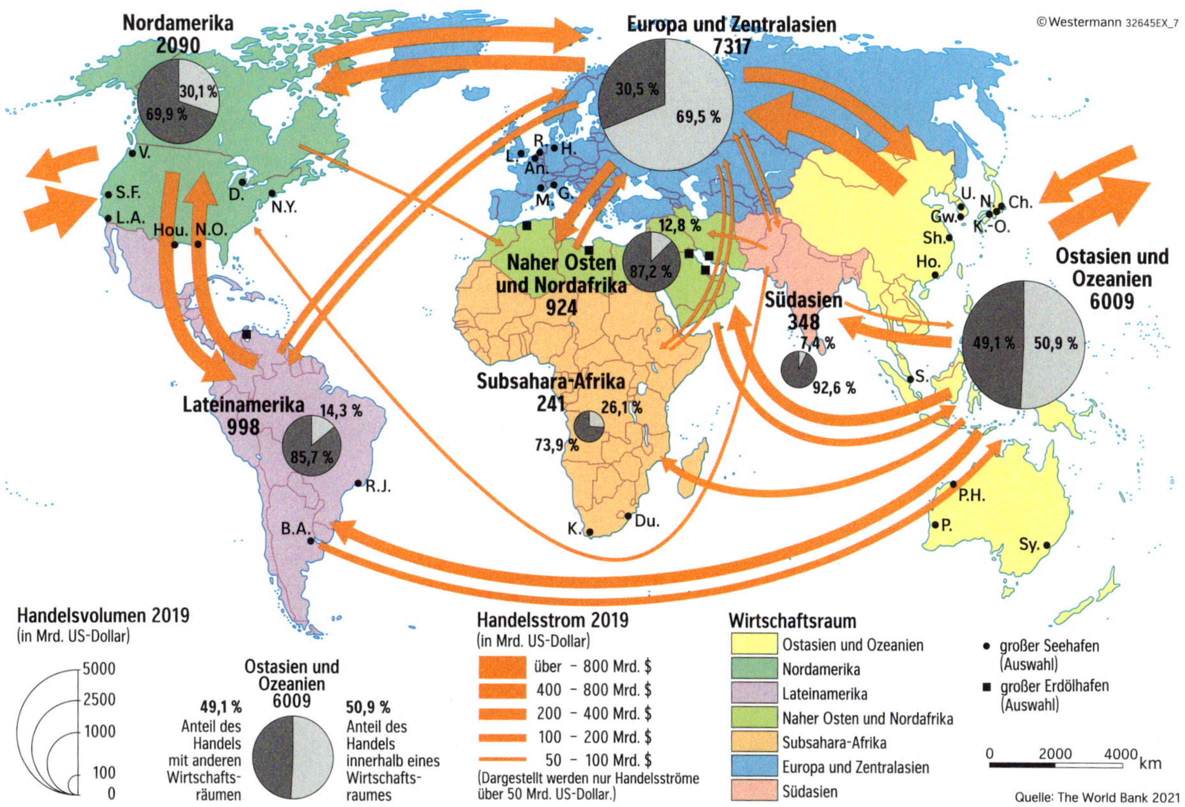

M6 Regionale und internationale Handelsströme der großen Weltwirtschaftsregionen

1 a) Fasse zusammen, warum der Welthandel in den vergangenen Jahrzehnten zugenommen hat.
b) „Ohne den Container gäbe es keine Globalisierung." Nimm zu dieser These Stellung.

2 a) Beschreibe die Handelsströme in M6.
b) Erläutere die Stellung Europas im Welthandel (M6, QR-Code).

GeoPlus
3 Entwirf eine Conceptmap zum Thema Welthandel.

M1 Frankfurt Christmas Market (Birmingham, UK)

M3 McDonalds-Filiale in Indien

Globalisierung der Kultur

Hip-Hop entstand Ende der 1970er-Jahre in New York City. Heute gibt es weltweit nur wenige Sprachen, in denen nicht gerappt wird. Wie ist das möglich?

Globalisierung der Lebensstile

Inzwischen ist es normal, dass wir in Restaurants weltweit ähnliche Speisen essen können, die Verständigung auf Englisch ist meistens unproblematisch, TV-Sender, Kinos oder Streamingdienste zeigen die gleichen Serien und Filme. In den Geschäften können wir weltweit die gleichen Marken kaufen und Sportveranstaltungen werden in zahlreiche Länder übertragen.
Getragen wird dieser kulturelle Austausch von der wirtschaftlichen Globalisierung, durch die Waren und Dienstleistungen problemlos Grenzen überschreiten und weltweit angeboten werden. Dazu zählen auch kulturelle Güter wie Musik, Literatur, Filme, Bekleidung, Ernährung und Brauchtum. Diese werden über Social Media, Streamingdienste, TV, Kino und Radio weltweit vermarktet. Auch die zunehmende Migration fördert den kulturellen Austausch.
Viele kulturelle Trends werden auch heute noch in den USA entwickelt. Mittlerweile setzen auch Länder aus anderen Regionen der Welt internationale Trends (M8).

M2 Premiere einer Netflix-Produktion in Japan

M4 Hip-Hop-Künstler in China

M5 Französische Fans der K-Pop-Band BTS (Paris)

M7 In einem koreanischen Restaurant treffen sich russische Fans der Netflix-Serie Squid Game (Moskau).

In den letzten Jahren haben sich immer mehr Streaming-Plattformen, wie Netflix, Amazon Prime oder Disney + etabliert. Tausende Filme und Serien, bei Netflix sind es zum Beispiel weit über 5000, sind auf diesem Wege abrufbar.
Die große Anzahl an Anbietern und Produktionen wirft die Frage nach der Vielfältigkeit des Angebotenen auf. Diese Frage beschäftigt auch die Europäische Union. Die EU möchte sicherstellen, dass ihre Bürger auch im ausreichenden Maße die Möglichkeit haben, europäische Produktionen sehen zu können. Deshalb erließ die EU bereits 2018 eine Richtlinie, die festlegte, dass mindestens 30 Prozent der angebotenen Serien und Filme europäische Produktionen sein müssen. Später wurde präzisiert, dass dieser Anteil nach der Anzahl der Titel ausgewiesen werden soll, wobei eine Serie als ein Titel berechnet wird. Damit will die EU gewährleisten, dass die Bürger der EU auch weiterhin einen Zugang zu Produktionen haben, welche die kulturelle Vielfalt Europas spiegeln. Gleichzeitig dient eine solche Regelung der Förderung und Unterstützung der Kultur- und Filmschaffenden in Europa.

M6 Netflix und Co. – die EU legt eine Quote für europäische Inhalte fest.

Die koreanische Welle (Hallyu) ist ein Phänomen der kulturellen Globalisierung. Seit einigen Jahren sind südkoreanische Serien, Comics, Popmusik, Filme, Mode und Gastronomie zunächst in China, Japan und in Südostasien sehr populär. Mittlerweile hat die Welle auch andere Kontinente erreicht.
Die im Jahr 2020 weltweit erfolgreichste Band BTS stammt aus der südkoranischen Hauptstadt Seoul, ebenso wie die global erfolgreichste Girlband Blackpink. Mitte 2021 meldete der Streamingdienst Netflix, dass die südkoreanische Serie Squid Game weltweit in über 110 Mio. Haushalten aufgerufen worden sei - Rekord.
Diese Erfolge sind kein Zufall. Seit Jahren unterstützt die südkoreanische Politik die weltweite Vermarktung südkoreanischer Musiker, Filme, Serien und der Gastronomie. Im Ministerium für Kultur, Sport und Tourismus gibt es sogar eine Hallyu-Abteilung. Sie hat die Aufgabe, den südkoreanischen Kulturexport weiter zu erhöhen.

M8 Hallyu – die koreanische Welle

1 a) Überprüfe, wie global dein kulturelles Leben ist.
b) Foto M1 gehört zum Bereich Brauchtum. Finde weitere Feste, die heute weltweit gefeiert werden.

2 a) Es gibt Befürworter und Gegner der kulturellen Globalisierung. Stelle ihre Argumente gegenüber (Internet).
b) „Die Globalisierung sorgt dafür, dass sich die Menschen weltweit anpassen und die kulturelle Vielfalt verloren geht.“ Nimm Stellung.

3 Erörtere, warum die südkoreanische Politik den Export südkoreanischer Kultur fördert (M8).

GeoPlus

4 Diskutiert, ob die Einführung einer Quote für europäische Produktionen bei Streaminganbietern in Europa sinnvoll ist (M6).

Globalisierung konkret – die Bekleidungsindustrie

Für die meisten von uns ist es heutzutage selbstverständlich, sich regelmäßig neue Kleidungsstücke zu kaufen. Wir können aus einer Vielzahl an Angeboten das passende Stück auswählen. Entscheidend sind der Preis, die Qualität und natürlich der Look. Welchen Beitrag hat die Globalisierung dazu geleistet?

Dass wir heute diese Möglichkeit haben, ist in der Menschheitsgeschichte eine relativ neue Entwicklung. Sie ist unter anderem eine Folge der Globalisierung, von der die Bekleidungsindustrie relativ frühzeitig und besonders tiefgreifend erfasst wurde. Diese Industrie bildet heute eine weltweite Produktions- und Verwertungskette (M3, M5).
Die immer schneller wechselnden Fashiontrends und Kollektionen sind eine Herausforderung. Der Druck auf Produzenten und Arbeiter ist groß. Sie müssen schnell, verlässlich und günstig liefern.
Die Bekleidungsindustrie gehört zu den sogenannten **Footlose Industries**. Das bedeutet, dass Betriebe praktisch überall produzieren können. Die Nähe zu Rohstoffen ist eher unwichtig. Entscheidend sind vor allem günstige Produktionskosten (v.a. Löhne), da die Herstellung von Kleidung zum Großteil Handarbeit ist. Unerlässlich ist auch eine infrastrukturelle Grundausstattung (Transportwege, Strom, Wasser).

Jahr	Mio. US-$	Jahr	Mio. US-$
1980	40 590	2005	278 465
1990	108 129	2010	354 819
1995	158 353	2015	453 391
2000	197 723	2020	448 961

M1 Werte der Exporte von Kleidung weltweit

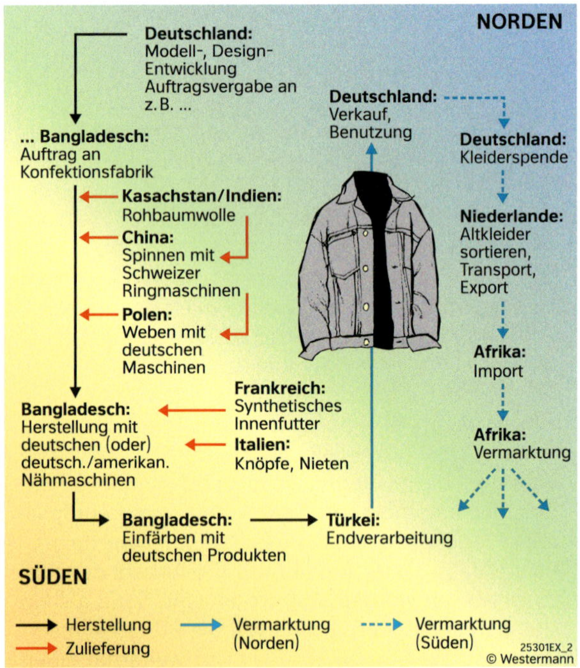

M3 Die globale Jacke

M2 Auf einer Modenschau

M4 Günstige Kleidung in deutschen Geschäften

Gruppenmix

Auf den nachfolgenden Seiten werden euch vier Teile der Produktions- und Verwertungskette der globalen Bekleidungsindustrie vorgestellt. Diese acht Seiten können auch in Form eines Gruppenmixes bearbeitet werden, der euch hier vorgestellt wird.

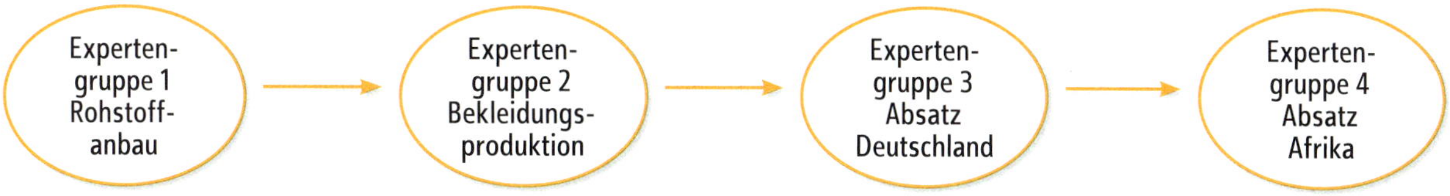

M5 Produktions- und Verwertungskette der Bekleidungsindustrie

Ein Thema im Gruppenmix bearbeiten

1. Schritt: Vorbereitung
Teilt die Klasse in vier Expertengruppen (siehe M5) mit möglichst gleicher Schülerzahl.

2. Schritt: Einzelarbeit
Bearbeitet das Thema eurer Expertengruppe zunächst in Einzelarbeit. Lest die Texte und analysiert die Materialien.

3. Schritt: Expertengruppe
Anschließend kommen die Expertengruppen zusammen. Diskutiert in den Gruppen eure Ergebnisse und formuliert Standpunkte, die von allen Beteiligten unterstützt werden. Haltet auch fest, wo es unterschiedliche Standpunkte gibt.

4. Schritt: Gruppenmix
Anschließend werden neue Gruppen gebildet, die aus mindestens einem Vertreter jeder Expertengruppe bestehen. Hier bringt ihr euer Expertenwissen ein. Stellt nacheinander euer Thema sowie den Verlauf und das Ergebnis der Diskussion (siehe Schritt 3) kurz vor. Klärt im Anschluss offene Fragen.

5. Schritt: Auswerten und Präsentieren
Zum Schluss kommen die Expertengruppen wieder zusammen. Wertet eure Erfahrungen aus Schritt 4 aus. Überarbeitet gemeinsam die Ergebnisse aus Schritt 3 und berücksichtigt dabei neue Erkenntnisse aus den anderen Expertengruppen. Erstellt abschließend eine Präsentation.

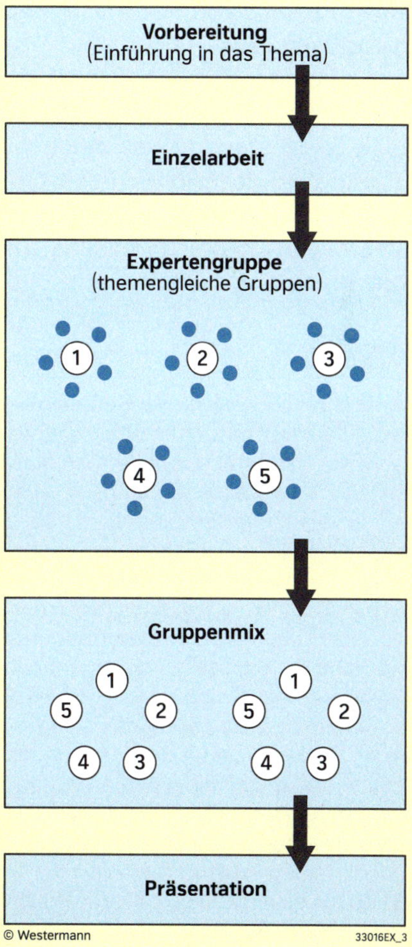

M1 Lagerung der geernteten Baumwolle in Burkina Faso

Baumwolle – Rohstoff für unsere Bekleidung

In der Textilfaserproduktion wird zwischen natürlichen und künstlichen Fasern unterschieden. Die Baumwollpflanze ist mit Abstand der wichtigste natürliche Rohstoff der Bekleidungsindustrie. Etwa 75 Prozent aller Naturfaserprodukte bestehen aus Baumwolle.
Baumwolle lässt sich leicht verarbeiten. Textilien aus Baumwolle sind hautverträglich und reißfest. Baumwolle ist aber eine sehr empfindliche Pflanze (M3) und kann deshalb nur in bestimmten Regionen der Welt angebaut werden (M2). Der Anbau ist sehr anspruchsvoll und häufig eine Belastung für die Umwelt.

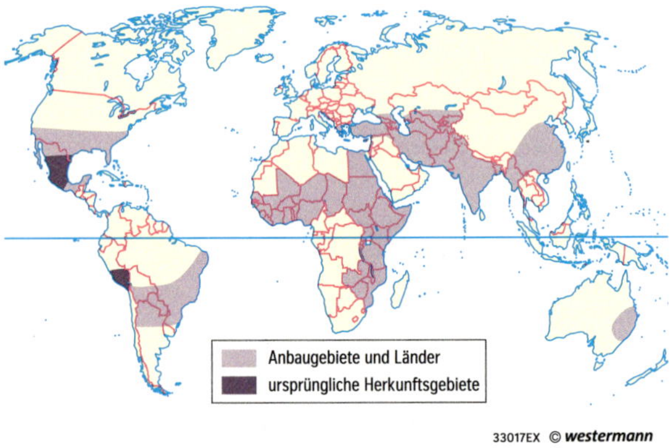

M2 Anbaugebiete der Baumwolle (Auswahl)

INFO

Gentechnisch veränderte Baumwolle
Etwa 75 Prozent der konventionell erzeugten Baumwolle stammen von genmanipulierten Pflanzen. Ob diese Vorteile bringen, ist umstritten. Gentechnik besitzt Vorteile: In Indien haben durchschnittlich 24 Prozent der Bauern höhere Erträge. Gleichzeitig werden auch weniger Pestizide gegen ihren Hauptschädling eingesetzt. Für viele Kleinbauern erfüllten sich die Erwartungen aber nicht. Zwar sind die Erträge bei guten Anbaubedingungen besser, dafür sind die gentechnisch veränderten Samen und die passenden Dünger deutlich teurer und die Qualität der Fasern schwankt. Neue Schädlinge, gegen die die Pflanzen nicht resistent sind, breiten sich aus. Dann müssen doch teure Pestizide eingesetzt werden. Das Saatgut muss zudem nachgekauft werden, weil die Pflanzen oft Hybridsorten sind. Viele Bauern verschulden sich.

- mindestens 180 Tage Wachstumszeit
- Temperaturen immer über 15° C, optimale Temperatur: 24 – 28° C
- Hoher Wasserbedarf, für ein Kilo Baumwolle werden zwischen 10 000 und 17 000 Liter Wasser verbraucht.
- absolute Trockenheit während der Reife, da sonst die Fasern verkleben
- hohe Bodenfruchtbarkeit notwendig, deshalb muss stark gedüngt werden
- Einsatz von Pflanzenschutzmitteln (Pestiziden), da die Pflanzen sehr schädlingsanfällig sind
- Die maschinelle Ernte erfordert den Einsatz von hochgiftigen Entlaubungsmitteln.
- Für eine Jeans benötigt man etwa zwei Kilogramm Rohbaumwolle.

M3 Fakten über Baumwolle

Globalisierung

Die USA sind einer der größten Baumwollexporteure der Welt. Eine wichtige Grundlage für die Stellung der USA beim Export von Baumwolle ist das 2002 unterzeichnete Agrargesetz der USA, das Farm Bill. Damit wurden steuerliche Beihilfen (Subventionen) in Millionenhöhe für die amerikanischen Baumwollproduzenten festgeschrieben. Erst in jüngster Zeit wurden aufgrund des Protestes anderer Länder, vor allem Brasiliens, hinsichtlich der Höhe der Subventionen Veränderungen vorgenommen.
Das damalige Gesetz hatte unmittelbare und verheerende Folgen für die afrikanischen Bauern, die vom Verkauf ihrer Baumwollproduktion lebten. Sie produzierten zwar ihre Baumwolle billiger als die Landwirte in den USA, doch da diese vom Staat subventioniert wurden, produzierten sie Baumwolle in riesigen Mengen und überschwemmtem damit den Weltmarkt. Infolgedessen fielen die Weltmarktpreise für Baumwolle. Auch dass die Baumwolle der afrikanischen Bauern von sehr guter Qualität war, da von Hand gepflückt, half diesen nicht. Mit einem Federstrich des amerikanischen Präsidenten unter ein neues Gesetz verloren damals die afrikanischen Bauern fast über Nacht die Hälfte ihres Einkommens.

M4 Subventionen haben Folgen.

Gerade die Entwicklung der Baumwollproduktion zeigt, wie wichtig es ist, dass der Mensch ökonomische Entscheidungen, hier die vermehrte Produktion von Baumwolle, stets auch auf seine ökologischen Folgen hin prüft.
Der Baumwollanbau verbraucht sehr viel Wasser. In vielen Regionen des Baumwollanbaus müssen die Felder deshalb bewässert werden, zum Beispiel im Sudan, in Ägypten, in Teilen der USA sowie in Zentralasien (Usbekistan und Kirgisistan). In vielen Teilen Afrikas und in Indien muss die Baumwolle aber nicht künstlich bewässert werden, hier herrscht kleinbäuerlicher Regenfeldbau vor. In den erstgenannten Ländern erfolgt der Anbau der Baumwolle vielfach in Monokultur, das heißt, es wird nur eine einzige Nutzpflanze angebaut. Das erfordert einen hohen Einsatz von Schädlingsbekämpfungsmitteln, was wiederum den Boden belastet und dazu beiträgt, das Grundwasser zu verunreinigen.
Der Baumwollanbau in Afrika südlich der Sahara erfolgt dagegen oft in Fruchtfolge, das heißt, es wechselt sich Baumwolle mit Mais und Getreide ab. Die Baumwollproduktion auf kleinen Feldern ist allerdings sehr arbeitsintensiv, weil Unkraut gejätet werden muss und auch das Pflücken der Baumwolle mit der Hand erfolgt.

M6 Unterschiede in der Baumwollproduktion

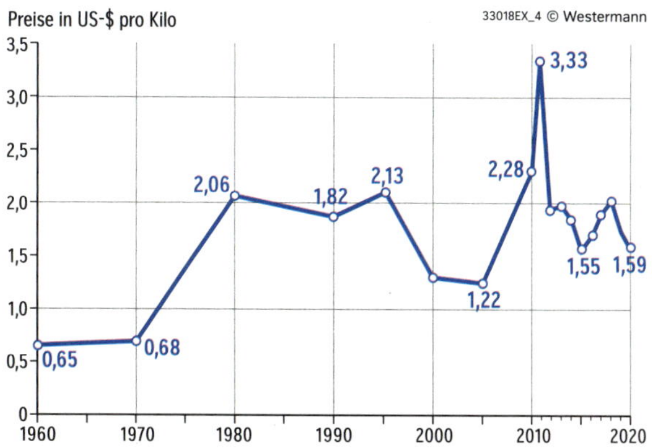

M5 Entwicklung des Baumwollpreises

Land	Wert der Exporte in US-$ (2020)	Anteil am Welthandel (2020)
China	11,00 Mrd.	21,7 %
USA	6,99 Mrd.	13,8 %
Indien	5,81 Mrd.	11,5 %
Brasilien	3,32 Mrd.	6,6 %
Vietnam	2,71 Mrd.	5,3 %
Pakistan	2,64 Mrd.	5,2 %
Türkei	1,46 Mrd.	2,9 %
Usbekistan	1,20 Mrd.	2,4 %

M7 Führende Baumwollexporteure (2020)

1 a) Beschreibe die Verbreitung der Baumwollanbaugebiete (M2).
b) Erläutere, wieso in Deutschland keine Baumwolle angebaut wird (M2, M3).

2 a) Beschreibe die Stellung der USA im Rahmen des weltweiten Baumwollhandels (M4, M7).
b) Erläutere die Bedeutung von Subventionen (M4).

3 Stelle aus der Sicht eines afrikanischen Baumwollbauern Vor- und Nachteile des Baumwollanbaus gegenüber (M4 – M6).

GeoPlus

4 Recherchiere Vor- und Nachteile von gentechnisch veränderter Baumwolle (Info, Internet).

Globalisierung

M1 Textilfabrik in Vietnam

Die Bekleidungsproduktion

Die Bekleidungsproduktion ist sehr arbeitsintensiv. Das bedeutet, dass viele Arbeitsschritte in Handarbeit ausgeführt werden müssen. Der Lohnanteil für das Nähen und Färben ist deshalb der zentrale Kostenfaktor für die Betriebe der Bekleidungsindustrie. Mit dem Argument, wettbewerbsfähig sein zu müssen, zahlen die Unternehmer ihren Angestellten geringe Löhne und zwingen sie zu langen Arbeitszeiten.

Zumeist sind die Arbeitskräfte nicht gewerkschaftlich organisiert. In vielen Ländern gibt es kaum wirksame Gesetze zu ihrem Schutz. Oft bestehen enge Beziehungen zwischen lokalen Produzenten und Politikern. Korruption ist allgegenwärtig.
Sind die Produktionskosten trotz geringer Löhne und langer Arbeitszeiten an anderen Standorten (Ländern) günstiger, verlagern die Betriebe ihre Produktion in diese Länder.

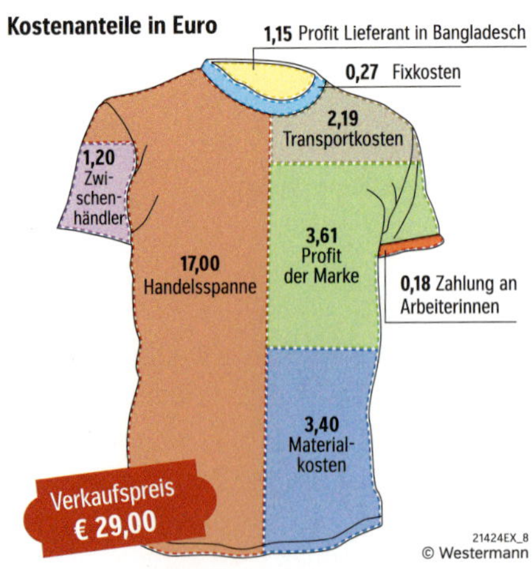

M2 Zusammensetzung des Verkaufspreises

Rund 95 Prozent der in Deutschland verkauften Kleidung wird im Ausland hergestellt. Produziert wird in Asien und Afrika. Deutschland importiert Kleidung vor allem aus China.
Einigen Produzenten wird China zu teuer, weil die Löhne dort steigen. Dieser Anstieg hat mehrere Gründe: So hob die chinesische Regierung die Mindestlöhne stetig an, um das Wirtschaftswachstum über den inländischen Konsum zu steigern. Das ging zu Lasten der Produktion und des Exports von Billigwaren. Mittlerweile werden zudem Arbeitskräfte knapp. „Produzenten planen daher den Umzug ins günstigere Landesinnere Chinas oder in Länder, in denen die Arbeitskosten noch niedriger sind. Dazu zählen Bangladesch, Vietnam, Äthiopien oder Myanmar", sagt ein Experte.

M3 Die Lohnkosten entscheiden.

Ich arbeite in einer Fabrik weit weg von meinem Heimatdorf. Deshalb muss ich in der Nähe der Fabrik wohnen. Ich lebe mit fünf Leuten in einem Zimmer.
Unserem Arbeitgeber gehören die Häuser, in denen wir leben. Ich verdiene ohne Überstunden umgerechnet etwa 80 Euro im Monat. Viele werden auch nach einem täglich vorgegebenen Produktionsziel bezahlt. Wenn ich nicht zur Arbeit gehen kann, weil ich krank bin, bekomme ich keinen Lohn. Die Miete muss ich trotzdem bezahlen. Um etwas mehr Geld zu verdienen, mache ich häufig Überstunden.

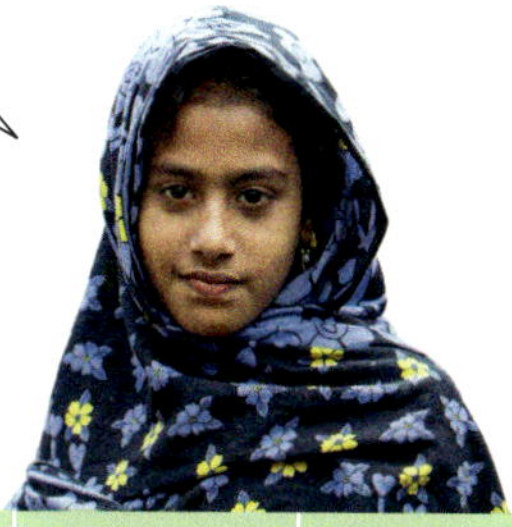

M4 Bericht einer Arbeiterin aus Bangladesch

Jahr	%	Jahr	%
1982/83	3,9	2002/03	75,0
1984/85	12,4	2004/05	74,2
1986/87	27,7	2006/07	75,6
1988/89	36,5	2008/09	79,3
1990/91	50,5	2010/11	78,2
1992/93	60,6	2012/13	79,6
1994/95	64,2	2014/15	81,7
1996/97	67,9	2016/17	81,2
1998/99	75,7	2018/19	84,2
2000/01	75,1	2020/21	81,2

M5 Anteil der Bekleidung an Gesamtexporten aus Bangladesch

Jahr	Mrd. US-$	Jahr	Mrd. US-$
1982/83	0,03	2002/03	4,90
1984/85	0,10	2004/05	6,40
1986/87	0,30	2006/07	9,20
1988/89	0,50	2008/09	12,40
1990/91	0,90	2010/11	17,90
1992/93	1,50	2012/13	21,50
1994/95	2,20	2014/15	25,50
1996/97	3,00	2016/17	28,20
1998/99	4,00	2018/19	34,10
2000/01	4,90	2020/21	31,50

M7 Export von Bekleidung aus Bangladesch

Jeans sind ein zeitloser Klassiker und findet reißenden Absatz in jeglichen Formen und Farben.
Beim Färben der Hosen werden umweltschädigende Chemikalien verwendet. Giftige Gase werden freigesetzt. Schutzkleidung und Luftfilter werden nicht eingesetzt. Dies führt zu gesundheitlichen Problemen bei den Arbeitern.
In einigen Produktionsländern, z.B. China und Bangladesch, werden die Chemikalien häufig ins Abwasser gespült, das ungeklärt in die Flüsse geleitet wird. Diese sind mit Chemikalien und Schwermetallen belastet. Das Grundwasser ist kontaminiert und es entstehen weitere gravierende Umweltschäden.

◁ **M6 Gesundheits- und umweltschädliche Jeansproduktion**

1 Liste Vor- und Nachteile der Bekleidungsproduktion in Bangladesch auf. Unterscheide zwischen Unternehmern, Arbeitern und Konsumenten (M3 – M5).

2 Benenne in M2 die Preisanteile, deren Höhe dich überrascht.

3 a) Beschreibe die Entwicklung des Exports von Bekleidung (M7).
b) Stelle die Bedeutung der Textilindustrie für den Außenhandel von Bangladesch dar (M5).
c) Erläutere Aspekte, die die Erfolge der Textilindustrie beeinflussen (M3).

3 Diskutiert, ob Bangladesch ein Gewinner der Globalisierung der Bekleidungsindustrie ist.

100800-268-01 schueler.diercke.de 100800-271-04 schueler.diercke.de

Rohstoffanbau → Bekleidungsproduktion → **Absatz Deutschland** → Absatz Afrika

Fast Fashion – Konsum um jeden Preis?

M1 Präsentation neuer Kleidung im Internet

M3 Überfüllter Altkleidercontainer in Deutschland

Der Konsum steigt, das hat Folgen

In einer Umfrage unter 13- bis 20-Jährigen gaben 38 Prozent an, dass Shopping ihre liebste Freizeitbeschäftigung sei. Das betrifft in erster Linie den Konsum von Kleidung, denn Kleidungsstücke sind im Vergleich zu früher viel günstiger und die Modetrends bzw. Kollektionen wechseln häufiger.

Als Folge wird immer mehr Kleidung gekauft, die oft nur kurz oder gar nicht getragen und dann entsorgt wird (**Fast Fashion**). Das stellt eine große Verschwendung an Ressourcen dar und schadet der Natur. So wurden für den Konsum eines jeden EU-Bürgers an Textilien (Bekleidung, Wohntextilien) und Schuhen nach Angaben der Europäischen Umweltbehörde im Jahr 2020 pro Kopf etwa 390 kg Rohstoffe, 9000 l Wasser und 400 m² Landfläche verbraucht sowie eine große Menge an klimaschädlichen **Treibhausgasen** freigesetzt. Zudem entstehen Unmengen an Bekleidungsmüll.

Die häufig sehr niedrigen Preise von Bekleidung basieren in der Regel auf extrem schlechten Arbeitsbedingungen der Arbeiterinnen und Arbeiter in der Produktion.

Antworten	Prozent der Befragten
Preis zu hoch	38
oftmals nur ein Marketingtrick	23
Unbekannte Marken werden seltener gekauft.	18
Bevorzugte Geschäfte verkaufen keine nachhaltige Kleidung.	15
Design der Kleidung gefällt nicht.	14
fehlende Verfügbarkeit der gewünschten Stücke	13
kein persönlicher Vorteil	13

Die Befragten hatten die Möglichkeit, mehrfach zu antworten.

M2 Gründe, warum Kunden keine nachhaltig produzierte Kleidung kaufen (Umfrageergebnis, Deutschland 2021)

Sämtliche Unternehmen [...] etablieren Social Media als festen Bestandteil in ihr Marketing. In keiner anderen als der Modebranche spielt dabei Influencer-Marketing eine so große Rolle. Tagtäglich begegnen wir sogenannten „Fashion Influencern" auf Instagram und weiteren Social Media Plattformen. [...] Ein paar Jahre zuvor wurden noch sämtliche Trends nahezu ausschließlich über Magazine, TV Werbungen und Fashion-Shows kommuniziert. [...] Zwar sind die traditionellen Kommunikationsmittel immer noch im Einsatz, doch Influencer gewinnen immer mehr an Einfluss. Dieser misst sich, je nach Influencer Kategorie, an ihrer Glaubwürdigkeit, Interaktivität und nicht zuletzt an ihrer Reichweite.

Quelle: Elena: Fashion Influencer erobern die Modewelt. Reachbird Online, 13.02.2019

M4 Marketing heute

Globalisierung

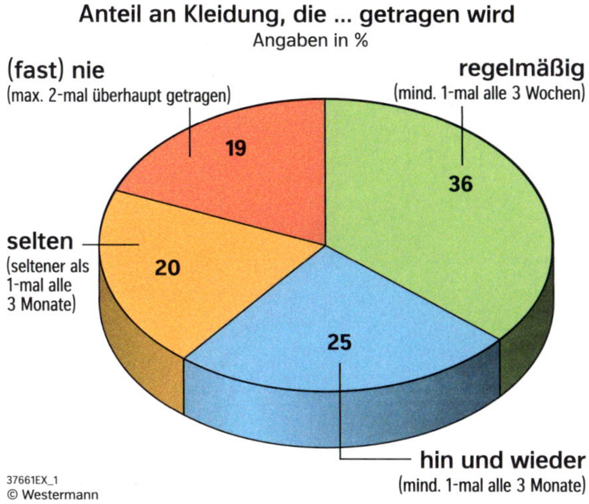

M5 Kleidungsbestand in Deutschland (Umfrage 2015)

M7 Karikatur

- Gezielt nach Produkten fragen, die umweltfreundlich und sozial gerecht hergestellt wurden. Die Nachfrage bestimmt das Angebot!
- Kritisch sein – auch bei zertifizierter Ware. Viele Öko-Labels sind von den Herstellern selbst erarbeitet, haben nur geringe Standards und werden nicht unabhängig kontrolliert. Hier müssen Konsumenten genau hinschauen und nachfragen.
- Deshalb auf unabhängige Standards schauen, deren Einhaltung von unabhängigen Zertifizierungsstellen kontrolliert wird. Der GOTS und das IVN-Best stellen derzeit die höchsten ökologischen und sozialen Anforderungen an die Textilindustrie. Aber auch Siegel wie Cradle to Cradle, Bluesign, Fairtrade oder Made in Green gelabelte Produkte können mit gutem Gewissen gekauft werden. [...]
- Die Herstellung von Textilien ist immer mit Umweltbelastungen verbunden. Die Kleidung, die am längsten getragen wird, hat letztendlich die beste Ökobilanz. Daher ist es besser, auf Langlebigkeit und Qualität statt auf Quantität zu achten. Auch mit dem Griff zur Secondhand-Ware kann die Ökobilanz eines Kleiderschrankes deutlich verbessert werden.
- In der Gebrauchsphase den Ressourcenverbrauch senken (durch Kaufentscheidungen und Pflegeverhalten, häufige Tragezyklen, auf Langlebigkeit setzen, statt kurzen Trends und Modezyklen folgen).
- Bereitschaft, für Zusatznutzen „Bio" und „Nachhaltigkeit" einen höheren Preis zu akzeptieren.

Quelle: Katharina Schaus: Gutachten – Der Weg zu nachhaltiger Kleidung. Konstanz 2013, S. 50/51

M6 Was kann man tun?

INFO

Label
Ein Label ist ein am Produkt gekennzeichneter Zusatzhinweis auf die Qualität oder auf eine Dienstleistung. Hinter dem Oberbegriff „Label" verbirgt sich ein Informations- und Marketinginstrument. Anstelle von „Label" wird häufig auch der Begriff „Siegel"verwendet.

OEKO-TEX® INSPIRING CONFIDENCE MADE IN GREEN

Siegel für nachhaltig produzierte Kleidung

1. Erkläre den Begriff Fast Fashion.
2. a) Erläutere die Bedeutung von Influencern (M4).
   b) Bewerte ihren Einfluss.
3. Formuliere zu M7 eine Bildunterschrift.
4. Im Zusammenhang mit Bekleidung wird mit unterschiedlichen Nachhaltigkeitslabels geworben (Info). Informiere dich über eines und stelle aus deiner Sicht dessen Vor- und Nachteile vor.
5. a) Erörtere die Umsetzbarkeit der in M6 genannten Anregungen.
   b) Welche Forderungen wären für dich schwer bzw. leicht umsetzbar. Begründe.
   c) Erörtere die Rolle der Konsumenten im Hinblick auf nachhaltigen Bekleidungskonsum.

M1 Altkleider werden in einer Altkleidersammlung sortiert.

M3 Auf einem Altkleidermarkt in Nairobi (Kenia)

Was passiert mit unserer alten Kleidung?

Gebrauchte Kleidung – ein gutes Geschäft?

Jedes Jahr werden in Deutschland über eine Million Tonnen Bekleidungs- und Haustextilien sowie Schuhe in Altkleidercontainer geworfen. Diese Menge entspricht etwa 62 000 Lkw-Ladungen. Karitative Organisationen sammeln Bekleidung und verwerten sie (M2). Neben gemeinnützigen Hilfsorganisationen gibt es auch kommerzielle Firmen, die alte Textilien sammeln, verwerten oder weltweit exportieren.
Altkleiderhandel ist ein internationales Geschäft. Hauptabnehmer unserer Altkleider sind afrikanische Länder, aber auch Länder in Asien und Osteuropa. Gebrauchte Kleidung deckt in einigen Regionen Afrikas bis zu 80 Prozent des Bekleidungsbedarfs. Doch der Export ist umstritten (M5).

Ein zunehmendes Problem der Weiterverwertung ist die Flut an gebrauchter Fast-Fashion. Sie ist qualitativ minderwertiger, enthält viel synthetische Fasern und ist daher kaum wiederverwertbar oder recyclebar.

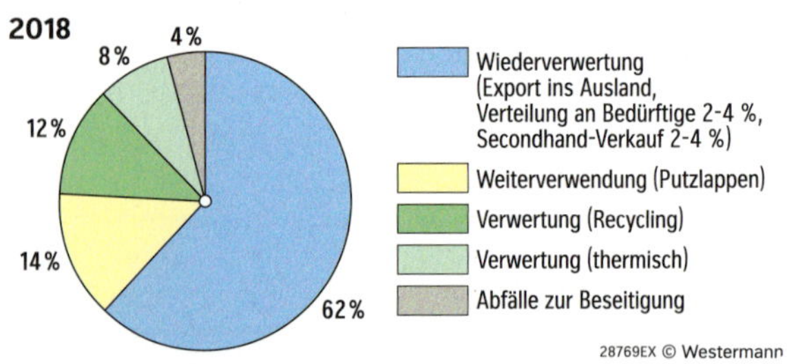

M4 Verwendung von Kleidern aus Deutschland (%)

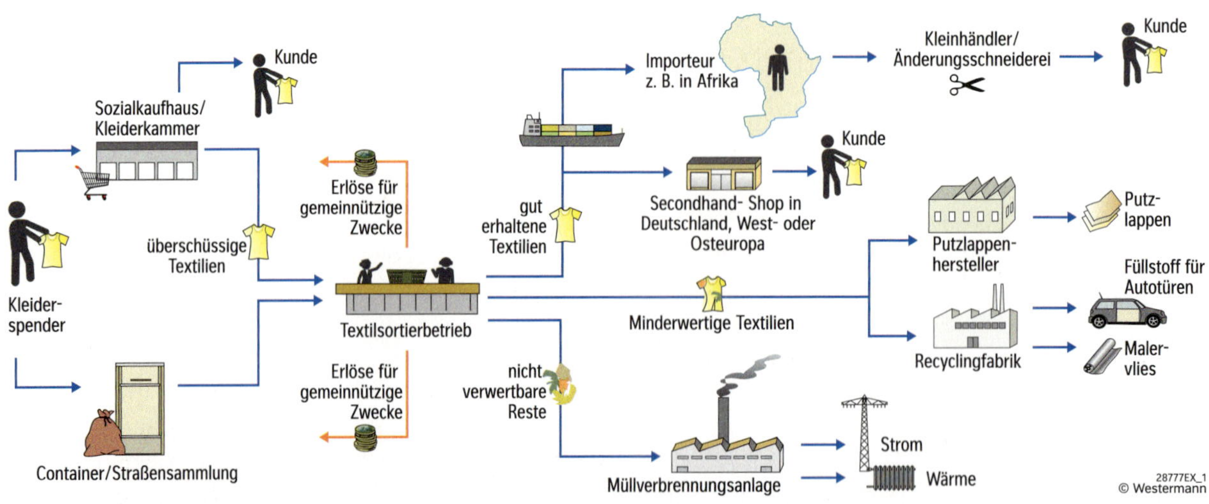

M2 Weg einer gemeinnützigen Kleiderspende

Bericht 1

Als Mitumba bezeichnet man vor allem in Subsahara-Afrika die gebrauchte Kleidung, die in großen Containern auf Schiffen aus Europa, Amerika und Asien nach Afrika exportiert wird. Mittlerweile gibt es in großen Städten Afrikas riesige Mitumba-Märkte, auf denen Händler ihre Waren anbieten und Näherinnen gleich nebenan die Kleidung an die erforderliche Größe anpassen.

Der Handel mit Mitumba schafft für viele Menschen Arbeitsplätze. Er hat aber auch dazu geführt, dass Arbeitsplätze in den einheimischen Textilfabriken verlorengingen. Doch scheinen die Vorteile zu überwiegen, zumal der Handel mit Mitumba sich in den letzten Jahren grundlegend gewandelt hat. Größtenteil wird Qualitätskleidung wird den Märkten angeboten. Viele Staaten erheben Zölle auf die Einfuhr der Kleidung. Dies erhöht deren Preis erheblich, doch dieser liegt immer noch unter den Preisen für einheimische Waren. Viele Tausende kleine Händlerinnen und Händler sind am Handel mit Mitumba beteiligt, er macht einen Großteil des informellen Sektors der jeweiligen Staaten aus. Vor allem Jugendliche und Frauen haben hier eine Möglichkeit, sich selbstständig zu machen, da für einen Einstieg in den Handel nur wenige Investitionen notwendig sind.

Auch die Verbraucherinnen und Verbraucher profitieren von Mitumba. Fast jeder kann sich ein solches Kleidungsstück leisten. Die Menschen können sich nach ihren individuellen Vorlieben und Geschmäckern kleiden, die Kleidung hat eine gute Qualität. Warme Kleidung wie Pullover, Steppjacken und Bettdecken sind gut gegen die Kälte in den Gebirgen Zentralafrikas und finden ihre Käufer.

Ein kenianischer Designer stellt aus Altkleidern eigene Kreationen her.

Bericht 2

Jährlich gelangen etwa Zehntausende Tonnen Altkleider aus Deutschland nach Afrika. Hinzu kommen Tausende Tonnen aus anderen europäischen Ländern und den USA. Große Containerschiffe bringen die Altkleider in die afrikanischen Häfen, wo sie von Händlern in Empfang genommen werden. Die Menschen in Afrika nennen diese Altkleider Mitumba. Einer der größten Umschlaghäfen für Mitumba ist Daressalam (Tansania) an der Küste des Indischen Ozeans. Von hier aus überfluten die in 50 kg schwere Plastikkugeln verpackten Altkleider das Land und den afrikanischen Kontinent. Auf den Märkten der Städte stehen dicht an dicht die Verkaufsstände kleiner Händler, die versuchen, Mitumba zu verkaufen. Neben den Händlern haben sich oftmals Näherinnen niedergelassen. Für einen Hungerlohn ändern sie die Kleidung und schneiden sie auf die Leiber der Käufer zu. Sie verdienen weniger als 100 Euro im Monat.

Viele der Frauen haben früher in der tansanischen staatlichen Textilindustrie gearbeitet. Doch seitdem Mitumba im Land ist, können die Betriebe mit ihren Textilwaren in Menge und Preis nicht mehr konkurrieren. Zehntausende Beschäftigte haben dadurch ihre Arbeit verloren. „Wir haben früher", erzählt ein alter Mann, „unsere Kleidung selber hergestellt. Hemden, Hosen und unsere traditionelle Kleidung wie Kanga und Kitenge. Doch jetzt überschwemmen uns billige Hosen und Hemden aus Übersee und Europa und die Traditionskleidung kann keiner bezahlen, weil sie viel zu teuer ist." „Dafür bekommt der Kunde bei mir eine teure Marken-Jeans für ein paar Dollar. Wo sonst kann er sich so etwas leisten, wenn nicht hier?", fragt ein Händler. „Du hast recht", sagt der Alte, „bei dir kann er sich billige Altkleider leisten, doch ich zweifle, ob wir Afrikaner uns Mitumba weiterhin leisten können."

M5 Mitumba – eine Erfolgsgeschichte?

1 Berichte über die Verwertung von Altkleidung (M1 – M4).

2 Nenne Pro- und Kontra-Argumente zum Thema „Altkleider für Afrika" (M4, M5).

GeoPlus

3 Nicht nur unsere Kleidung, sondern auch alte Autos und Geflügelteile werden von Europa aus nach Afrika verschifft.
a) Recherchiere darüber und präsentiere deine Ergebnisse der Klasse.
b) Diskutiert in der Klasse, ob diese Lieferungen sinnvoll sind.

Freihandel – ein Vorteil für alle?

Wenn in einem Land Produkte aus dem Ausland angeboten werden, so stellt das eine Konkurrenz für inländische Unternehmen mit einer ähnlichen Produktpalette dar. Trotz dieses Umstands ist die überwiegende Zahl der Länder Mitglied in einer Freihandelszone, in denen der ungehinderte Warenaustausch möglich ist. Welchen Vorteil hat diese Mitgliedschaft?

Protektionismus vs. Freihandel

Länder können sich vom Weltmarkt abschotten oder sich diesem öffnen. Bei einer Abschottung (**Protektionismus**) schützen Einfuhrzölle oder nichttarifäre Handelshemmnisse (Info) die Wirtschaft im eigenen Land vor ausländischer Konkurrenz, die günstigere oder qualitativ hochwertigere Produkte anbieten kann. Ziele der Maßnahmen sind der Aufbau einer eigenen Industrie sowie die Sicherung von Arbeitsplätzen und Steuereinnahmen.

Das Gegenteil des Protektionismus ist der **Freihandel**. Waren und Dienstleistungen können ohne Beschränkungen über Grenzen hinweg gehandelt werden. Anhänger des Freihandels argumentieren, dass dieser allen Handelspartnern Vorteile bringt und Wohlstand schafft. Sie berufen sich oft auf den englischen Ökonomen David Ricardo, der bereits im 18./19. Jahrhundert versuchte, die Vorteile des freien Handel mithilfe eines **Modells** zu erklären (QR-Code). Jedes Land müsse sich demnach auf Güter konzentrieren, die es besonders produktiv herstellen kann. So entstehen Überschüsse, die exportiert werden können.

Die meisten Länder haben sich einer Freihandelszone angeschlossen (M3), innerhalb derer der freie Warenaustausch weitgehend möglich ist. Während innerhalb von Freihandelszonen Handelshemmnisse abgebaut werden, versuchen diese Wirtschaftsbündnisse, die eigenen Industrien zu schützen, indem sie den Marktzugang für Dritte durch protektionistische Maßnahmen erschweren. Das führt zu Handelstreitigkeiten. Die WTO (Info) hat u.a. die Aufgabe, Handelsstreitigkeiten zu schlichten.

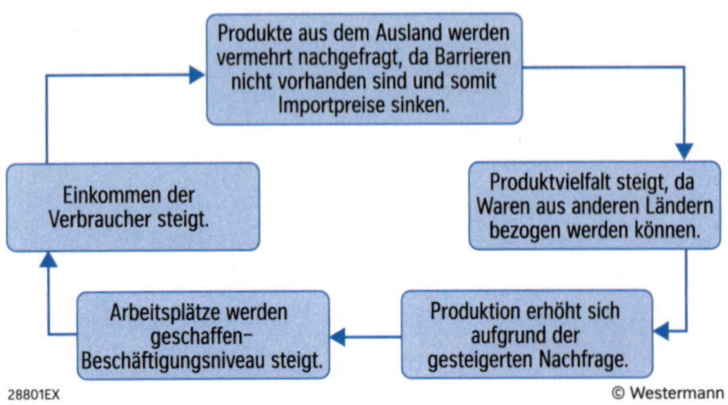

M1 Folgen des Handels ohne Barrieren

M2 Karikatur

INFO

Nichttarifäre Handelhemmnisse

... sind Maßnahmen von Staaten oder Staatenbündnissen, die die Einfuhr von Waren erschweren oder behindern. Dazu zählen technische und rechtliche Vorschriften, Zulassungsbedingungen, komplizierte Anmeldeformalitäten, Importquoten, Normen und Standards usw.

INFO

WTO

Die WTO (World Trade Organization) ist die internationale Organisation, die sich mit der Regelung der weltweiten Handels- und Wirtschaftsbeziehungen beschäftigt. Sie ist eine eigenständige Organisation im System der Vereinten Nationen mit Sitz in Genf.

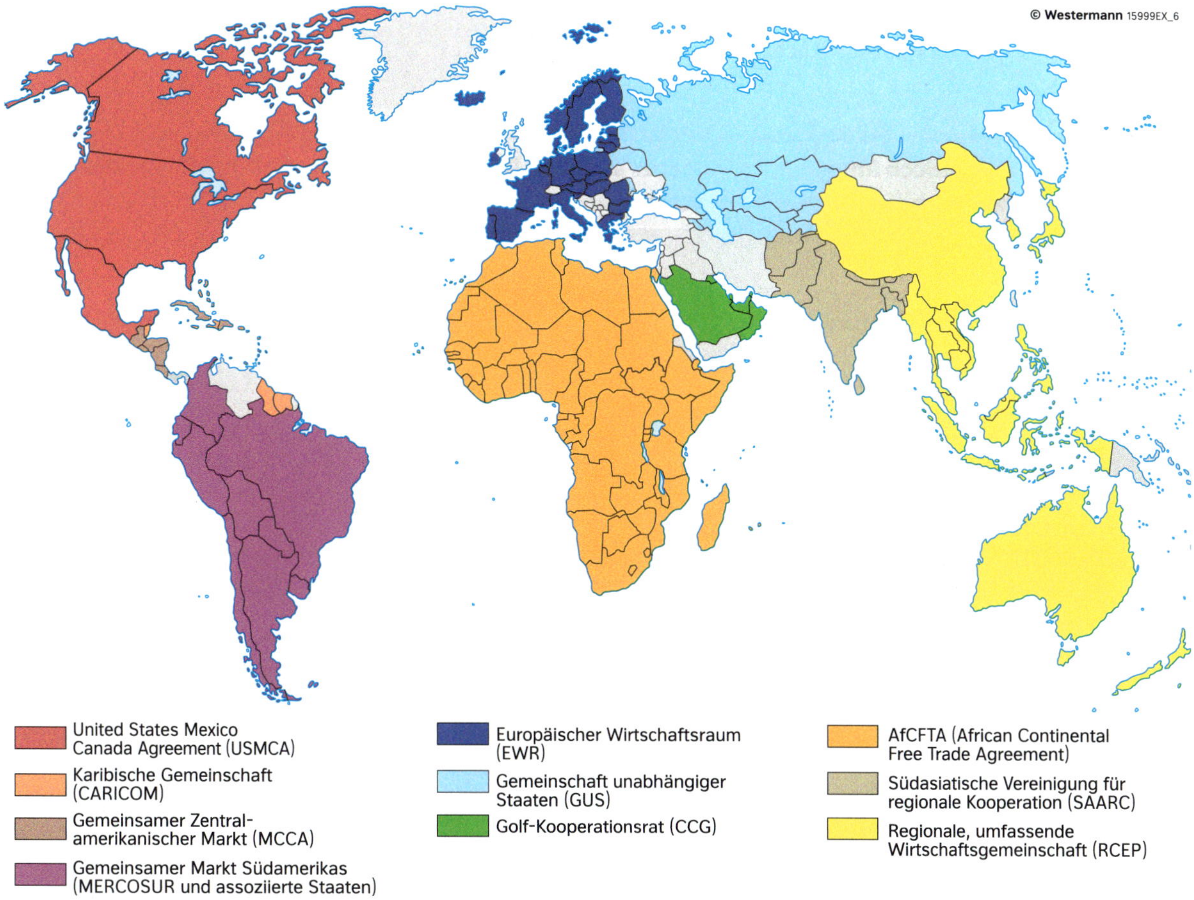

M3 Freihandelszonen (Auswahl)

Bereits in den 1940er-Jahren planten die USA und Großbritannien eine Neuordnung der Weltwirtschaft. Protektionistische Tendenzen sollten durch eine koordinierte Währungs- und Wirtschaftspolitik unterbunden werden. So wurden 1945 der Internationale Währungsfonds (IWF) und die Weltbank ins Leben gerufen. Als besonders wichtig aus deutscher Sicht ist der Europäische Wirtschaftsraum (EWR), in dem die EU-Staaten sowie Liechtenstein, Island und Norwegen zusammengeschlossen sind. Alle etwa 500 Mio. Bürgerinnen und Bürger dieser Staaten sind in einem Binnenmarkt zusammengeschlossen. Es gelten hier freier Waren-, Personen-, Dienstleistungs- und Kapitalverkehr. Über diese vier Grundfreiheiten hinaus gelten gemeinsame Regeln, z. B. zu technischer Normung, Umwelt, Sozialem und Verbraucherschutz. Zwischen den Mitgliedsstaaten wurden alle Zölle abgeschafft.

M4 EWR – Europäischer Wirtschaftsraum

1 a) Stelle die Ziele einer protektionistischen Wirtschaftspolitik und die einer liberalen Wirtschaftspolitik, die auf Freihandel setzt, gegenüber (Text, Internet).
b) Recherchiere Nachteile von Protektionismus und Freihandel.

2 Werte die Karikatur M2 aus. Finde eine passende Bildunterschrift.

3 Lies den Text „Auswirkungen von Einfuhrzöllen“ (QR-Code). Stelle anschließend die Auswirkungen von Einfuhrzöllen in einem Wirkungsgefüge dar.

GeoPlus

4 a) Erläutere das Modell von David Ricardo (QR-Code).
b) Recherchiere Kritikpunkte an Ricardos Theorie.
b) Einige heute wirtschaftlich erfolgreiche Länder (z. B. Malaysia), verfolgten zunächst eine protektionistische Wirtschaftspolitik, bevor sie sich dem Weltmarkt öffneten. Begründe, warum diese Strategie erfolgreich sein konnte.

Web-Code: WES-144136-053

Globalisierte Dienstleistungen

Beim Begriff Welthandel denken viele sicherlich an den Handel mit industriellen Waren und an Containerschiffe. Es wird jedoch immer umfangreicher auch mit Dienstleistungen gehandelt (M1). Sie benötigen keine Containerschiffe. Doch wie wird dann mit ihnen gehandelt?

Erinnere dich: Was sind Dienstleistungen?

Dienstleistungen (engl. services) sind nicht-materielle Wirtschaftsgüter bzw. Tätigkeiten, die im Gegensatz zu Industriegütern nicht gelagert werden können. Wer eine Dienstleistung in Anspruch nimmt, verbraucht sie unmittelbar in dem Moment, wo sie „produziert" wird. Dabei wird unterschieden in klassische, arbeitsintensive Dienstleistungen (z. B. Handel, Verkehr, Gastronomie) und wissensbasierte Dienstleistungen, für deren Ausübung in der Regel eine Hochschulausbildung nötig ist (z. B. Forschung und Entwicklung, Bildung, Recht, Ökonomie, Medizin).

Der Dienstleistungsbereich (tertiärer Sektor) ist der Wirtschaftssektor mit den weltweit höchsten Beschäftigungsanteilen. In Deutschland waren 2021 etwa 75 Prozent aller Beschäftigten im Dienstleistungssektor tätig. Dienstleistungen sind eng an die beiden anderen Wirtschaftssektoren geknüpft, denn sowohl in der Landwirtschaft und Rohstoffgewinnung (primärer Sektor) als auch in der Industrie (sekundärer Sektor) müssen Produkte entwickelt, transportiert, beworben und vermarktet werden. Es wird zudem unterschieden in personenorientierte Dienstleistungen und unternehmensorientierte Dienstleistungen.

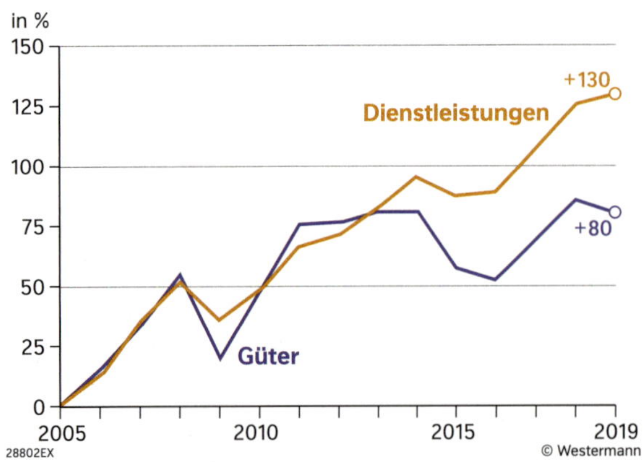

M1 Wachstum der Dienstleistungsexporte weltweit

Grenzüberschreitende Dienstleistungen
Wenn ein Unternehmen seinen Sitz in einem Land hat und Dienstleistungen für einen Kunden in einem anderen Land erbringt, wird dies als grenzüberschreitende Lieferung bezeichnet. Nur der Dienst überquert die Grenze. Diese Art von Dienstleistung wird häufig über Online-Portale, Telefon oder E-Mail erbracht.
Beispiele für Dienstleistungen, die häufig als grenzüberschreitenden Leistungen exportiert werden, sind: Marktforschung, Marketing, juristische, architektonische und buchhalterische Dienstleistungen, Computerdienstleistungen, Telekommunikationsdienstleistungen, Kurierdienste.

Anwesenheit natürlicher Personen im Ausland
Wenn ein Mitarbeiter eines Unternehmens vorübergehend ins Ausland reist, um eine Dienstleistung in einem Land außerhalb der EU zu erbringen, handelt es sich auch um einen Dienstleistungsexport.
Beispiele: IT-Unternehmen, die ihre IT-Experten zur Beratung zu einem Projekt oder zur Installation einer Software ins Ausland entsenden, Rechtsanwälte, die zur Beratung von Kunden in einem anderen Land reisen.

Quelle: Leitfaden für den Export von Dienstleistungen. Access2Markets Online, European Union, Stand: 2022; verändert

M2 Beispiele, wie Dienstleistungen exportiert werden

Land	Mrd. US-$	Land	Mrd. US-$
USA	684	Belgien	113
UK	339	Schweiz	113
Deutschland	305	Luxemburg	110
China	278	Spanien	90
Irland	262	Italien	87
Frankreich	245	Südkorea	86
Indien	203	Kanada	84
Singapur	187	Dänemark	74
Niederlande	186	Schweden	69
Japan	156	Polen	67

M3 Die weltweit 20 größten Exportländer von Dienstleistungen (in Mrd. US-$, 2020)

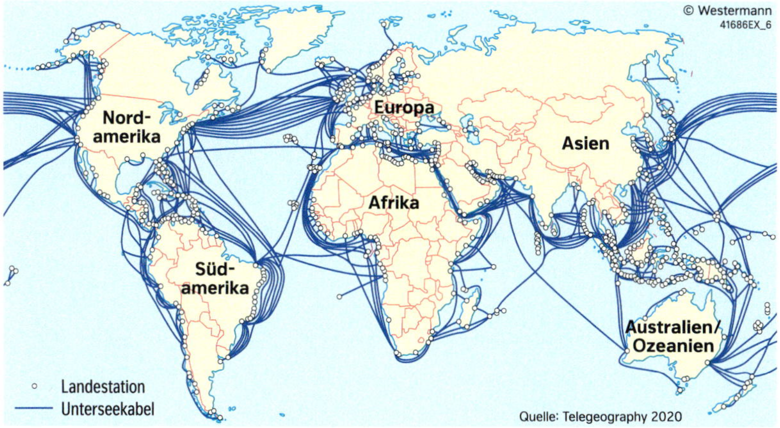

M4 Die „Datenautobahnen" der Welt
Unterwasserkabel transportieren den Großteil der Daten weltweit. Sie verbinden über Landestationen die Kontinente: Die Kabelschläuche, mehr als 400 Glasfaserkabel (2020), sind über 1,2 Mio. km lang und kaum dicker als ein Gartenschlauch. Schäden an den Kabeln treten unter anderem durch Schiffsanker, Erdbeben oder Sabotage auf.

Die Revolution der Informations- und Kommunikationstechnologien (IKT) bedeutete eine enorme Erleichterung des internationalen Handels mit Dienstleistungen – insbesondere: Finanzdienstleistungen, unternehmensnahen Dienstleistungen, Transportdienstleistungen, Einnahmen aus Patenten und Copyrights, Telekommunikationsdienstleistungen sowie Reisen. Der Export von Dienstleistungen hängt dabei eng mit der Internationalisierung der Wirtschaft zusammen. Ohne Dienstleistungsangebote in den Bereichen Transport, Kommunikation, Finanzen und Versicherung, Wirtschaftsberatung etc. wäre die heutige global verteilte Produktion nicht möglich. Insbesondere der Export von Industriegütern hängt von der Verfügbarkeit hochwertiger Dienstleistungen ab.
Der Handel mit Dienstleistungen wächst. Angesichts der Tatsache, dass der Dienstleistungssektor mittlerweile rund zwei Drittel des BIPs ausmacht, überrascht der niedrige Dienstleistungsanteil am Welthandel. In der wissenschaftlichen Forschung wird jedoch heute davon ausgegangen, dass der tatsächliche Dienstleistungsanteil deutlich höher liegt, als er von den offiziellen Statistiken erfasst.
Quelle: Bedeutung der Digitalisierung für die Wirksamkeit der Exportkreditgarantien des Bundes. BSS Volkswirtschaftliche Beratung AG, Basel, 22.10.2020, S.17f.

M5 Der wachsende Handel mit Dienstleistungen

INFO

Digitalisierung
... beschreibt zum einen die Umwandlung analoger Daten in ein digitales Format, zum Beispiel das Scannen eines Textes und das anschließende Umwandeln z.B. in eine Worddatei. Zum anderen beschreibt sie den Prozess, der als „digitale Transformation" (Umgestaltung, Umformung) bezeichnet wird. Damit ist der tiefgreifende Wandel der Wirtschaft, Gesellschaft und unseres Alltags gemeint. Antreiber dieses Wandels ist die Kommunikation und Interaktion über digitale Endgeräte, welche die Nutzung digitaler Dienstleistungen ermöglichen und erweitern.
Experten gehen davon aus, dass neue Entwicklungen wie künstliche Intelligenz, Augmented Reality und Robotic den Handel mit Dienstleistungen deutlich steigern werden (QR-Code).

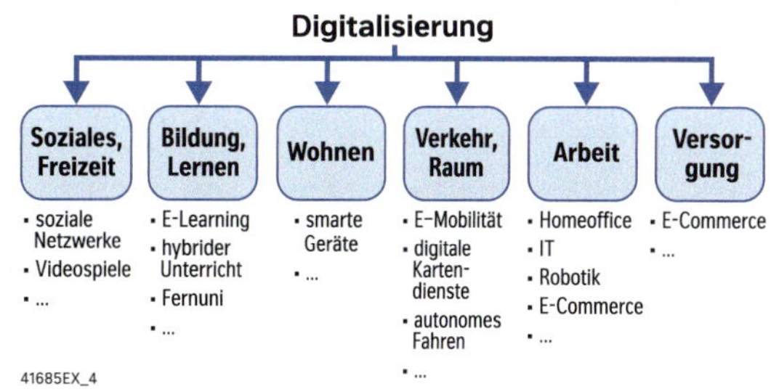

1 Fasse zusammen, was Dienstleistungen sind.

2 a) Stelle dar, unter welchen Voraussetzungen Dienstleistungen exportiert werden können (M4, M5).
b) Nenne Dienstleistungen, die aktuell nur schwer oder gar nicht internationalisiert werden können.

3 Erkläre, wie digitale Innovationen den Export von Dienstleistungen steigern könnten (QR-Code).

4 Vergleiche M3, M4 mit S. 39 M6. Erkläre deine Feststellung.

GeoPlus
5 Zeige anhand eines Beispiels, wie die Digitalisierung die globale Ökonomie und Gesellschaft verändert (Info, Internet).

M1 Deutsche Touristen in Indien

M3 Indische Touristen in der Schweiz

Der internationale Tourismus

Ein bedeutender Faktor kultureller Globalisierung ist der Tourismus. Er ist in den letzten Jahrzehnten erheblich gewachsen. Welche Ursachen und Folgen hat diese Entwicklung?

Globalisierung

Der internationale Tourismus unterliegt wie andere Dienstleistungen dem Globalisierungsprozess. Während Fernreisen in früheren Zeiten nur einer kleinen Gruppe von Menschen möglich waren, sind sie heute für viele nichts Ungewöhnliches. Die Gründe sind vielfältig (M4).
Auch der wirtschaftliche Aufschwung in den sogenannten Schwellenländern führt zu einer Zunahme des internationalen Tourismus. Heute ist der Tourismus weltweit eine der wichtigsten Branchen und neben den Medien auch ein Faktor der kulturellen Globalisierung. Sein Anteil am weltweiten Bruttoinlandsprodukt lag vor der Covid-19-Pandemie 2020 bei rund zehn Prozent.

- Verbesserung der Einkommenssituation für breite Teile der Bevölkerung
- Wachstum des Freizeit- und Urlaubsbudgets
- Entwicklung von preisgünstigen Massentransportmitteln
- Bereitstellung von standardisierten Pauschalangeboten durch Reiseveranstalter
- Verfügbarkeit von umfassenden Informationen über Zielgebiete und Reiseangebote
- Erleichterung des internationalen Reiseverkehrs durch Abbau von Reisehemmnissen (Kontrollen, Visabestimmungen etc.)
- Gewährleistung der persönlichen Sicherheit der Urlauber in den Zielgebieten

M4 Gründe für das Wachstum des Tourismus

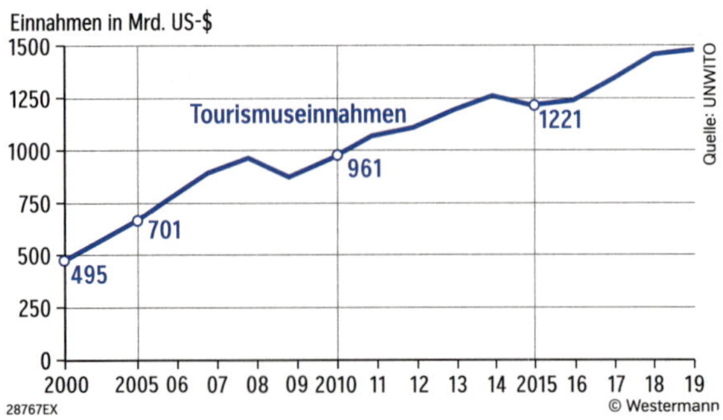

M2 Einnahmen durch Tourismus (weltweit)

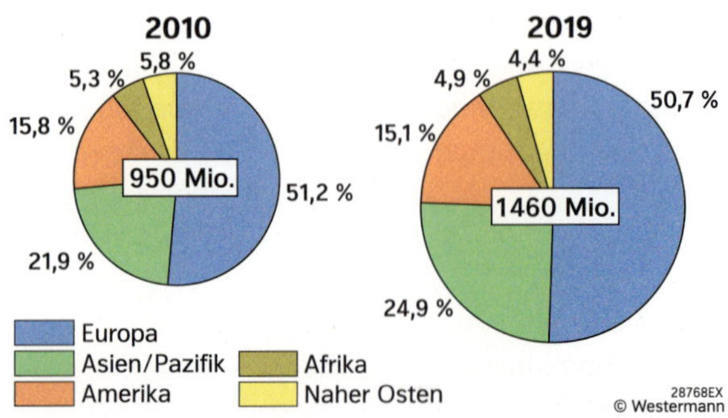

M5 Internationale Touristenankünfte nach Weltregionen

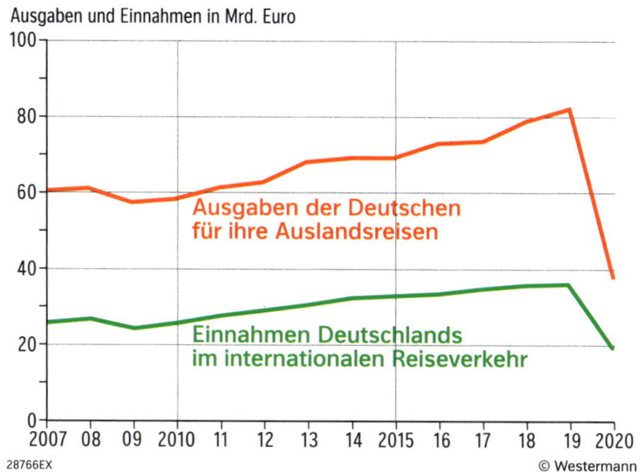

M6 Tourismus aus deutscher Sicht: Ausgaben und Einnahmen

M8 Demonstration gegen ungebremsten Tourismus (Mallorca)

	ökonomisch	ökologisch	gesellschaftlich
mögliche positive Effekte	+ Devisen + Beschäftigungseffekte + Ausbau der Infrastruktur + regionale Entwicklungsimpulse und damit Disparitätenabbau	+ Reisemotiv Landschaftsästhetik als Anreiz zur Unterschutzstellung von Gebieten + Tourismus finanziert Naturschutz. + Erhalt von Reservaten	+ interkulturelle Begegnung/ Völkerverständigung + Erhalt von kulturellem Erbe, von Traditionen und Baudenkmälern
mögliche negative Effekte	– Preissteigerung – Gefahr der Monostrukturierung und Abhängigkeit – Beschäftigung nur saisonal oder für Auswärtige – ungleicher Zugang zu Infrastruktur, Infrastruktur ohne Nutzen für die Allgemeinheit – vorwiegend einfache Beschäftigungsmöglichkeiten	– infrastrukturbedingte Effekte: Beeinträchtigung des Landschaftsbildes, Eingriff in (empfindliche) Ökosysteme, Flächenzerschneidung und -versiegelung – aktivitätsbezogene Effekte: z. B. Zerstörung von Korallen durch Ankern/Transport, Verhaltensänderung von Wild in Schutzgebieten, Ressourcenverbrauch – Auswirkungen des Flugverkehrs	– Anpassung an eine fremde Kultur – Airport-Art (nur scheinbar traditionelle Kunst- oder Gebrauchsgegenstände, die für den Tourismus hergestellt werden; „Souvenirkitsch") – (Kinder-)Prostitution – Anstieg von Kriminalität – Betteln – Kommerzialisierung der Gastfreundlichkeit und Traditionen – Segregation zwischen Gewinnern und Verlierern im Tourismus

Quelle: Albrecht Steinecke: Das Geographische Seminar – Tourismus. Westermann. Braunschweig 2011, S.99

M7 Effekte durch Tourismus

1 Kennzeichne die aktuelle und zukünftige Situation des internationalen Tourismus.

2 Erkläre, inwiefern ein Anstieg der Touristenzahlen die wirtschaftliche Entwicklung des Zielgebietes fördern kann.

3 a) Erkläre den Zusammenhang zwischen Tourismus und Globalisierung.
b) Erörtere, was die Entwicklung des weltweiten Tourismus negativ beeinflussen könnte (M7).

4 Formuliere Empfehlungen für Touristen, um die negativen Effekte durch den Tourismus zu minimieren.

GeoPlus

5 Wohin ging dein letzter Urlaub? Schätze anhand von Beispielen ein, ob der Tourismus dort die wirtschaftliche Entwicklung positiv beeinflusst.

100800-272
schueler.diercke.de

M1 Nestlé präsentiert sich auf einer Messe in Peking.

M3 Der deutsche Konzern Adidas hat weltweit ca. 62 000 Beschäftigte (2021).

Global Player

Coca-Cola, Apple, VW, Nestlé, Ikea, Toyota und Co – an diesen Konzernen kommt man kaum irgendwo auf der Welt vorbei. Jeder kennt sie und konsumiert ihre Produkte. Mit welchen Strategien beeinflussen sie die weltweiten Lieferketten und den internationalen Handel?

Die Macht der Global Player

Global Player sind weltweit agierende Unternehmen. Sie werden von einer Zentrale aus organisiert, nutzen globale **Lieferketten** und beliefern die Weltmärkte. Ihre Produkte beeinflussen die Lebensqualität und die Konsumgewohnheiten von Menschen weltweit. Aufgrund ihrer enormen Größe, Finanzkraft und weltweiten Aktivitäten haben sie eine Vormachtstellung und sind sehr mächtige Akteure der Globalisierung. In vielen Ländern sind Global Player sehr einflussreich, da sie Steuern zahlen und Arbeitsplätze schaffen. Einige nutzen ihren Einfluss aus und versuchen, Vorteile durchzusetzen (Steuererleichterungen, Subventionen, unternehmerfreundliche Gesetze).

Nicht immer sind billigere Arbeitskräfte die Ursache für eine Auslagerung der Produktion. Ebenso wichtig kann der Zugang zu Rohstoffen oder zu ausländischen Märkten sein (M4). Außerdem lassen sich ausländische Märkte einfacher erschließen, wenn dort eigene Produktions- und Vertriebsstätten existieren.

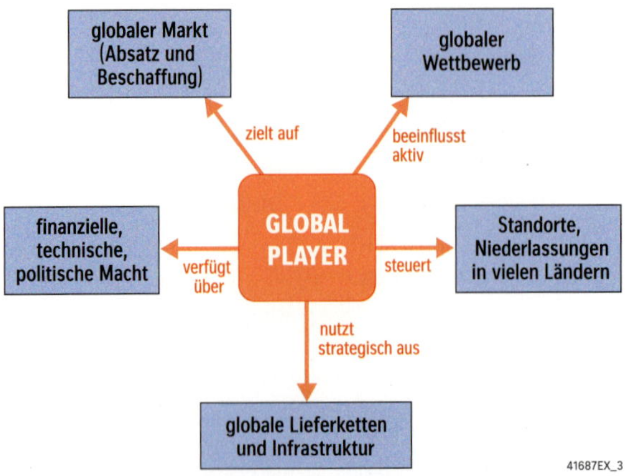

M2 Bedeutung und Wirtschaftsweise der Global Player

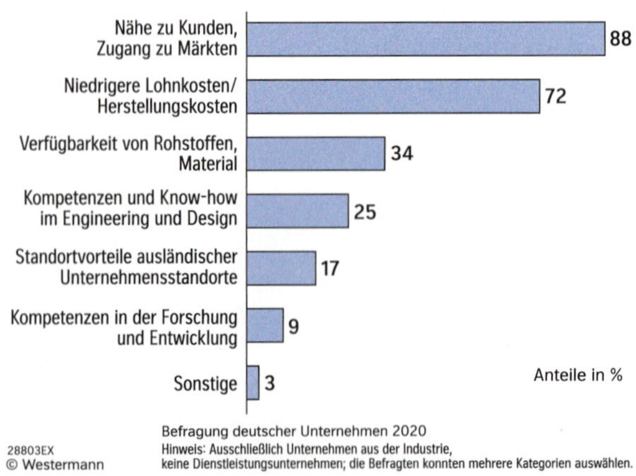

M4 Gründe für die Standortwahl im Ausland (Umfrageergebnis)

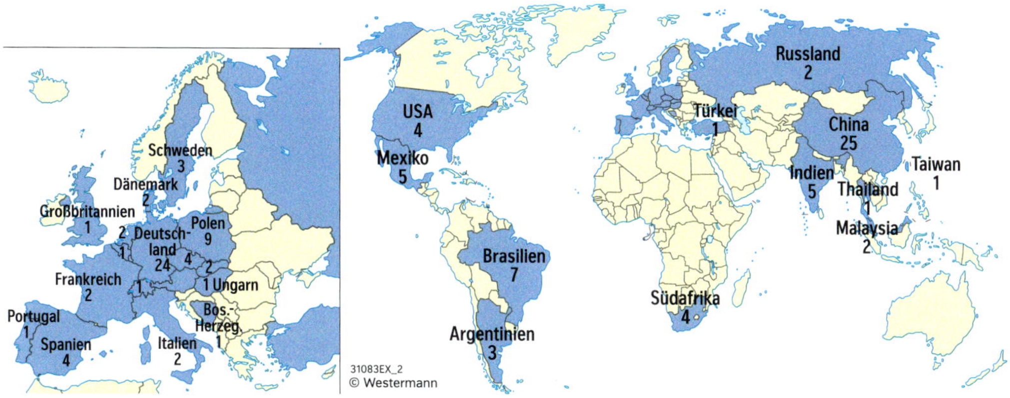

M5 Produktionsstandorte des Volkswagenkonzerns

Volkswagen – ein Global Player aus Deutschland

Volkswagen wurde 1938 gegründet. Die Nationalsozialisten förderten dieses Projekt. Am Mittellandkanal bei Wolfsburg entstand das erste Werk. Der internationale Aufstieg begann mit ersten Exporten 1947 in die Niederlande. Nach 1949 setzte die Unternehmensleitung in Wolfsburg verstärkt auf internationale Expansion: Exporte, aber auch die Gründung von Tochtergesellschaften in Europa und Übersee leiteten die Entwicklung der Volkswagen AG zu einem internationalen Unternehmen ein. Seit Mitte der 1980er-Jahre ist der Konzern in der Volksrepublik China tätig und behauptet dort eine führende Position.

2015 erschütterte ein Skandal um Manipulationen bei Abgaswerten den Konzern. Trotz des Skandals und hoher Entschädigungszahlungen verzeichnete das Unternehmen, auch aufgrund des guten Absatzes in China, Gewinne.

Volkswagen in	2010	2015	2019
Europa, übrige Märkte außer:	3562000	4505000	4856000
Nordamerika	549000	932000	956000
Südamerika	888000	559000	607000
Asien-Pazifik	2141000	3935000	4538000

M6 Entwicklung des Fahrzeugabsatzes weltweit

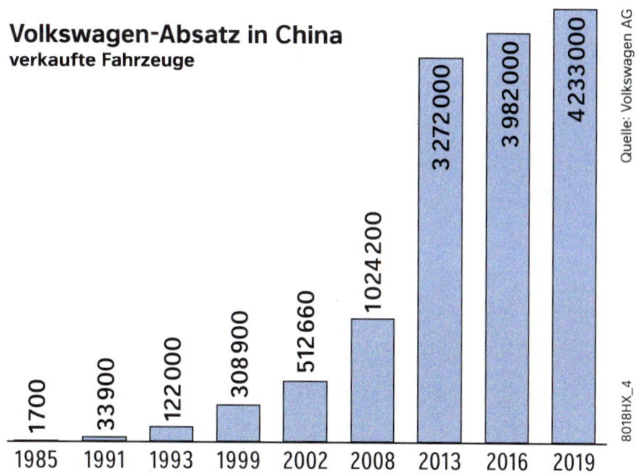

M7 Chinas Bedeutung für Volkswagen

1 Erkläre, was den Volkswagen-Konzern zu einem Global Player macht.

2 a) Wähle zwei in M4 genannte Gründe für die Standortwahl im Ausland aus und erläutere sie.
b) Erläutere, welche Vorteile Volkswagen durch die Produktion in China hat.
c) Erkläre mögliche Nachteile, die für den Volkswagen-Konzern dadurch entstehen könnten.

GeoPlus

3 Recherchiere über einen anderen Global Player aus Deutschland und vergleiche diesen mit dem Volkswagen-Konzern.

M1 Blick auf die City of London

Global Citys – Machtzentren der Globalisierung

New York, London, Tokio, Singapur – sie gehören seit Langem zu den bekanntesten und attraktivsten Städten der Erde. Mit der Globalisierung wuchs ihr Einfluss weiter. Was zeichnet solche Städte aus und wodurch sind sie für die ganze Welt bedeutsam?

Schaltstellen der Weltwirtschaft

Es gibt weltweit einige Städte, die sich in ihrer Bedeutung und ihrem weltweiten Einfluss von anderen Städten abheben. Diese Orte werden Global Citys genannt. Sie besitzen herausragende Steuerungs- und Kontrollfunktionen für die Weltwirtschaft und die internationale Politik. Sie sind Sitz der Zentralen vieler weltweit agierender Unternehmen. Von hier aus werden die globalen Aktivitäten geplant und gesteuert. Zwar arbeiten dort vergleichsweise wenige Menschen, die hier getroffenen Entscheidungen haben jedoch Konsequenzen für die Firmenteile in den verschiedensten Ländern. So wird in Unternehmenszentralen entschieden, wo eine Produktionsstätte neu eröffnet oder geschlossen wird. Auch die Einführung neuer Produkte, die weltweiten Produktionsabläufe und Kooperationen mit Zulieferern werden koordiniert.

Dienstleister wie Unternehmensberatungen, Anwaltskanzleien, Marketingfirmen und Finanzdienstleister (Banken, Versicherungen, Fondsgesellschaften) unterstützen die Unternehmen bei ihren weltweiten Aktivitäten. Diese Dienstleister verfügen über ein spezielles Know-how, das für die globalen Aktivitäten der großen Unternehmen von immenser Bedeutung ist. Verantwortlich dafür sind hoch qualifizierte Fachkräfte aus aller Welt (M5).

Global Citys sind über moderne, digitale Kommunikationsmittel weltweit exzellent vernetzt. Darüber hinaus sind sie über internationale Flughäfen gut erreichbar.

Nicht alle Städte von internationaler Bedeutung vereinen die Merkmale von Global Citys im gleichen Maße. Deshalb werden Rangfolgen erstellt, die die Städte nach ihrem globalen Einfluss ordnen. Dazu gibt es unterschiedliche wissenschaftliche Methoden, wodurch die Ranglisten variieren. Doch auf allen Ranglisten nehmen New York und London die Spitzenplätze ein. Weitere Kennzeichen von Global Citys sind deren starke Vernetzung und ihre Interaktion untereinander.

Global Citys sind Standorte von:
- zahlreichen Konzernzentralen multinationaler Unternehmen,
- zentralen Einrichtungen des internationalen Handels (z.B. Börsen),
- Hauptsitzen von Banken und Versicherungen sowie von spezialisierten Dienstleistern,
- internationalen politischen Institutionen, zum Beispiel UN, UNESCO, Weltbank,
- kulturellen Attraktionen von Weltruhm wie Theatern, Opernhäusern und Konzertsälen.

M2 Merkmale von Global Citys

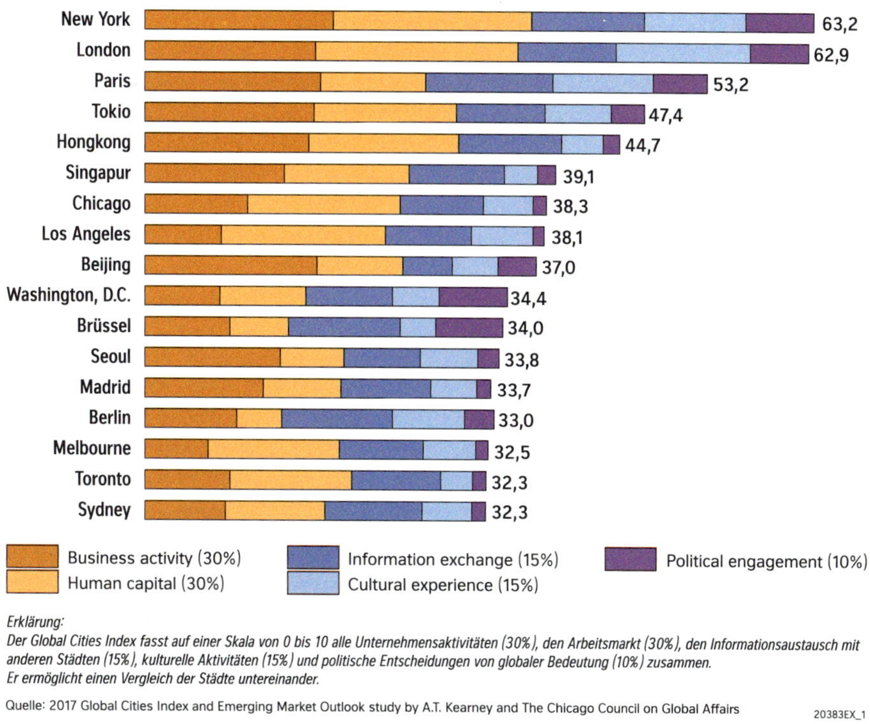

M3 Global Citys (Global City Index, Auswahl)

Ich heiße Lena und komme aus Schweden. An der Stockholm Business School habe ich Global Management studiert. Vor drei Jahren bin ich nach London gezogen. Ich arbeite hier als Trainee (Nachwuchskraft) in einem Consultingunternehmen (Beratungsfirma). Ich prüfe für andere Unternehmen, ob es sich lohnt, Produkte in bestimmten Ländern zu vermarkten. Dazu beobachte und bewerte ich die Marktentwicklung vor allem in Asien.

M5 Lena berichtet.

Großbritannien mit seiner Hauptstadt London war vom 18. Jahrhundert bis ins 20. Jahrhundert hinein eine Weltmacht. Grund dafür waren die mächtigen Eisen- und Stahlindustrien sowie der frühe Export von Textilprodukten. Ein weiterer Grund war die gezielte Entwicklung zur führenden Seemacht. Das ermöglichte Großbritannien, überall auf der Erde Kolonien zu gründen. Fast die Hälfte aller Länder der Erde gehörte als Kolonie zum britischen Kolonialreich. Bis Mitte des 20. Jahrhunderts wurden die meisten Kolonien selbstständige Staaten. Doch London verlor nicht an internationaler Bedeutung. Stattdessen entwickelte sich die Stadt zur Global City.
London ist heute nach New York das wichtigste Finanzzentrum der Welt. Darüber hinaus haben zahlreiche weltweit operierende Unternehmen in London ihren Firmensitz. Der Ausbau Londons zum internationalen Banken- und Handelszentrum zeigt sich besonders deutlich im Stadtbezirk „City of London". Wolkenkratzer symbolisieren die moderne Dienstleistungsgesellschaft (M1). Tagsüber sind allein in der City of London rund 340 000 Menschen tätig (u. a. in Versicherungen, Kanzleien, Werbeunternehmen). Mindestens genauso viele Menschen arbeiten in den Büros in den „Docklands" im Osten von London.

M4 Global City London – Machtzentrum schon im Britischen Empire

1 a) Beschreibe mithilfe des Atlas die weltweite Verteilung der Global Citys.
b) „Global Citys sind eng miteinander vernetzt". Belege die Aussage mithilfe des Atlas.

2 a) Erkläre, warum London eine Global City ist.
b) Ist Hamburg eine Global City? Sammle Argumente, die dafür oder dagegen sprechen.
c) Begründe, warum Lena eine typische Arbeitskraft in einer Global City ist (M5).

GeoPlus
3 Stelle eine Global City genauer vor (M3). Erstelle eine Präsentation (Internet, Atlas).

100800-127-03
schueler.diercke.de

100800-270-01
schueler.diercke.de

100800-272-02
schueler.diercke.de

Globalisierung und Strukturwandel – das Beispiel Perlflussdelta

Die globalen wirtschaftlichen Verflechtungen haben in den letzten Jahrzehnten stark zugenommen. Wie verändern sich Räume, die intensiv in die globalisierte Wirtschaft eingebunden sind und davon profitieren konnten?

Vom Armenhaus zum Powerhaus

Noch 1980 war das Perlflussdelta eine verschlafene Region im Südosten Chinas. Hier lebten die Menschen vor allem von der Landwirtschaft. Vierzig Jahre später leben in der Region etwa 60 Mio. Menschen und die Landwirtschaft spielt eine untergeordnete Rolle. 650 000 Unternehmen produzieren etwa zwölf Prozent des chinesischen Bruttoinlandsproduktes. Rund ein Drittel aller chinesischen Exporte wird im Perlflussdelta erzeugt. Die bedeutendsten Städte des Perlflussdeltas sind Shenzhen, Hongkong und Guangzhou.

Der wirtschaftliche Aufstieg des Perlflussdeltas ist ohne die Globalisierung nicht denkbar. Unter der Führung Deng Xiaopings wurden Ende der 1970er-Jahre Wirtschaftsreformen durchgeführt. Das zuvor abgeschottete Land öffnete sich wirtschaftlich und richtete **Sonderwirtschaftszonen** ein, in denen ausländische Firmen investieren durften. Im Perlflussdelta wurde die erste Sonderwirtschaftszone eingerichtet. Deren Nähe zur Wirtschaftsmetropole Hongkong, viele freie Flächen und billige Arbeitskräfte zogen internationale Investoren an.

Nach der Öffnung wuchs die Wirtschaft Chinas rasant an. Das Land entwickelte sich zur „Werkbank der Welt“, in der massenhaft arbeitsintensive Produkte für den Weltmarkt hergestellt wurden (z. B. Textilien, Spielzeug, einfache elektronische Geräte). Ein gigantischer Zustrom von Wanderarbeitern in die Zentren an der Ostküste war eine Grundlage. Diese wurden vor allem in den Fabriken und auf den Baustellen eingesetzt. Das Perlflussdelta war ein Zentrum dieser Entwicklungen.

China wurde zu einem Schwellenland, in dem die Löhne stiegen. Um konkurrenzfähig zu bleiben, verlegten viele Unternehmen ihre Produktion in andere Regionen Chinas oder andere Länder. Gleichzeitig geriet das Wirtschaftswachstum auf Grundlage einer arbeitsintensiven Massenproduktion an seine Grenzen. Die Staatsführung beschloss, wissensbasierte Wirtschaftszweige zu fördern, die weiteres Wirtschaftswachstum versprachen (z. B. Elektromobilität, Luft- und Raumfahrt, künstliche Intelligenz, erneuerbare Energien, Biotechnologie). Innerhalb des Perlflussdeltas entstanden von massiver staatlicher Förderung getragene **Cluster** von Hightechunternehmen, Forschungseinrichtungen und Start-ups. Nach Plänen der Staatsführung sollen diese Hightechcluster bis 2030 die Innovationskraft des US-amerikanischen Silicon Valley erreichen.

M1 Shenzhen (Lo Wu Crossing) am Perlflussdelta; vom Crest Hill fotografiert (Vergleich 1965 und 2015)

Mit einer jährlichen Wirtschaftsleistung von etwa 50 000 US-Dollar pro Kopf ist Shenzhen heute eine sehr wohlhabende Stadt. Seit vielen Jahren ist der lokale Mindestlohn höher als anderswo in China. Hinzu kommt eine sehr gute Lebensqualität. Doch auch die Lebenshaltungskosten und die Immobilienpreise sind in den letzten Jahren rasant gestiegen. Die Binnenwanderung muss weiterhin mithilfe staatlicher Maßnahmen gebremst werden (etwa 50 % der Bevölkerung im Delta kommen vom Lande). Der anhaltende Bauboom führte zu einer zunehmend rasanteren Flächenversiegelung, höheren Verdichtung und Verletzung von Stadtplanungsleitlinien.

M2 Schattenseiten des rasanten Aufstiegs von Shenzhen

M3 Das Perlflussdelta 1980 (oben) und 2013 (unten)

1 a) Beschreibe die Lage des Perlflussdeltas (Atlas).
b) Nenne Gründe, wieso sich das Perlflussdelta seit 1980 wirtschaftlich so schnell entwickelt hat.

2 Erläutere die Merkmale und Folgen des Strukturwandels am Beispiel Shenzhens (M1, M2, Atlas).

3 Beschreibe Folgeprobleme, die sich aus den in M2 genannten Entwicklungen ergeben.

GeoPlus

4 „Ohne Deng Xiaoping wäre die Globalisierung in dieser Geschwindigkeit nicht möglich gewesen". Begründe die Aussage.

100800-187-02
schueler.diercke.de

Fleischverkauf in Europa

Milchprodukte in China

Regenwald in Flammen

Sojaernte in Brasilien

Viehzucht in Brasilien

M1 …

Globalisierung in der Landwirtschaft – Soja

Journalistin: Der Anbau und der weltweite Handel mit Soja wachsen von Jahr zu Jahr. Warum ist Soja so ein beliebtes Anbauprodukt?

Experte: Der Anbau ist auf großen Flächen möglich und erfordert wenig Arbeitsaufwand. Sojabohnen nehmen Luftstickstoff auf und benötigen daher keine Nitratdüngung. Außerdem steigt die Nachfrage nach Soja weltweit.

Journalistin: Wo wird Soja angebaut?

Experte: Die Hauptanbaugebiete liegen in warmgemäßigten und subtropischen Klimaregionen. Führende Anbauländer sind die USA, Brasilien, Argentinien, Indien und China.

Journalistin: Wie werden Sojabohnen genutzt?

Experte: Die Sojabohne ist die wichtigste Öl- und Eiweißpflanze weltweit. Sojabohnen sind Roh- und Grundstoff für unzählige Lebensmittel, -zutaten und -zusatzstoffe. […] Sojabohnen sind ideal für die Fütterung von Schweinen und Geflügel. In den Ölmühlen wird der Fettanteil der Sojabohnen abgetrennt und zu Ölen verarbeitet. Die übrig bleibende Sojamasse wie Sojaschrot wird als eiweißreiches Futtermittel verwertet. Ohne den Import von Futtermitteln aus Sojabohnen könnte die Erzeugung tierischer Lebensmittel in Europa nicht auf dem gegenwärtigen Niveau gehalten werden. Als nachwachsender Rohstoff ist Sojaöl Grundstoff etwa für Lacke, Farben, Wasch- und Putzmittel, Schmierstoffe, Weichmacher und kosmetische Produkte. Aus Sojaöl können auch Biokraftstoffe gewonnen werden.

Quelle: Transgen Online. Forum Bio- und Gentechnologie e.V. - Verein zur Förderung der gesellschaftlichen Diskussionskultur e.V., Stand: 19.10.2020; verändert

M2 Experteninterview

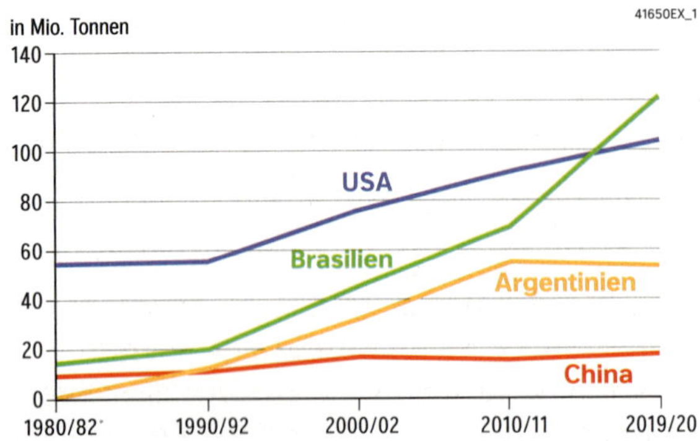

M3 Entwicklung der Soja-Erntemenge

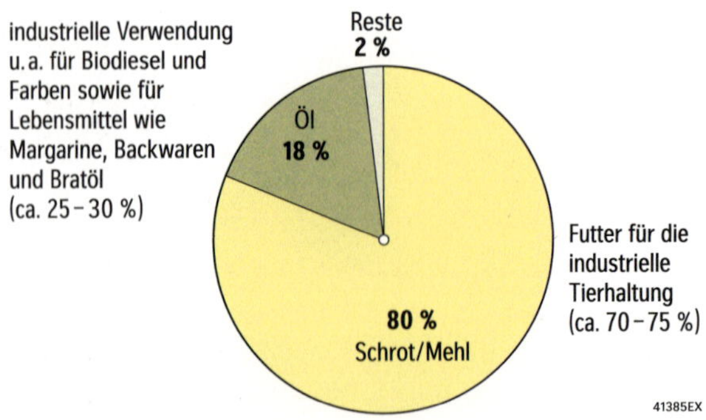

M4 Verwendung von Soja

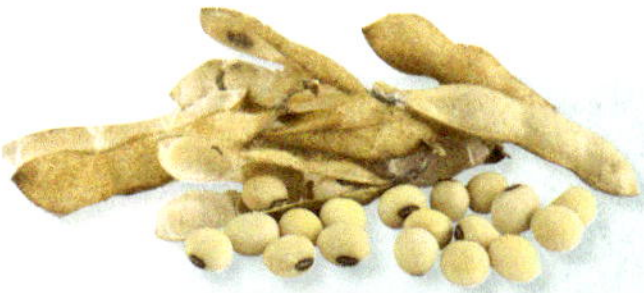

Gleich hinter Açaizal fangen die Felder an. Soja soweit das Auge reicht. Früher stand hier dichter Wald, heute reichen die Pflanzungen bis zum Horizont. „Große Flächen wurden völlig zerstört, wir können uns nicht mehr selbst ernähren", klagt Josenildo vom Volk der Munduruku. „Das Leben mit Soja ist jeden Tag ein Kampf ums Überleben, jeden Tag haben wir weniger Lebensraum." Brasilien ist der zweitgrößte Sojaproduzent der Welt. Zuletzt wurden in dem südamerikanischen Land 117 Mio. t Sojabohnen geerntet. Und bald könnten es deutlich mehr werden.

Grund ist der Handelsstreit zwischen den USA und China. 2018 belegten sich die beiden Länder gegenseitig mit Strafzöllen von bis zu 25 Prozent. Das macht Soja aus den Vereinigten Staaten für die Chinesen teurer und sie schauen sich nach neuen Lieferanten um. [...] „Wir befürchten großflächige Abholzungen in Brasilien als Folge des Handelskrieges", sagt Klimaforscher Richard Fuchs [...]. „In der Vergangenheit hat die steigende globale Nachfrage nach Soja regelmäßig zu Waldrodungen im Amazonasgebiet geführt, um Platz für neue Anbauflächen zu schaffen." Gemeinsam mit Kollegen hat der Wissenschaftler die möglichen Auswirkungen der Verschiebung im weltweiten Sojageschäft untersucht. Der Handelskrieg sei ein Desaster für den Amazonasregenwald, schreiben sie [...]. Im schlechtesten Fall könnten in Brasilien 12,9 Mio. ha zusätzliches Ackerland gebraucht werden, um den chinesischen Sojahunger zu stillen – das entspricht in etwa der Größe von Griechenland.

Soja dient vor allem als Tiernahrung. In den vergangenen Jahren sind Millionen Chinesen in die Mittelschicht aufgestiegen und können sich nun Fleisch leisten. Selbst bauen die Chinesen immer weniger Soja an, weil der Import deutlich günstiger ist [...].

„Brasilien ist das einzige Land, das seine Sojaproduktion [...] schnell hochfahren kann", sagt Fuchs. „Üblicherweise werden zunächst Weideflächen in Ackerland umgewidmet und dann Waldflächen gerodet, um Platz für das Vieh zu schaffen."

Bei der Landnahme nehmen die Farmer oft wenig Rücksicht auf die indigenen Völker oder ausgewiesene Schutzgebiete. Nicht selten werden die Bewohner mit Besitzurkunden, die auf gefälschten Dokumenten beruhen, vertrieben. Wenn das nicht hilft, sprechen die Waffen. [...] Die Vernichtung von Regenwald im Amazonasgebiet hat globale Folgen. Die Entwaldung setzt riesige Mengen an CO_2 frei und trägt damit zum Klimawandel bei. Um etwas gegen die Abholzung von Regenwald für neue Acker- oder Weideflächen zu tun, sollten nach Ansicht von Wissenschaftler Fuchs die Verbraucher zur Kasse gebeten werden. „Der Fleischkonsum muss sinken", sagt er. „Die EU-Staaten könnten Fleisch von Tieren, die mit Soja aus Regenwaldgebieten gemästet werden, pauschal besteuern. Damit würden die ökologischen Folgekosten eingepreist."

Quelle: dpa: Wie der US-Handelskrieg Brasiliens Regenwald in Gefahr bringt. Wirtschaftswoche Online. Handelsblatt, 06.05.2019; verändert

M5 Der Zusammenhang von Globalisierung, Fleischkonsum, Entwaldung und Sojaanbau

M6 Entladung von importierten Sojabohnen in China

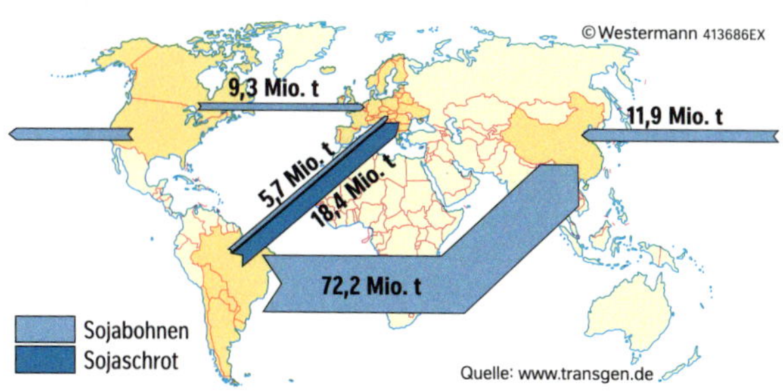

M7 Die großen Handelsströme (2018)

1 a) Erkläre, wie die fünf Fotos in M1 zusammenhängen.
b) Gib M1 eine passende Bildunterschrift.

2 Erstelle mithilfe der Materialien auf diesen Seiten eine Mindmap zum Thema „Soja".

3 Belege mithilfe der Materialien, dass auch die Landwirtschaft globalisiert ist.

4 Diskutiert folgende Aussage: „Unser Fleischkonsum zerstört den Regenwald in Brasilien".

100800-262 schueler.diercke.de **100800-268-01** schueler.diercke.de **100800-237-04** schueler.diercke.de

M1 Demonstrant in Detroit (USA)

M4 Mitarbeiter eines weltweit agierenden Medienunternehmens feiern dessen Börsenstart (New York City).

Gewinner und Verlierer der Globalisierung

Bezogen auf die Wirtschaft heißt Globalisierung auch internationale Arbeitsteilung. Welche Folgen hat dieser Prozess für die verschiedenen Akteure und worin besteht seine Dynamik?

Vor allem die Industrieländer profitierten von der wirtschaftlichen Globalisierung. In den meisten von ihnen wurde ein Wohlstandszuwachs erreicht. Viele Unternehmen dieser Länder erschlossen sich weltweit neue Absatzmärkte, günstige Produktionsstandorte und Rohstoffquellen. Deutschland zählt zu einem der größten Profiteure.

Einige ehemals wirtschaftlich schwach entwickelte Länder nutzten ebenfalls die Möglichkeiten des Welthandels. In ihnen konnte die Armut deutlich verringert werden. Diese Länder entwickelten sich in den letzten Jahrzehnten zu Schwellen- oder Industrieländern.

Es lässt sich feststellen, dass zwischen und innerhalb vieler Länder, unabhängig davon, ob sie Industrie-, Schwellen- oder Entwicklungsländer sind, die soziale Ungleichheit oftmals deutlich zugenommen hat. Menschen, die keine Teilhabe an der Globalisierung haben bzw. im globalen Wettbewerb nicht bestehen, gehören oft zu den Verlierern.

M2 Karikatur

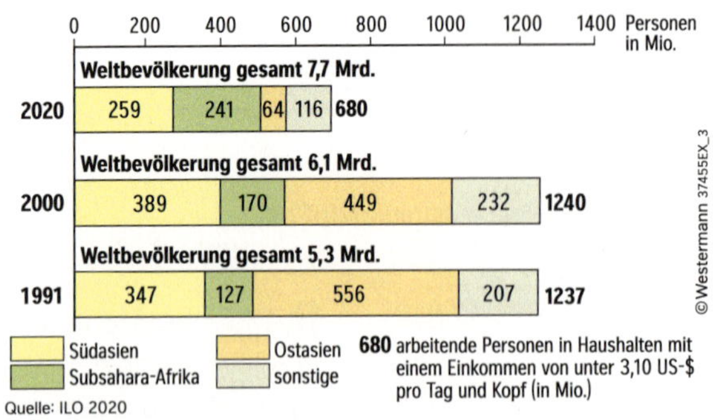

M3 Arbeitende Personen, die am Tag weniger als 3,10 US-Dollar zum Leben haben

DIE ZEIT: *Geht es der Menschheit heute besser oder schlechter als vor zwei Jahrzehnten?*
Winnie Byanyima: *Besser. Millionen von Menschen sind der Armut entkommen, die Welt ist für sie also besser geworden.*
DIE ZEIT: *Sie als Globalisierungskritikerin räumen ein, dass die Globalisierung funktioniert?*
Winnie Byanyima: *Wir sind keine Globalisierungskritiker. Wir wollen eine andere Globalisierung, denn auch heute geht immer noch einer von neun Menschen hungrig schlafen. Einer von zehn hat weniger als zwei Dollar pro Tag zur Verfügung, das ist die offizielle Armutsgrenze. Und [...] versuchen Sie, von zwei Dollar am Tag zu leben. Das ist ziemlich elend, und es darf nicht so bleiben.*

Quelle: Mark Schieritz und Petra Pinzler: Die Welt wird immer instabiler. Zeit Online, 16.02.2017

M5 Interview mit Winnie Byanyima aus Uganda, Leiterin von Oxfam (NGO) und Politikerin

Ⓐ „Wir brauchen die Investitionen. Die Investoren bringen Technologie und Arbeitsplätze mit, es kommen Kapital und Know-how ins Land“, sagt eine staatliche Agentur, die Land zum Verkauf anbietet. Zugleich verschärft sich seit 2017 die Hungerkrise in Ostafrika. Nach mehreren Dürrejahren verschlimmerten die größte Heuschreckenplage Ostafrikas seit 25 Jahren und die Coronapandemie die Lage im Jahr 2020 weiter. 20 Mio. Menschen sind von Hunger bedroht.

Ⓑ Seit zehn Jahren arbeitet Nejat (32 Jahre) aus Tadschikistan auf zwei Stellen. Zum einen als Haushaltshilfe bei Privatleuten und zum anderen als Hilfsköchin in einem Imbiss.
Sie ist oft traurig, weil sie ihre beiden Kinder, 8 und 13 Jahre, nur einmal im Jahr sieht (ein Flugticket kostet einen Monatslohn). Aber sie sollen eine gute Schule besuchen. Wenn Nejat sparsam lebt, schickt sie 60 € im Monat nach Hause; darauf ist sie stolz.

Ⓒ Kostengünstige chinesische Solarstromanlagen stehen in vielen afrikanischen Dörfern. Sie sind die Basis für neue Lebens- und Wirtschaftsweisen. Aufgeladene Smartphones fördern Geschäftskontakte, Information und digitales Arbeiten; der Strom schafft z. B. durch Kühltechnik neue Arbeitsplätze, beispielsweise im Kiosk von Jon und Milele. Durch die Nutzung der Sonnenenergie sind die Dörfer unabhängig vom Energiemarkt.

M6 Auf verschiedenen Maßstabsebenen und aus mehreren Perspektiven – Beispiele für „Gewinner und Verlierer“
Ⓐ Agrarland in Äthiopien: Josef bewacht die Rosenplantage eines amerikanischen Agrarinvestors.
Ⓑ Arbeitsmigration in Moskau: Nejat arbeitet je 12 Stunden an 6 Tagen die Woche.
Ⓒ Globale digitale Vernetzung und Stromversorgung in einem Dorf in Sambia

Der Technologiekonzern Meta Platforms, zu dem u.a. Facebook, WhatsApp und Instagram gehören, wurde 2004 von Mark Zuckerberg gegründet. Die Dienste des Unternehmens werden 2020 von weltweit über drei Milliarden Menschen und mehr als 180 Millionen Unternehmen genutzt. Das Unternehmen beschäftigte weltweit etwa 52 500 Mitarbeiter und betrieb 17 eigene Rechenzentren. Es machte 2019 einen Umsatz in Höhe von 70,7 Mrd. US-$ (Vergleich: BIP von Luxemburg 44,1 Mrd. US-$).

M7 Global Player: Technologiekonzern

Radikal ist schon die Diagnose, die der Münchner Soziologe Stephan Lessenich stellt: Die Bürger im Norden lebten auf Kosten der Menschen im Süden, sagt er, sie lagerten die schmutzigen Teile der Produktion einfach zu ihnen aus. Für uns „werden Ressourcen gefördert, Giftstoffe freigesetzt, Abfälle gelagert, Landstriche verwüstet, Sozialräume zerstört, Menschen getötet“, wirft er den Verbrauchern vor: „Unser Überfluss raubt anderen die Lebensgrundlage.“

Quelle: Alexander Jung: Selbstbetrug mit System. Der Spiegel, 27/2017, S. 16.

M8 Globalisierung auf der Nord- und Südhalbkugel: Professor Stephan Lessenich (Ungleichheitsforscher)

1 Erörtere, was der Zeichner der Karikatur in M2 problematisiert.

2 Werte M3 aus.

3 Nimm unterschiedliche Perspektiven (z. B. Verbraucher, Chef eines Global Players, Umweltschützerin, Angestellte, Politiker in Deutschland oder Uganda) ein und erörtere die Frage, ob die Globalisierung dein Leben verbessert hat.

GeoPlus

4 Formuliere ein eigenes Statement zu der Frage, welche Chancen und Risiken Hamburg durch die Globalisierung erwachsen.

Alles klar?

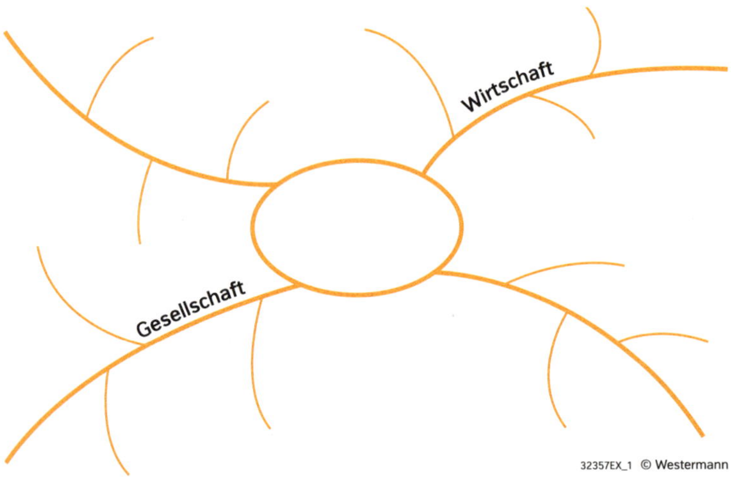

32357EX_1 © Westermann

1. Dimensionen der Globalisierung

a) Nenne Beispiele aus deinem Alltag, die zeigen, dass du mit anderen Teilen der Welt verflochten bist.

b) Übertrage die Mindmap (links) in dein Heft und vervollständige sie: Müssen durch zusätzliche „Hauptäste" Dimensionen der Globalisierung ergänzt werden ? Lassen sich alle dir wichtigen Aspekte jeweils durch die „Nebenzweige" der Mindmap darstellen?

c) Ordne die Bilder (oben) den Dimensionen der Globalisierung zu.

2. Globalisierung der Wirtschaft

a) Beschreibe die Globalisierung der Wirtschaft am Beispiel der Bekleidungsindustrie.

b) Erstelle eine Produktions- und Verwertungskette der globalen Bekleidungsindustrie. Ordne den einzelnen Gliedern der Kette Länder oder Regionen zu.

3. Globale Prägungen

a) Weltliteratur, Weltmusik, Weltkunst, Weltgericht, Weltfilm. Ermittle für jeden Bereich ein passendes Beispiel.

b) Erläutere, inwiefern deine Kultur von der Globalisierung geprägt wird.

4. Subventionen

a) Werte die Karikatur aus und nimm Stellung zu ihrer Aussage.

b) Erörtere, den Zusammenhang der Karikatur mit der Globalisierung.

Du kannst jetzt:

- unterschiedliche Ebenen der Globalisierung benennen.
- die Entwicklung der Globalisierung beschreiben.
- die Bedeutung von „Global Player" und „Global City" erläutern.
- zeigen, wie der Dienstleistungs- und Tourismussektor sowie die Landwirtschaft Teil der Globalisierung sind und wie sie diese beeinflussen.
- eine Produktions- und Verwertungskette beispielhaft anhand der Bekleidungsindustrie darstellen.
- Auswirkungen der Globalisierung für deinen Alltag erörtern.
- Chancen und Risiken der Globalisierung an Beispielen erläutern.

Grundbegriffe

- Cluster
- Container
- Fast Fashion
- Footlose Industries
- Freihandel
- Freihandelszone
- Global City
- Global Player
- Globalisierung
- just in time
- Lieferkette
- Logistik
- Modell
- personenorientierte Dienstleistung
- Protektionismus
- Sonderwirtschaftszone
- Treibhausgas
- unternehmensorientierte Dienstleistung
- World Trade Organization (WTO)

Wachstum und Verteilung der Weltbevölkerung

Grafische Darstellung der Erde, deren Kontinente von vielen Menschen gebildet werden.

Erinnert euch – Demografie

Bevor du Neues zum Thema Bevölkerung erfährst, solltest du mithilfe dieser Doppelseite sicherstellen, dass du dich an wichtige Grundlagen aus diesem thematischen Bereich deines bisherigen Geographieunterrichts erinnerst.

Bevölkerungsdynamik

Die **Demografie** ist die Lehre, die sich mit Bevölkerungsstruktur und **Bevölkerungsentwicklung** beschäftigt. Zu den wichtigsten demografischen Begriffen, die häufig auch in Statistiken zu finden sind, gehören die **Geburten-** und die **Sterberate**. Gemeint ist damit die Anzahl der Lebendgeborenen bzw. der Gestorbenen pro 1000 Einwohner in einem Jahr. Die Differenz von Geburten- und Sterberate ergibt die **Wachstumsrate**. Ein natürliches Bevölkerungswachstum, also ein Zuwachs ohne Zuwanderung, besteht immer dann, wenn die Geburten- über der Sterberate liegt.

Die Bevölkerungszahl eines Landes verändert sich ständig. Menschen werden geboren, andere sterben. Männer und Frauen verlassen ein Land oder wandern ein. Als Bevölkerungsdynamik bezeichnet man die Geschwindigkeit der Zu- oder Abnahme der Bevölkerungszahl in einem Raum. Wichtig dafür ist auch die **Fertilitätsrate** (Fruchtbarkeitsrate), also die Zahl der Kinder, die eine Frau in ihrem Leben im Alter zwischen 15 und 49 zur Welt bringt (M2).

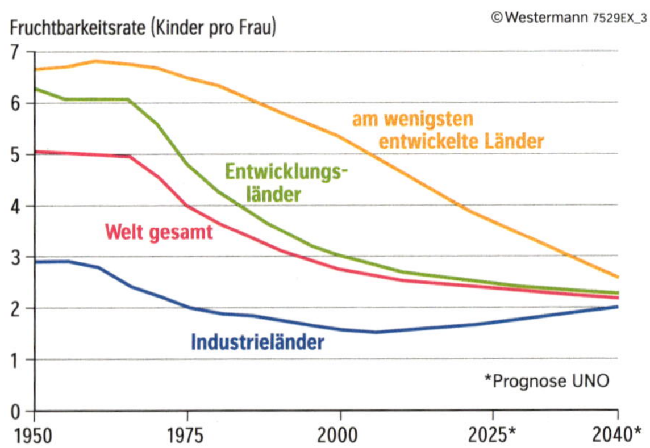

M2 Durchschnittliche Fruchtbarkeitsrate (TFR)

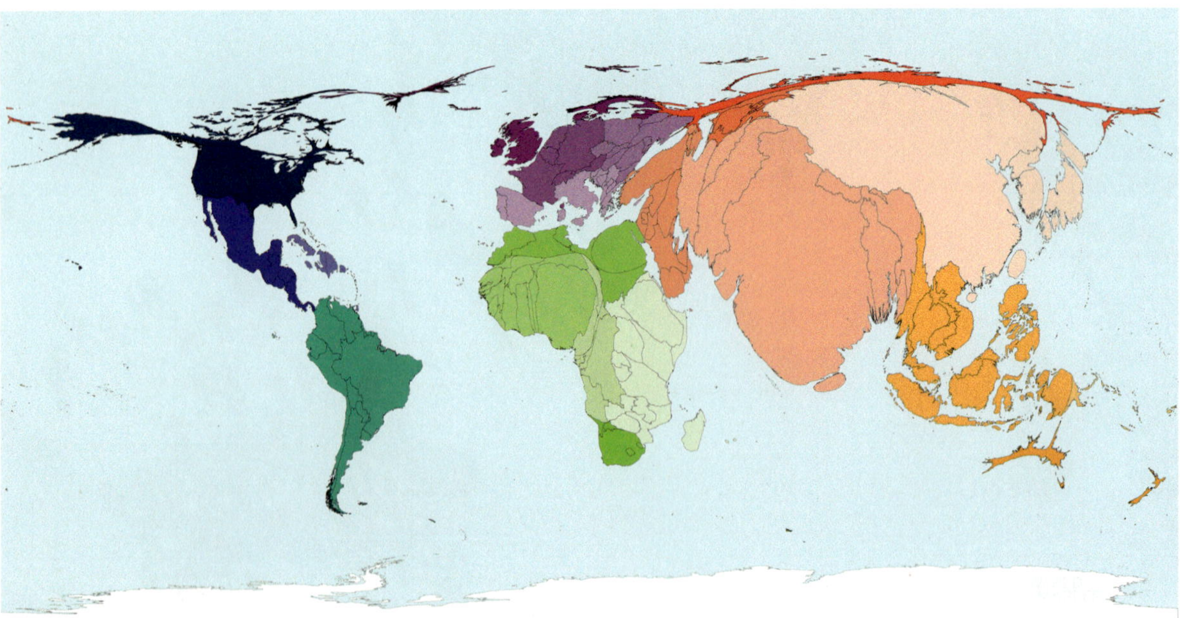

M1 Anamorphe Karte: Landgrößen nach der Verteilung der Weltbevölkerung (2018)

Von Pyramiden, Glocken und Urnen

Ein **Bevölkerungsdiagramm** (auch Alterspyramide oder Altersdiagramm genannt) zeigt den momentanen Altersaufbau einer Bevölkerung und den Anteil von Frauen und Männern in den einzelnen Altersstufen. Dabei kann man vom Modell her drei Grundtypen unterscheiden: die Pyramide, die Glocke und die Urne.

Die Pyramide steht für ein starkes Bevölkerungswachstum bei hoher Geburten- und Sterberate. In der Regel ist sie eine typische Form für Entwicklungsländer. Die Glocke lässt Rückschlüsse auf eine stagnierende Bevölkerungszahl zu. Geburten- und Sterberate sind auf einem etwa gleichbleibenden Niveau. Meist handelt es sich um sogenannte Schwellenländer, also Länder, die sich zum Industrieland entwickeln. In den Industrieländern sind sowohl Geburten- als auch Sterberate sehr niedrig, was sich als Urnenform des Bevölkerungsdiagramms zeigt.

Einschnitte im Bevölkerungsdiagramm weisen auf besondere Ereignisse hin, wie z. B. eine niedrige Geburtenrate auf Kriege, Wirtschaftskrisen, plötzliche Akzeptanz von Verhütungsmitteln oder verbesserte medizinische Betreuung.

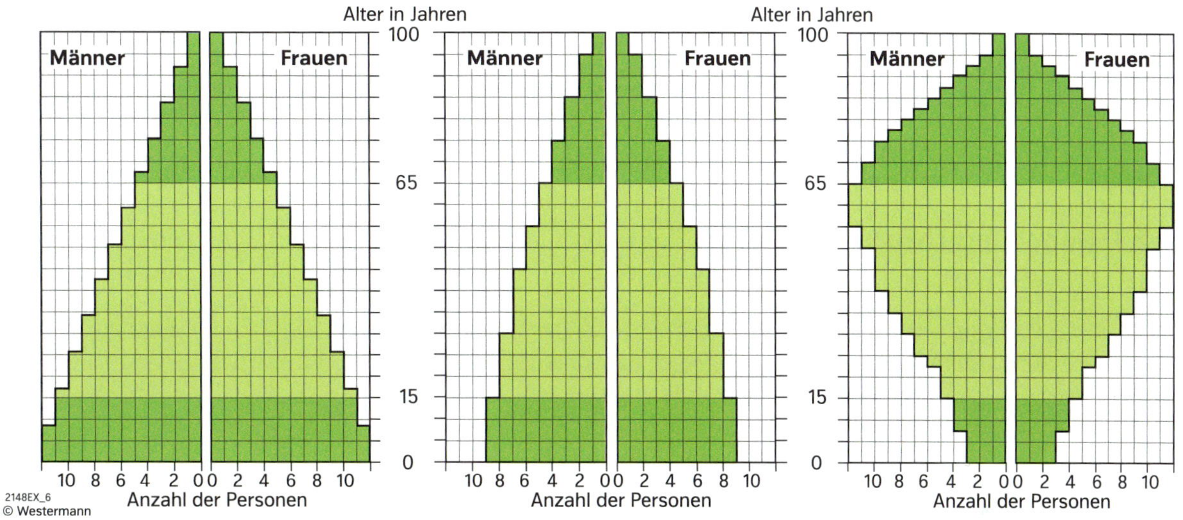

Geburtenrate	hoch, steigt an	eher niedrig, nimmt langsam ab	niedrig, nimmt ab
Altersstruktur	Anzahl der unter 10-Jährigen: hoch Anzahl der über 65-Jährigen: niedrig	Anzahl der unter 10-Jährigen: eher hoch Anzahl der über 65-Jährigen: niedrig	Anzahl der unter 10-Jährigen: niedrig Anzahl der über 65-Jährigen: hoch
Schlussfolgerung	„junge", wachsende Bevölkerung	...	„alte", schrumpfende Bevölkerung

M3 Typische Bevölkerungsdiagramme (Pyramide, Glocke, Urne)

1 Die Karte M1 weicht von der üblichen Darstellung der Erde ab. Die Landgrößen sind verzerrt, um die Verteilung der Weltbevölkerung zu verdeutlichen. Beschreibe die Verteilung und formuliere Fragen und/oder Thesen, die diese Abweichungen thematisieren.

GeoPlus

2 Erörtere, inwieweit die drei Grundformen von Bevölkerungsdiagrammen (M3) auch eine zeitliche Abfolge der Entwicklung der Altersstruktur sein könnten.

3 a) Nenne das Bevölkerungsdigramm in M3, das der in M2 gezeigten Situation nahekommt.
b) Erkläre, warum in M3 für die Altersgruppen eine Farbabstufung gewählt wurde.

4 Erläutere Herausforderungen, mit denen sich ein Land konfrontiert sieht, dessen Bevölkerungszusammensetzung die Glockenform aufweist.

M1 Straßenszene in Hyderabad, Indien

Im Eiltempo zur achten Milliarde

Noch nie lebten so viele Menschen auf der Erde wie heute. Jede Minute werden weltweit rund 250 Babys geboren. Bildlich könnte man von einer „Bevölkerungsexplosion“ in den vergangenen Jahrzehnten sprechen. Wie kam es zu diesem Bevölkerungswachstum und wie lange könnte es noch andauern?

Die Zahl der Menschen nimmt zu

Über die Jahrtausende hinweg wuchs die Bevölkerung der Erde nur sehr langsam. Seitdem die Menschen sesshaft wurden und Ackerbau betrieben, konnten sie sich immer besser versorgen und somit ihre Lebenserwartung steigern.

Um Christi Geburt lebten geschätzt 200 bis 400 Millionen Menschen auf der Erde. Erst mit dem Beginn der Industrialisierung im 19. Jahrhundert und dem damit verbundenen sozialen, wirtschaftlichen und technologischen Fortschritt kam es zu einem rasanten Bevölkerungswachstum.

Zahlreiche Menschen starben an immer wieder ausbrechenden Seuchen wie Pest, Cholera oder Pocken. Fortschritte in der Medizin, wie Impfungen und neue Behandlungsmethoden, aber auch bessere Hygiene reduzierten die Ausbreitung von Krankheiten oder verhinderten sie sogar.

Anfang des 20. Jahrhunderts lebten etwa 30 Prozent der Weltbevölkerung in Europa. Im Laufe des letzten Jahrhunderts verlangsamte sich aber hier das Bevölkerungswachstum. In einigen Ländern schrumpfte die Bevölkerung sogar. Dass wir bald den achtmilliardsten Menschen auf der Erde begrüßen, steht allerdings sicher fest. Um rund 85 Mio. Menschen wächst die Weltbevölkerung jährlich. Den größten Anstieg verzeichnen die Ländern Asiens, Südamerikas und insbesondere Afrikas. Auch hier werden die Menschen durch bessere medizinische Versorgung und Ernährung immer älter, außerdem sinkt die Kindersterblichkeit.

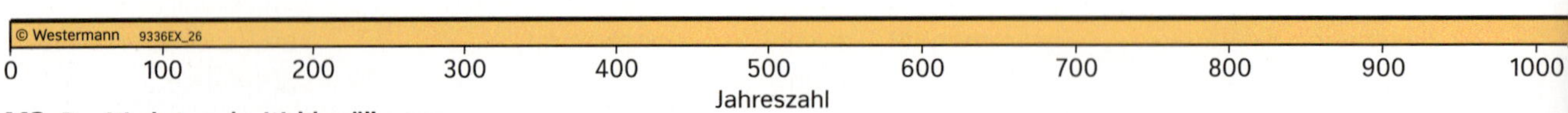

M2 Das Wachstum der Weltbevölkerung

Wenn auf der Welt nur 100 Menschen wohnen würden, dann wären davon: ...

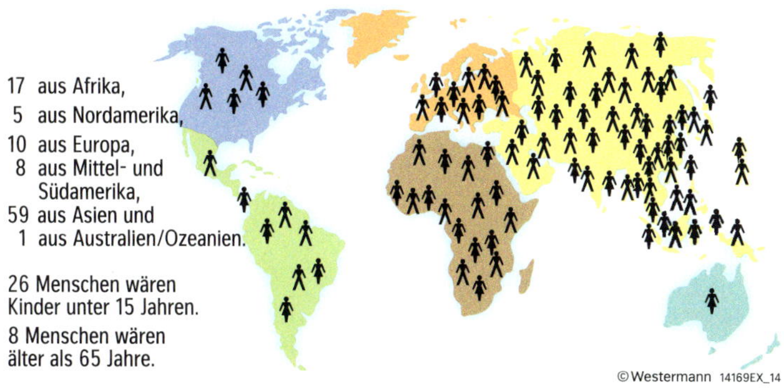

Prognose für 2050:	
Einwohnerzahl	125
Afrikaner	32
Asiaten	68
Europäer	9
Lateinamerikaner	10
Nordamerikaner	5
Ozeanier	1

M3 Die Weltbevölkerung nach Regionen

Bevölkerungsprognosen basieren auf mathematischen Modellen. In diese werden Daten über die aktuelle Bevölkerung (z. B. Einwohnerzahl, Lebenserwartung) sowie über die erwartete Entwicklung von Geburten- und Sterberate sowie über die wirtschaftliche und politische Situation eingegeben. So lässt sich errechnen, wie viele Menschen welchen Alters und welchen Geschlechts in einem Land in Zukunft leben werden.

Betrachtet man nicht die ganze Welt, sondern Länder oder Städte, spielt auch die Zahl der Zu- und Abwanderungen eine Rolle. Je nachdem, wie man zum Beispiel die wirtschaftliche und politische Situation einschätzt, kann man zu unterschiedlichen „Szenarien" kommen (M 2). Allerdings wird die Genauigkeit immer schlechter, je weiter in der Zukunft die Prognose liegen soll.

M4 Prognosen zur Bevölkerungsentwicklung

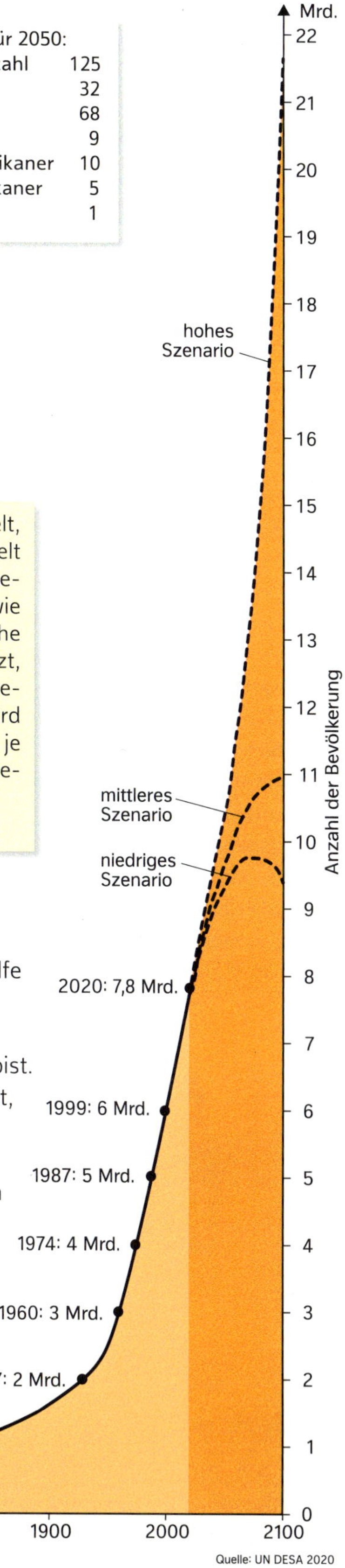

1 a) Beschreibe anhand von Zahlen die Entwicklung der Weltbevölkerung (M2).
b) Beschreibe die verschiedenen Szenarien der Bevölkerungsentwicklung bis 2100 (M2).
c) Beurteile die Aussagekraft der Prognosen (M2, M4).

2 a) Bestimme, ausgehend vom Jahr 1804, die Zeiträume, in denen die Weltbevölkerung jeweils um eine Milliarde Menschen anwuchs (M2).
b) Vermute Ursachen für diese Entwicklung.

3 Ermittle, auf welchen Kontinenten es zu einem besonders starken Bevölkerungswachstum kommt (M3).

4 a) Ermittle mithilfe des QR-Codes, als wievielter Erdenbürger du geboren bist.
b) Ermittle den Wert, um den die Weltbevölkerung innerhalb von 15 Minuten zugenommen hat (QR-Code).

Regionale Verteilung

Wenn man das Bevölkerungswachstum oder die Anzahl der Menschen, die auf einem Quadratkilometer leben, in den einzelnen Teilen der Erde vergleicht, bemerkt man sofort, dass es große regionale Unterschiede gibt. In welchen Regionen ist die Bevölkerungsdichte besonders hoch und welche Ursachen gibt es dafür?

Regionale Unterschiede

Im Jahr 2022 bewohnen knapp acht Milliarden Menschen die Erde. Im Durchschnitt leben 50 Einwohner auf einem Quadratkilometer (Einw./km²). Aber die **Bevölkerungsdichte** ist in den einzelnen Regionen der Erde sehr unterschiedlich (M1).

Hierfür gibt es zahlreiche Ursachen. Zum einen hat der Naturraum Auswirkungen darauf, wo sich Menschen niederlassen. So sind z. B. die Verfügbarkeit von Wasser und Ressourcen, das Relief und das Klima entscheidend für die Bevölkerungsverteilung. Die Mehrheit der Menschen lebt in klimatisch begünstigten Räumen mit Durchschnittstemperaturen zwischen 5 und 25 °C. Auch kulturelle, wirtschaftliche und soziale Gegebenheiten haben Einfluss auf die Bevölkerungsdichte. In Entwicklungsländern z. B. nimmt die Bevölkerungszahl stärker zu als in Staaten mit einem hohen Bruttoinlandsprodukt. Ein weiterer Einflussfaktor ist die **Migration**. Millionen Menschen verlassen aus unterschiedlichsten Gründen ihre Heimaträume.

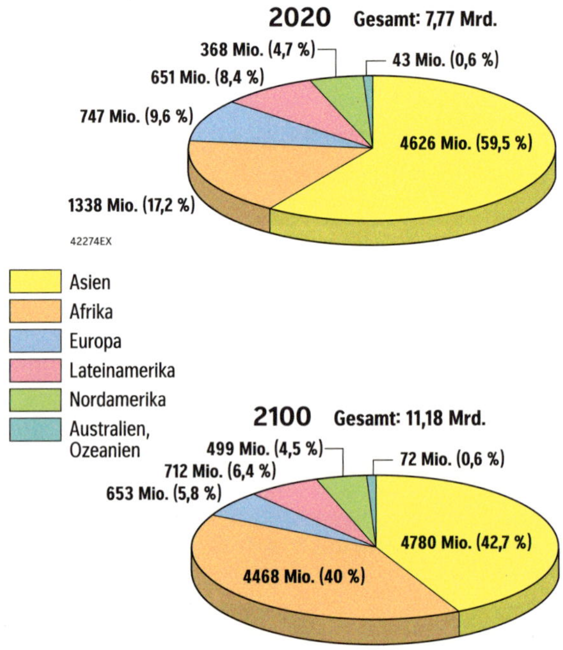

M2 Verteilung der Weltbevölkerung

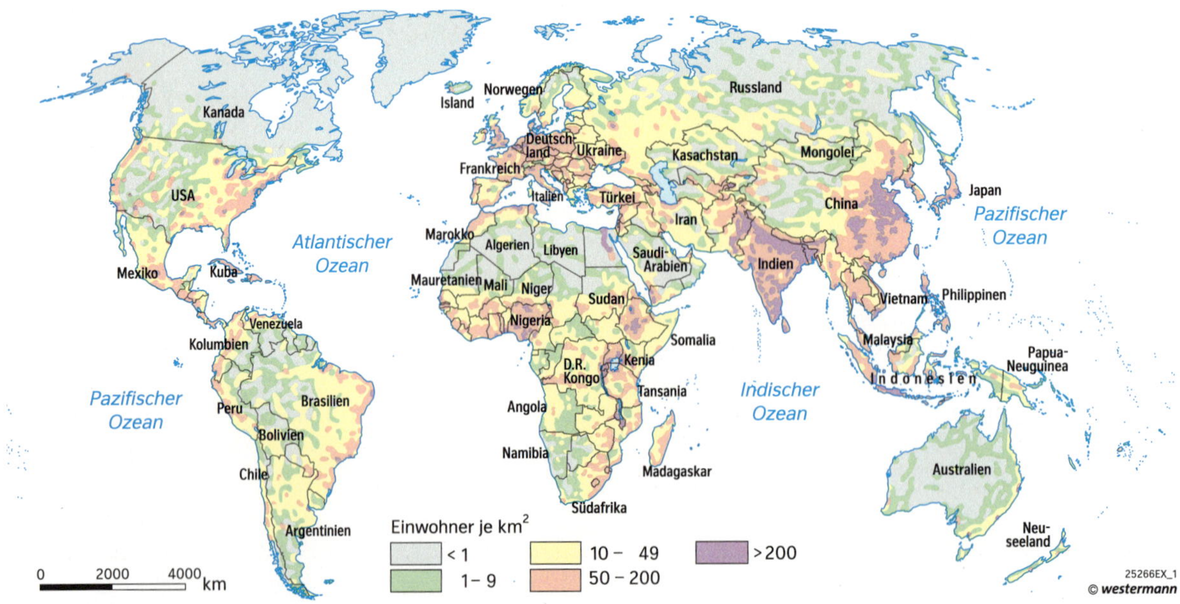

M1 Bevölkerungsdichte auf der Erde

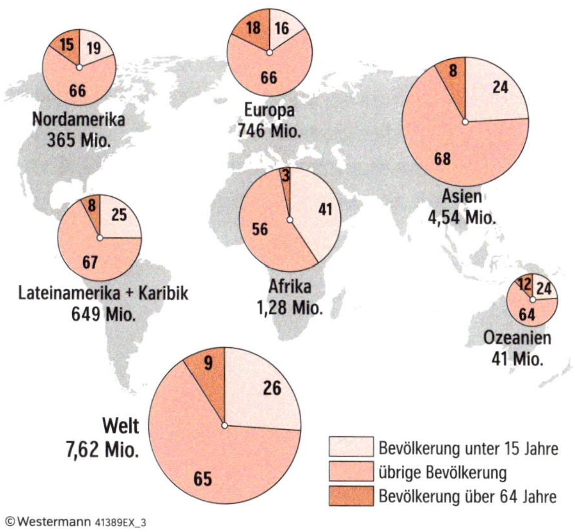

M3 Verteilung alte/junge Menschen weltweit (2020)

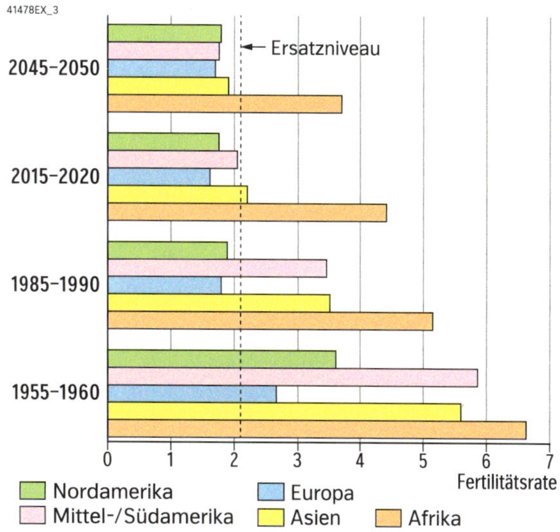

M5 Die Fertilitätsrate nach Kontinenten

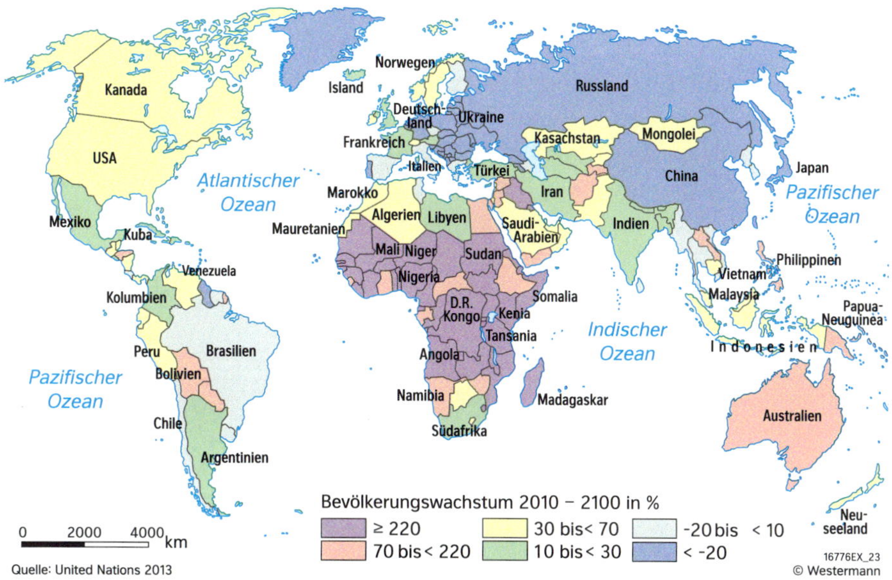

M4 Regionale Verteilung der Bevölkerungszunahme bis 2100

INFO

70% der Weltbevölkerung leben auf nur 7% des Festlandes.

20% der Weltbevölkerung leben auf weiteren 33% des Festlandes.

Auf den restlichen 60% des Festlandes leben nur 10% der Weltbevölkerung.

≙ 10% der Weltbevölkerung

1 a) Beschreibe anhand von M1 die räumliche Verteilung der Bevölkerung der Erde.
b) Nenne je drei Räume mit sehr hoher und mit niedriger Bevölkerungsdichte (M1).

2 Suche für einen Raum deiner Wahl Gründe für die Bevölkerungsverteilung (M1, M4, Atlas).

3 a) Ermittle Kontinente mit einem hohen Anteil junger und solche mit einem hohen Anteil alter Menschen (M3).
b) Formuliere Hypothesen zur Begründung der unterschiedlichen Alterszusammensetzung der Bevölkerung auf verschiedenen Kontinenten.

GeoPlus

4 „Die Entwicklung der Fertilitätsrate ist für die weitere globale Bevölkerungsentwicklung von entscheidender Bedeutung“ Erörtere diese Aussage.

Das Modell des demografischen Übergangs

Modelle stellen komplexe Sachverhalte vereinfacht dar. Sie verdeutlichen so bestimmte Kernaussagen, ohne in Einzelfällen auf jedes Detail übertragbar zu sein. Das „Modell des demografischen Übergangs" wurde anhand der Bevölkerungssituation in England im 18. und 19. Jahrhundert entwickelt. Welche Entwicklungsschritte lassen sich mit dem Modell verdeutlichen und auf aktuelle Situationen übertragen?

Zusammenhänge werden deutlich

Mit dem Einsetzen der Industrialisierung in Europa Mitte des 19. Jahrhunderts traten grundlegende Veränderungen in der Bevölkerungsentwicklung und -verteilung auf. Bis zu diesem Zeitpunkt waren hohe Sterberaten und hohe Geburtenraten die Regel.

Die Verbesserung der Produktivität in der Landwirtschaft und damit der Nahrungsmittelversorgung, Fortschritte in der Medizin sowie eine bessere hygienische Situation ließen die Sterberate – bei gleichbleibender Geburtenrate – sinken. Erst mit einiger zeitlicher Verzögerung sank auch die Geburtenrate. Die Folge dieser Entwicklung war eine hohe Wachstumsrate, die zu einer starken Zunahme der Bevölkerungszahl führte. Am Ende dieses Prozesses pendelten sich Geburten- und Sterberate auf niedrigem Niveau ein.

Die Grundzüge dieser Entwicklung lassen sich in vielen Staaten beobachten. Sie werden als **Modell des demografischen Übergangs** beschrieben. Das Modell bietet Orientierung für grundsätzliche Zusammenhänge im Bereich der Bevölkerungsentwicklung. Treten beispielsweise Ereignisse wie eine Verbesserung der Gesundheitsvorsorge ein, wird es zu direkten Auswirkungen auf die Sterbe- und Geburtenrate kommen.

Heute ist in einigen Ländern die Geburtenrate sogar unter die Sterberate gefallen. Diese Gesellschaften schrumpfen, sofern die Verluste nicht durch Einwanderung ausgeglichen werden.

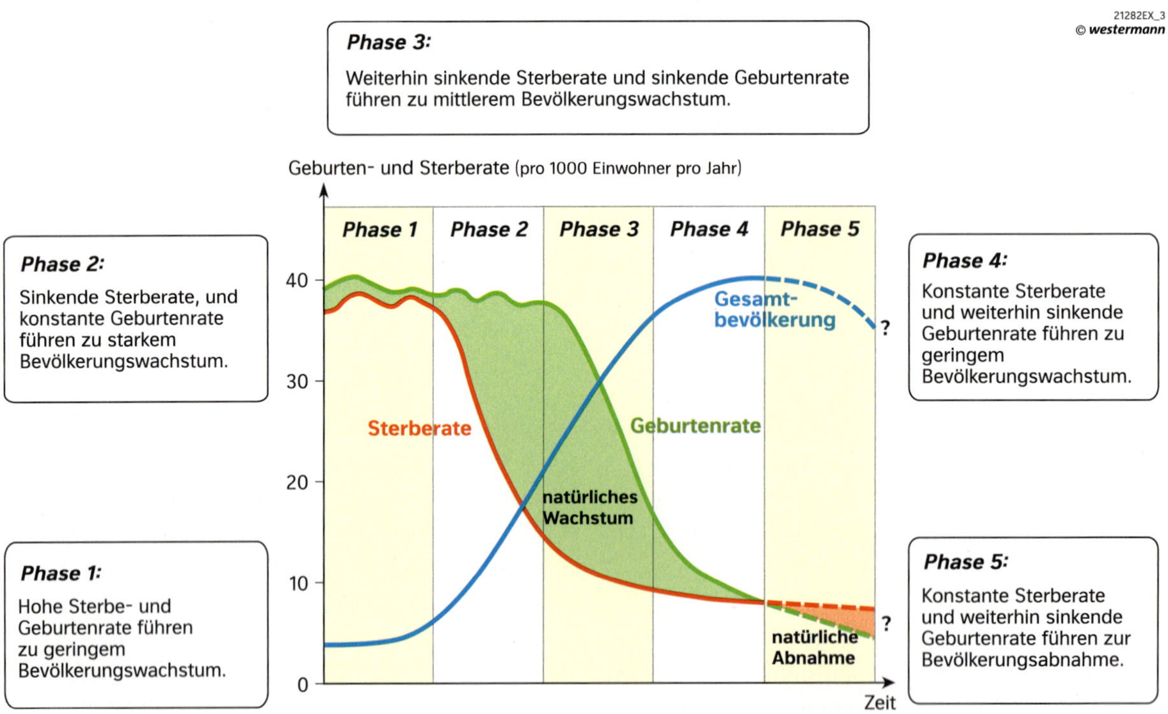

M1 Modell des demografischen Übergangs

1 Eine Mutter steht weinend am Grab ihres sechsten Kindes, das die Hungersnot nicht überlebt hat.
2 Tom feiert seinen 50. Geburtstag mit seinen sechs Kindern und 28 Enkeln, auf die er stolz ist. Sein ältester Sohn sorgt für ihn, seit er bei einem Unfall ein Bein verloren hat und nicht mehr arbeiten kann.
3 Der Arzt im Dorf ist froh, dass die neue Kanalisation fertiggestellt wurde. Nun fließen die Abwässer nicht mehr durch den Fluss, an dem die Kinder spielen.
4 Altenpfleger ist ein Beruf mit Zukunft.
5 In den Städten wachsen Elendsviertel, weil immer mehr Menschen vom Land in die Stadt ziehen.
6 In den Nachrichten wird gemeldet, dass das Bevölkerungswachstum im Land nach den Rekordwerten der letzten Jahre langsam zurückgeht.
7 Kevin bekommt viele Geschenke zum 18. Geburtstag, er ist schließlich der einzige Enkel seiner Großeltern.
8 Mark (35) und Lina (36) sind seit zehn Jahren ein Paar, haben aber noch keine Kinder. Beide arbeiten bei einer Bank in der Hauptstadt und verdienen gut. Sie genießen ihre Freizeit und reisen gern.
9 Die Eltern können nur Sam, ihren ältesten Sohn, zur Schule schicken. Seine beiden Brüder und seine drei Schwestern werden dringend bei der schweren Feldarbeit und im Haushalt der Großfamilie benötigt.
10 Als John vor kurzem die erste Arztpraxis eröffnete, hatte sich das in den 50 umliegenden Dörfern schnell herumgesprochen.
11 Obwohl ihr Mann nichts dagegen hätte, denkt Mary noch nicht an Kinder. Nach Abschluss ihrer Ausbildung möchte sie zuerst noch einige Jahre als Krankenschwester arbeiten.
12 Die Regierung hat beschlossen, eine gesetzliche Renten- und Krankenversicherung einzuführen.
13 Jo heiratet Elina, die Frau seines Bruders, der bei der letzten Cholera-Epidemie gestorben war. Jos erste Frau starb vor einem Jahr bei der Geburt ihres 7. Kindes.
14 Als Eda mit 14 Jahren von ihren Eltern verheiratet wurde, musste sie die Schule abbrechen. Sechs Jahre später, nach der Geburt ihres dritten Kindes, besuchte sie das neue Gesundheitszentrum im Dorf, um sich über kostenlose Verhütungsmethoden informieren zu lassen.
15 Mira ist 18 Jahre alt und geht gern täglich die fünf Kilometer zur Schule. Ihre Eltern arbeiten hart, um das Schulgeld für die vier Kinder zu verdienen, denen es einmal besser gehen soll.

Quelle: Leon Vankan (Hrsg.), Gertrude Rohwer, Stephan Schuler: Diercke Methoden 1. Denken lernen mit Geographie. Braunschweig 2013, S. 101

M2 Aussagen zum demografischen Übergang

INFO

Kritik am Modell des demografischen Übergangs

- Abweichende Prozesse der Bevölkerungsentwicklung werden nicht berücksichtigt. Der demografische Übergang setzt zu verschiedenen Zeitpunkten ein und erstreckt sich über unterschiedlich lange Zeiträume.
- Da das Modell auf der wirtschaftlichen, historischen und kulturellen Entwicklung westeuropäischer Staaten beruht, kann es die Bedingungen in Ländern mit anderer Entwicklung nicht abbilden.
- Auch die Dimension des Bevölkerungswachstums, zum Beispiel in England, unterscheidet sich deutlich von der in Ländern anderer Regionen und Kontinente. Somit können keine allgemeingültigen Aussagen über Dauer und Ausprägung des Bevölkerungswachstums getroffen werden.
- Für Vorhersagen ist das Modell nur bedingt aussagekräftig, da keine neuen Entwicklungen berücksichtigt werden.

1 a) Beschreibe das Modell des demografischen Übergangs (M1).
b) Stelle Zusammenhänge zwischen dem Verlauf von Sterbe-/Geburtenrate und der Wachstumsrate der Bevölkerung dar (M1).

2 a) Trage die Nummer jeder Aussage in M2 dort im Diagramm ein, wo sie deiner Meinung nach am besten passt (M1).
b) Vergleiche deine Zuordnungen mit denen deines Sitznachbarn und diskutiert Unterschiede.

3 a) Erläutere die in der Infobox genannten Kritikpunkte am Modell des demografischen Übergangs.
b) Ergänze die Übersicht durch weitere Kritikpunkte, die dir auch bedenkenswert erscheinen.

100800-102-02
schueler.diercke.de

Bevölkerungsrückgang in Deutschland

Statistisch gesehen bekommt jede Frau in Deutschland etwa 1,5 Kinder. Dieser Wert reicht nicht aus, um die Bevölkerungszahl des Landes ohne Zuwanderung stabil zu halten. Wie hat sich die Bevölkerung in Deutschland entwickelt und welche Herausforderungen resultieren daraus?

Die Bevölkerung in Deutschland

Die Bevölkerung eines jeden Landes befindet sich in einem ständigen Wandel. Doch wie viele Menschen geboren werden, wie viele Menschen sterben und in welchem Alter, aber auch wie viele aus- und einwandern, das sind wichtige Fragen für die Zukunft eines Landes. Durch die Veränderung der Bevölkerungsstruktur stehen Länder wie Deutschland heute vor großen Herausforderungen.

Lange Zeit nahm die Bevölkerung Deutschlands stetig zu. Im Jahre 1871 lebten 41 Millionen Menschen in Deutschland, 1950 waren es bereits 68,3 Millionen. Im Jahr 2020 hatte die Bundesrepublik 83,2 Millionen Einwohner. Allerdings hat die Anzahl der Geburten abgenommen und liegt unter der Anzahl der jährlichen Sterbefälle. Dies hat zur Folge, dass die Bevölkerungszahl ohne den Zuzug der Menschen aus dem Ausland seit 1972 schrumpfen würde.

Der Anteil der alten Menschen in Deutschland steigt stetig an. Waren noch 1950 lediglich acht Prozent der Bevölkerung älter als 67 Jahre, sind es heute bereits etwa 20 Prozent, Tendenz steigend. Dies hat zwei Gründe: Zum einen werden weniger Kinder geboren, zum anderen steigt die Lebenserwartung aufgrund verbesserter Lebensbedingungen kontinuierlich an. Die Überalterung führt zu vielfältigen Veränderungen in der Gesellschaft.

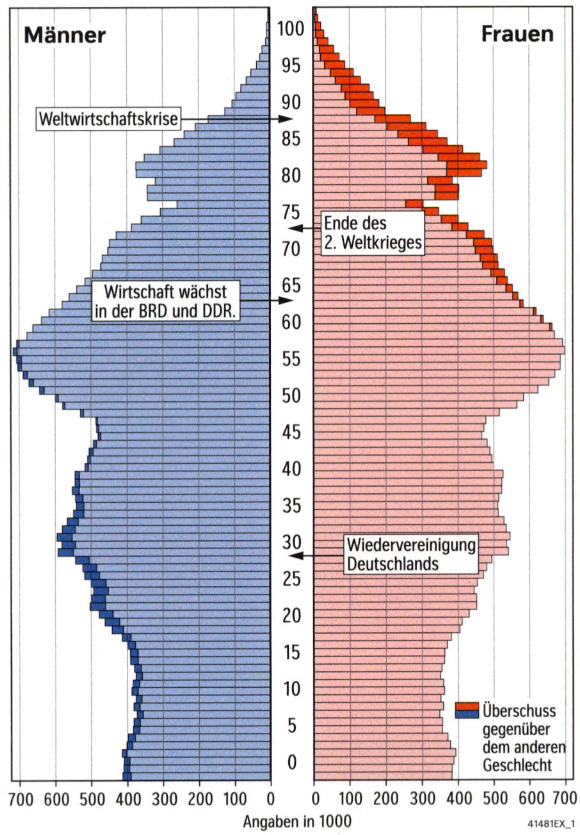

M2 Bevölkerungsdiagramm von Deutschland (2020)

	Von 100 Ehen haben				
Eheschließungsjahr	**0 Kinder**	**1 Kind**	**2 Kinder**	**3 Kinder**	**4 und mehr Kinder**
1910 – 1912	12	17	22	17	32
1951 – 1955	13	25	31	17	14
1970 – 1974	19	29	40	10	2
2000 – 2004	44	26	22	6	2
*Familien 2019		51	37	12	

*alle Eltern-Kind-Gemeinschaften mit ledigen Kindern in Haushalt

M1 Familiengrößen in Deutschland

Jahr	unter 20 Jahre	20 bis unter 65 Jahre	65 Jahre und älter
1950	30,4	59,9	9,7
1970	30,0	56,2	13,8
1990	21,7	63,4	14,9
2010	18,4	61,0	20,6
2030	16,7	54,5	28,8
2050	15,4	51,4	33,1

Ab 2010 Ergebnisse der 12. koordinierten Bevölkerungsvorausberechnung 2009; Untergrenze der mittleren Variante Gebietsstand Deutschland in Grenzen von 1990.

M3 Daten zum demografischen Wandel in Deutschland (in %)

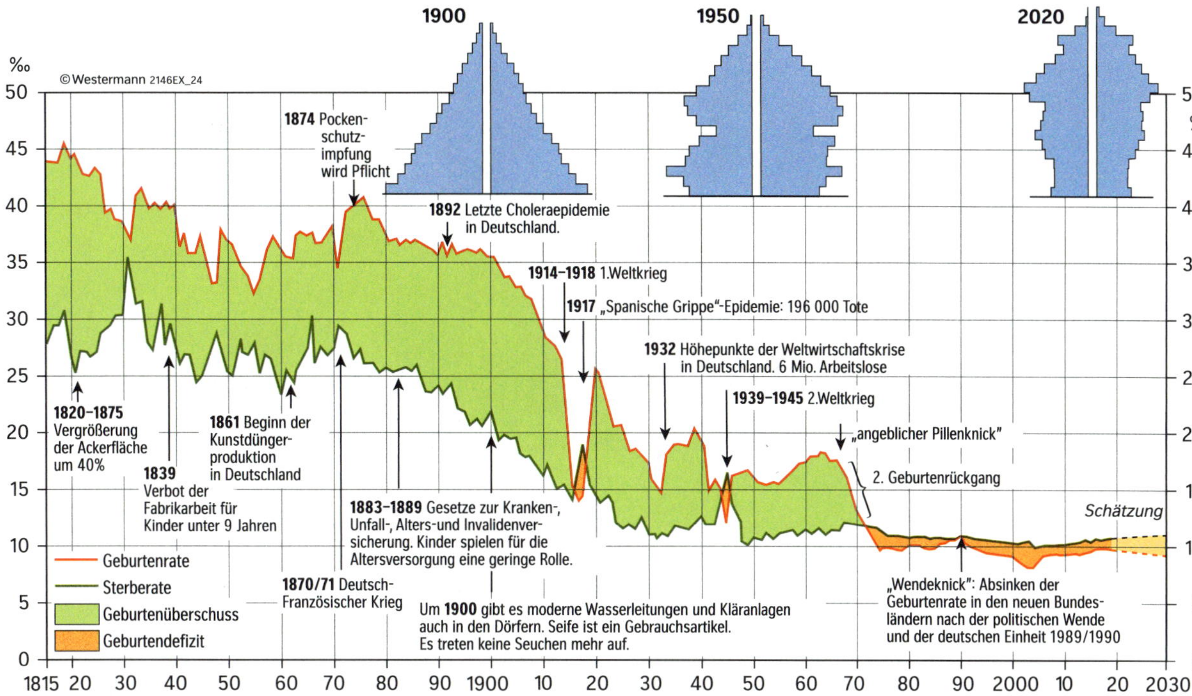

M4 Entwicklung der Geburten-, Sterbe- und Wachstumsrate in Deutschland

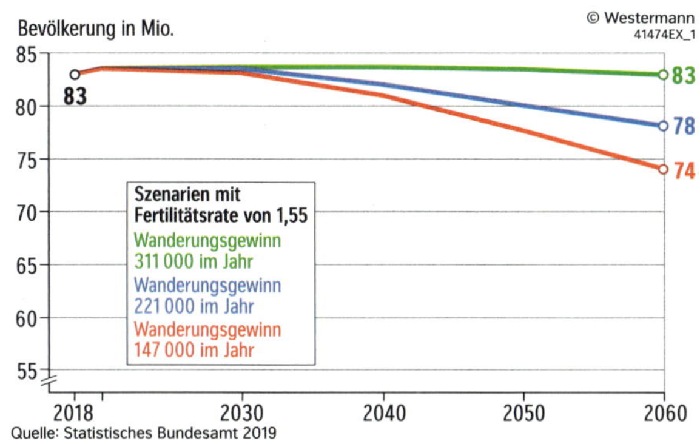

M5 Bevölkerungsprognosen für Deutschland bis 2060

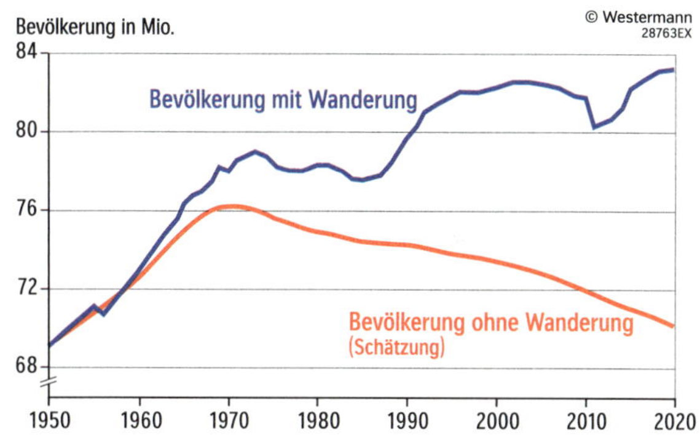

M6 Demografische Folgen der Zuwanderung

1 Beschreibe die Bevölkerungsentwicklung in Deutschland (M2 – M4).

2 Erläutere an zwei Beispielen deiner Wahl, wie die Geburtenrate und die Sterberate auch von geschichtlichen Ereignissen beeinflusst werden (M2, M4).

3 a) Erläutere Gründe des Bevölkerungsrückgangs (M2).
b) Nenne Konsequenzen und Ursachen des Geburtenrückgangs (M3, QR-Code).

4 Beschreibe die für Deutschland prognostizierte Bevölkerungsentwicklung und erkläre dabei den Einfluss der Zuwanderung (M5, M6).

GeoPlus

5 a) Vergleiche die beispielhaften Lebensläufe von Männern und Frauen in Deutschland von 1960 und den 2000er-Jahren (QR-Code).
b) Erörtere, welchen Einfluss die Veränderungen auf die Wachstumsrate in Deutschland haben.

M1 Familie in einem ländlichen Gebiet in Indien

Bevölkerungswachstum in Indien

Noch ist China das bevölkerungsreichste Land der Erde. Doch schon sehr bald wird es von Indien abgelöst. Die Wachstumsrate ist dort insbesondere im ländlichen Raum trotz sinkender Geburtenrate immer noch sehr hoch. Wie entwickelt sich die indische Bevölkerung und welche Folgen sind zu erwarten?

Bevölkerungswachstum

Die Geburtenrate ist in Indien besonders im ländlichen Raum sehr hoch, während Familien im städtischen Raum zunehmend nur ein oder zwei Kinder haben. Die Ursachen für die höhere Geburtenrate auf dem Land sind sehr vielfältig.

Nach wie vor gibt es keine Kranken- oder Rentenversicherung für die meisten Landbewohner, sodass die Kinder die Altersvorsorge der Familie darstellen. Die traditionellen Lebensformen ändern sich nur langsam. So hat in den ländlichen Gebieten die Frau oftmals einen niedrigeren sozialen Status als der Mann. Diese Einstellung herrscht unter anderem deshalb vor, weil es bis heute in weiten Teilen der Gesellschaft üblich ist, dass die Eltern der Braut an die Familie des Bräutigams Geld als Mitgift zahlen. Nach der Heirat wechselt das Mädchen in die Familie des Mannes. Nachteile haben Mädchen auch bei der Schul- und Berufsausbildung. Das verringert ihre Chancen auf ein selbstbestimmtes Leben. Fortschritte gibt es eher in den Städten als auf dem Land. Auch zwischen den einzelnen Bundesstaaten gibt es deutliche Unterschiede. Eine große Rolle spielt in jedem Fall die Höhe des Einkommens.

Folgen

Aufgrund des großen Bevölkerungswachstums sind Nahrungsmittel und der Zugang zu Bildungsmöglichkeiten knapp. Zudem werden natürliche Ressourcen übernutzt und Böden degradiert, sodass dringend benötigte Ackerflächen verlorengehen. Des Weiteren kann die soziale und technische Infrastruktur nicht in dem Maß ausgebaut werden, in dem die Bevölkerung wächst.

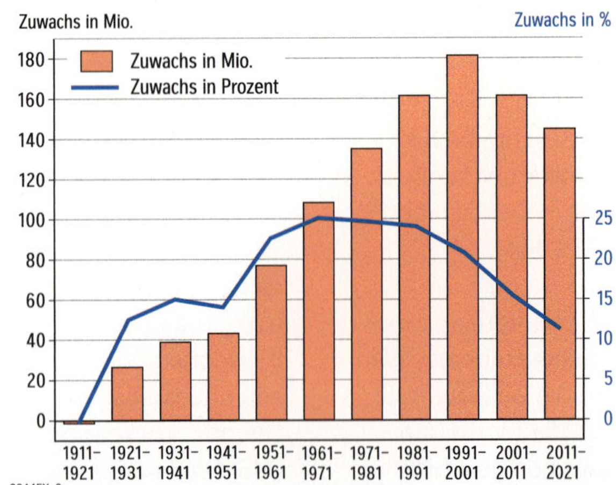

M2 Bevölkerungsentwicklung in Indien

Indien – Land der Kinder

Etwa ein Viertel der Bevölkerung ist jünger als 15 Jahre. Nur sechs Prozent der Bevölkerung sind älter als 65 Jahre. Der Anteil der Analphabeten ist von 82 Prozent im Jahr 1950 auf heute 26 Prozent gesunken. Um allen Sechsjährigen einen Schulbesuch zu ermöglichen, müssten jährlich 1200 neue Schulen gebaut und 300 000 Lehrkräfte zusätzlich ausgebildet und eingestellt werden.

Indien – Land der Arbeitsuchenden

Rund zwei Drittel der indischen Bevölkerung sind 15 bis 65 Jahre alt. Sie könnten also einen Beruf ausüben. Doch schon heute reicht die Zahl der neuen Arbeitsstellen nicht aus, um die wachsende erwerbstätige Bevölkerung mit Jobs zu versorgen. Zurzeit verlassen jedes Jahr 13 Millionen Jugendliche die Schulen auf der Suche nach einem Arbeitsplatz oder einem Platz an der Universität.

Die Geburtenrate zu senken ist ein langer und schwieriger Prozess. Man muss zum Beispiel eine Renten- und Krankenversicherung einführen, die Aufklärung verbessern und mit alten Traditionen brechen. Die Sterberate dagegen konnte und kann mit wenigen Maßnahmen gesenkt werden.
Neue Impfstoffe und Medikamente können gegen viele früher tödliche Krankheiten eingesetzt werden. Früher gab es Krankenhäuser und Ärzte nur in den Großstädten. Sowohl die Versorgung mit sauberem Trinkwasser als auch die Abwasserentsorgung wurden verbessert.

M3 Aus einem Interview mit dem indischen Wissenschaftler Vimal Kumar

Jungen und Mädchen führen in vielen indischen Dörfern bislang ein völlig getrenntes Leben voneinander. Viele der Mädchen gehen nicht zur Schule. Stattdessen beschränkt sich ihr Leben auf den Haushalt der Familie und die Vorbereitung auf eine frühe Ehe. Die Benachteiligung der Mädchen und Frauen gehört auf dem Land noch immer zum Alltag. Im Bundesstaat Maharastra kamen zuletzt auf 1 000 Jungen unter sechs Jahren nur 913 Mädchen. Die Mädchen fehlen, weil sie eine schlechtere ärztliche Versorgung hatten, vernachlässigt wurden – oder schon vor der Geburt abgetrieben wurden.

M5 Aus einem Medienbericht

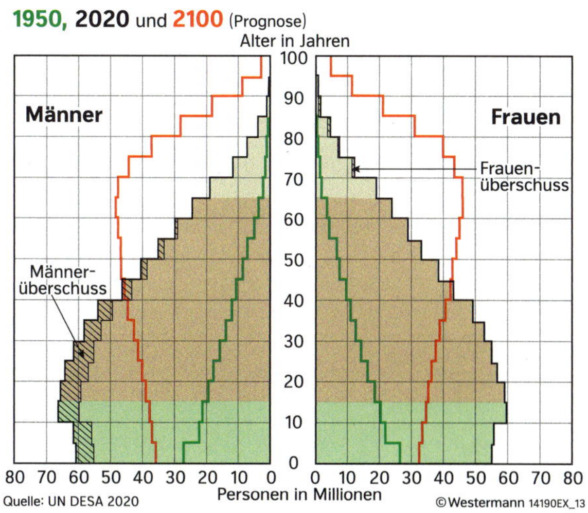

M4 Bevölkerungsdiagramme von Indien

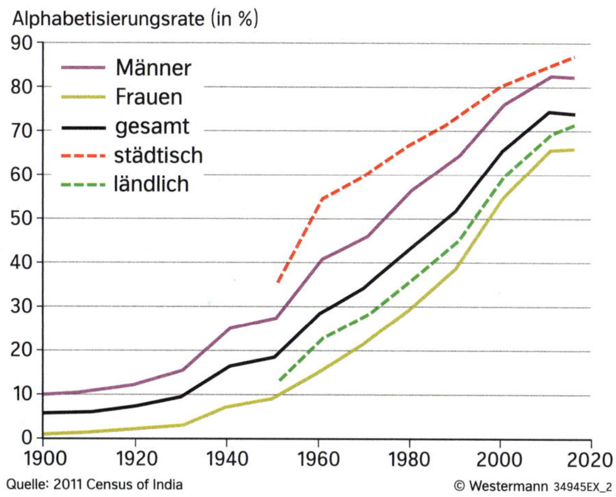

M6 Entwicklung der Alphabetisierungsrate in Indien

1 a) Beschreibe die Bevölkerungsentwicklung in Indien (M2).
b) Erkläre, wie sich die Änderung der Wachstumsraten auswirkt.

2 Werte das Bevölkerungsdiagramm von Indien für das Jahr 2020 (M4) aus, indem du
a) es beschreibst,
b) mögliche Abweichungen von der Idealform feststellst,
d) auf zukünftige Entwicklungen hinweist.

3 Beschreibe die soziale Stellung von Mädchen und Frauen und formuliere Folgen dieser Situation für die Bevölkerungsentwicklung des Landes.

100800-162-02 schueler.diercke.de
100800-276 schueler.diercke.de

Bevölkerungspolitische Maßnahmen – wie kann man Einfluss nehmen?

In Indien, Nigeria oder Indonesien ist die Geburtenrate sehr hoch. In Deutschland und anderen Staaten sinkt die Geburtenrate kontinuierlich. Beide Extreme führen zu Versorgungsproblemen der Bevölkerung. Gibt es Maßnahmen, mit denen die Staaten die Geburtenrate beeinflussen können?

Immer weniger

Die Geburten pro Frau gingen in Deutschland von 1997 bis 2011 deutlich zurück. Um diesem Trend entgegenzuwirken, schuf die Bevölkerungspolitik Anreize für mehr Kinder. So wurde das Kindergeld erhöht und das Elterngeld eingeführt. Darüber hinaus sollte für jedes Kleinkind ein Platz in einer Kindertagesstätte geschaffen werden, damit die Frauen trotz der Kinder ihren Beruf ausüben können. Diese Maßnahmen führten zusammen mit einem verstärkten Zuzug von Migranten nach Deutschland in den darauffolgenden fünf Jahren zu einem Anstieg der Geburten, der allerdings seit 2017 wieder nachlässt. Wenn es immer weniger Kinder gibt, führt das Jahre später dazu, dass einerseits weniger Menschen im erwerbsfähigen Alter (15 bis 67 Jahre alt) dem Arbeitsmarkt zur Verfügung stehen, andererseits aber viele alte Menschen aus den geburtenstarken Jahren zu versorgen sind.

Es ist sehr umstritten, ob es überhaupt zu erreichen ist, dass die Geburtenrate in Deutschland wieder steigt. Die Frage, weshalb zu wenige Kinder geboren werden, ist schwer zu beantworten. „Es fehlt an Einrichtungen zur Betreuung“, sagen Politiker. „Es fehlt der richtige Partner“, sagt die Hälfte der Kinderlosen. „Kind und Karriere sind schwer miteinander zu vereinbaren“, erklären Frauenrechtlerinnen. Andere geben zu bedenken: „Die Menschen wollen ungestört leben und Karriere machen. Kinder zu haben, ist teuer und bringt viele Einschränkungen mit sich.“

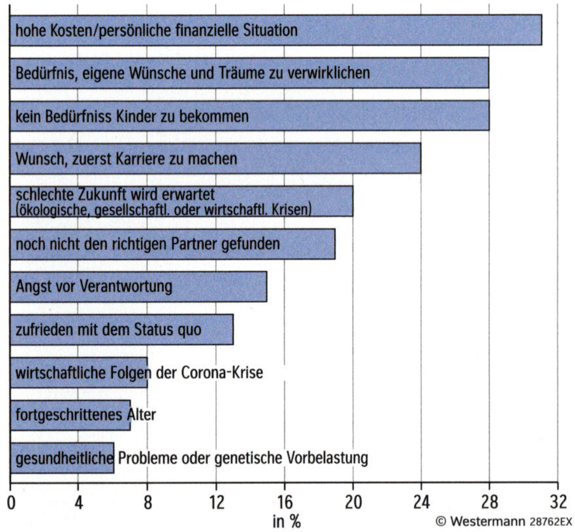

M2 Gründe für den aktuellen Verzicht auf Kinder – Umfrage unter Frauen von 18 bis 50 Jahren in Deutschland (2020)

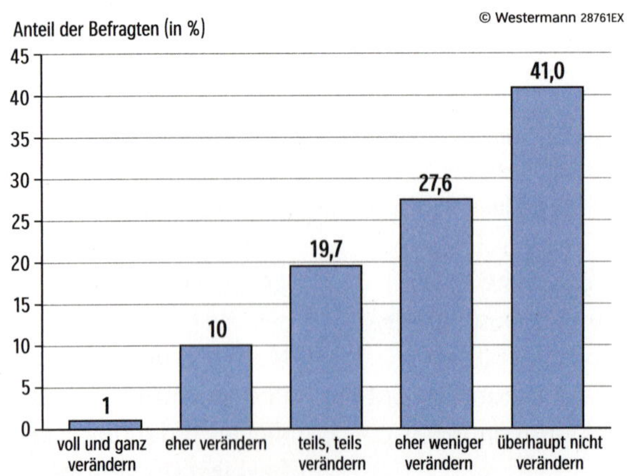

M1 Der Einfluss des Elterngeldes auf den Kinderwunsch

familienpolitische Leistungen	2009	2019
Kindergeld	37543 Mio. €	45272 Mio. €
Elterngeld	4450 Mio. €	6982 Mio. €
Unterhaltsvorschuss	819 Mio. €	2178 Mio. €
Kindertagesbetreuung	395 Mio. €	745 Mio. €
Entlastungsbetrag*	350 Mio. €	535 Mio. €

* für Alleinerziehende
Quelle: Familienreport 2020

M3 Geschätzte Staatsausgaben in Deutschland

M4 Propagierung der Small Family in Indien (1980er-Jahre)

M6 Indien – Aufklärung zur Familienplanung (Unicef-Kampagne)

Frauen stärken

In einkommensschwachen Ländern stellen Kinder nach wie vor eine Garantie für die Versorgung der Eltern im Alter dar und sind wichtige Arbeitskräfte in den kleinbäuerlichen Strukturen. Teilweise ist die Anzahl der Kinder ein Gradmesser für die gesellschaftliche Stellung des Mannes in der Gesellschaft. In vielen Ländern setzt man auf eine bessere medizinische Versorgung, kostenlose Kondome und die Verbesserung der gesellschaftlichen Stellung der Frau zur Senkung der Geburtenrate.

Dem Zugang zu Bildungseinrichtungen und der damit häufig verbundene Erhöhung des Heiratsalters wird in allen Familienplanungsprogrammen ein hoher Stellenwert zugebilligt. Zunehmend setzt sich die Einsicht durch, dass es schwierig ist, eine große Anzahl an Kindern zu versorgen und ihnen eine gute Bildung zu ermöglichen. Wichtig ist außerdem, religiöse Vorbehalte gegen Familienplanung zu überwinden und Religionsgemeinschaften für Gespräche über Sexualität zu öffnen.

Insgesamt 43 Prozent der Mädchen und jungen Frauen im Alter von 15 bis 19 Jahren, die eine Schwangerschaft vermeiden möchten, haben in Ländern mit niedrigem und mittlerem Einkommen [...] keinen Zugang zu modernen Verhütungsmitteln. Die Folge: Etwa die Hälfte aller Schwangerschaften (10,5 Mio. pro Jahr) bei jungen Frauen ist unbeabsichtigt. Die Hauptursachen hierfür sind mangelnde Sexualaufklärung und ein meist männlich geprägtes Umfeld mit sehr traditionellem Rollenverständnis. Gerade junge Frauen sind auf eine diskrete und jugendfreundliche Beratung angewiesen, verbunden mit dem Angebot von verschiedenen Verhütungsmethoden.

Quelle: Fast jede zweite junge Frau [...]. Presseinfo DSW Online. Hannover, 25.09.2020

M5 Problemfeld Verhütung

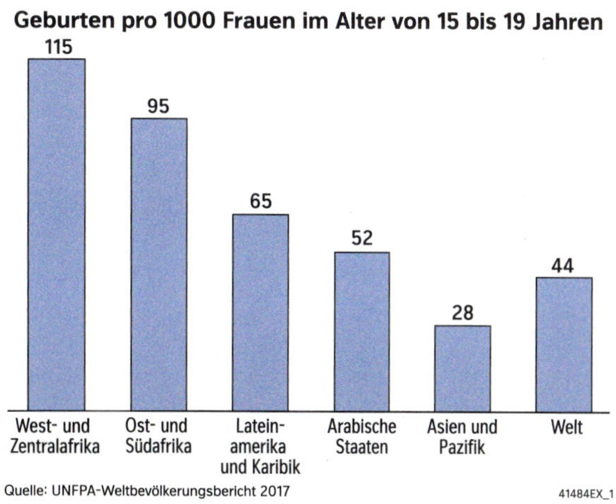

M7 Teenagerschwangerschaften

1 a) Beschreibe familienpolitische Maßnahmen in Deutschland (M3, QR-Code).
b) Erörtere aus deiner Sicht die Wirksamkeit dieser Maßnahmen und stelle dar, welche Aktivitäten dir ggf. fehlen.

2 Erkläre den Zusammenhang zwischen Fertilität der Frau und
a) ... Bildung.
b) ... Gesundheitswesen.
c) ... Kultur.
d) ... Altersvorsorge.

3 Erstelle eine möglichst detaillierte Mindmap, in der für ein Land, das die Geburtenrate senken will, Ansatzpunkte veranschaulicht werden.

4 „Jede Frau sollte selbst darüber entscheiden können, wann, ob, mit wem und wie viele Kinder sie bekommen möchte." Erörtere diese Erwartung.

Web-Code: WES-144136-085

Methode: Statistiken kritisch hinterfragen

Auf den ersten Blick erscheinen viele Materialien sehr genau und zuverlässig. Leider ist das häufig nicht der Fall. Was ist, um Manipulationen zu erkenn, bei deren Auswertung zu beachten?

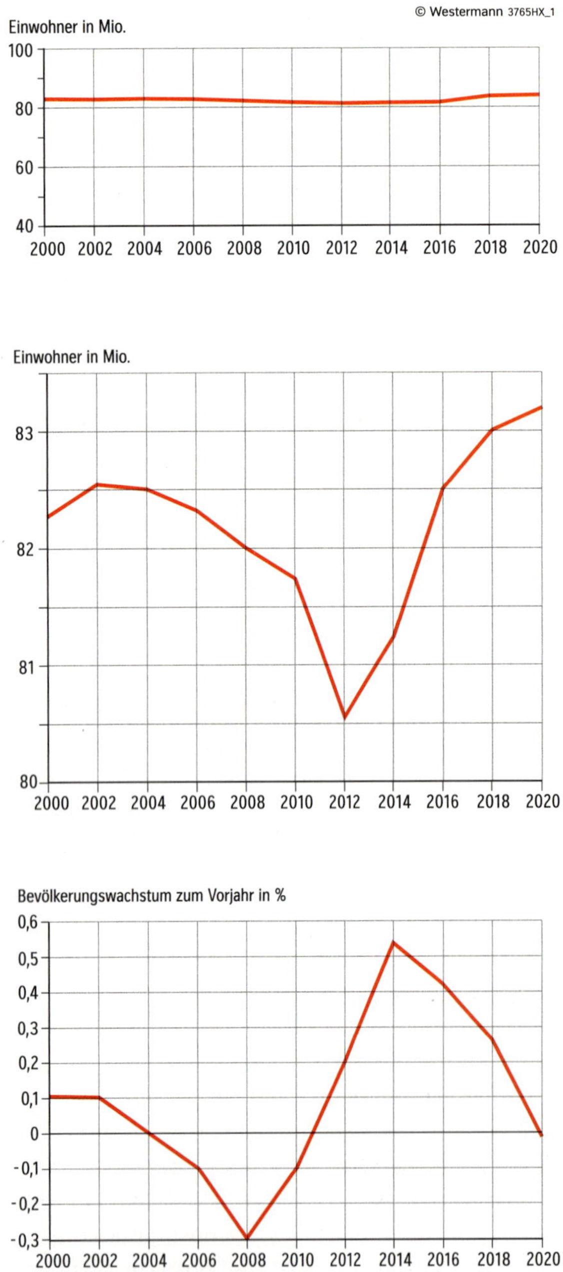

M1 Drei Darstellungen zur Bevölkerungsentwicklung in Deutschland

GeoMethode

Vier Schritte zum kritischen Umgang mit Statistiken

1. Glaubwürdigkeit der Datenquelle überprüfen
Um die Glaubwürdigkeit einer Statistik einschätzen zu können, ist es notwendig, die Datenquelle zu kennen. Amtliche Statistiken wie vom Statistischen Bundesamt, der Europäischen Union oder den Vereinten Nationen (UN) gelten als seriös. Andere Statistiken können unter einer bestimmten Zielsetzung entstanden sein. Sie geben eine „geschönte" Situation wieder (vgl 4.).

2. Genauigkeit der Datenerhebung überprüfen
Fehlen Möglichkeiten der genauen Datenerhebung, so können nur Schätzungen erfolgen. In vielen armen Staaten gibt es zum Beispiel keine Einwohnermeldeämter. So können Geburten- und Sterbefälle lediglich geschätzt werden. Auch genaue Volkszählungen finden nur in größeren Zeitabständen statt.

a) Informiere dich, wann die Datenerhebung stattfand.
b) Informiere dich, wie die Daten erhoben wurden (z. B. Zählungen, Schätzungen).

3. Vergleichbarkeit der Daten überprüfen
Nach der Weltbank ist beispielsweise ein Mensch über 15 Jahren alphabetisiert, wenn er einen Text lesen, schreiben und verstehen kann.
Wer überprüft aber diese Fähigkeiten in einem Land ohne kontrollierte Schulpflicht und Einwohnermelderegister? Informiere dich deshalb zum Beispiel über den sozialen Entwicklungsstand des Raumes.

4. „Geschönte" Statistiken erkennen
Daten können in Grafiken hinsichtlich ihrer Aussage je nach Ziel angepasst werden (M1). Die Veränderung der Aufteilung von X-und Y-Achse in einem Säulendiagramm lässt zum Beispiel die Entwicklungen eines Merkmals besonders gut oder schlecht erscheinen.
Betrachte deshalb auch die Darstellungsweise der Daten kritisch.

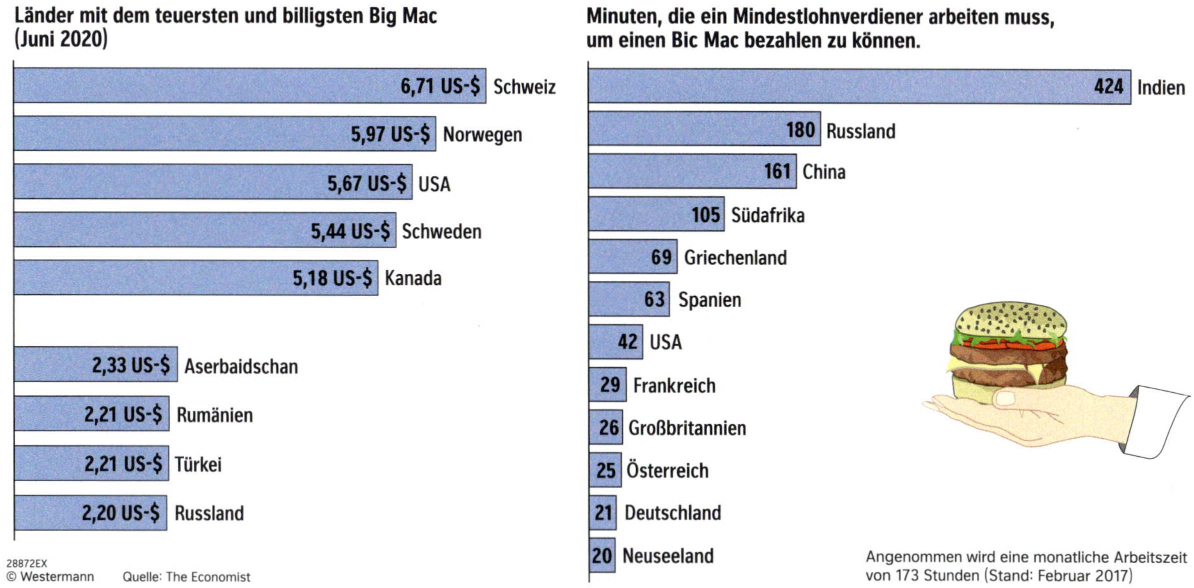

M2 Big Mac-Index

Genaue Daten?

Die Bevölkerungszahl der Länder, das BNE, das Durchschnittseinkommen – all diese Werte werden aufwendig berechnet oder auch nur geschätzt. Wirklich genaue Angaben gibt es häufig nicht. So kennt zum Beispiel niemand die genaue Einwohnerzahl Deutschlands, da Bevölkerungszählungen nur selten durchgeführt werden; die beiden letzten Zählungen fanden 1987 und 2011 statt. Alle aktuelleren Daten werden von Fachleuten fortgeschrieben. Dennoch haben auch diese „ungenauen Daten" ihren Sinn: Sie vermitteln eine ungefähre Vorstellung von Größenordnungen und ermöglichen Vergleiche mit anderen Daten.

Kritisch zu betrachten sind auch Statistiken, denen eine selbstgewählte Definition zugrunde liegt. Wenn aus der Waldstatistik der VN Ernährungs- und Landwirtschaftsorganisation (FAO) beispielsweise hervorgeht, dass sich die Abholzung der Regenwälder verlangsamt hat, so muss man wissen, dass die FAO erst vorher selbst definiert, wie viel Prozent einer Fläche im Luftbild von Baumkronen bedeckt sein muss, um als Wald bezeichnet zu werden.

M3 Achtung: Durchschnittswerte!

1 a) Erkläre die verschiedenen Darstellungen in M1.
b) Erläutere, welche Absicht mit der jeweiligen Darstellungsform verfolgt werden könnte.

2 a) Recherchiere aus verschiedenen Quellen für Deutschland, Indien und Mali die
- Einwohnerzahl,
- Zahl der Analphabeten,
- Zahl der Einwohner pro Arzt.

b) Stelle die Daten in zwei Diagrammen unterschiedlich „geschönt" dar.
c) Vergleiche deine Diagramme.

3 Erläutere die Bedeutung des Big Mac-Index und vergleiche dazu die Diagramme M2 (QR-Code).

4 „Traue nur der Statistik, die du selbst gefälscht hast." Nimm Stellung zu dieser Aussage.

Web-Code: WES-144136-087

Bevölkerungswachstum und Megastädte

Du hast bereits gelernt, dass die Weltbevölkerung wächst und dass sich dieses Wachstum auf bestimmte Regionen konzentriert. Welche Auswirkungen hat diese Entwicklung auf die Städte der betroffenen Länder?

Entwicklung der Städte – weltweit unterschiedlich

Die Menschen der Zukunft werden vor allem Städter sein. Dabei findet heute die rasanteste Verstädterung vor allem in den Entwicklungsländern statt.

In den Industrieländern begann die Verstädterung mit der Industrialisierung im 19. Jahrhundert: Großes Bevölkerungswachstum, Fortschritte in der Technik, Steigerung des Lebensstandards und Arbeitsmöglichkeiten ließen die Städte wachsen. Dort gelang es zunächst auch, rasch genügend Wohnraum und die nötige Infrastruktur zu schaffen.

Später, nach dem Zweiten Weltkrieg, setzte der Verstädterungsprozess – mit großen regionalen Unterschieden – in anderen Regionen der Welt ein. Im Jahr 2007 überstieg die städtische Bevölkerung erstmals die Zahl der Personen, die auf dem Land lebten.

Als Megastadt werden sehr große Städte mit in der Regel mehr als zehn Millionen Einwohnern bezeichnet. Häufig sind diese Städte auch Knotenpunkte der nationalen Verkehrs-, Finanz- und Informationsströme. Neben dem Anstieg der Bevölkerungszahl findet auch ein flächenhaftes Wachstum der Städte statt. Die Megastädte breiten sich immer weiter in ihr Umland aus.

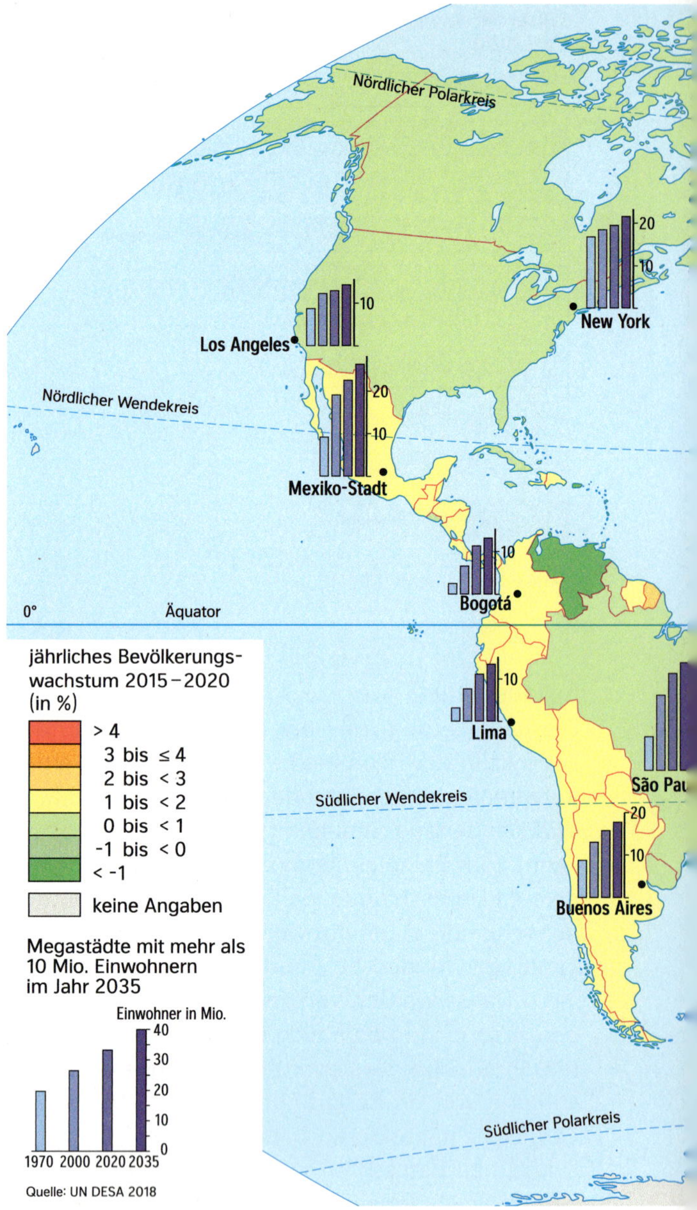

M2 Durchschnittliches Bevölkerungswachstum in den Ländern

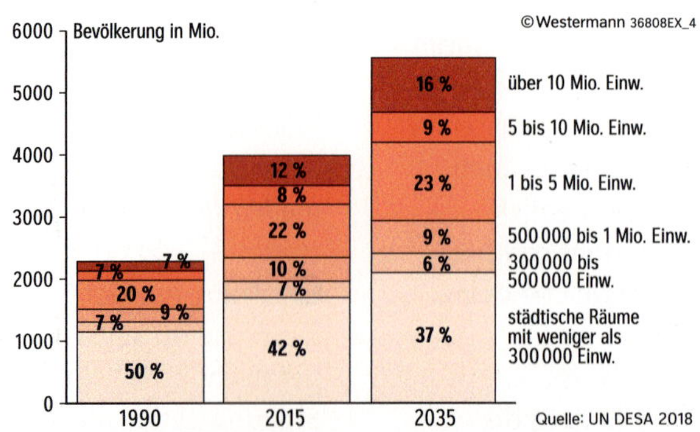

M1 Stadtbevölkerung der Welt und Anteile nach Stadtgrößen

M3 Städte breiten sich aus.

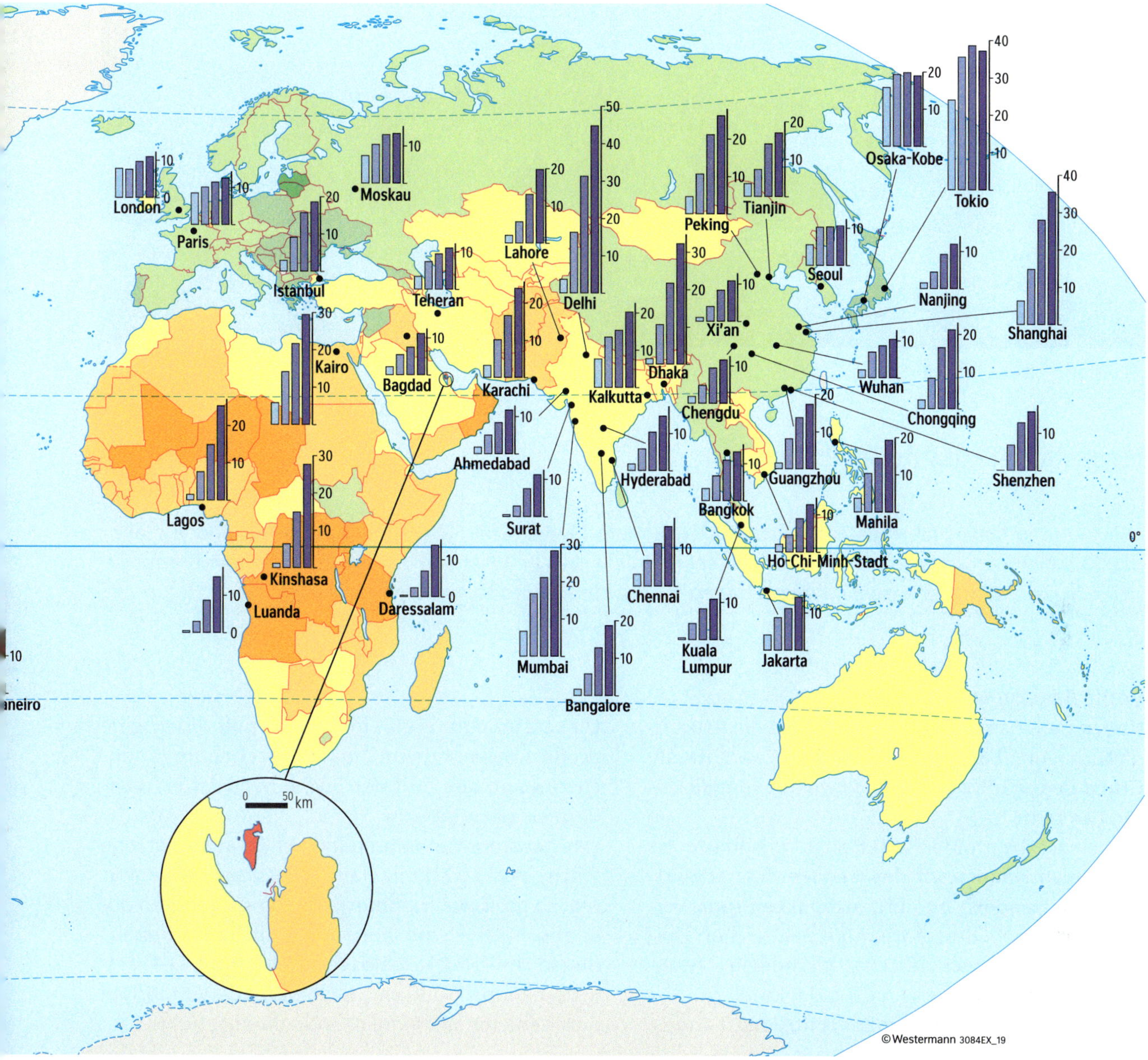

der Erde in den Jahren 2015 – 2020 und Megastädte, die 2035 zehn Millionen Einwohner und mehr haben werden

1 a) Beschreibe, wie sich die Anzahl und die Verteilung der Megastädte in der Welt verändert haben (M1).
b) Nenne die Stadt, die in der Zeit von 1970 bis 2035 das größte absolute Wachstum hatte (M2).

2 a) Vergleiche das Wachstum von zwei Megastädten in Ländern mit niedrigem und mit hohem Bevölkerungswachstum (M2).
b) „Das städtische Wachstum wird vor allem in kleineren Städten stattfinden“. Prüfe diese These (M2).

3 Unter „Verstädterungsgrad“ versteht man den Anteil der Stadtbevölkerung an der Gesamtbevölkerung. Vergleiche den Verstädterungsgrad von den USA, Venezuela, Italien, Thailand und Tansania. Prüfe, ob diese Staaten beispielhaft für ihren Kontinent sind (M2, Atlas).

4 Interpretiere die Karikatur M3 im Zusammenhang mit den Aussagen im Text.

100800-277-04
schueler.diercke.de

M1 Karachi (Stadtteil Clifton)

Megastädte – das Beispiel Karachi

Seit Anfang dieses Jahrtausends leben erstmals mehr Menschen in Städten als auf dem Land. Im Jahr 2050 sollen es rund zwei Drittel der Menschheit sein. Städte wachsen vor allem außerhalb Europas. Eine dieser Städte ist Karachi. Warum haben Städte eine so große Anziehungskraft?

Große Anziehungskraft

Neben dem natürlichen Wachstum ist die Abwanderung vom Land in die Stadt der wichtigste Grund des Stadtwachstums in weniger entwickelten Ländern.

Karachi ist die größte Stadt Pakistans und war bis 1959 auch Hauptstadt des Landes. Sie ist Wirtschafts-, Handels- und Produktionszentrum, Verkehrsknoten, Kulturzentrum mit zahlreichen Universitäten, Hochschulen, Forschungseinrichtungen, Museen, Galerien und Baudenkmälern. Hier befindet sich auch der größte Hafen des Landes.

Diese Einrichtungen einer **Metropole** üben eine große Anziehungskraft auf Menschen im ländlichen Raum aus. Auf der Suche nach Arbeit wandern sie nach Karachi.

Das gesamte Verwaltungsgebiet Karachis hat eine Fläche von 3527 km². Damit ist Karachi etwa 4,5-mal so groß wie Hamburg. Allerdings gehören nur knapp 600 km² zur Kernstadt mit hoher Bebauungsdichte und geschlossener Ortsform. Die restlichen knapp 3000 km² bestehen aus Vorstädten und Gebieten mit ländlicher Siedlungsstruktur.

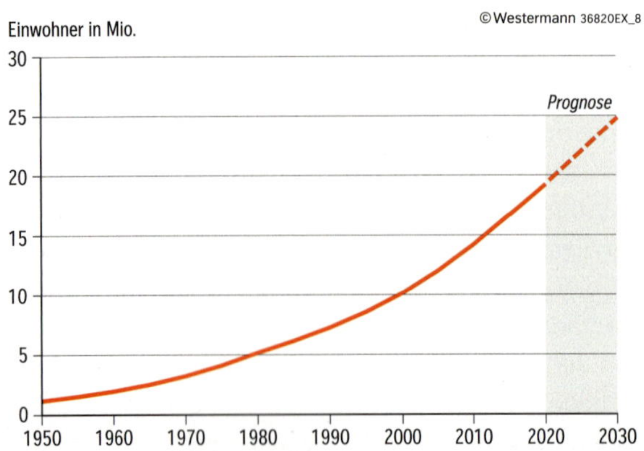

M2 Bevölkerungsentwicklung Karachis

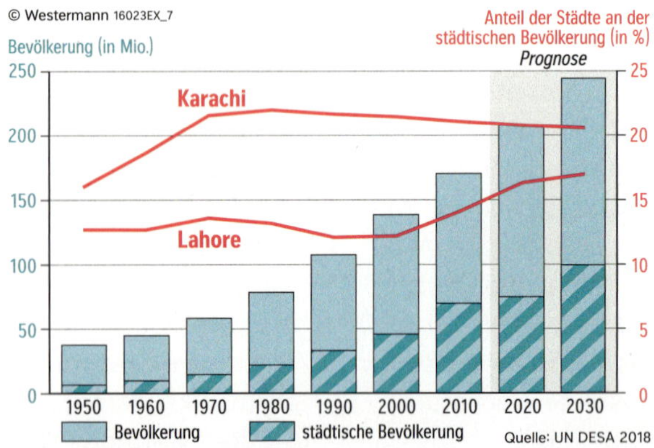

M3 Entwicklung der Bevölkerungzahlen in Pakistan

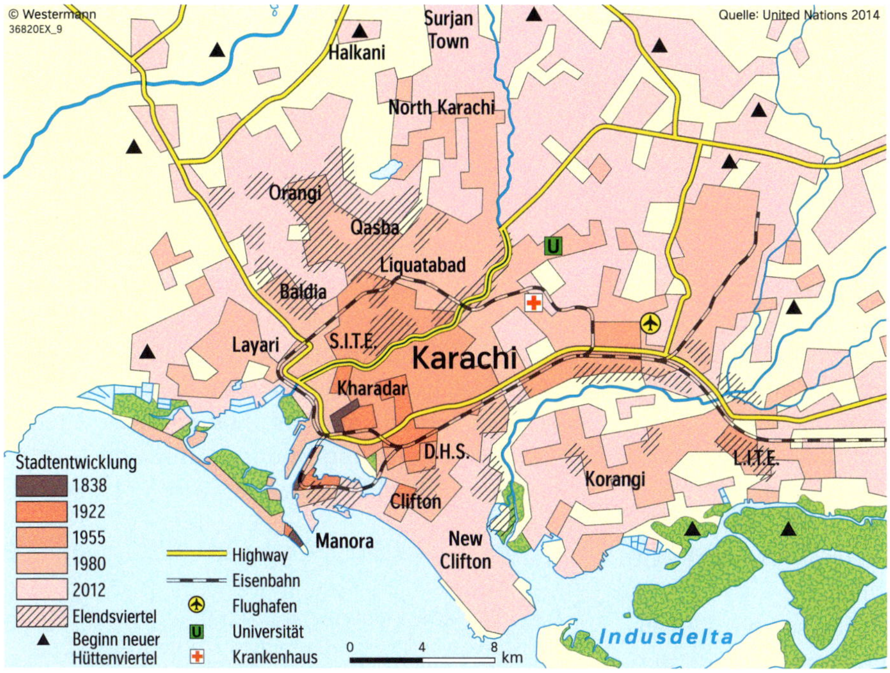

M4 Wachstum Karachis

Karachi ist die Finanz- und Industriehauptstadt Pakistans. Auf die Stadt entfallen rund:

11 % der Bevölkerung
70 % der in Pakistan erwirtschafteten direkten Steuern
25 % des BIP
55 % des BNE

Das hohe BIP von Karachi basiert auf seiner industriellen Basis: Textilien, Zement, Stahl, schwere Maschinen, Chemikalien, Lebensmittel. Aber auch Banken und Versicherungen sind sehr bedeutsam.

M6 Bedeutung Karachis in Pakistan

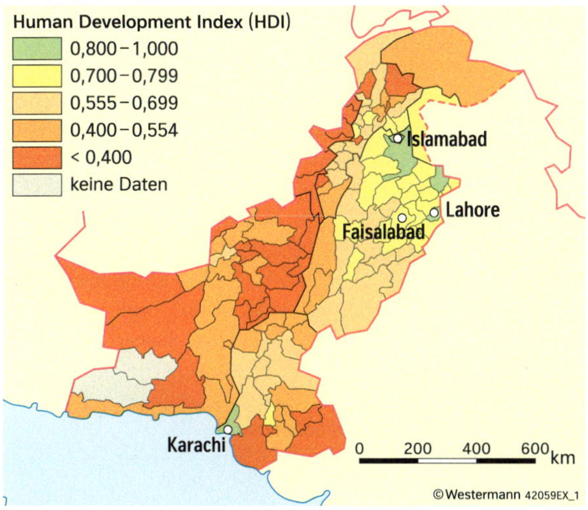

M5 HDI in unterschiedlichen Regionen Pakistans

INFO

Metropole bezeichnet eine Stadt mit überragender Bedeutung in wirtschaftlicher, politischer und kultureller Hinsicht. In vielen Entwicklungsländern konzentrieren sich dort große Industrie- und Dienstleistungsbetriebe. Hier ballen sich auch Bildungs- und Kultureinrichtungen wie Universitäten, Forschungseinrichtungen und Sportstadien. Oft verfügen nur sie über sichere Energieversorgung, moderne Kommunikationseinrichtungen und leistungsfähige Verkehrs- und Transporteinrichtungen. Meist sind es die Hauptstädte mit dem Regierungssitz, die andere Städte und Regionen so weit überragen. Der Begriff wird auch zur Kennzeichnung von Städten verwendet, die überragende Bedeutung in einer Region haben.

1 a) Beschreibe die Bevölkerungsentwicklung Karachis (M2).
b) Vergleiche dies mit der Entwicklung der Stadt- und Landbevölkerung Pakistans (M3).

2 a) Beschreibe das Wachstum Karachis (M4).
b) Überprüfe, was Karachi zu einer Metropole macht (M4, M6, Info, Atlas).

3 Erkläre, warum gerade die Metropolen eine große Anziehungskraft auf die Landbevölkerung ausüben.

4 Vermute aus der Sicht der beiden Betroffenen, welche Hoffnungen sie jeweils mit einem Leben in der Stadt verbinden:
A) Tariq ist ein pakistanischer Student aus Karachi.
B) Usman stammt aus einer ländlichen Region Pakistans und ist mit großen Erwartungen in die Stadt gekommen.

Unterschiedliche Lebenswelten in den Megastädten

Karachi wächst schnell und verändert sich dadurch ständig. Welche Auswirkungen hat der Zustrom der Menschen auf die Stadt?

Elendsviertel

Die großen Hoffnungen der meisten Zuwanderer erfüllen sich in den Städten nicht: Selbst in den Metropolen gibt es nicht genügend Arbeitsplätze. Die Zuwanderer und große Teile der städtischen Bevölkerung leben von Arbeiten, bei denen sie keinen Arbeitsvertrag oder soziale Absicherung haben: Sie betreiben Straßenhandel, verrichten Gelegenheitsarbeiten, sammeln Müll oder betteln. Solche Tätigkeiten werden in der Wirtschaft dem **informellen Sektor** zugerechnet.

Außerdem ist preiswerter Wohnraum mit Zuwanderern überfüllt. In heruntergekommenen innerstädtischen Elendsvierteln, den **Slums**, leben die Menschen in zerfallenen Gebäuden. Auf Freiflächen in den Städten richten sie sich in Hütten aus Pappe, Brettern, Wellblech und Plastik ein. So haben sich in den Metropolen mit oft Hunderttausenden von Menschen Elendsviertel gebildet, die weder mit Trinkwasseranschlüssen noch mit Kanalisation ausgestattet sind. Dort fehlen öffentliche Einrichtungen wie Schulen, Personentransport, Müllabfuhr oder Krankenhäuser. Hier herrschen Gewalt und Kriminalität. Deshalb werden sie von Ortsfremden nicht betreten („No-Go-Areas") und sind auch für die Bewohner gefährlich.

Weltweit lebt etwa eine Milliarde Menschen in solchen Vierteln.

Gated Communities

Im krassen Gegensatz zu den Elendsvierteln stehen Wohlstandsinseln, die Viertel der Reichen: große Einkaufszentren und Bürohausviertel; gehobene Wohngebiete und Villenviertel. Diese **Gated Communities** sind mit Mauern oder Zäunen von ihrer Umgebung abgeschottet und werden von eigenen Wachdiensten bewacht („No-Entrance-Areas").

Lata (14 Jahre) wohnt mit ihren Eltern, einem Bruder und zwei Hausangestellten in einer Gated Community in Karachi. Die weitläufige Wohnanlage ist durch eine hohe Mauer und Wachpersonal gesichert. Hier gibt es Springbrunnen aus Marmor, Gärten, Freizeiteinrichtungen, ein Einkaufscenter, einen Kindergarten, eine Grundschule sowie ein Krankenhaus. Die Wohnung der Familie ist sehr geräumig. Lata und ihr Bruder haben ein eigenes Zimmer und es fehlt den Kindern an nichts. Latas Vater arbeitet als Manager bei einer Software-Firma und verdient sehr gut. Ihre Mutter konnte nach der Schulzeit ihren Wunschberuf erlernen und arbeitet heute als Ärztin in einer Kinderklinik in der Gated Community. Jeden Morgen nimmt der Vater Lata im Auto mit und fährt sie in ihre Privatschule. Dort lernt sie besonders gerne Fremdsprachen und arbeitet dabei am Computer. Lata möchte später als Auslandskorrespondentin arbeiten.

M2 Lata lebt in einer Gated Community.

M1 Slum in Karachi

M3 Streng gesichert: Gated Community in Karachi

Wachstum und Verteilung der Weltbevölkerung

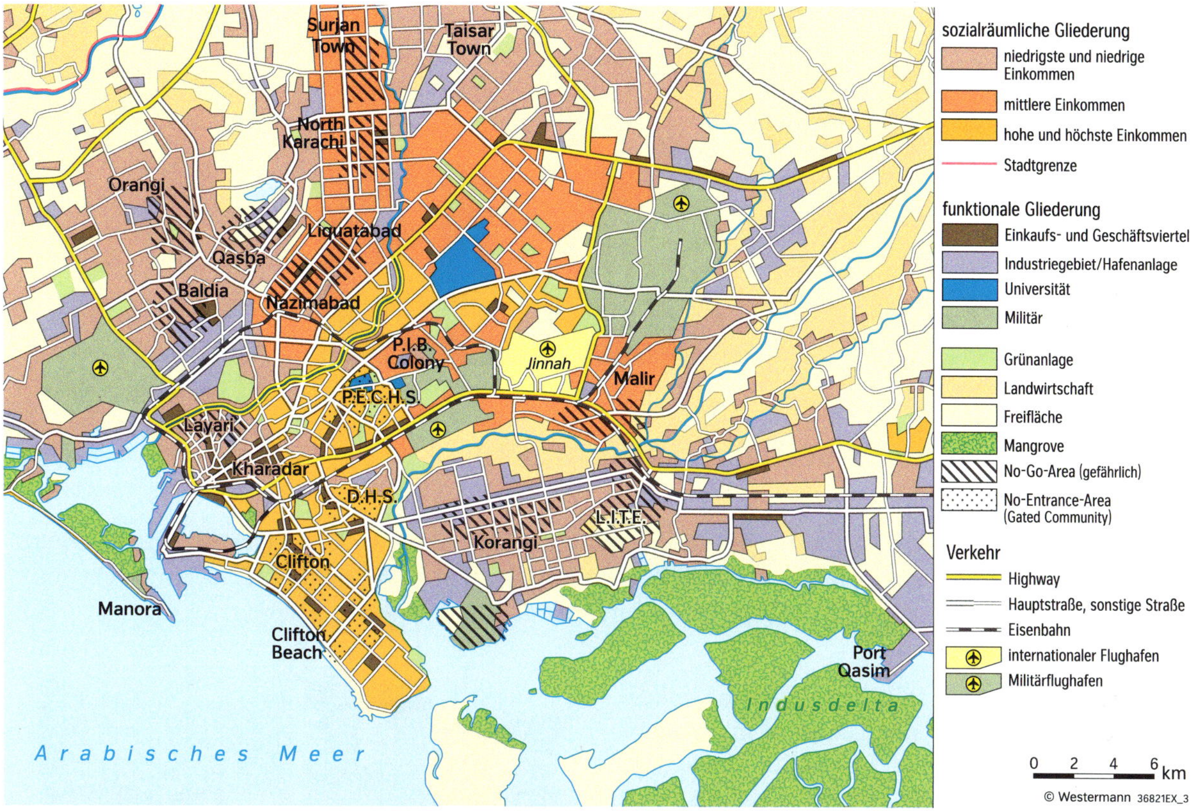

M4 Gliederung Karachis

Gut wäre, Alternativen in ländlichen Gebieten zu schaffen, damit nicht alle in die Städte wandern. „Kleine Städte müssen attraktiver gemacht werden, sie brauchen neue Industrien und eine grundlegende Versorgung", fordert Mustafa vom pakistanischen Institut für Entwicklungsökonomie. „Wenn dagegen die Slums versorgt werden, entsteht sofort daneben der nächste Slum." Aber niemand kümmere sich um die Ursachen der Migration. „Wenn die bisherige Politik fortgesetzt wird," warnt der Wissenschaftler, „werden nicht länger 60 bis 70 Prozent der Bevölkerung in ländlichen Gebieten leben. Alle Menschen werden versuchen, in die Großstädte abzuwandern." Die einzige Lösung sei deshalb, glaubt er, neue Kleinstädte zu bauen mit attraktiven Arbeitsmöglichkeiten und mit einer Basis-Infrastruktur. Regenerative Energien sollen in ländlichen Gebieten nachhaltiges Wirtschaften ermöglichen.

Quelle: Jutta Schwengsbier: Stadtplanung gegen das Chaos: Megacities in Pakistan. Deutsche Welle Online, 27.05.2009; verändert

M5 Aus einem Zeitungsbericht

1 Versetze dich in ein Mädchen aus Deutschland, das mit seiner Familie für zwei Jahre in Clifton Beach lebt. Beschreibe das Leben in Karachi aus ihrer Sicht (M2 – M4).

2 a) Beschreibe die Gliederung Karachis (M4).
b) Erkläre die Begriffe „No-Go-Area" und „No-Entrance-Area".
c) Arme und Reiche leben in Karachi wie in verschiedenen Welten. Beschreibe die jeweilige „Welt" (M1 – M3).

3 Begründe, warum Menschen trotz der vorherrschenden Bedingungen nach Karachi ziehen.

4 Erläutere Merkmale des informellen Sektors.

5 Slums mit Stromausfällen und Wasserknappheit, giftigem Müll und offenem Abwasser entstehen häufig ohne Genehmigung auf öffentlichen Flächen. Berichte, wie sich Mustafa eine Minderung der Probleme vorstellt (M5).

M1 Lagos

M3 Lagos Lage in Afrika

Einen Beitrag für einen Podcast über Lagos erstellen

Prognosen gehen davon aus, dass Lagos schon bald die größte Stadt Afrikas sein wird. Eine geregelte Stadtentwicklung und ein geplanter Ausbau der Infrastruktur sind aufgrund des schnellen Wachstums kaum möglich. Wie lässt sich das Leben dort in einem Podcast darstellen?

Das westafrikanische Nigeria ist das bevölkerungsreichste Land Afrikas. Lagos ist mit seinen rund 17 Mio. Einwohnern die größte Stadt des Landes. Sie ist zwar nicht mehr die Hauptstadt, bildet aber mit ihrem großen Hafen das wirtschaftliche Zentrum des Landes. Ihre Bevölkerungszahl ist in den letzten Jahren deutlich angestiegen. Zwar stiegen die Einwohnerzahlen in allen Städten Nigerias an, doch die meisten Zuwanderer vom Land zog es nach Lagos. Zahlreiche Probleme wie fehlender Wohnraum oder eine marode Infrastruktur hielten sie nicht davon ab, die Stadt als Ziel zu wählen. Der Zuzug geht ungebremst weiter. Die für viele Menschen unerträglichen Lebensbedingungen in anderen Landesteilen führen weiterhin zu einer starken Landflucht. Verstärkt wurde der Trend in den zurückliegenden Jahrzehnten durch zahlreiche Flüchtlinge aus den benachbarten Staaten.

Jahr	Einwohnerzahl
1901	37 000
1952	270 000
1971	1 200 000
1991	5 200 000
2006	7 900 000
2020	17 200 000
2050 (Prognose)	33 000 000
2100 (Prognose)	88 000 000

M2 Einwohnerzahlen von Lagos

M4 Eindrücke von Lagos

„Seit zwei Jahren lebe ich jetzt bei meinem Onkel Boubacar in Lagos. Mein Heimatdorf liegt etwa 300 km nördlich von hier. Dort baut meine Familie Kakao an, aber ich habe neun Geschwister und es gibt nicht genug Arbeit für alle. Das Geld reicht nicht für alle. Ich habe zumindest ein paar Jahre die Schule besucht, deshalb hoffe ich, dass ich in Lagos Arbeit finden kann. Mein Onkel will mir helfen, doch zurzeit sucht er selbst Arbeit. Täglich kommen neue Zuwanderer aus allen Teilen Nigerias hier an, um einen Job zu finden. Einige Mal konnte ich als Aushilfe ein wenig Geld verdienen, doch es war kein Dauerarbeitsplatz und der Lohn war sehr gering. Wenn ich einen festen Job habe, suche ich mir eine bezahlbare kleine Wohnung mit fließendem Wasser."

M5 Aus einem Bericht des 16-jährigen Dayo Nduka

GeoMethode
Einen Podcastbeitrag erstellen

PODCAST

„Podcast" ist ein Kunstwort, das aus dem Namen von Apples mobilen Abspielgerät iPod und Broadcast, dem englischen Begriff für Rundfunk, zusammengesetzt wurde.
Damit ist auch schon eine einfache Definition geliefert. Ein Podcast ist eine Sammlung von einzelnen Medienbeiträgen (Episoden), die als Audio- oder Videoformat individuell erstellt wird und die man streamen oder herunterladen kann.
Um einen Podcast zu machen, ist keine aufwendige Technik nötig. Wer ein Smartphone oder Tablet hat, kann damit auch Podcasts selber produzieren.

Schritt 1: Sucht ein spannendes Thema aus
Das grobe Themenfeld ist durch den Unterricht bereits festgelegt.
Findet einen Namen für euren Podcast (*Tipp*: Dieser sollte möglichst kurz sein.). Bildet Gruppen und entscheidet euch für ein spannendes Unterthema. Jede Gruppe erstellt eine eigene Episode zum Podcast.
Beispiel: Im Podcast soll über die Millionenstadt Lagos berichtet werden. Mögliche Themenfelder beleuchten z. B. die Aspekte Bevölkerungswachstum, Hunger, Landflucht, Slums, Infrastruktur, ... Formuliert eine konkrete Frage- bzw. Problemstellung.

Schritt 2: Sammelt wichtige Informationen
Sammelt Informationen zum gewählten Thema bzw. der zugrundeliegenden Fragestellung/Hypothese und strukturiert diese. Beachtet dabei, die Informationen zu gewichten (was ist notwendig/ nebensächlich). Sucht in Datenbanken und im Internet nach glaubwürdigen Fakten und Statistiken, lest Fachtexte oder Reportagen, schaut Dokus oder Erklärvideos zum Thema. Ihr könnt auch selbst Interviews mit Experten führen und diese aufnehmen.
Anschließend könnt ihr die Informationen in eigenen Texten zusammenführen und formulieren.

Schritt 3: Testet die einzusetzende Technik
Macht euch mit den technischen Geräten vertraut: Wie nehmen ich mit dem Tablet oder dem Smartphone etwas auf? Wo sind Aufnahme- und Stoppfunktion der Kamera oder des Mikrofons? Wie können die Aufnahmen gespeichert werden?
Tipp: Macht eine kurze Probeaufnahme und testet, ob ihr den richtigen Abstand zum Mikrofon habt. Klingt ihr zu leise oder zu laut? Sprecht ihr zu schnell oder zu langsam?

Schritt 4: Erstellt eine Episode
Erstellt eine sinnvolle Abfolge der einzelnen Texte und/oder Interviewpassagen. Überlegt, ob an einigen Stellen Geräusche oder Musik sinnvoll eingefügt werden könnten. Formuliert dafür Regieanweisungen und ein kurzes Drehbuch. Lest euch das Drehbuch unter den Fragestellungen noch einmal durch: Ist das Gewollte inhaltlich und sprachlich korrekt? Gibt es Aussagen, die besonders betont werden sollen? Sind Texte zu ergänzen oder zu überarbeiten?
Tipp: Achtet darauf, dass keine Nebengeräusche die Aufnahmen stören. Sprecht laut und deutlich und verwendet einfache Sätze.

Schritt 5: Stellt die vorläufigen Ergebnisse vor
Stellt die Ergebnisse den anderen Gruppen vor. Diese vergleichen die Darstellungen mit ihren eigenen Ergebnissen, kritisieren das Gesehene oder Gehörte und machen begründete Verbesserungsvorschläge. Ist die Länge des Podcasts angemessen? Weckt er Interesse und beantwortet der Podcast die Fragestellung? Bei Bedarf werden die aufgenommenen Sequenzen nachbearbeiten und geschnitten oder es werden Geräusche ergänzt.

Schritt 6: Präsentiert die Podcastepisoden
Spielt die Podcastepisoden in geeigneter Reihenfolge ab. Ihr könnt die einzelnen Episoden digital zusammenführen und für alle Mitwirkenden speichern.

1 Beschreibe, wie sich die Einwohnerzahl von Lagos in den letzten Jahrzehnten entwickelt hat (M2).

2 Erläutere, mit welchen Schwierigkeiten die Zuwanderer in der Stadt konfrontiert werden und warum viele von ihnen in den Slums der Stadt wohnen.

3 Erstelle einen Podcastbeitrag zum Leben in Lagos. Erkläre z. B., warum Landflucht nur selten erfolgreich ist.

M1 Migranten aus Europa erreichen New York City (1900).

M3 Hispanic Pride Parade in New York City

Migration ist vielfältig

Auf den vorangegangenen Seiten ist bereits dargestellt worden, dass Menschen ihre Wohnorte verlassen. Das ist kein neues Phänomen unserer Zeit. Schon immer haben Menschen ihre Heimatregionen verlassen. Was veranlasst sie dazu?

Menschen verlassen ihre Heimat

Seit jeher gehört Migration zur menschlichen Lebensweise, zum Beispiel während der Einwanderungswellen von Europäern in die USA (M1). Doch noch nie gab es so viele Migranten wie in der Gegenwart (QR-Code).

Mit dem Begriff Migrant bezeichnet man ganz allgemein einen Menschen, der seine Heimat verlassen hat. Diese allgemeine Bezeichnung gibt weder über die Gründe, die Umstände, noch die Zeitdauer seines Weggehens Auskunft.

Zu Migranten zählen auch Menschen, die auf der Flucht sind, weil ihr Leben in Gefahr ist oder weil ihnen Gewalt droht (M2, Info). Sie haben in vielen Ländern (z.B. Deutschland) die Möglichkeit, **Asyl** zu beantragen.

Gründe, warum Menschen ihren Lebensraum verlassen, nennt man **Push-Faktoren**. Gründe, warum es die Migranten zu einem bestimmten Ort hinzieht, sind **Pull-Faktoren**.

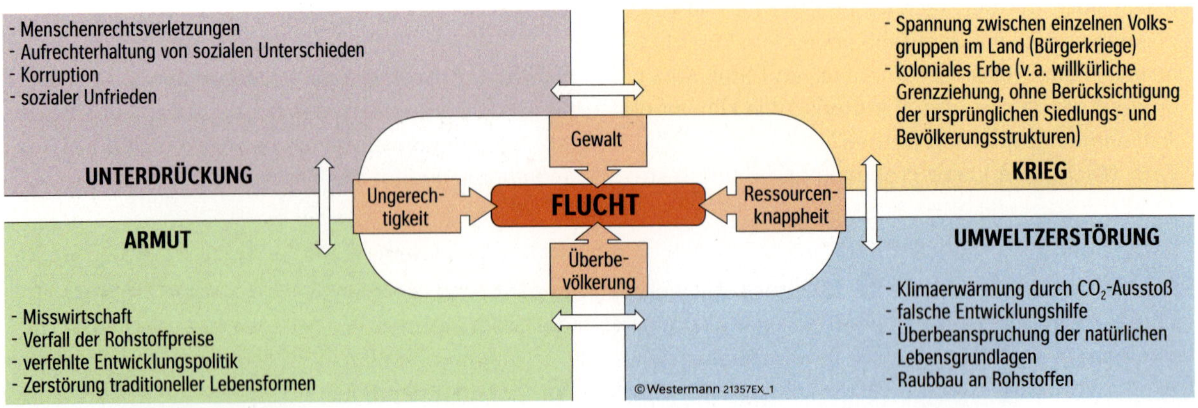

M2 Mögliche Gründe für Flucht

Yannis wohnt in Bad Cannstatt, ist 15 Jahre alt und geht in die neunte Klasse. Sein Großvater kam Mitte der 1960er-Jahre von Griechenland nach Stuttgart, um hier in einem großen Industriebetrieb am Fließband zu arbeiten. Er konnte dort mehr Geld verdienen als zu Hause. Möglich wurde das, weil Deutschland mit Italien, Griechenland und Spanien Anwerbeabkommen für Arbeitskräfte geschlossen hatte. Die Wirtschaft in Deutschland boomte und brauchte viele Arbeitskräfte, die nun aus dem Ausland angeworben werden konnten. Gewohnt hat Yannis Großvater in einem einfachen Wohnheim. Der Aufenthalt sollte ja nicht auf Dauer sein. Anfang der 1970er-Jahre kam dann auch Yannis Großmutter nach Deutschland und hat in einer Schule als Putzfrau gearbeitet. Die Familie zog in eine Wohnung. Yannis Vater ist noch in Griechenland geboren, seine jüngere Schwester in Deutschland.
Heute betreiben Yannis Eltern einen großen Friseursalon. Mit seinem Großvater spricht Yannis meistens Griechisch, damit er sich auch mit seinen Verwandten unterhalten kann, wenn die Familie in den Ferien nach Griechenland fährt.

M4 Yannis

Diego wurde in Mexiko geboren. Im Alter von 14 Jahren kam er illegal mithilfe eines Schleusers über die Grenze nach Kalifornien. Da er illegal in den USA lebt, darf er nicht auffallen. Das wissen auch seine Arbeitgeber, die Farmer. Auch Diegos Brüder und eine Schwester leben wie er in Kalifornien. Zu viert wohnen sie in einem alten Wohnwagen, den sie in der Nähe der Orte abstellen, an denen sie arbeiten. Arbeit hat Diego als Tagelöhner in der Landwirtschaft gefunden. Er lässt sich als Erntehelfer anheuern und erntet je nach Saison mal Erdbeeren, Mandeln und andere Früchte. Bezahlt wird nach Erntemenge. Wenn er schnell arbeitet, kommt Diego auf einen Stundenlohn von gut sieben Dollar. Da in den Wintermonaten nicht geerntet wird, muss das in den Sommermonaten verdiente Geld für das ganze Jahr reichen.
Diego nutzt die freie Zeit, um sein Englisch zu verbessern. Er möchte irgendwann eine andere, bessere Arbeit finden. Außerdem hat er beobachtet, dass die Farmer immer häufiger moderne Erntemaschinen einsetzen.

M5 Diego

Christine ist Mitte 30 und arbeitet seit zwei Jahren in Singapur für ein großes, international tätiges Unternehmen aus London. Davor war sie für dieselbe Firma bereits für einige Jahre in Südamerika tätig, d.h., sie wurde dorthin entsendet. In Singapur hat Christine eine anspruchsvolle, gut bezahlte Position inne. Sie arbeitet gerne und sie hat tolle Kollegen und Kolleginnen. Das Arbeitsklima ist angenehm, aber auch sehr leistungsorientiert. Arbeitstage dauern oft länger als acht Stunden.
Ihre helle Wohnung mit großem Balkon in einem modern ausgestatteten Apartmentkomplex bezahlt die Firma. Christine lebt gerne in Singapur. Es ist eine dynamische Stadt mit internationalem Flair.
Christine hat sich einen Motorroller gekauft, mit dem sie gerne mal durch die Stadt düst – auch in Quartiere, die ihre Kollegen eher meiden. Ansonsten verbringt sie ihre Freizeit vor allem mit anderen aus der sogenannten international community und nicht mit Einheimischen. Christine will weiter Karriere machen, gerne in Paris oder Berlin. Dafür darf sie in der Firma aber nicht den Ruf haben, dass sie gerne in Asien bleiben möchte.

M6 Christine

INFO

Flucht
Wird die Migration durch existenzbedrohende Ereignisse, Kriege oder Verfolgung aufgrund einer Gruppenzugehörigkeit (Religion, ethnische Gruppe, politische Meinung, ...) veranlasst, spricht man von erzwungener Migration oder Flucht.

1 a) „Erläutere den Begriff „Migration".
b) „Jeder Flüchtling ist ein Migrant, aber nicht jeder Migrant ein Flüchtling". Erkläre.

2 a) Lokalisiere die in den Migrationsgeschichten genannten Orte (M4 – M6).
b) Erstelle eine Übersicht, in der du jeweils Wanderungsursache, Wanderungsrichtung und Aufenthaltsdauer dokumentierst.
c) Beschreibe, welche Folgen Diegos Beobachtung (M5) wahrscheinlich haben wird.

3 Nenne Gründe, die dich veranlassen könnten, Deutschland zu verlassen und vergleiche diese mit M2.

Migration weltweit

Migration bedeutet einen langfristige Wohnortwechsel über Ländergrenzen hinweg. Nicht nur für die Migranten selbst verändert sich die Lebenssituation. Auch für die zurückgebliebenen Familien und die Herkunftsregionen hat die Abwanderung Folgen. Wie sehen diese aus?

Grenzüberschreitende Migration

Zurzeit leben weltweit mehr als 200 Millionen Menschen als Migranten außerhalb ihres Heimatlandes. Meistens verlassen junge und gut ausgebildete Fachkräfte ihr Land. Sie hoffen auf eine Arbeitsstelle im Zielland.

Die sogenannte Arbeitsmigration hat nicht nur Auswirkungen auf die direkt Betroffenen. Fachkräfte wie Ärzte oder Ingenieure fehlen in der Folge in den Herkunftsländern. Der Fachbegriff für den Verlust an Wissen und qualifizierten Arbeitskräften durch Auswanderung lautet Braindrain. Im Zielland entsteht hingegen ein volkswirtschaftlicher Gewinn, ein sogenannter **Braingain**. Kehren die Migranten nach einiger Zeit in ihre Heimatländer zurück, entsteht im Herkunftsland ebenfalls ein Braingain. Wissen und Know-how fließen ins Land zurück.

Häufig unterstützen die Migranten ihre Familien in der Heimat finanziell. Das überwiesene Geld wird zu Hause wieder ausgegeben. Dadurch wird die Wirtschaft in den Herkunftsländern gestärkt.

Migration gehört zu der Welt, in der wir leben. Darin sind sich die Experten einig. Sie ist eine Folge der unterschiedlichen Lebensbedingungen zwischen den einzelnen Regionen der Welt. Die weltweiten Migrationsbewegungen finden heute vorwiegend von den weniger entwickelten Ländern in Industrieländer statt.

In vielen europäischen Ländern sind gut ausgebildete Migranten erwünscht. Sie schließen Lücken im Arbeitsmarkt. Andererseits löst die Zuwanderung aber auch Ängste aus. Sie wird beispielsweise als Bedrohung für die Identität und den Wohlstand im eigenen Land wahrgenommen.

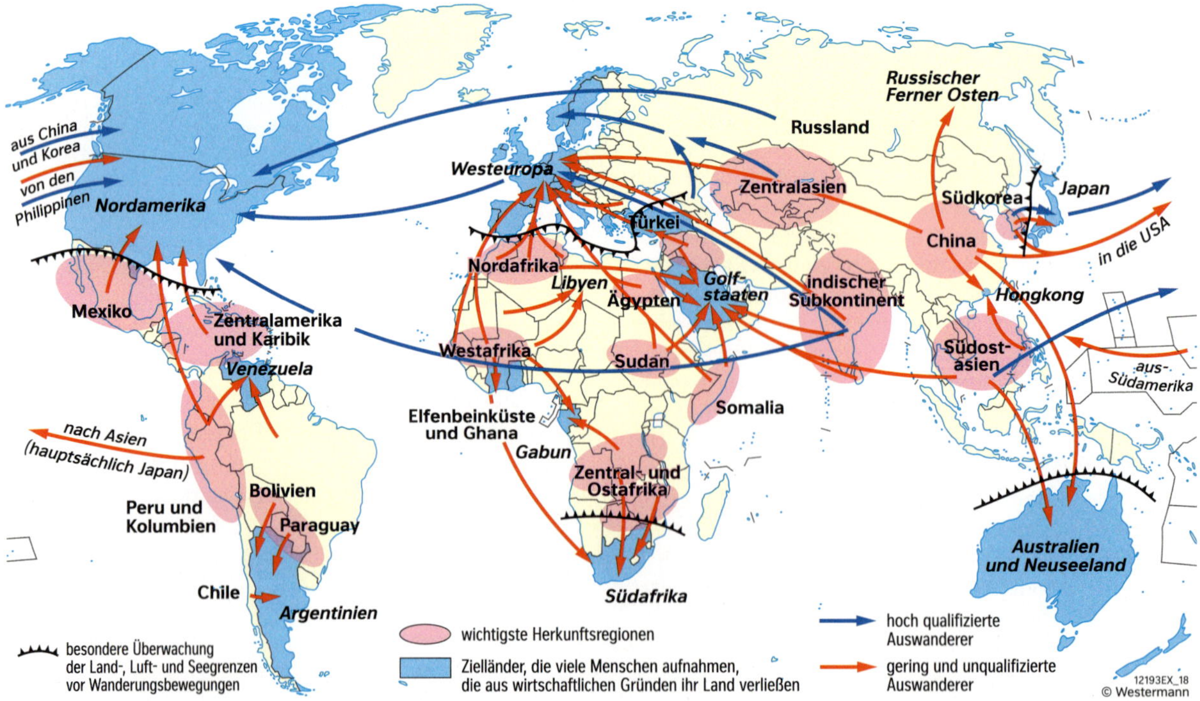

M1 Migration über Ländergrenzen hinweg

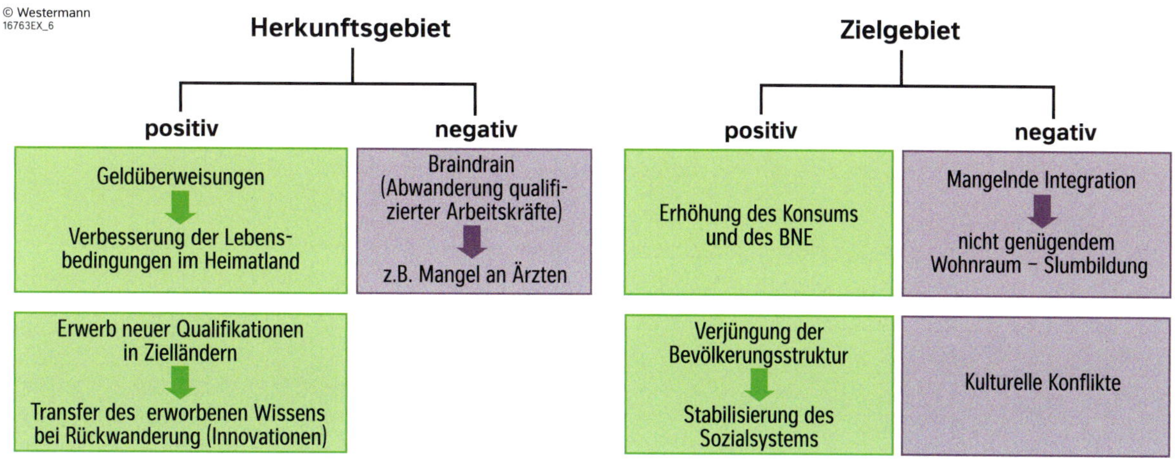

M2 Folgen von Migration in den Herkunfts- und Zielregionen

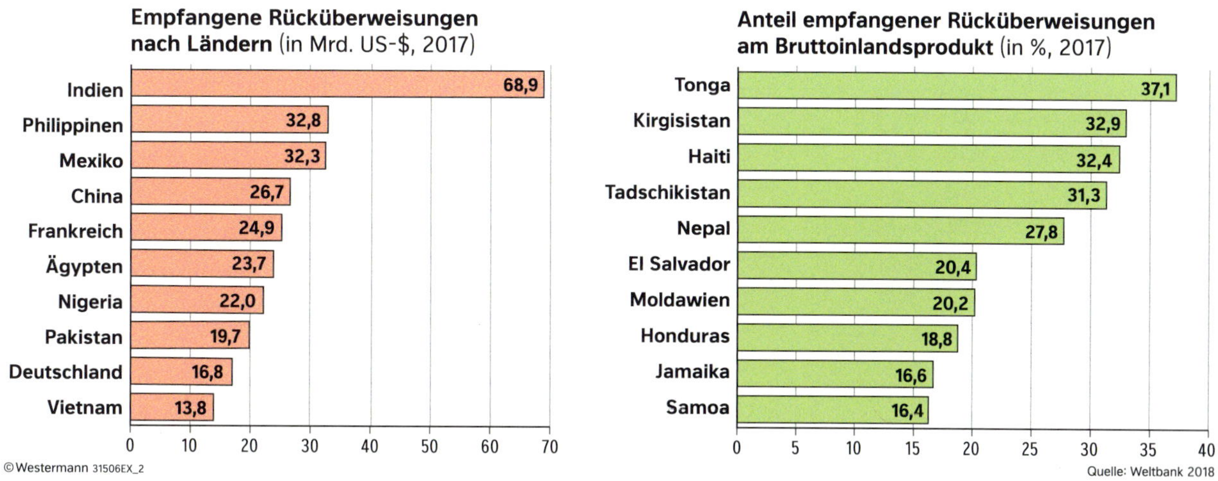

M3 TOP 10 Empfänger von Rücküberweisungen

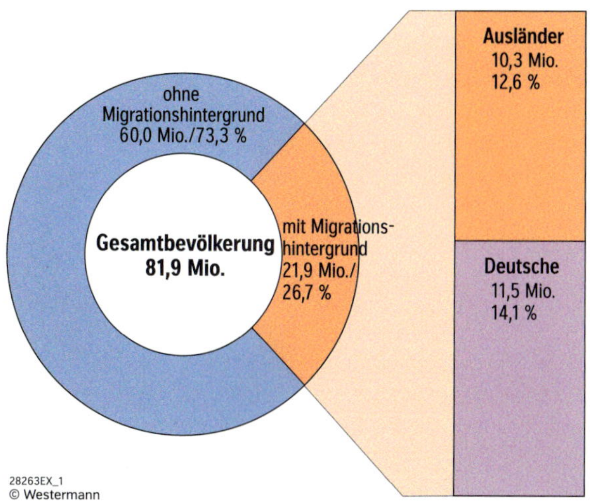

M4 Bevölkerung mit Migrationshintergrund in Deutschland (2020)

1 a) Liste jeweils fünf Herkunftsregionen oder -länder und Zielregionen oder -länder auf (M1).
b) Formuliere drei Aussagen zu den Wanderungsbewegungen von hoch- und gering qualifizierten Auswanderern (M1).
c) Lokalisiere Regionen der Erde, die ihre Grenzen besonders überwachen (M1).

3 Erläutere Folgen von Arbeitsmigration für die Herkunfts- und Zielregionen (M2).

3 Beschreibe Bedeutung und Auswirkungen der Rücküberweisungen (M3).

4 Stelle Informationen zum Migrationsgeschehen in Deutschland und Europa zusammen (M4, QR-Code).

Web-Code: WES-144136-099

Migration nach Europa – eine Lebensgeschichte

Um das Alltagsleben und die Lebensgeschichte von Menschen auf der Flucht besser verstehen zu können, ist es hilfreich, sich in diese Personen hineinzuversetzen. Wie lassen sich Wahrnehmungen und Gefühle mithilfe eines Lebensdiagramms nachempfinden, visualisieren und bewerten?

Ereignisse / Lebensgefühl	1	2	3	4	5	6	7	8	9	10	11
positiv +5											
+4											
+3											
+2											
+1											
-1											
-2											
-3											
-4											
negativ -5											
Lebensgefühl / Ereignisse	1	2	3	4	5	6	7	8	9	10	11

M1 Begonnenes Lebensliniendiagramm für Moghim Mohammed

Zu 1: Bewertung +2
Begründung: Moghim verbrachte seine Kindheit in einer glücklichen Familie, mit eigenem Haus, stabiler Arbeitssituation der Eltern, aber in einem vom Bürgerkrieg und inneren Konflikten geprägten Staat.
Zu 2: Bewertung -5
Begründung: Zwei Geschwister wurden von einer Rakete zerfetzt, das Haus bei einer Explosion zerstört und sein Vater ist vermutlich bei dieser Explosion ums Leben gekommen. Moghim hat somit einen Großteil seiner Familie verloren.

M2 Begründungen für die Bewertung der Ereignisse 1 und 2

GeoMethode

So erstellst du das Lebensliniendiagramm für Moghim Mohammad

1. Übernimm das Lebensliniendiagramm von Moghim (M1) in dein Heft.
2. Lies dir Moghims Lebensgeschichte (M4) durch. Die Nummern (1)-(11) geben die chronologische Reihenfolge für Ereignisse in seinem Leben wieder. Ereignisse können Lebensabschnitte oder bestimmte Situationen in Moghims Leben sein.
3. Bewerte für diese Ereignisse (1-11 in M4) das Lebensgefühl von Moghim auf einer Skala von +5 bis -5 und trage dieses mit einem Kreuz in das Lebensliniendiagramm ein (M1). Für die ersten beiden Ereignisse wurde schon eine Bewertung vorgenommen (M2). Möglicherweise entspricht sie aber nicht deiner Bewertung, da du eine andere Begründung hast. Dann ändere die vorgenommene Bewertung auf Grundlage deiner Begründung.
4. Durch das Verbinden der elf Markierungen ergibt sich das von dir erstellte Lebensliniendiagramm.

❶ Erstelle das Lebensliniendiagramm für Moghim. Führe hierzu die Schritte 1–4 durch.

❷ Vergleicht eure Lebensliniendiagramme und diskutiert die Bewertungen, die für die jeweiligen Ereignisse vorgenommen wurden.

❸ Beurteile, inwieweit das Erstellen des Diagramms dazu beigetragen hat, die Geschichte von Moghim besser nachvollziehen zu können.

Fläche:	652 860 km²
Einwohner:	39 Millionen
Bevölkerungswachstum:	2,5 %
Bevölkerungsanteile:	< 15 Jahre 42,5 %, 15 – 64 Jahre 55 %, > 64 Jahre 2,5 %
Bevölkerungsverteilung:	26 % Stadt; 74 % Land
Erwerbstätige:	Landwirtschaft 43 %, Industrie 18 %, Dienstleistungen 39 %
BIP:	19,1 Mrd. US-$
Wachstum BIP:	3 % (2019), -5 % (2020)
BIP/Kopf:	508 US-$
Import:	8,57 Mrd. US-$
Export:	0,87 Mrd. US-$
HDI-Wert (Rang):	0,51 (169)

Quelle: Statistisches Bundesamt (Destatis), 2021

M3 Länderdaten Afghanistan (2020)

„Mein Name ist Moghim Mohammed. [...] Ich wurde 1988 (1) geboren. Heute bin ich ein unbegleiteter minderjähriger Flüchtling, jemand, der ohne Eltern in ein fremdes Land flüchtet, bevor er 18 Jahre alt ist. 2003 (5) flüchtete ich aus Afghanistan nach Deutschland. Ich war 15 Jahre alt. [...] Von meinen drei Geschwistern lebt nur noch meine Schwester, die damals 13 Jahre alt war. Ich weiß nicht, wo sie jetzt ist. [...]

In zwei Monaten und 28 Tagen brachten mich Schlepper in ständig wechselnden Transportmitteln nach Hamburg (6). [...] Allah war mit mir. Die Polizei griff mich auf, nahm mich mit, gab mir Essen und Trinken. Bereits zwei Stunden später lag ich in einem frischen Bett in einem Kinderheim. (7) [...] Dann hatte ich meinen ersten Schultag (8). In Pakistan hatte ich vier Jahre eine afghanische Grundschule besucht. [...] Ich sprach bereits Dari, Urdu, Paschtu, etwas Russisch und etwas Englisch. Nun konnte ich Deutsch lernen.

Mein Vater arbeitete als Regierungsangestellter und sprach alle diese Sprachen fließend, und auch meine Mutter konnte lesen und schreiben (1). [...] Mein Vater wurde nach der Explosion unseres Hauses nicht mehr gesehen (2). Meine Mutter, meine Schwester und ich flohen nach Pakistan zu meinem Onkel mütterlicherseits. Dreimal reiste ich als Familienoberhaupt mit meiner Mutter nach Kabul, um von den Brüdern meines Vaters unseren Besitz zurückzufordern. Dreimal wurden wir als Verräter beschimpft, denn mein Vater hatte für die Russen gearbeitet (3). Beim dritten Versuch wurde meine Mutter so schwer getreten, dass sie später daran starb. Ich war 15 Jahre alt. Ich nahm einen Stein und schleuderte ihn auf meinen Onkel und seine acht Söhne. Einen traf ich an der Lippe. (4) [...]

Ich musste fliehen. [...] Im Kinderheim ging es mir gut. Man kümmerte sich um mich, ich ging zur Schule (8). Doch an meinem 16. Geburtstag war alles vorbei. Ich musste das Kinderheim verlassen und wurde in einem Asylheim untergebracht. [...]

Minderjährig ist man bis zu seinem 18. Lebensjahr. Nicht jedoch nach dem Asylgesetz: Demnach ist man mit 16 wie ein erwachsener Asylbewerber zu behandeln. [...] Die anderen Männer im Asyl, erwachsene Männer, tranken und rauchten bis spät in die Nacht. Ich ging nicht zur Schule. (9)

Der Flüchtlingsrat [...] fand einen Vormund für mich, denn obwohl nach dem Asylgesetz volljährig, war ich nach dem BGB nur beschränkt geschäftsfähig. Endlich kümmerte sich jemand um mich. Mein Vormund meldete mich an einer Schule an (10). [...] Mir fehlt natürlich unendlich viel Wissen [...], doch es gibt jemanden, der jeden Tag mit mir Hausaufgaben macht [...]. Und ich gehe jetzt in einen Sportclub, ich gehöre wieder zu einer Familie, die sich um mich kümmert, die mich beschützt und mir sagt, was richtig und was falsch ist (11). Ich habe in Deutschland viele gute Menschen kennengelernt, z. B. den Taxifahrer, der mich nach einem Fahrradunfall nach Hause brachte, oder der Lehrer, der mir den Klassenausflug bezahlte [...]. Dafür bin ich dankbar. [...]

Quelle: Moghim Mohammed Rahmati mit Christiane Boysen-Honsel: „Ich bin ein Kriegskind". Spiegel Online, 30.08.2006

M4 Lebensgeschichte von Rahmati, Moghim Mohammed

Migrationsziel Deutschland

„Sie sind nicht ‚Menschen mit Migrationshintergrund' – wir sind ein Land mit Migrationshintergrund!" Diese Worte richtete Bundespräsident Frank Walter Steinmeier an türkischstämmige Gäste, während einer Veranstaltung in Berlin. Welche Menschen kamen und kommen nach Deutschland und was meinte Frank Walter Steinmeier mit seiner Aussage?

Zuwanderung nach Deutschland

Das Migrationsgeschehen in Deutschland ist seit Jahren vor allem durch Zuwanderung aus bzw. Abwanderung in andere europäische Staaten gekennzeichnet. Für die meisten von ihnen ist der Aufenthalt problemlos, da sie als EU-Bürger das Recht auf **Freizügigkeit** genießen.

Die Zuwanderung nach Deutschland erreichte im Jahr 2015 mit einem Zuwachs von 1,1 Millionen Personen einen Höchststand (M5). In den Folgejahren ging sie wieder deutlich zurück. Es zeigte sich stets, dass die Entwicklung der Fluchtmigration nach Deutschland immer auch ein Spiegel der weltweiten Krisen und Konflikte ist.

In rund einem Viertel aller Privathaushalte in Deutschland leben Menschen mit einem **Migrationshintergrund**.

Nach der Definition des Statistischen Bundesamtes sind dies Personen, von denen gesagt werden kann, dass sie selbst oder mindestens ein Elternteil die deutsche Staatsangehörigkeit nicht durch Geburt besitzen.

Mittlerweile hat mehr als die Hälfte der Menschen mit Migrationshintergrund die deutsche Staatsangehörigkeit. Einige von ihnen leben schon in der dritten Generation in Deutschland.

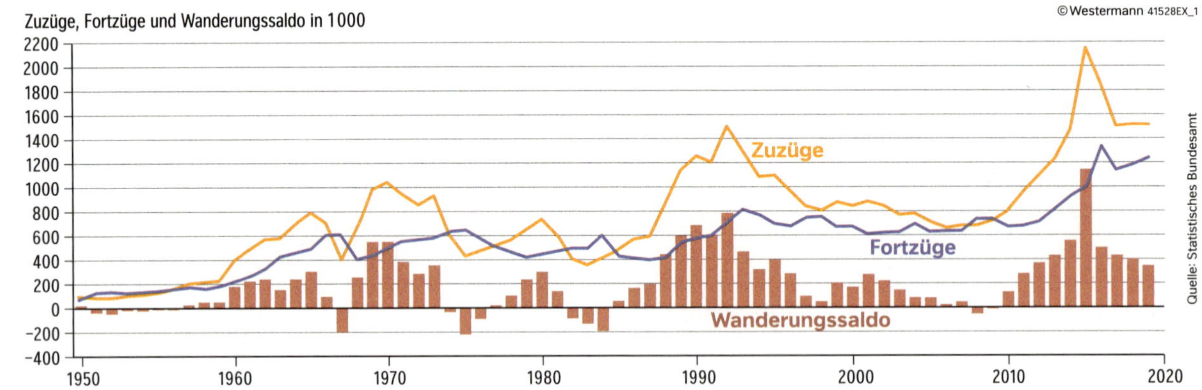

M1 Zuwanderung nach und Abwanderung aus Deutschland

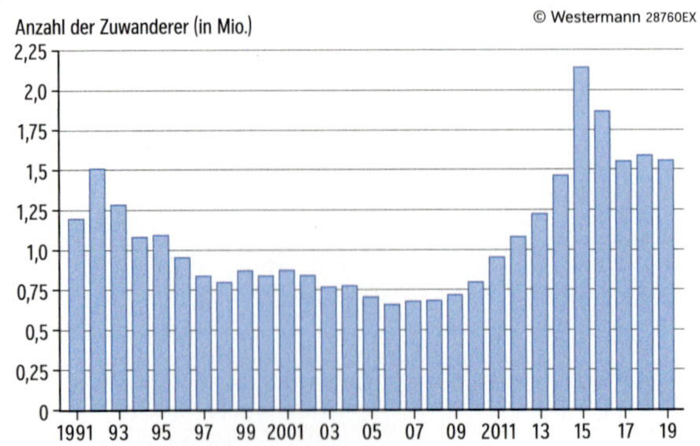

M2 Einwanderung nach Deutschland bis 2019

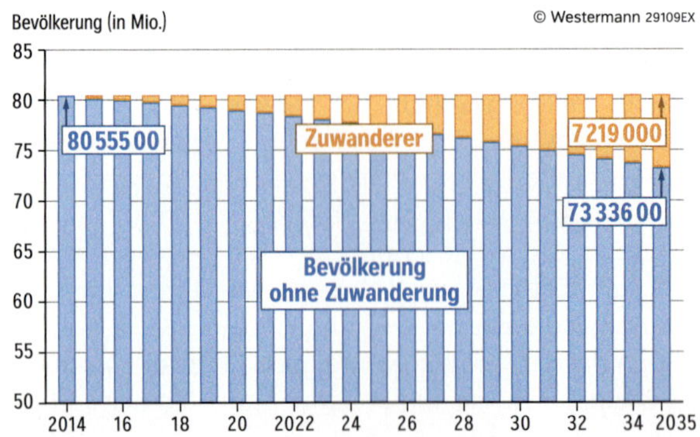

M3 Wie viel Zuwanderung Deutschland bräuchte.

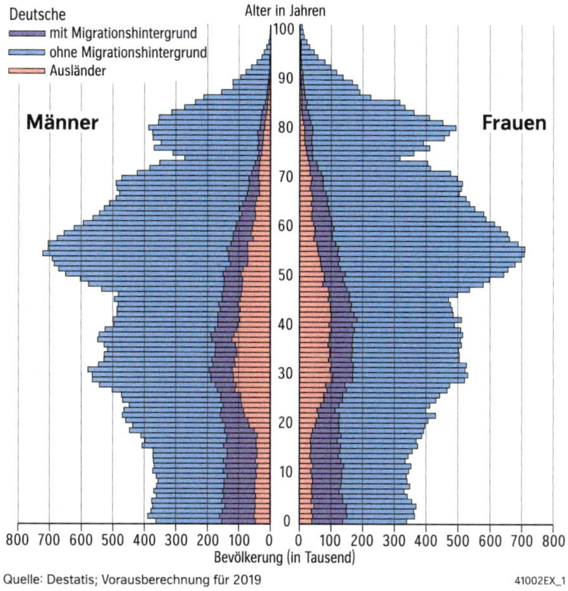

M4 Bevölkerungsdiagramm Deutschland mit Unterteilung in Ausländer und Deutsche mit Migrationshintergrund (2018)

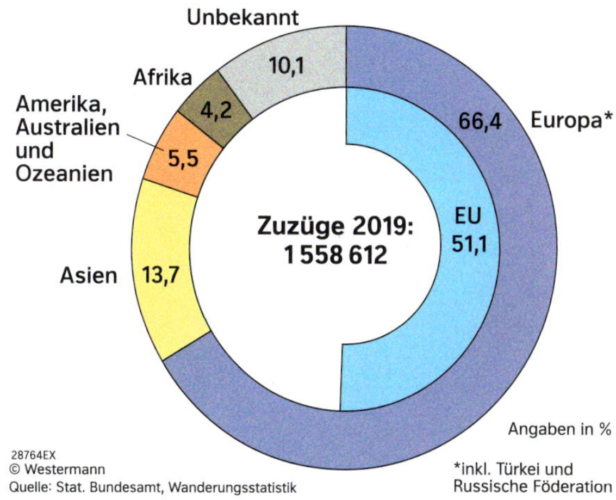

M6 Migration nach Herkunftsgebieten im Jahr 2019

Nach 1870: Rund 500 000 Menschen kommen aus Polen und anderen östlichen Regionen als Arbeitskräfte ins Ruhrgebiet.
Ab 1960: Sogenannte „Gastarbeiter" aus Südeuropa werden angeworben: Italiener, Spanier, Portugiesen, Griechen, Jugoslawen und später Türken kommen in großer Zahl bis 1973 nach Deutschland.
Ab 1989: Spätaussiedler, also Menschen deutscher Abstammung, kommen aus Polen und der ehemaligen Sowjetunion. Zeitgleich suchen viele Flüchtlinge aus Krisengebieten der Erde Zuflucht.
2015: Die höchsten Zuwanderungszahlen seit 1950 sind zu verzeichnen. 1,1 Millionen Flüchtlinge werden in Deutschland registriert, davon stellen rund 500 000 einen Antrag auf Asyl. Den überwiegenden Anteil an Flüchtlingen bilden Menschen aus Syrien, gefolgt von Menschen aus Afghanistan und dem Irak. Familiennachzug und EU-Binnenwanderung sind weitere Ursachen für die hohen Zuwanderungszahlen.

M5 Einwanderung nach Deutschland

2020 lebten in Deutschland rund 21,9 Millionen Menschen mit einem sogenannten Migrationshintergrund – das entspricht 26,7 Prozent der Bevölkerung. 2019 lag der Anteil bei 26 Prozent.
- Knapp 11,5 Millionen von ihnen haben einen deutschen Pass.
- Rund 10,3 Millionen sind Ausländerinnen und Ausländer.
- Rund 13,6 Millionen haben „eigene Migrationserfahrung", sind also im Ausland geboren und eingewandert.

Deutschlands Einwohner mit „Migrationshintergrund" sind deutlich jünger als diejenigen ohne. Menschen mit Migrationshintergrund waren 2020 im Schnitt 31,3 Jahre alt, diejenigen ohne Migrationshintergrund hingegen 40,9 Jahre

Quelle: Wie viele Menschen mit Migrationshintergrund leben in Deutschland? Mediendienst Integration Online, Stand: 2022

M7 Menschen mit Migrationshintergrund in Deutschland

1 Werte das Bevölkerungsdiagramm für Deutschland aus (M4). Fasse deine Ergebnisse thesenartig zusammen.

2 Beschreibe den Verlauf der Zuwanderung nach Deutschland (M1, M2, M5).

3 a) Beschreibe die Zusammensetzung der Bevölkerung mit Migrationshintergrund (M7).
b) Erörtere Auswirkungen der Zuwanderung auf die Zusammensetzung der Bevölkerung in Deutschland.

GeoPlus
4 Die aktuelle Zuwanderung nach Deutschland ist zunehmend ein Spiegel weltweiter Krisen. Erörtere diese These.

Alles klar?

1. Strukturdaten ausgewählter Staaten

a) Vergleiche die demografischen Unterschiede zwischen den Staaten 1 – 3.

b) Ordne die Staaten 1-3 begründet dem Modell des demografischen Übergangs zu.

Strukturdaten	Staat 1	Staat 2	Staat 3
Bevölkerung 2015 (Mio.)	37,6	91,5	81,2
Bevölkerung 2025 (Mio.), mittlere Schätzung	54,8	99,8	78,7
Bevölkerung 2050 (Mio.), mittlere Schätzung	104,1	103,7	69,4
Geburten/1 000 Einw.	44,2	16,3	8,4
Todesfälle/1 000 Einw.	11,0	5,9	11,3
Kinder pro Frau	6,1	1,9	1,4
Bevölkerung unter 15 Jahren (%)	48,9	24,6	13,1
Säuglingssterblichkeit/1 000 Lebendgeburten	62,5	19,6	3,5
Analphabeten Frauen/Männer (über 15 Jahre)	39,6/21,5	7,7/4,2	1,1/1,1

2. Bevölkerungsdiagramme

a) Werte eines der Bevölkerungsdiagramme aus.

b) Ordne die Bevölkerungsdiagramme begründet den drei Staaten in Aufgabe 1 zu.

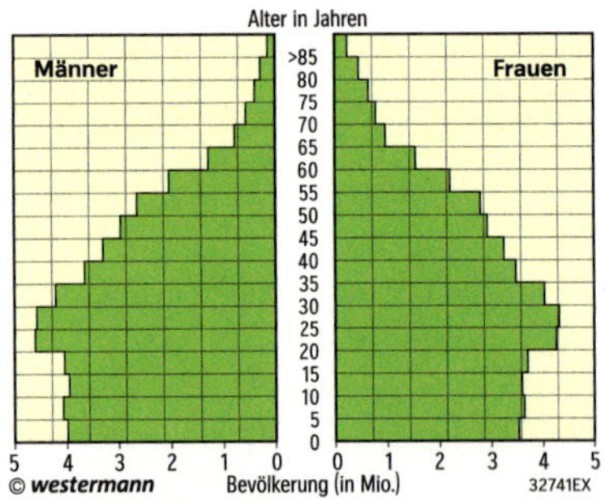

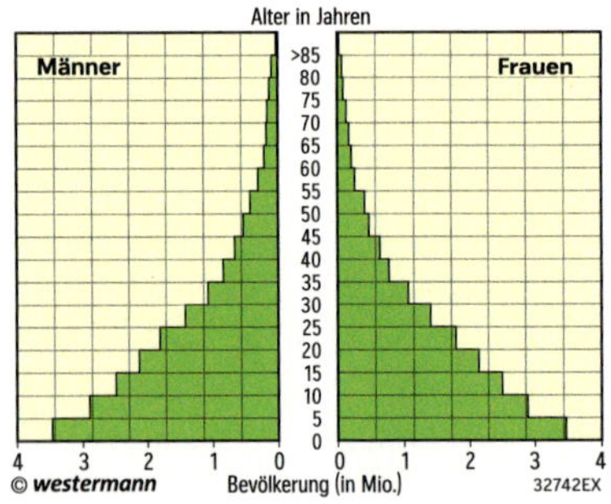

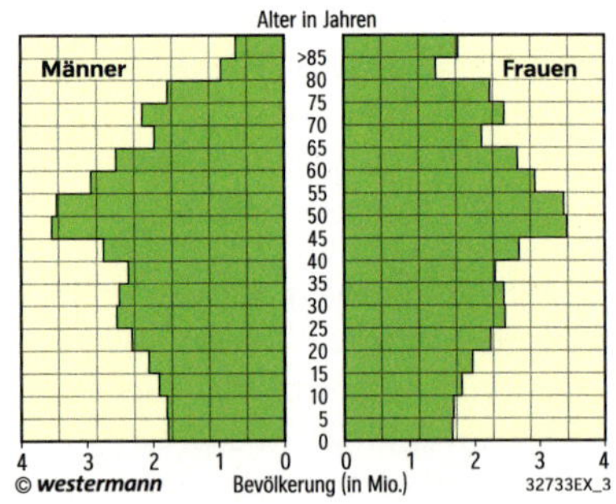

3. Viele Kinder

Erkläre die Einflussfaktoren auf die Bevölkerungsentwicklung eines Landes.

Kinder als Arbeitskräfte

Kinder als Absicherung im Alter

kulturelle Traditionen

fehlender Zugang zu Bildung

ungewollte Schwangerschaften

4. Push- und Pull-Faktoren

Übertrage die Abbildung in dein Heft (deine Mappe) und notiere jeweils sechs Aspekte.

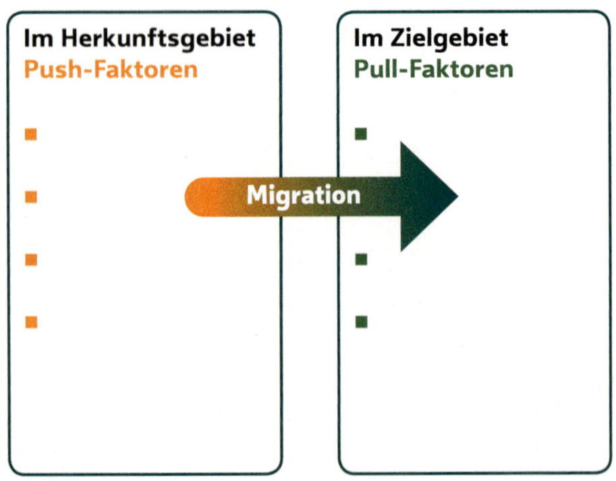

CHECK

5. Bevölkerungssituation in Deutschland

a) Beschreibe Veränderung der Bevölkerungssituation in Deutschland und damit verbundene Folgen.

b) Erörtere die Problemstellung, die der Zeichner der Karikatur vermitteln will.

RENTENSYSTEM - GEFÄHRDUNG VON ALLEN SEITEN

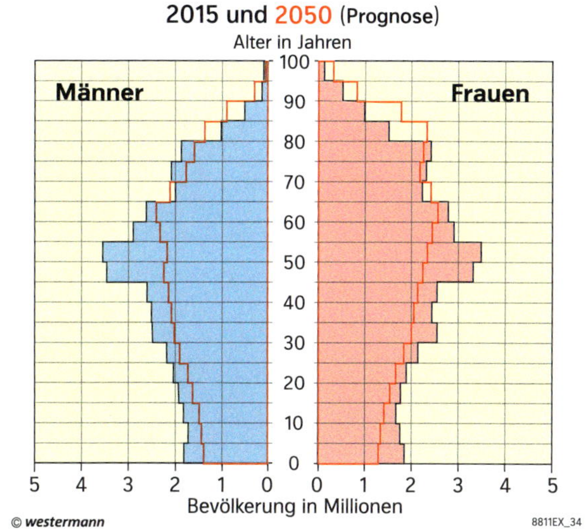

6. Unterschiedliche Lebenswelten

a) Werte das Bild aus.

b) Erzähle zwei Geschichten – eine zu den Bewohnern des Stadtteils im Bildvordergrund, eine zu den Bewohnern des Stadtteils im Bildhintergrund.

Du kannst jetzt:

- das Anwachsen der Weltbevölkerung erläutern und problematisieren.
- das Modell des demografischen Übergangs darstellen und seine Aussagekraft erörtern.
- die regionale Verteilung der Weltbevölkerung beschreiben und erläutern.
- die Bevölkerungsentwicklung in wirtschaftlich weit entwickelten Staaten wie Deutschland und in weniger entwickelten Staaten wie Indien erläutern und problematisieren.
- bevölkerungspolitische Maßnahmen aufzeigen, mit denen Staaten versuchen, die Zahl und Zusammensetzung der Bevölkerung in ihren eigenen Ländern zu beeinflussen.
- die weltweite Verteilung der Megastädte beschreiben und am Beispiel Karachi die Entwicklung von unterschiedlichen Lebenswelten in Städten ärmerer Länder darstellen.
- Migration als einen seit Langem bekannten und beobachtbaren Prozess sehen und die Auswirkungen von Migration in Herkunfts- und Zielländern erörtern.
- einen Podcast erstellen und kritisch mit Statistiken umgehen.

Grundbegriffe

- Alphabetisierungsrate
- Asyl
- Bevölkerungsdiagramm
- Bevölkerungsdichte
- Bevölkerungsentwicklung
- Braingain
- Demografie
- Elterngeld
- Familienplanung
- Fertilitätsrate
- Flüchtling
- Freizügigkeit
- Gated Community
- Geburten- und Sterberate
- informeller Sektor
- Lebenserwartung
- Megastadt
- Metropole
- Migration
- Migrationshintergrund
- Modell des demografischen Übergangs
- Pull-Faktor
- Push-Faktor
- Slum
- Verstädterung
- Wachstumsrate

Welternährung

In diesem sogenannten Feedlot in Colorado (USA) können gleichzeitig bis zu 98 000 Rinder gemästet werden.

Landwirtschaftszonen der Erde

Die Landwirtschaft ist eine wichtige Grundlage für unsere Ernährung. Entsprechend der klimatischen Voraussetzungen unterscheidet man verschiedene Landwirtschaftszonen. Auf dieser Doppelseite lernst du diese kennen und erfährst, wie sie genutzt werden.

Landwirtschaftliche Nutzung der Erde

Unter Landwirtschaft versteht man die systematische Nutzung von Pflanzen und die Haltung von Tieren für die menschliche Ernährung. Zur Landwirtschaft gehören, neben Ackerbau und Viehwirtschaft, Gartenbau, Gemüsebau, Obst- und Weinbau sowie sämtliche Baum- und Strauchkulturen, die mit dem Ziel der Gewinnung pflanzlicher Rohstoffe angelegt werden. Die landwirtschaftliche Nutzung auf der Erde ist vielfältig und hängt von mehreren Faktoren ab, wie zum Beispiel Klima, Boden, Gelände und technischen Möglichkeiten.

In der Karte M1 werden verschiedene **Landwirtschaftszonen** ausgewiesen. Diese zeigen ein stark vereinfachtes Nutzungsbild der Erde. Regionale Abweichungen (wie z. B. die Oasenwirtschaft in Nordafrika) sind nicht abgebildet.

Trotzdem gibt es einige Regelmäßigkeiten:

1. Die Landwirtschaftszonen ähneln in ihrer Anordnung den Klima- und Vegetationszonen.
2. Der Anbau von Nutzpflanzen ist unter ungünstigen Anbaubedingungen, z. B. andauernder Kälte, kaum möglich.
3. In den Hochgebirgen weichen die Höhen der Kälte- und Trockengrenze zum Teil stark voneinander ab. Der Grund ist vor allem die unterschiedliche geographische Lage der Gebirge.
4. Trockengrenzen des Anbaus liegen oft im Inneren der Kontinente, an Küsten oder an den Wendekreisen. Die sogenannte agronomische Trockengrenze trennt Gebiete, in denen Regenfeldbau zum Großteil möglich ist, von den Gebieten, in denen eine zusätzliche Bewässerung nötig ist. In der Regel liegt sie bei rund 400 mm Jahresniederschlag.

M1 Landwirtschaftszonen der Erde (vereinfacht)

❶ Ordne die folgenden Beispielräume den Landwirtschaftszonen in M1 sowie den Fotos in M2 zu (Atlas): Wanderweidewirtschaft in Mali; Wanderfeldbau im Amazonasbecken; Anbau von Kakao auf Plantagen in Ghana; Reisanbau in Thailand; Anbau von Weizen im Thüringer Becken; Bewässerungslandwirtschaft in Südspanien; Viehzucht in Kansas (USA); Tierhaltung im Norden Norwegens.

M2 Beispiele landwirtschaftlicher Nutzung

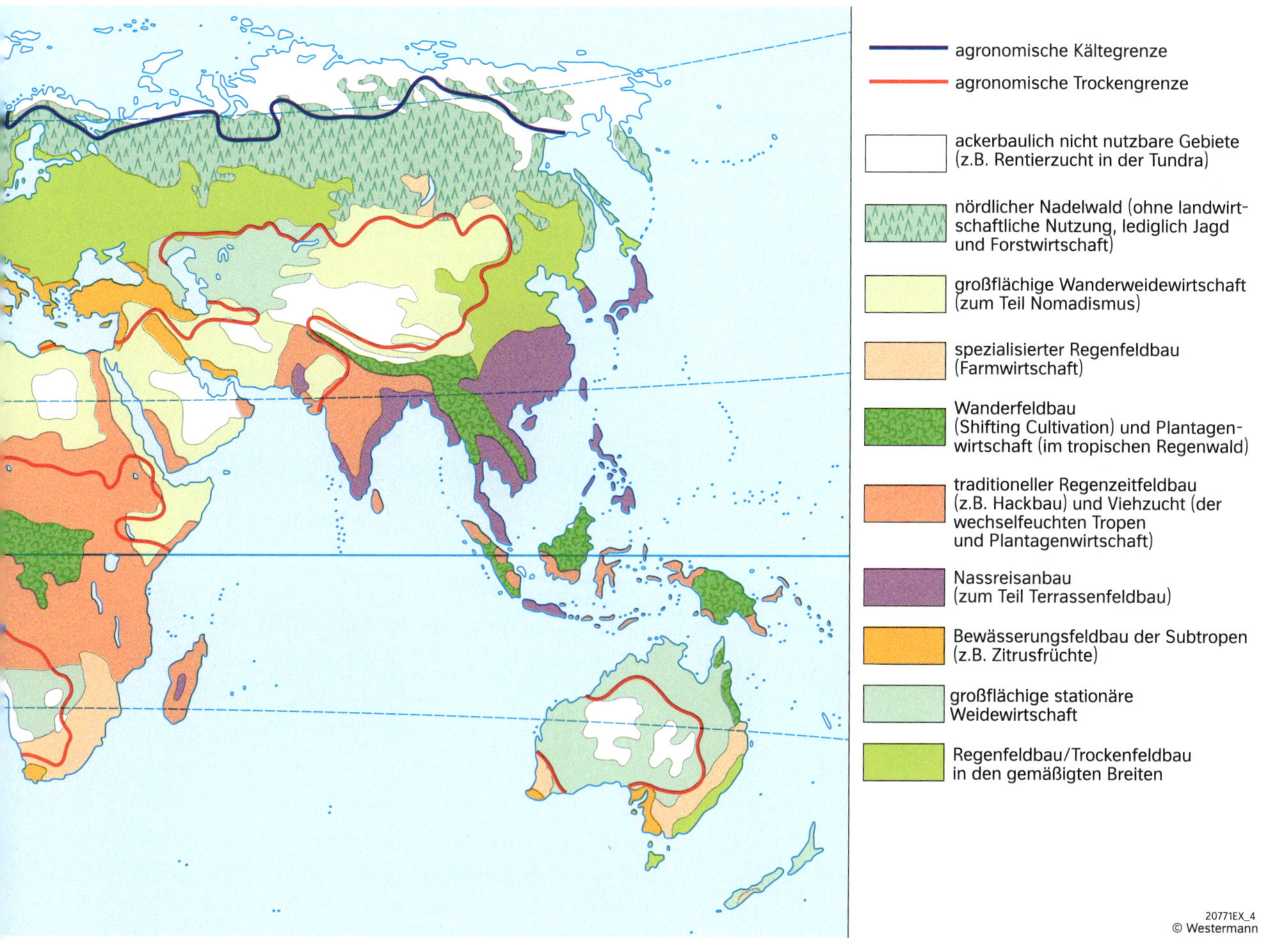

2 Die Temperatur und der Niederschlag stellen wichtige Voraussetzungen für die Landwirtschaft dar. a) Beschreibe die Lage der Kältegrenze sowie der Trockengrenze. b) Erkläre, wieso es die Kältegrenze des Anbaus nicht nur auf der Nordhalbkugel gibt. c) Erkläre, wieso die Trockengrenze nicht parallel zu den Breitenkreisen verläuft. d) Nenne Beispiele, wie jedoch Landwirte kalte, hochgelegene oder trockene Räume nutzen.

100800-244 schueler.diercke.de
100800-260 schueler.diercke.de
100800-282-01 schueler.diercke.de

Ernährungssituation weltweit

Obwohl weltweit genügend Nahrungsmittel zur Verfügung stehen, mussten Ende 2020 rund 810 Mio. Menschen hungern. Gleichzeitig war ein Großteil der Menschen übergewichtig. Welche regionalen Unterschiede gibt es bei der weltweiten Versorgung mit Nahrungsmitteln?

Hunger und Mangelernährung – Überfluss und Überernährung

Nach Definition der Vereinten Nationen zählt ein Mensch als Hungernder, wenn er weniger zu essen hat, als er täglich benötigt, um leichte Arbeit zu verrichten und sein Körpergewicht zu halten. Die dafür erforderliche tägliche Nahrungsmenge liegt bei etwas mehr als 9000 Kilojoule (kJ). Das entspricht circa 2400 Kilokalorien (kcal).

Ein dauernder Nahrungsmangel lässt den Körper abmagern. Der Körper gleicht die Unterernährung dadurch aus, dass das Wachstum vermindert und Aktivitäten eingeschränkt werden. Den Hungernden fehlt oft die Energie, sich selbst aus Armut und Unterernährung zu befreien. Täglich sterben Menschen an Krankheiten, die durch Unterernährung ausgelöst werden.

Während Hunger häufig in den Ländern des Globalen Südens (Entwicklungsländern) vorkommt, werden Millionen von Menschen in den Ländern des Globalen Nordens (Industrieländern) krank, weil sie zu viel essen oder sich falsch ernähren. Weltweit sind heute 20 Prozent der Menschen stark übergewichtig (adipös). Zivilisationskrankheiten wie Gicht, Diabetes und Arthrose gelten als Folgen der Überernährung. Typisch sind auch Erkrankungen des Herz-Kreislauf-Systems. Übergewichtige und adipöse Menschen sind anfälliger für Herzinfarkte und Schlaganfälle.

INFO

Fehlernährung
Nahrungszufuhr, bei der Menge und/oder Zusammensetzung der Nährstoffe nicht dem Bedarf des Körpers entsprechen. Man unterscheidet:

Mangelernährung
unzureichende Zufuhr von wichtigen Nahrungsbestandteilen, wie z.B. Vitaminen

Unterernährung
unzureichende Zufuhr an Nahrungsenergie über einen längeren Zeitraum

Überernährung
Dem Körper wird dauerhaft mehr Energie zugeführt, als dieser benötigt.

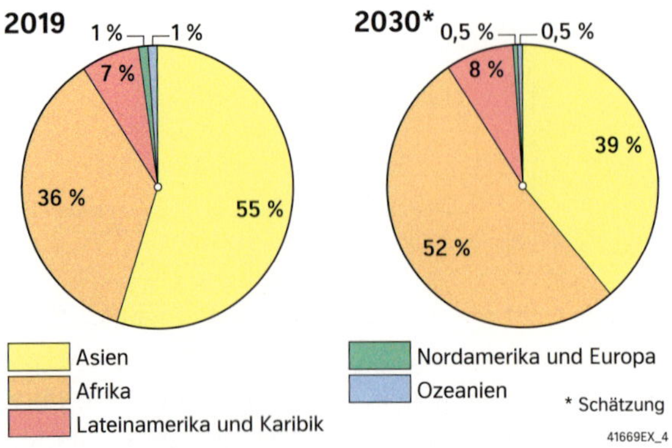

M1 Anteil an allen weltweit Unterernährten

Der **Welthunger-Index** (WHI, QR-Code) misst und vergleicht jährlich die Ausprägung von Hunger und Unterernährung in der Welt. Die Hungersituation wird dabei anhand von vier Indikatoren eingestuft (M5). Zur Beurteilung der Situation betrachtet man den Anteil der unterernährten Bevölkerung, die Verbreitung von Auszehrung sowie Wachstumsverzögerung bei Kindern (< 5 Jahre) und die Sterblichkeitsrate von Kindern (< 5 Jahre).

M2 Der Welthunger-Index

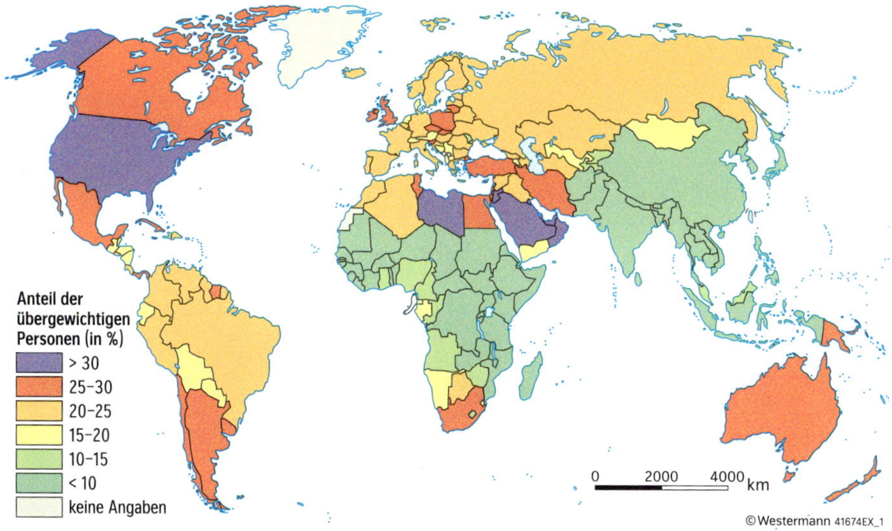

M3 Übergewicht weltweit (2016)

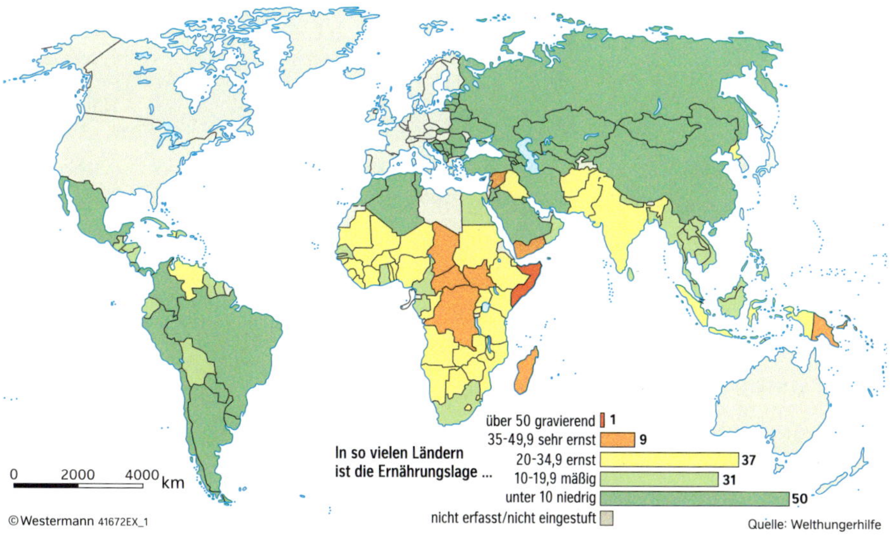

M4 Welthunger-Index (2019)

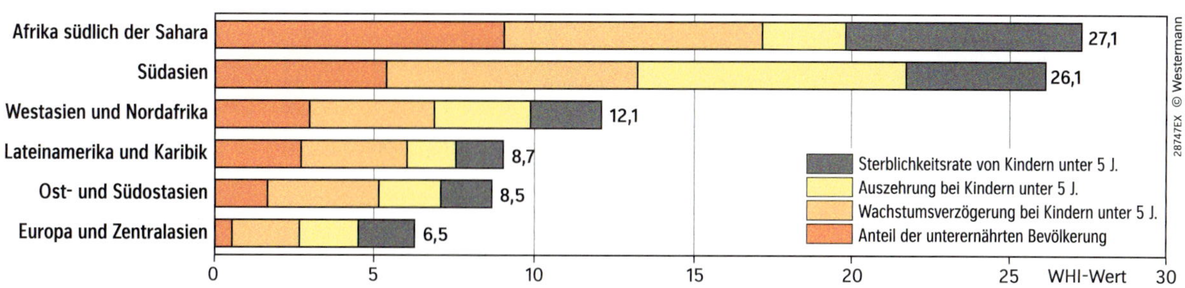

M5 Zusammensetzung des Welthunger-Index nach Regionen (2021)

1 a) Beschreibe die Ernährungssituation weltweit (M1, M3, M4).
b) Nenne Folgen von Fehlernährung.

2 a) Erkläre, wie sich der Welthunger-Index in verschiedenen Regionen zusammensetzt (M5).

GeoPlus

3 Erkläre die Veränderung der Anteile der verschiedenen Regionen an allen weltweit Unterernährten (M1).

Ursachen von Hunger

Auf der ersten Welternährungskonferenz 1974 in Rom gab der damalige amerikanische Außenminister Henry Kissinger das löbliche Versprechen, er werde dafür Sorge tragen, dass „in zehn Jahren kein Kind mehr hungrig zu Bett geht". Heute ist der weltweite Hunger immer noch ein Problem. Warum ist es bisher nicht gelungen, den Hunger in der Welt zu besiegen?

Natürliche Ursachen von Hunger

In den Regionen der Erde, wo Wasser nicht im ausreichenden Umfang zur Verfügung steht, sind Ackerbau und Viehzucht nur begrenzt möglich. Die Landwirtschaft kann dort nur vergleichsweise wenig Menschen mit Nahrungsmitteln versorgen. Diese Regionen sind oft anfällig für **Dürren**, die zu Hungerkatastrophen führen können. Zudem führen auch Naturkatastrophen wie Vulkanausbrüche, Erdbeben und Überschwemmungen zu Ernteausfällen und damit zu Hunger.

Als weitere Gründe für Nahrungsknappheit können schwierige ökologische Bedingungen wie geringwertige Böden, kritische Wetter- und Klimabedingungen (z. B. Trockenheit, Kälte) und Schädlingsbefall (z. B. Heuschreckenplagen) angeführt werden. Der Klimawandel wird in Zukunft solche klimatischen Krisen noch verstärken.

M3 Verteilung von Nahrungsmitteln nach einer Überschwemmung in Pakistan

Auch menschliches Handeln führt zu Mangel- und Unterernährung

Armut ist eine weitere Hauptursache von Hunger. Menschen, die unter extremer Armut leiden, also weniger als 1,90 US-$ am Tag zur Verfügung haben, können nur sehr eingeschränkt Nahrungsmittel kaufen. Daraus entsteht ein Teufelskreis. Wer sich nicht genügend nahrhaftes Essen leisten kann, wird körperlich schwächer und hat weniger Chancen, ausreichend Geld zu verdienen. Dementsprechend steht ihm wiederum weniger Geld für Nahrungsmittel zur Verfügung.

M1 Hungerursache Armut

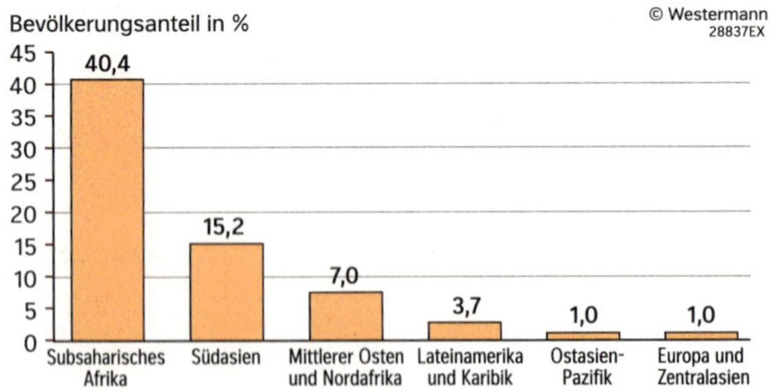

M4 Anteil der Bevölkerung unterhalb der absoluten Armutsgrenze

Die meisten Länder des Globalen Nordens verzeichnen eine Überproduktion an Nahrungsmitteln. Diese werden weltweit gehandelt. Auf diese Weise gelangen die Überschüsse auch an die Länder des Globalen Südens. Die vergleichsweise günstigen Nahrungsmittelimporte sorgen aber dafür, dass die Kleinbauern im Land ihre Produkte nicht mehr verkaufen können. Sie verlieren ihre Lebensgrundlage.

M2 Hungerursache kaputte Nahrungsmittelsysteme

Mangelhafte Gesundheits- und Hygienebedingungen können zu Darmerkrankungen führen. Solche Krankheiten verhindern, dass der Körper die aufgenommene Nahrung richtig verwerten kann. In vielen Ländern des Globalen Südens gibt es keinen ausreichenden Zugang zu medizinischer Versorgung, sodass solche Krankheiten zu akuter Unterernährung führen können.

M5 Hungerursache Krankheiten

Als ein weiterer Grund für zunehmenden Nahrungsmangel kann das Bevölkerungswachstum angeführt werden. Die wachsende Weltbevölkerung führt dazu, dass die agrarisch nutzbare Fläche pro Kopf kleiner wird. Die Ausweitung der landwirtschaftlichen Nutzfläche stößt bereits heute an ihre Grenzen.

Erdteil	Bevölkerung in Mio.			
	1950	2000	2050	2100
Afrika	227	810	2489	4280
Asien	1404	3741	5290	4719
Europa	549	725	710	629
Mittel-/Südamerika	168	521	762	679
Nordamerika	172	312	425	490
Australien/Ozeanien	12	31	57	74

M6 Hungerursache Bevölkerungszunahme (Tabelle: UN/DESA)

Frauen sind in vielen Ländern besonders benachteiligt: Obwohl sie in armen Ländern einen bedeutenden Beitrag in der Landwirtschaft leisten, haben sie weniger Zugang zu Land, Beratungsdiensten und Krediten als Männer. Das führt dazu, dass mehr Frauen an Hunger leiden als Männer.

M7 Hungerursache mangelnde Gleichberechtigung

Weltweit werden große Mengen der Getreideproduktion an Nutztiere, zum Beispiel Rinder, Schweine oder Hühner, verfüttert.

M8 Hungerursache Fleischkonsum

Da Agrarrohstoffe an Börsen gehandelt werden, führt das zu stark schwankenden Preisen für Nahrungsmittel. Darunter leiden vor allem Menschen aus armen Ländern, die bis zu 80 Prozent ihres Monatseinkommens für Essen ausgeben müssen.

M9 Hungerursache Nahrungsmittelspekulation

Durch den zunehmenden Anbau von Exportprodukten wie Baumwolle stehen immer weniger Flächen für die Grundnahrungsmittelproduktion zur Verfügung. Oft eignen sich ausländische Konzerne große Landflächen von ärmeren Ländern für den Anbau von Cash-Crops an (Landgrabbing).

M10 Anbau von Cash-Crops

Auch politische Konflikte oder Kriege können Ursache für akuten Hunger sein. Durch eine schwierige Sicherheitslage kann es dann zu Engpässen bei der Nahrungsmittelversorgung kommen, da keine neuen Nahrungsmittel ins Land gebracht werden können und bestehende Anbauflächen zerstört werden.

M11 Politische Konflikte und Kriege

GeoMethode

Eine Concept-Map erstellen

Mithilfe einer Concept-Map können komplexe Zusammenhänge strukturiert dargestellt werden. Dabei werden neue Informationen miteinander verknüpft und bilden ein Begriffsnetzwerk. Wichtige Schlüsselbegriffe und deren Querverbindungen können durch verschiedene Farben und Pfeile dargestellt werden.

1. Schritt
Formuliere eine Überschrift für dein Thema.

2. Schritt
Werte die Materialien aus. Formuliere zu jedem Material Schlüsselbegriffe für deine Concept-Map.

3. Schritt
Ordne deine Begriffe zum Beispiel nach Themen.

4. Schritt
Verbinde die Schlüsselbegriffe durch Pfeile, um Wechselbeziehungen oder Zusammenhänge deutlich zu machen.

5. Schritt
Beschrifte die Pfeile mit Aussagen. Erstelle dafür ggf. eine Legende.

1 Erstelle ausgehend von den Materialien eine Concept-Map zum Thema Hunger.

2 Beantworte die Leitfrage mithilfe deiner Concept-Map.

100800-275-05
schueler.diercke.de

M1 Verkauf von Brotresten in Kabul

M3 Anbau von Schlafmohn zur Drogengewinnung

Afghanistan in der Ernährungskrise?

Afghanistan ist mit vielen Problemen konfrontiert. Die Bevölkerung leidet seit Jahrzehnten unter kriegerischen Auseinandersetzungen. Wie ist die Ernährungssituation in dem asiatischen Land?

Leben in Unsicherheit und Mangel

Der Großteil Afghanistans wird von Gebirgen und ausgedehnten Geröll- und Steinwüsten eingenommen. 50 Prozent sind landwirtschaftliche Nutzfläche, aber nur etwa ein Fünftel davon sind ackerbaulich nutzbar (M2). Der Großteil der Menschen auf dem Land lebt daher von der Tierhaltung.

Die unsicheren und schlechten Lebensbedingungen auf dem Land führten dazu, dass die Hauptstadt Kabul einen jährlichen Bevölkerungszuwachs von über zehn Prozent verzeichnete. Durch das rasante Wachstum verschlechterten sich die Zustände. Über 80 Prozent der Bevölkerung lebten 2020 in Elendsvierteln. Es fehlte an Zugang zu Trinkwasser, Sanitäreinrichtungen und Elektrizität. Die meisten Bewohner erzielten ein spärliches Einkommen im informellen Sektor, das den täglichen Bedarf in der Regel kaum abdeckte.

Erheblich verschärft wurde die Versorgungskrise durch die Machtergreifung der islamistischen Taliban im Jahr 2021. Daraufhin wurden internationale Hilfsgeldzahlungen eingestellt. Teile der Wirtschaft kollabierten, die Arbeitslosigkeit weitete sich aus, die Gesundheitsverorgung und das Bankensystem brachen zusammen. Lediglich Lebensmittelhilfen aus dem Ausland linderten die Not der Bevölkerung etwas.

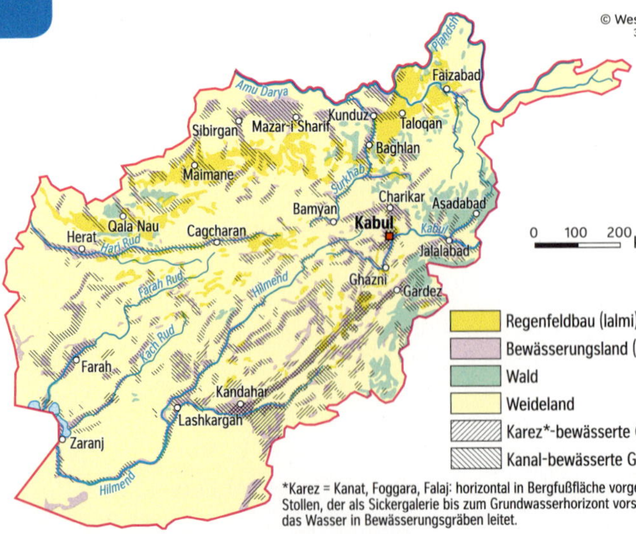

*Karez = Kanat, Foggara, Falaj: horizontal in Bergfußfläche vorgetriebener Stollen, der als Sickergalerie bis zum Grundwasserhorizont vorstößt und das Wasser in Bewässerungsgräben leitet.

M2 Landnutzung in Afghanistan

Afghanistan ist seit den 1990er-Jahren das Hauptanbaugebiet von Schlafmohn, der für die Herstellung von Opium und Heroin genutzt wird. Produktion und Handel illegaler Drogen sind ein wichtiger Wirtschaftszweig. Durch Kriegsschäden wurden die Anbauflächen so klein, dass viele afghanische Bauern statt Weizen lieber Mohn anbauen. Damit erzielen sie ein höheres Einkommen. Der Schlafmohn ist an die natürlichen Gegebenheiten des Landes ideal angepasst, die Pflanze benötigt wenig Wasser und gedeiht nahezu überall.

M4 Drogen statt Nahrungsmittel

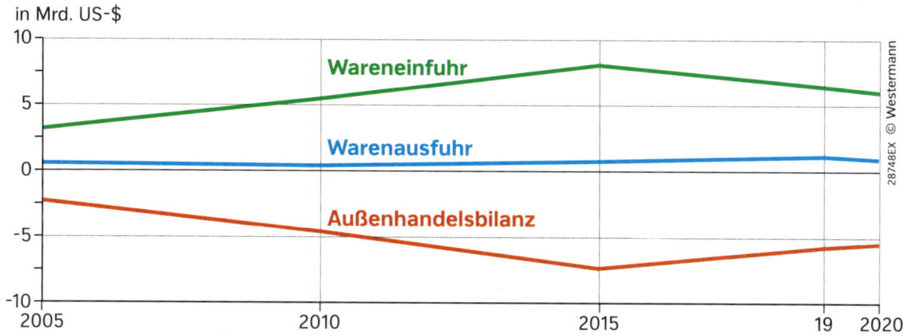

M5 Entwicklung des Außenhandels

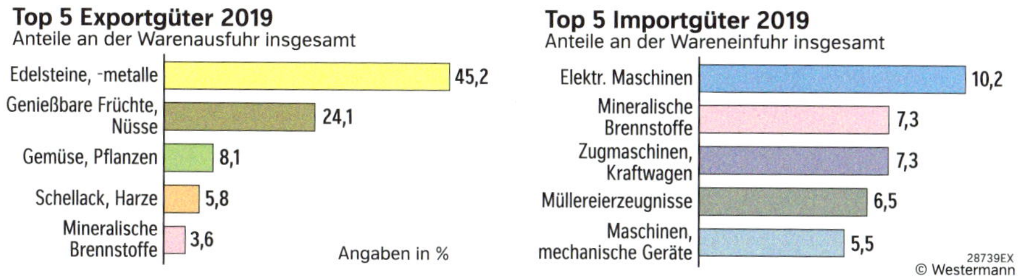

M6 Die wichtigsten Export- und Importprodukte

Name	Bevölkerungsanteil (in %)
Paschtunen (S)	44
Tadschiken (S,SI)	28
Usbeken (S)	9
Hazara (S)	7
Aimaq (S)	4
Turkmenen (S)	3
Baluchi (S)	1
Araber (S)	< 1
Nuristani (S)	< 1
Pashai (S)	< 1
Sonstige: Tatar, Qizilbash, Kirgisen, Jatki, Gujarati, Lasi, Ormur, Parachi, Moghul, Hindus, Sikhs u.a.	

M8 Ethnische Gruppen nach Bevölkerungsanteil (S = Sunniten, SI = Schiiten)

- 1747 Gründung des Königreichs Afghanistan
- 1893 Durand-Linie: Festlegung der heutigen Grenzen Afghanistans nach strategischen Interessen von Großbritannien und Russland, Streit um den Zugang zum Indischen Ozean und dem Arabischen Meer
- 1907 Britisch-Russisches Abkommen begründet Pufferstaat Afghanistan, interne Unruhen.
- 1921 Vertrag von Kabul sichert Afghanistan volle Unabhängigkeit zu.
- bis 1979 Konflikte und Machtwechsel zwischen verschiedenen Gruppierungen
- 1979 – 1989 Einmarsch der sowjetischen Armee
- 1992 Machtübernahme von Warlords
- 1996 Die islamistischen Taliban erobern die Herrschaft.
- 11.09.2001 Terroranschlag auf das World Trade Center in New York durch das in Afghanistan ansässige Terrornetzwerk Al Quaida
- 2001 Einmarsch von US- und NATO-Truppen, Sturz der Taliban
- 2021 Abzug der NATO-Truppen, Machtübernhame durch die Taliban

M7 Geschichtlicher Abriss

Die Islamische Republik Afghanistan ist eines der ärmsten Länder der Welt. Bürgerkriege haben die Infrastruktur und Industrieanlagen zerstört. Im Welthunger-Index belegt Afghanistan mit einem Wert von 30,3 Rang 99 von 107 Ländern. 13,2 Mio. Menschen sind von Ernährungsunsicherheit betroffen. Bewaffnete Konflikte, die Corona-Pandemie und hohe Nahrungsmittelpreise verschärfen die Situation. 54 % der Bevölkerung leben unterhalb der Armutsgrenze (1,90 US-$ am Tag). Afghanistan ist eines von zwei Ländern der Erde (Pakistan) in denen Polio (Kinderlähmung), eine hochinfektiöse Viruskrankheit, vermehrt auftritt. In Deutschland gilt das Virus als ausgerottet. 2018 und 2019 litt Afghanistan unter extremer Dürre. 2020 kam es infolge starker Regenfälle zu Überschwemmungen, die Felder und Ernten zerstörten. Seit 1992 fördert die Welthungerhilfe über 160 Projekte im Land.

M9 Ein Mitarbeiter der Welthungerhilfe (2020)

1 a) Beschreibe die landwirtschaftliche Nutzung in Afghanistan (Text, M2).
b) Werte vor dem Hintergrund der landwirtschaftlichen Nutzung das Klimadiagramm von Kabul aus (QR-Code).

2 Erstelle für Afghanistan eine Concept-Map zum Thema Hunger. Nutze dafür auch die Seiten 112/113.

GeoPlus

3 Recherchiere, wie sich die Situation für die Bevölkerung seit 2021 weiterentwickelte.

100800-164-05
schueler.diercke.de

100800-176
schueler.diercke.de

Web-Code: WES-144136-115

Ernährungssicherung – Herausforderung für China

Obwohl China das bevölkerungsreichste Land der Erde ist, werden nur rund 13 Prozent der Fläche als Ackerland genutzt und jedes Jahr wird diese Fläche kleiner. Wie gelingt es trotzdem, die Bevölkerung von rund 1,4 Mrd. Menschen zu ernähren?

Ernährungssicherung

Die Volksrepublik China ist der weltweit größte Produzent von Grundnahrungsmitteln wie Weizen, Reis und Mais. Trotzdem kann ohne gezielte staatliche Maßnahmen der Nahrungsbedarf der Bevölkerung nicht gedeckt werden. Mit dem Einsatz von Düngemitteln und hochwertigem Saatgut lässt sich die Produktion kaum noch steigern. Der Plan der Regierung, die Ackerflächen auszuweiten, scheint aufgrund wachsender Städte und Industriegebiete nicht aufzugehen. Deshalb steigen die Importe, z. B. von Reis, Weizen und vor allem Fleisch, von Jahr zu Jahr an.

Die chinesische Regierung verfolgt verschiedene Strategien, um die Bevölkerung ausreichend versorgen zu können. Beispielsweise pachten oder kaufen Staatsunternehmen Ackerflächen auf anderen Kontinenten, zum Beispiel in Südamerika, Australien oder Afrika. Die Volksrepublik China kontrollierte 2015 etwa 1,4 Mio. Hektar Land auf anderen Kontinenten. Dort werden größtenteils Lebensmittel für den chinesischen Markt produziert.

Ernährungsgewohnheiten ändern sich

Das wirtschaftliche Wachstum Chinas, der steigende Wohlstand und die Orientierung am westlichen Lebensstil haben zur Folge, dass die Nachfrage nach Weizen, Fleisch und Milchprodukten steigt. Immer mehr Chinesen stellen ihre Essgewohnheiten um. Fleisch und Milchprodukte werden Bestandteil der täglichen Mahlzeiten. Der große Bedarf an Futterpflanzen reduziert die Anbauflächen für Reis und Weizen, was die Preise für diese Grundnahrungsmittel steigen lässt. Für die Ernährung mit einem hohen Konsum von Fleisch- und Milchprodukten, wie sie bei uns üblich ist, werden rund 4 000 m^2/pro Person benötigt. Die traditionelle reisbasierte chinesische Ernährung verbraucht dagegen nur 200 m^2/Person.

Die Umstellung der Ernährungsgewohnheiten in China und in anderen Schwellenländern hat Folgen für die globale Nahrungsmittelversorgung. Es kommt zu Konflikten um die Landnutzung, zur Einschränkung der Wasserrechte für lokale Landwirte und vor allem in den Ländern des Globalen Südens zu einer erhöhten Ernährungsunsicherheit.

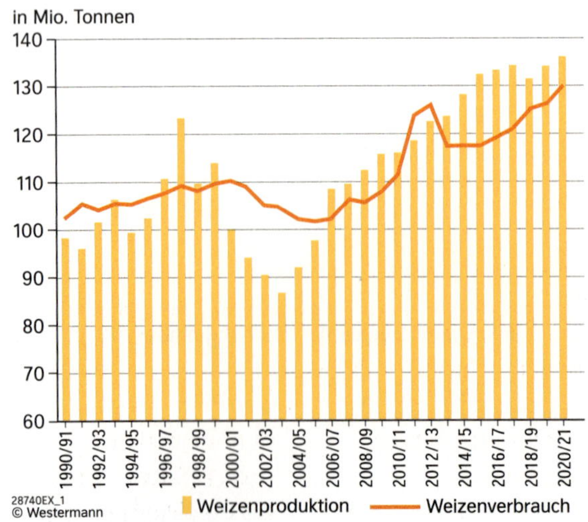

M1 Weizenproduktion und Weizenverbrauch in China

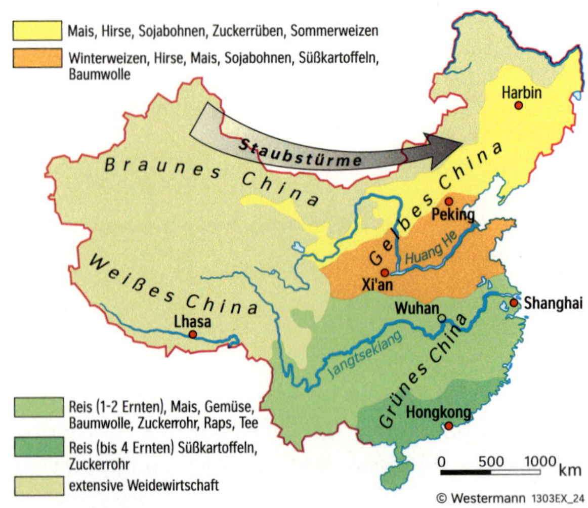

M2 Landwirtschaftsregionen in China

M3 Melkkarusell in einer chinesischen Milchfarm

M5 Milchprodukte in einem chinesischen Supermarkt

Steigende Nachfrage nach Milch

Mit dem wachsenden Wohlstand in China stieg auch die Nachfrage nach Milchprodukten kontinuierlich an. 1990 lag der jährliche Pro-Kopf-Verbrauch bei 4,9 kg, 2020 waren es rund 40 kg. Milchprodukten werden in China gesundheitsfördernde Eigenschaften zugeschrieben. Das kurbelt die Nachfrage zusätzlich an.

Die chinesische Regierung versucht, mit Subventionen für moderne Melkanlagen und Fütterungssysteme die Produktivität der chinesischen Milchwirtschaft zu steigern. Bisher können aber nur rund 60 Prozent des Bedarfs gedeckt werden. Für einen weiteren Ausbau der Milchwirtschaft werden insbesondere Milchkühe aus Europa importiert. Es entstehen riesige Farmen wie die Mudanjiang City Mega Farm im Nordosten Chinas. Mit einer Fläche von rund neun Millionen Hektar und 100 000 Milchkühen ist sie 50-mal größer als die größte Milchfarm Europas.

Der enorme Flächen- und Wasserverbrauch der Milchbetriebe wird dabei zunehmend zum Problem. Außerdem steigt der Futtermittelbedarf stark an, sodass zukünftig ein Teil der Getreideernte als Futtermittel genutzt werden muss.

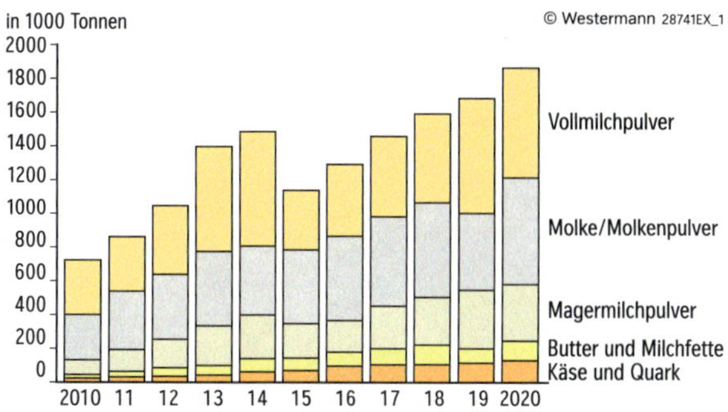

M4 Importe von Milchprodukten

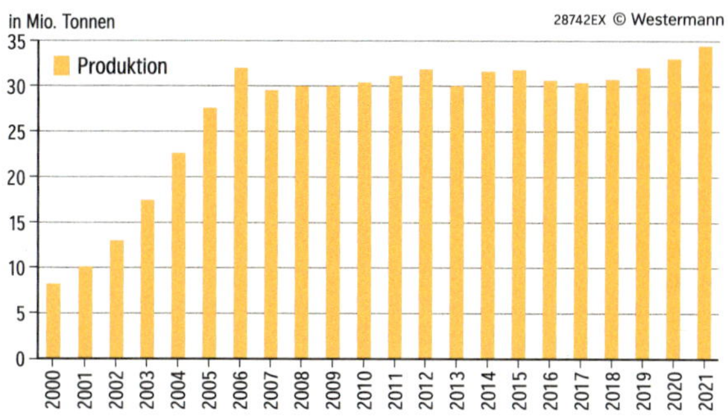

M6 Milchproduktion in China

❶ Beschreibe die landwirtschaftlichen Nutzungsmöglichkeiten in China (M2).

❷ Nenne Gründe, die in China zu Problemen bei der Nahrungsmittelversorgung der Bevölkerung führen.

❸ Erläutere Folgen für China, die sich aus den geänderten Ernährungsgewohnheiten der Bevölkerung ergeben.

Folgen der globalen Fleischproduktion für die Ernährungssicherheit

Die globale Fleischproduktion ist in den letzten Jahrzehnten rasant gewachsen. Obwohl auf der Welt immer mehr Fleisch produziert wird, litten im Jahr 2020 über 800 Mio. Menschen an Hunger. Wie kann das sein?

Wachsender Fleischkonsum

Der weltweite Fleischkonsum hat sich von 2000 bis 2020 mehr als verdoppelt. Eine anwachsende Weltbevölkerung und gestiegene Einkommen sind zwei Gründe für diese Entwicklung. Bis 2050 wird die Weltbevölkerung auf zehn Milliarden Menschen anwachsen, bis 2100 möglicherweise sogar auf elf Milliarden Menschen. In den Industrieländern stagniert der Fleischkonsum bzw. reduziert sich, jedoch auf einem hohen Niveau. Vor allem in den Entwicklungs- und Schwellenländern ist eine steigende Nachfrage nach Fleisch zu beobachten. Allein auf China entfällt mittlerweile fast ein Drittel des weltweiten Fleischkonsums.

Allerdings sind nicht alle Fleischsorten gleichermaßen davon betroffen. Schätzungen gehen davon aus, dass Geflügelfleisch mehr als die Hälfte des globalen Zuwachses am Fleischkonsum ausmachen wird.

In vielen Länder ist eine Abhängigkeit des Fleischkonsums vom Einkommen der Bevölkerung zu erkennen. In der Regel gilt, dass mit steigendem Einkommen auch der Fleischverzehr steigt. Die Entwicklungen haben auch den Bedarf an Futtermitteln erhöht. In der intensiven Tierhaltung ist Soja eines der wichtigsten Bestandteile des Futters (siehe S. 64/65).

M1 Nahrungsmittelversorgung

Auf der Erde ist der Platz für Acker- und Weideflächen begrenzt. Konkurrierende Nutzungen, aber auch Klima und Relief schränken eine erweiterte landwirtschaftliche Nutzung ein. Ungeachtet dessen müssen immer mehr Nutztiere, die es aufgrund der steigenden Nachfrage von Fleischprodukten in Zukunft geben wird, mit Futter versorgt werden. Anstelle einer Vergrößerung der landwirtschaftlichen Nutzfläche wäre daher eine Steigerung der Flächenerträge um das 1,52- bis 1,59-Fache bis zum Jahr 2050 nötig, um die Futtermittel anzubauen.

M2 Platzmangel auf der Erde?

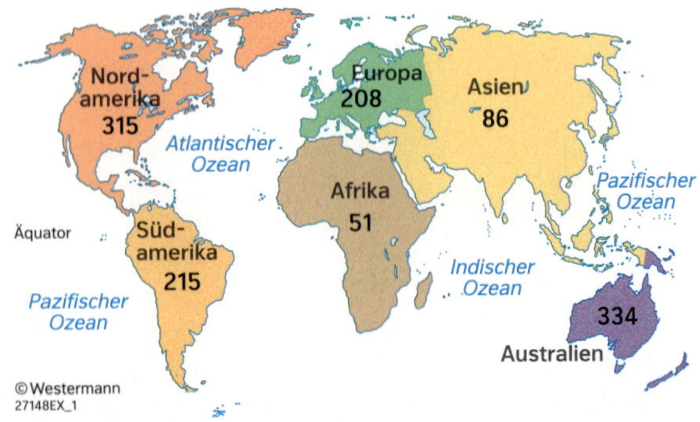

M3 Täglicher Pro-Kopf-Fleischverzehr (in Gramm) nach Kontinenten (Quelle: FAO 2015)

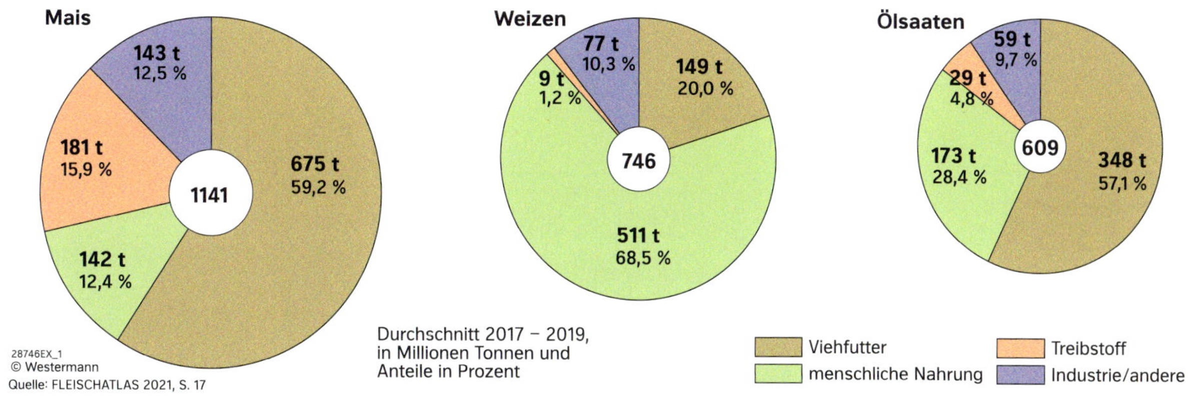

M4 Verwendung ausgewählter landwirtschaftlicher Produkte

Ernährungssicherung durch Weidewirtschaft

Mehr als zwei Drittel der weltweiten Agrarfläche sind Weideland. Nutztiere erhöhen das Lebensmittelangebot und leisten wichtige Beiträge zur Produktion: Sie liefern Dünger, tragen zur Bodenbearbeitung bei, arbeiten als Zug- und Transporttiere, verwerten Abfall und steigern die Ertrags- und Ernährungssicherheit der Besitzer. Weil sie sich für keine andere landwirtschaftliche Nutzung eignen, werden Trockengebiete zum Großteil extensiv als Weideland genutzt. Wachsende Herdengrößen können in Regionen wie der Sahelzone allerdings zur Übernutzung der Weideflächen führen. Eine solch anhaltende Überweidung führt schließlich zur Desertifikation.

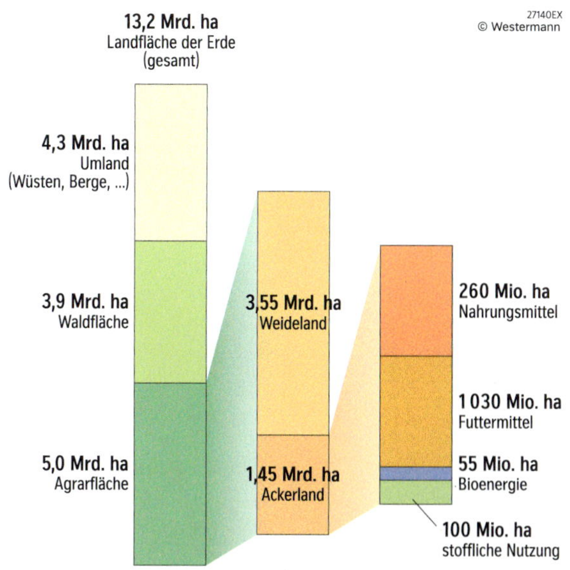

M5 Globale Flächennutzung für Nahrung und nachwachsende Rohstoffe

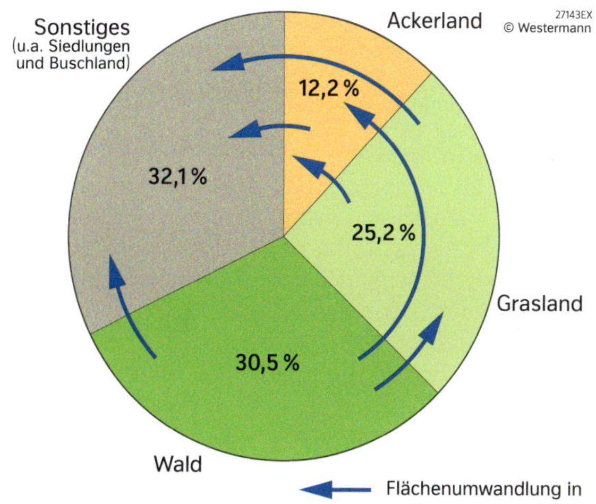

M6 Umwandlung des globalen Nutzlandes (2015)

1 Beschreibe die globale Verteilung des Fleischkonsums (M3).

2 Erörtere Zusammenhänge zwischen dem steigenden Fleischkonsum und der landwirtschaftlichen Flächennutzung (M1, M4 – M6).

3 Diskutiert inwiefern eine steigende Fleischpruduktion zur Reduzierung von Hunger beitragen kann.

Nahrungsmittelproduktion auf neuen Wegen – Landwirtschaft in der Stadt?

Knapp 60 Prozent der Weltbevölkerung leben heute in Städten und diese werden immer größer. Durch das Städtewachstum gehen wertvolle Ackerflächen verloren. Doch es gibt auch Projekte, die eine landwirtschaftliche Nutzung der Städte ermöglichen, zum Beispiel in Singapur. Welchen Beitrag können Städte in Zukunft zur Ernährungssicherung leisten?

M2 Blick über Singapur

Platzmangel in Singapur

Der an der Südspitze Malaysias gelegene Stadtstaat besteht aus einer Haupt- und mehreren kleinen Nebeninseln. Auf einer Fläche von 715 km^2 leben derzeit etwa 5,5 Mio. Menschen. Dies entspricht einer Bevölkerungsdichte von etwa 7500 Einwohnern pro km^2. Zum Vergleich, Hamburg weist mit einer Fläche von 755 km^2 und ungefähr 1,8 Mio. Menschen eine Bevölkerungsdichte von knapp 2400 Einwohner pro km^2 auf.

Da es keine nennenswerte Acker- und Viehwirtschaft gibt, müssen über 90 Prozent der Nahrungsmittel aus Nachbarländern importiert werden. Deshalb versucht man nun in Singapur, den Anbau von Nutzpflanzen auf die Dächer von Hochhäusern sowie auf Türme zu verlagern.

Die Firma COMCROP (eine Abkürzung des Begriffs „communal cropping“) baut auf den Dächern des Scape-Gebäudes im Zentrum Singapurs Blattgemüse und Kräuter an. Dafür nutzt sie Anlagen, die einen in sich geschlossenen Kreislauf bilden. Durch dieses Röhrensystem können möglichst viele Pflanzen auf engem Raum untergebracht werden. Die Pflanzen werden als Setzlinge in die runden Öffnungen der Rohre gepflanzt oder in darin versenkte Einsätze gesät. Die Pflanzenwurzeln werden innerhalb der Rohre von einem Tongranulat festgehalten und von Wasser umspült, das die erforderlichen Pflanzennährstoffe enthält. In Wasserbehältern werden Fische gehalten, deren Exkremente als Nährstoffe für die Pflanzen dienen. Der Bedarf an Energie, um das Wasser in Fluss zu halten, ist relativ gering. Wegen der hohen Verdunstung und des Entzugs durch die Pflanzen muss das Wasser aber immer wieder nachgefüllt werden. Die erzeugten Salate und Kräuter (Basilikum, Minze etc.), werden vor allem an Hotels verkauft. Die Nachfrage nach frischen, lokal erzeugten Lebensmitteln ist dort besonders hoch.

Quelle: Dr. Walter Kreul: Urban Farming in Singapur. Das Projekt COMCROP. Bundeszentrum für Ernährung Online, 11.08.2020; verändert

M1 Das Projekt COMCROP, Foto Anbau von Basilikum und Kopfsalat in einem Gewächshaus, das auf einem Dach errichtet wurde

Welternährung

Urbane Landwirtschaft – ein Zukunftsmodell

Der Trend zur Verstädterung wird sich in den nächsten Jahren weiter fortsetzen. Die Vereinten Nationen schätzen, dass 2050 rund 70 Prozent der Weltbevölkerung in Städten leben werden. Dabei werden vor allem die Ballungsräume größer, was zu einem wachsenden Flächenverbrauch im Umland der Städte führen wird. Dadurch werden jährlich mehrere Millionen Hektar Ackerland verloren gehen. Deswegen ist es notwendig, Wege zu finden, wie man zukünftig vermehrt Nahrungsmittel in Städten herstellen kann. Der Anbau von Nahrungsmitteln ist in einigen Städten keine neue Entwicklung. In Mexiko-Stadt beispielsweise werden jährlich etwa 15 000 t Gemüse geerntet.

Projekte wie die in Singapur (M1, M3) können eine Vorbildfunktion für andere Städte einnehmen. Einen wichtigen Beitrag für den Erfolg der städtischen Landwirtschaft wird zukünftig die Stadtplanung liefern müssen. Nur wenn innerhalb der Stadtflächen genug Räume für eine Begrünung geschaffen werden, können die Städte einen Beitrag zur Ernährungssicherung leisten.

In Zusammenarbeit mit der Nahrungsmittel- und Veterinärbehörde des Stadtstaates hat das Unternehmen „SKY GREENS“ Ideen für raumsparende Anbaumethoden entwickelt.

In turmartigen Gestellen aus Aluminium, an denen bis zu 38 mit Erde befüllte Pflanzkästen angebracht sind, können verschiedene Gemüsesorten gepflanzt werden. Durch einen hydraulischen Antrieb werden die Kästen am Rotieren gehalten. Auf dem Weg nach oben tanken die Pflanzen Sonnenlicht, auf ihrem Weg nach unten wird ihnen Wasser zugeführt. Eine Umdrehung dauert 8 Stunden.

Mithilfe dieser Methode kann so eine zehnfach höhere Erntemenge pro Flächeneinheit erzielt werden. Der Wasserverbrauch ist viel niedriger als beim konventionellen Pflanzenbau, denn das verwendete Wasser wird recycelt und bleibt so im System.

Vertrieben wird die Ware über die größte Lebensmittelkette der Stadt. Um die Pflanzenumwelt besser zu kontrollieren, befinden sich die „SKY GREENS“-Türme in Singapur in Gewächshäusern. Die Aluminiumtürme können auch auf den Dächern von Wohnhäusern installiert werden. Damit wären die Transportwege zwischen Erzeugern und Verbrauchern minimal.

Um diese Art der Nahrungsmittelproduktion weiter zu verbreiten, fördern die staatlichen Stellen Singapurs Partnerschaften von „SKY GREENS“ mit örtlichen Schulen und Colleges. Schülern und Studenten soll gezeigt werden, wie sich bei beengten Platzverhältnissen moderne Techniken im Pflanzenbau sinnvoll einsetzen lassen.

Quelle: Dr. Walter Kreul: Urban Farming in Singapur. Die SKY GREENS-Idee. Bundeszentrum für Ernährung Online, 11.08.2020; verändert

M3 Die „SKY GREENS“-Idee (Foto: Vertical Farming)

1 Beschreibe Vor- und Nachteile des Urban Farmings in Singapur.

GeoPlus

2 Entwickle Ideen, wie Städte in Deutschland einen Beitrag zur nachhaltigen Versorgung mit Lebensmitteln leisten könnten.

Gentechnik auf dem Vormarsch

Aufgrund von Bevölkerungswachstum und veränderten Essgewohnheiten wird erwartet, dass sich die Pflanzenproduktion bis zum Jahr 2050 verdoppeln muss, um alle Menschen zu ernähren. Allein die Möglichkeiten der Ausweitung der Agrarflächen sind begrenzt. Eine mögliche Lösung ist der Anbau von gentechnisch veränderten Pflanzen. Doch ihr Einsatz ist umstritten. Sollten sie trotzdem angebaut werden?

Pflanzenzucht

Schon seit dem Beginn des Ackerbaus vor etwa 10 000 Jahren im Gebiet des Fruchtbaren Halbmondes versuchen Menschen, die Widerstandsfähigkeit und den Ertrag von Nutzpflanzen zu erhöhen. Mittels Selektion züchteten sie aus wilden Gräsern die Vorläufer der heutigen Getreidearten. Dabei wurden bei jeder Aussaat nur die Samen der jeweils ertragreichsten Pflanzen ausgesät. Es entstanden immer ertragreichere Züchtungen, die sich verbreiteten und unter anderem in Europa Grundnahrungsmittel wurden. Eine weitere Pflanzengattung, die durch Zucht heute eine große Vielfalt aufweist, ist der Kohl (M2).

Die Zuchtmethode der Kreuzung begann erst im 19. Jahrhundert. Um die positiven Eigenschaften zweier Sorten in einer Sorte zu vereinen, zum Beispiel hohen Ertrag und hohe Widerstandsfähigkeit gegen Schädlinge, wurden zwei entsprechende Elternpflanzen miteinander gekreuzt.

Neue Impulse setzte in den letzten Jahrzehnten die Gentechnik. Dabei werden einzelne Gene oder DNA-Abschnitte isoliert und auf andere Pflanzenzellen übertragen, um gewünschte Eigenschaften zu verstärken. So werden Pflanzen entwickelt, die weniger Wasser benötigen, gegen Kälte resistent sind und noch höhere Erträge erzielen.

Viele EU-Länder verzichten bislang auf den Anbau gentechnisch veränderter Organismen. Doch über den Import von Produkten gelangen sie auch in deutsche Supermärkte (M4).

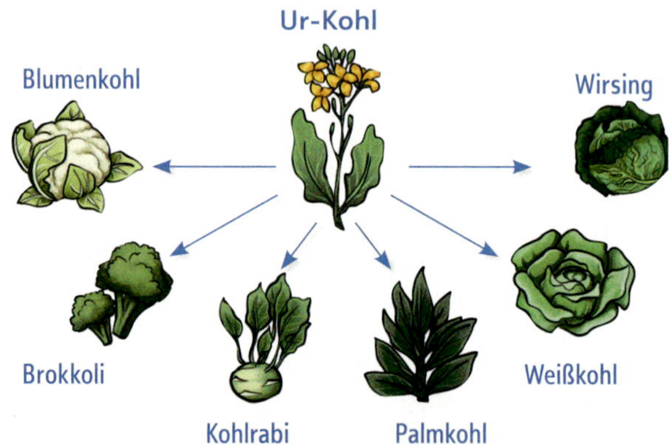

M2 Variationen durch Zucht (Auswahl)

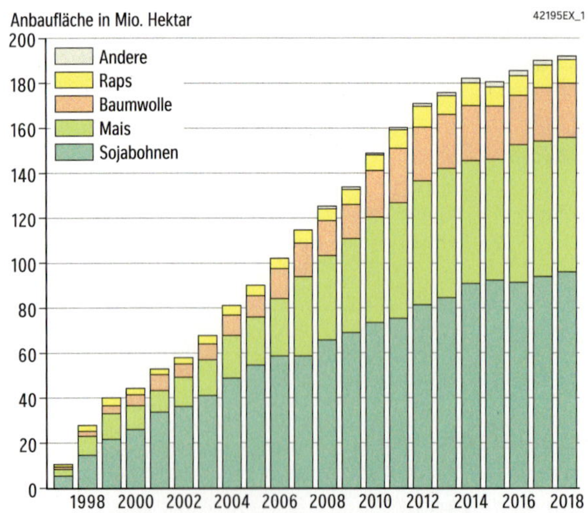

M1 Anbauflächen gentechnisch veränderter Pflanzen

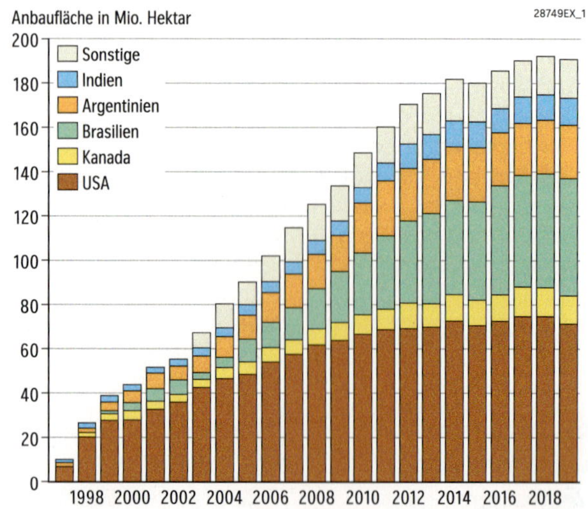

M3 Anbauländer gentechnisch veränderter Pflanzen weltweit

M4 Gentechnik in Lebensmitteln in Deutschland

Durch die Verunreinigung von Umwelt und Saatgut durch gentechnisch veränderter Pflanzen wird es für den konventionellen und ökologischen Anbau schwieriger, ihre Produktion fortzuführen. Landwirte müssen viel investieren, um Tests und Kontrollen durchzuführen, die gewährleisten, dass ihre Produkte frei von gentechnisch verändertem Material sind.

Von Dürre geplagte Regionen würden von genmanipuliertem Saatgut profitieren.

Durch den Anbau herbizidresistenter Pflanzen können zwar großflächig Unkrautvernichtungsmittel eingesetzt werden, doch das führt dazu, dass immer mehr Unkräuter resistent gegen diese Mittel werden.

Wenn Pflanzen gezüchtet werden, die gegen bestimmte Schädlinge resistent sind, muss weniger Pflanzenschutzmittel eingesetzt werden. Das spart Kosten und schützt die Umwelt.

Es können Nahrungsmittel erzeugt werden, die Mangel- und Fehlernährung verhindern. So kann zum Beispiel der Gehalt von Eiweiß, Vitaminen oder Mineralstoffen erhöht und die Fettzusammensetzung der Pflanzen verändert werden.

Durch die Zucht von Pflanzen, die resistent gegen Unkrautvernichtungsmittel sind, können diese Mittel großflächig eingesetzt werden. Dadurch können unerwünschte Pflanzen beseitigt werden, die den Nutzpflanzen sonst Nährstoffe, Wasser und Licht entziehen.

Durch die Konzentration auf wenige Sorten sinkt die genetische Vielfalt. Dadurch können heimische Sorten, die optimal an ihre Standorte angepasst sind, verloren gehen.

Es gibt gentechnisch veränderte Pflanzen, die permanent ein Gift zur Schädlingsbekämpfung absondern. Allerdings werden die Schädlinge über mehrere Generationen resistent gegen dieses Gift und verbreiten sich ungehindert. Zusätzlich schädigt der Einsatz solcher Pflanzen auch nützliche Insekten wie Bienen.

Gentechnik kann ein wirksames Mittel gegen den weltweiten Hunger sein. Durch den einfacheren Anbau gentechnisch veränderter Pflanzen können die Erträge gesteigert werden.

Durch den Einsatz gentechnisch veränderter Pflanzen kann das Risiko von Ernteausfällen gesenkt werden.

Gentechnisch veränderte Pflanzen werden von den Herstellern patentiert. Das bedeutet, dass die Bauern ihr Saatgut aus den Pflanzen nicht selbst herstellen dürfen, sondern jedes Jahr neu kaufen müssen.

Gentechnisch veränderte Pflanzen können sich in der freien Natur mit anderen Arten kreuzen und verbreiten sich so weiter. Durch die Kreuzung können auch sogenannte Superunkräuter entstehen, die resistent gegen Pestizide sind und sich so schwerer bekämpfen lassen.

M5 Meinungen zu gentechnisch veränderten Organismen

1. Erkläre die Ziele und die Folgen von Pflanzenzüchtungen.

2. Fasse die Aussagen der Abbildungen M1 und M3 zusammen.

3. a) Stellt Vor- und Nachteile des Einsatzes von gentechnisch veränderten Organismen gegenüber (M5).
b) Sollte der Anbau von gentechnisch veränderten Pflanzen in Deutschland verboten werden? Begründet eure Entscheidung.
c) Erörtert den Einsatz in Ländern, die unter Trockenheit oder Unterernährung leiden.

Alles klar?

1. Landwirtschaftszonen der Erde

a) Beschreibe die landwirtschaftliche Nutzung auf den Bildern.

b) Ordne die Bilder einer Landwirtschaftszone zu.

c) Begründe deine Zuordnung.

2. Mögliche Ursachen und Folgen von Hunger

Erkläre, wie Hunger und Armut sich gegenseitig verstärken.

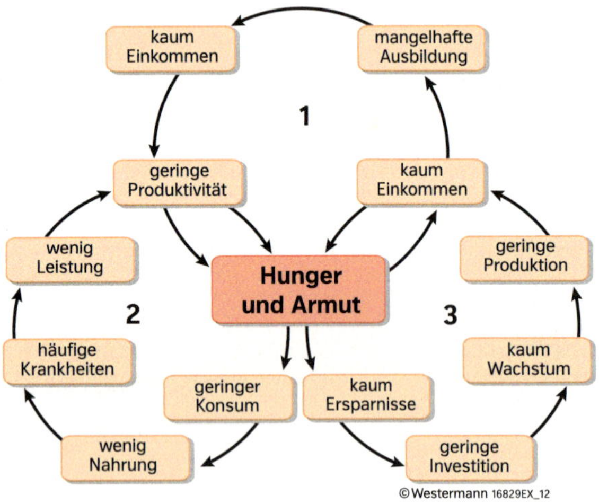

3. Ernährungssicherung in China

Erstelle eine Concept-Map zum Thema Ernährungssicherung in China.

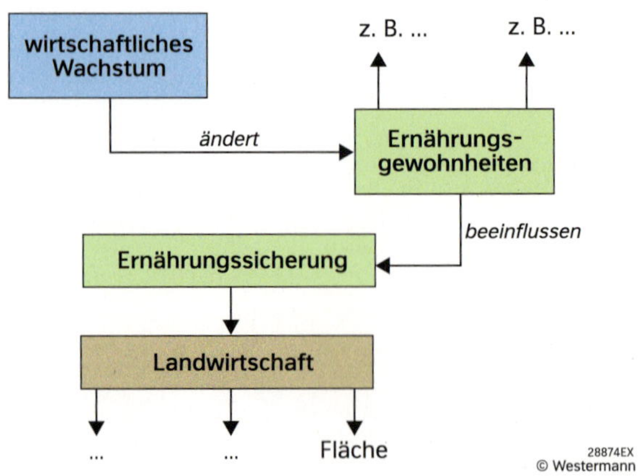

4. Ernährungssituation weltweit

Werte die Karikatur aus.

5. Hunger

a) Erkläre, wie die Begriffe am Kreisdiagramm mit dem Thema Hunger zusammenhängen.

b) Erkläre den Zusammenhang zwischen Flächennutzung und Ernährungssicherung.

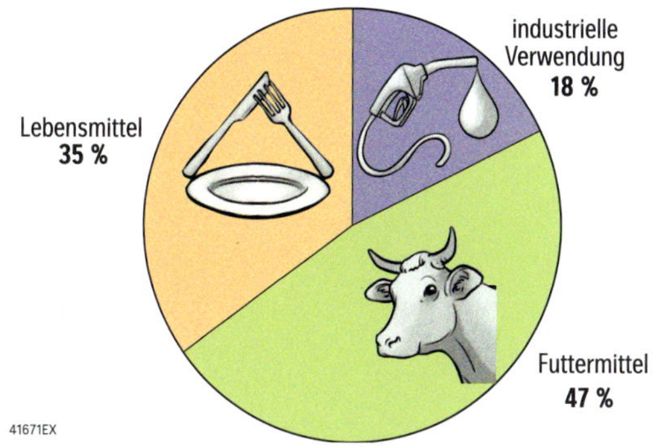

Verwendung der Weltgetreideproduktion (2019)

Ernährung über Pflanzen und Tiere

6. Die einen verschwenden, die anderen hungern

a) Beschreibe mithilfe der Grafik die Lebensmittelverschwendung in Deutschland.

b) Diskutiere Möglichkeiten, die Verschwendung von Lebensmitteln zu verringern.

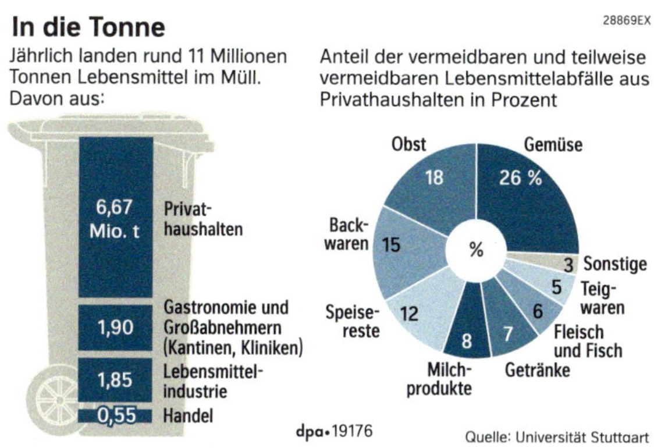

Lebensmittelverschwendung in Deutschland

Blick in die Mülltonne eines deutschen Supermarktes

Du kannst jetzt:

- die Landwirtschaftszonen der Erde beschreiben.
- die weltweite Ernährungssituation beschreiben.
- die Ursachen von Hunger und ihre Zusammenhänge erläutern.
- die Ernährungssituation in einem sogenannten Entwicklungsland (Afghanistan) erklären.
- die Ernährungssituation in einem sogenannten Transformationsland (China) erklären.
- den weltweiten Fleischkonsum auf Nachhaltigkeit bewerten.
- Möglichkeiten zukünftiger Nahrungsmittelproduktion nennen.
- den Anbau gentechnisch veränderter Pflanzen bewerten.

Grundbegriffe

- Desertifikation
- Dürre
- extensiv
- Fruchtbarer Halbmond
- Landwirtschaftszone
- Sahelzone
- Welthunger-Index (WHI)

Endogene und exogene Kräfte prägen die Erdoberfläche

Ausbruch des Ätna mit vulkanischem Gewitter (Italien, Dezember 2015)

Kontinente in Bewegung

„Tollkühne Theorie veröffentlicht: Geophysiker glaubt an Urkontinent.“, so der Titel eines Zeitungsberichts im Januar 1912. Der Geophysiker Alfred Wegener hatte in Frankfurt am Main auf einer Tagung eine neue Theorie vorgestellt. Seine Zuhörer reagierten mit Spott und Unglauben, sie hielten seine Theorie für absurd. Welche Erkenntnisse Wegeners führten später dann doch zur Anerkennung seiner Leistung?

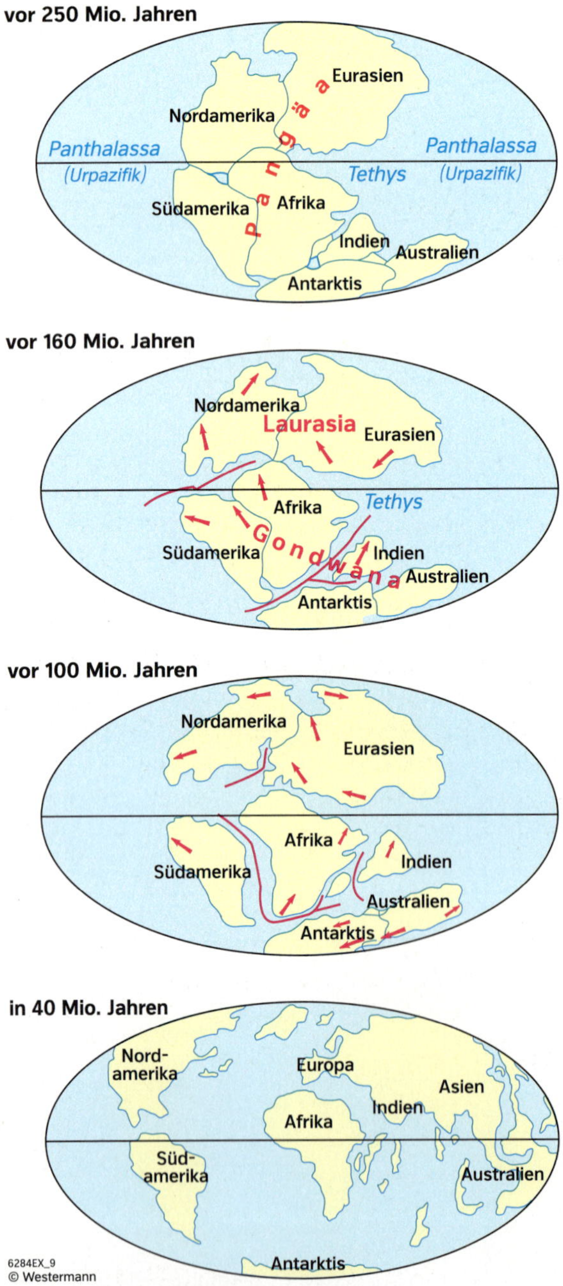

M1 Kontinentalverschiebung

M2 Alfred Wegener

Die These von der Kontinentaldrift

Wenn man die Weltkarte betrachtet, insbesondere die Formen Südamerikas und Afrikas, fällt an den Küstenlinien auf, dass diese beiden Landmassen scheinbar wie zwei Teile eines Puzzles zusammenpassen. Diese und weitere geologische Beobachtungen führten Alfred Wegener zu der Annahme, dass die Kontinente früher einmal zusammenhingen (M3) und im Laufe der Zeit auseinandergedriftet waren. Seiner Theorie zufolge gab es auf der Erdoberfläche vor mehreren Hundert Millionen Jahren einen Superkonti-

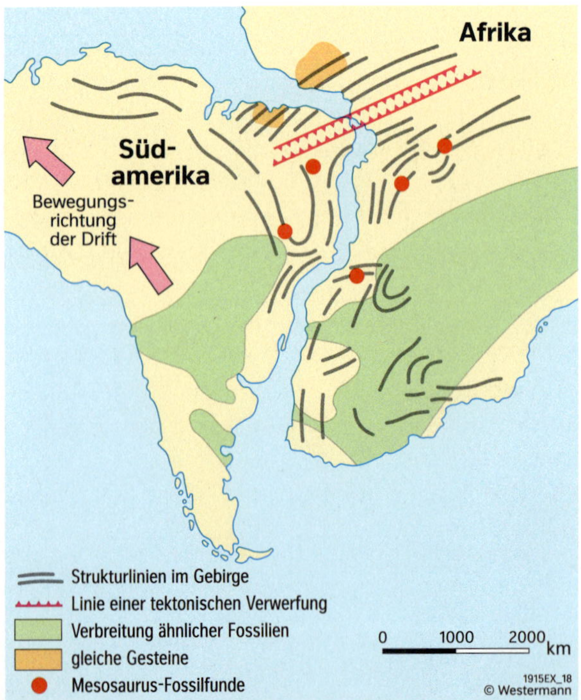

M3 Wegeners Hinweise für die Lage Südamerikas und Afrikas vor der Kontinentalverschiebung

M4 Almannagjáschlucht auf Island (Mittelatlantischer Rücken)

nent, der von einem Ozean umgeben war. Diesen Urkontinent nannte Wegener Pangäa („ganze Erde“). Im Laufe der Erdgeschichte sei dieser dann auseinandergebrochen. Die heutigen Erdteile hätten sich langsam in ihre derzeitigen Positionen bewegt. Da Wegener zwar einige Hinweise hatte (M3), jedoch nicht belegen konnte, welche Kräfte die Kontinentalverschiebung verursachten, wurde seine Theorie nicht anerkannt – zu Unrecht, wie sich später herausstellte.

Gebirge am Meeresboden

Erst in den 1960er-Jahren, einige Jahrzehnte nach Wegeners Tod, lieferten neue wissenschaftliche Erkenntnisse den Beweis für Wegeners Theorie. Auf dem Boden der Ozeane wurden riesige Gebirgszüge entdeckt, die mittelozeanischen Rücken. Sie erstrecken sich über Tausende Kilometer hinweg zwischen den Kontinenten. Im Zentrum der Gebirgszüge tritt aus tiefen Spalten Lava aus und erhärtet sich. Bei der Untersuchung des Gesteins am Ozeanboden stellte man Folgendes fest: Je weiter das Gestein am Meeresboden von dieser Nahtstelle entfernt ist, desto älter ist es. Das jüngste Gestein ist unmittelbar dort, wo die Spalten verlaufen. Daraus folgt, dass ständig neuer Ozeanboden gebildet wird, welcher sich dann von der Nahtstelle wegbewegt. Die entstandene Lücke wird von neuer erkaltender Lava geschlossen.

1 a) Beschreibe die Veränderung der Lage Indiens und der iberischen Halbinsel im Laufe der letzten 160 Mio. Jahre (M1).
b) Erläutere die klimatischen Folgen, die sich aus der veränderten Lage der beiden Landmassen ergeben (M1, Atlas).

2 Verfasse mithilfe der Informationen aus M3 einen Text, in dem Wegener seine Theorie wissenschaftlich verteidigt.

3 a) Beschreibe mithilfe des Atlas den Verlauf des Mittelatlantischen Rückens.
b) Erkläre die in M4 erkennbare Besonderheit des Mittelatlantischen Rückens in Island.
c) Ermittle weitere mittelozeanische Rücken.

GeoPlus

4 In Intervallen von mehreren Hunderttausend Jahren tauschen der magnetische Nord- und Südpol ihre Positionen. Prüfe, ob sich mit der Polumkehr die Erweiterung des Ozeanbodens und damit die Plattenbewegung belegen lässt (Internet).

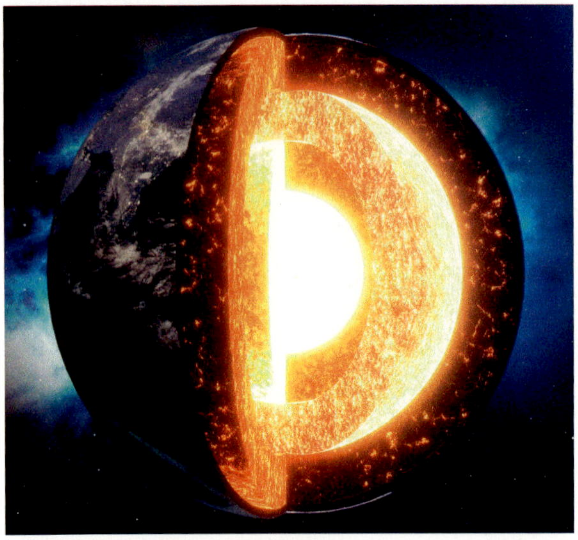

M1 „Blick" ins Erdinnere (Animation)

M2 Bohrung in Windischeschenbach (Oberpfalz)

Was befindet sich im Inneren der Erde?

Eine große Faszination ging schon immer von der Frage aus, wie das Innere der Erde beschaffen ist. Die bisher tiefste Bohrung gelang auf der Kola-Halbinsel in Sibirien mit einer Tiefe von 12262 m. In den 1980er-Jahren wurde die Bohrung aufgrund unerwartet hoher Temperaturen eingestellt. Obwohl man mit diesem Bohrloch die Erdoberfläche gerade einmal anritzen konnte, gibt es wissenschaftliche Erkenntnisse zum Aufbau des Erdinneren. Was wissen wir heute über das Erdinnere und wie gewinnen wir diese Erkenntnisse?

Aufbau des Erdinneren

Heute wissen wir, dass der Mittelpunkt der Erde 6371 km von der Erdoberfläche entfernt ist.

Im Zentrum des Erdkörpers befindet sich der Erdkern. Er wird durch die Wiechert-Gutenberg-Grenze vom darüber liegenden Erdmantel abgegrenzt. Der Erdmantel nimmt den größten Teil des Erdkörpers ein. Sein Material wird langsam umgewälzt. Durch diese Mantelkonvektion wird Energie aus dem Inneren der Erde nach außen transportiert.

Im oberen Erdmantel liegt eine Zone mit verformbarem Gestein, die **Asthenosphäre**. Die daran anschließende **Lithosphäre** umfasst den obersten, festen Teil des Erdmantels und die Erdkruste. Erdkruste und Erdmantel werden durch die sogenannte Moho-Grenze voneinander getrennt (M3).

Forschung zum Aufbau der Erde

Es sind Beobachtungen an Vulkanen, aber auch Erdbebenwellen, die Informationen über den Aufbau des Erdinneren liefern.

Seismische Wellen (z. B. Erdbebenwellen) breiten sich vom Entstehungsort durch den Erdkörper hindurch aus und können noch in weit entfernten Gebieten gemessen werden.

Geologen entdeckten allerdings, dass sie sich in bestimmten Tiefen verlangsamen oder beschleunigen. Zum Teil werden sie auch unterbrochen.

Die Ursachen dafür liegen in der unterschiedlichen Dichte des dort vorhandenen Materials, im veränderten Aggregatzustand (fest, flüssig) oder in der stofflichen Zusammensetzung. Auf diese Weise können Wissenschaftler die Beschaffenheit und den Aufbau des Erdinneren erschließen. So verändern sich beispielsweise an der Moho-Grenze die seismischen Wellen, da sie auf dichteres Material treffen.

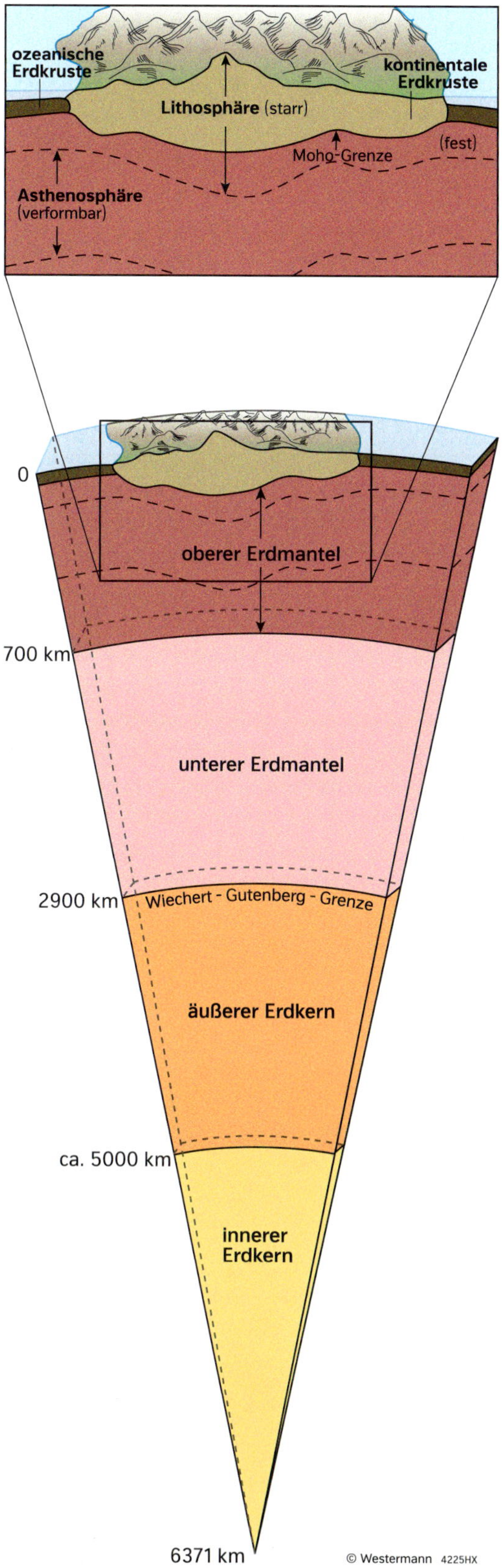

M3 Der Schalenbau der Erde

INFO

ozeanische Erdkruste:
enthält u. a. Silicium (Si) und Magnesium (Ma), kurz SiMa
mittlere Dichte: 3 g/cm³
mittlere Mächtigkeit: 6 – 8 km

kontinentale Erdkruste:
enthält u. a. Silicium (Si) und Aluminium (Al), kurz SiAl
mittlere Dichte: 2,7 g/cm³
mittlere Mächtigkeit: 30 – 60 km (unterhalb von Gebirgen bis zu 80 km)

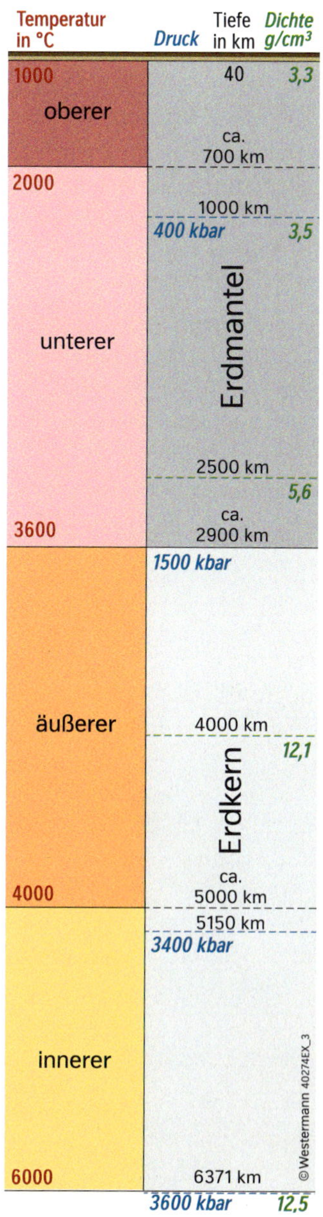

1 Beschreibe den Aufbau der Lithosphäre (M3).

2 Beschreibe die Veränderungen der Temperatur, des Drucks und der Materialzusammensetzung im Erdkörper mit zunehmender Tiefe.

3 Erläutere an den Beispielen der Wiechert-Gutenberg- und Moho-Grenze die Bedeutung von seismischen Wellen für die Erforschung des Erdinneren (Internet).

4 **GeoPlus**
Die Bohrungen auf der Kola-Halbinsel in Russland und in Windischeschenbach in Bayern (M2) sollten Erkenntnisse zum Aufbau der Erdkruste liefern. Erstelle eine Kurzpräsentation zu einem dieser beiden Bohrprojekte und gehe dabei auf die Ziele und gewonnenen Erkenntnisse ein.

Vorgänge an den Plattengrenzen

Seit den 1960er-Jahren ist sich die Wissenschaft sicher, dass die Erdoberfläche aus einzelnen, sich bewegenden Platten, den Lithosphärenplatten, besteht. Wie bewegen diese sich und welche Auswirkungen hat das?

Typen von Plattengrenzen

Je nach Bewegungsrichtung der Lithosphärenplatten unterscheidet man grundsätzlich zwischen drei verschiedenen Typen von Plattengrenzen:

- konvergierende Plattengrenze: zwei Platten bewegen sich aufeinander zu →←
- divergierende Plattengrenze: zwei Platten bewegen sich voneinander weg ←→
- konservative Plattengrenze: zwei Platten bewegen sich aneinander vorbei ⇄

Mithilfe von hochmodernen Messmethoden lassen sich die Geschwindigkeit und Richtung der Plattenbewegungen erfassen. Dabei konnten bei den großen Lithosphärenplatten Bewegungen von zwei bis 20 cm pro Jahr ermittelt werden.

Obwohl viele Platten nach Kontinenten und Ozeanen benannt sind, ist der Verlauf ihrer Grenzen nicht mit diesen identisch. Oft bestehen Platten sowohl aus Bereichen ozeanischer als auch kontinentaler Erdkruste. Der Verlauf einiger Plattengrenzen ist noch nicht wissenschaftlich geklärt und kann daher nur vermutet werden.

Was setzt die Platten in Bewegung?

Viele Wissenschaftler vertraten lange die Auffassung, dass **Konvektionsströme** die Platten auseinander brechen lassen und in Bewegung setzen: Beim Konvektionsstrom steigt Material auf, welches heißer ist als seine Umgebung, bis ein weiteres Aufsteigen verhindert wird, in diesem Fall durch die harte Erdkruste. Da weiteres Material von unten nachströmt, muss es unterhalb der Erdkruste seitwärts ausweichen. An dieser Stelle bricht die Erdkuste auseinander und Platten werden in Bewegung gesetzt.

Seit den 1990er-Jahren setzte sich eine andere Erkenntnis zur Antriebskraft für die Bewegung der Lithosphärenplatten (**Plattentektonik**) durch: der sogenannte **Plattenzug**. An Stellen, an denen die Platten zusammenstoßen, wird die schwerere Platte (mit überwiegend ozeanischer Kruste) unter die andere Platte geschoben. Diese zieht dann die gesamte Lithosphärenplatte mit. In der Regel wird also die ozeanische unter die kontinentale Platte gezogen.

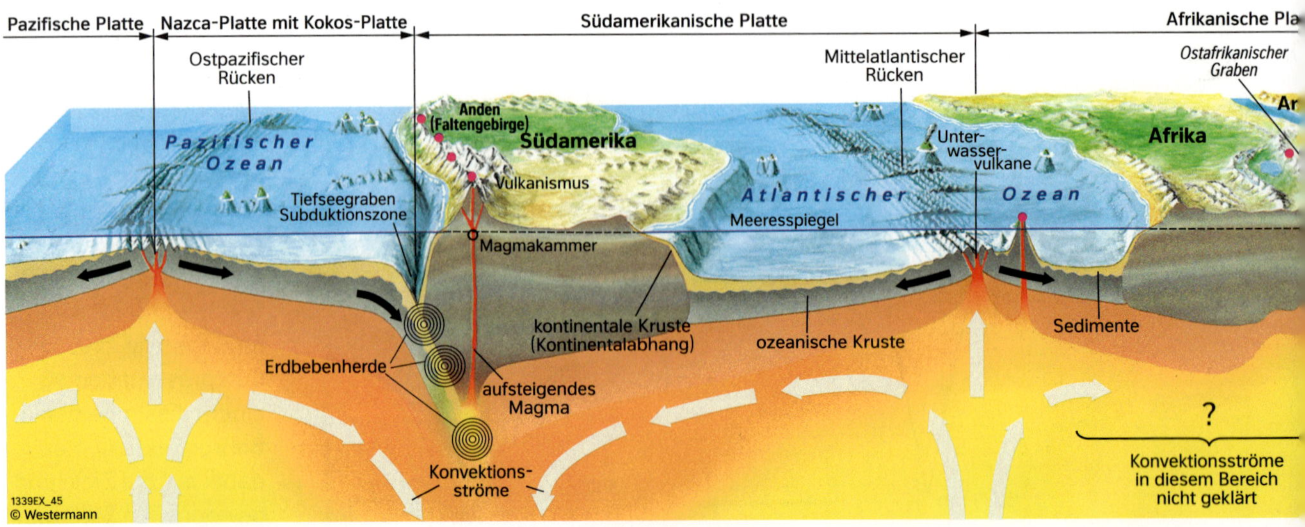

M1 Modell der Plattentektonik

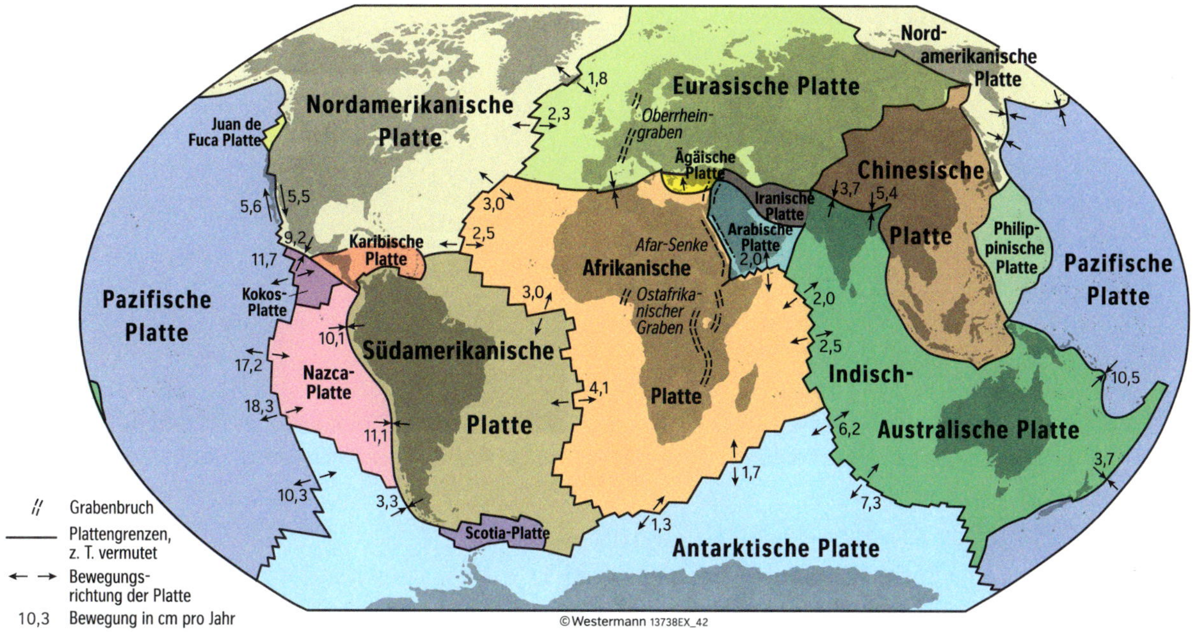

M2 Lithosphärenplatten und ihre Bewegungen

M3 Der Ätna

M4 Istanbul am Bosporus

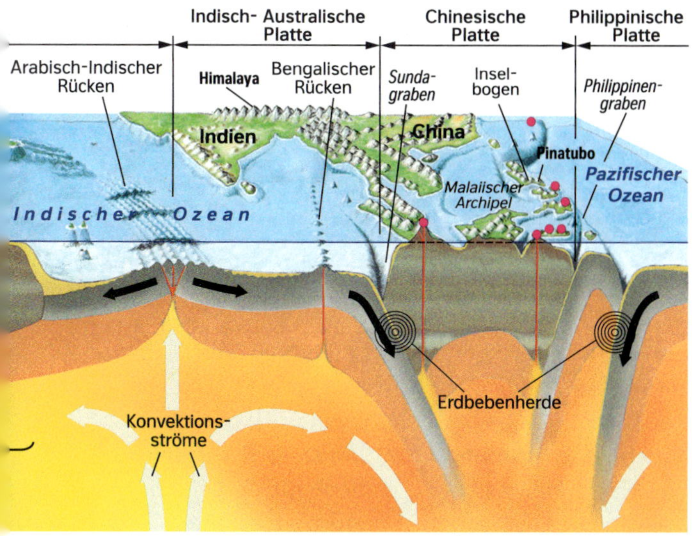

1 a) Ermittle die Art der Plattenbewegung an mittelozeanischen Rücken (M1).
b) Erkläre die Form eines mittelozeanischen Rückens.

2 a) Ermittle je eine divergierende und eine konvergierende Plattengrenze (M2).
b) Erläutere die Auswirkungen der jeweiligen Plattenbewegung (M1).

3 Erkläre, warum die ozeanische Kruste tiefer liegt, obwohl sie weniger mächtig ist.

4 Erkläre mit eigenen Worten den Mechanismus des Plattenzugs.

5 a) Ermittle, an welchen Plattengrenzen M3 und M4 aufgenommen wurden (Atlas).
b) Nenne die Bewegungsrichtung und -geschwindigkeit.

Divergierende Plattengrenzen

M1 Nördlicher Teil des Mittelatlantischen Rückens

M2 Der Mittelatlantische Rücken auf Island

Wenn wir als Zeitreisende die Erde von vor 300 Mio. Jahren aus dem Weltall sehen könnten, würden wir sie nicht wiedererkennen. Wir würden beispielsweise kein Meer zwischen Amerika und Europa bzw. Afrika finden. Wie kam es zu dieser Veränderung ?

Die mittelozeanischen Rücken sind 2000 bis 3000 m hohe Gebirge unter dem Meeresspiegel, meist in der Mitte der großen Ozeane.
Sie bilden ein etwa 60000 km langes System, das die Erde umspannt. Die Scheitelregion des Gebirges bildet ein etwa 1000 m tiefes Tal mit einer Breite von 2 bis 10 km. Dieses **Rift Valley** ist das Gebiet mit der größten Erdbebenhäufigkeit und der höchsten vulkanischen Aktivität der Erde. Die dort aufsteigende etwa 1200 °C heiße Lava erstarrt zu neuer ozeanischer Erdkruste. Diese driftet vom Entstehungsgebiet weg und am Ozeanboden entsteht ein Streifenmuster.
Wenn sich unter einem Kontinent ein besonders heißer Bereich des Erdmantels befindet, dehnt sich das Mantelmaterial aus und hebt die Gesteine an. Die Gesteinshülle wird gedehnt. Ein kontinentaler Grabenbruch wie die Afar-Senke und damit eine neue divergierende Plattengrenze entsteht (M3).

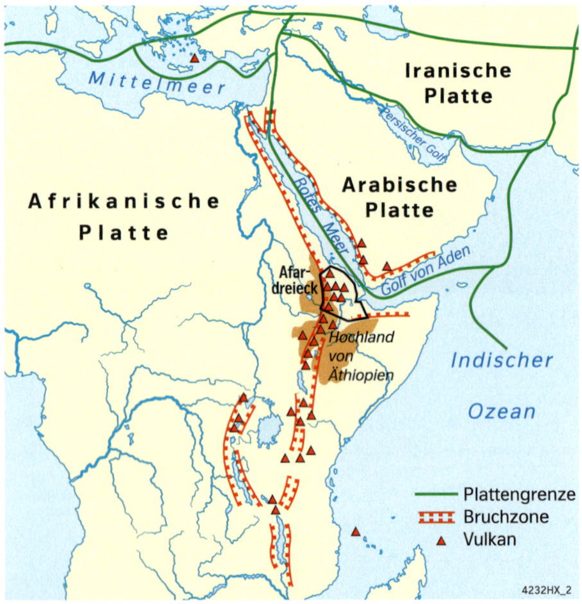

M3 Grabenbruchsystem in Afrika und Westasien

1 Ein isländischer Reiseleiter erzählt: „Wir sind zur Hälfte Amerikaner, zur Hälfte Europäer. Außerdem wird unser Land immer größer." Erkläre seine Aussagen (M2).

2 Ergänze die zweite und die letzte Spalte in der Tabelle, die du mit dem QR-Code aufrufst.

3 a) Beschreibe die Ausdehnung der Afar-Senke.

b) Erläutere mithilfe von M3 und der Kenntnisse über den ostafrikanischen Grabenbruch die Entstehung des Roten Meeres.

GeoPlus

4 Erstelle eine Kurzpräsentation zum Thema „Black smoker" und stelle den Zusammenhang zu den Vorgängen an Plattengrenzen dar (Internet).

Konvergierende Plattengrenzen: Eine ozeanische trifft auf eine kontinentale Platte

An den mittelozeanischen Rücken entsteht ständig neue Erdkruste. Dies bedeutet aber nicht, dass sich die Erdoberfläche ausdehnt. Vielmehr gibt es Stellen, an denen Erdkruste wieder verschwindet. Wo, warum und wie verläuft dieser Prozess?

Subduktionszonen

Wenn sich eine ozeanische Platte auf eine Kontinentalplatte zubewegt, taucht die ozeanische Kruste unter die Kontinentalkruste, da sie durch ihre chemische Zusammensetzung eine höhere Dichte aufweist und somit schwerer ist (siehe S. 131). Dieser Vorgang des Abtauchens wird Subduktion genannt.

Die abtauchende ozeanische Platte wird dabei erhitzt und in größerer Tiefe wieder aufgeschmolzen. Sie kann dabei den Rand der oben liegenden kontinentalen Platte mit in die Tiefe ziehen. Auf diese Weise entstehen Tiefseegräben, wie beispielsweise der Atacamagraben (M4). Auch die weltweit tiefste Stelle im Meer (Marianengraben, ca. 11 000 m Tiefe) ist Teil einer Subduktionszone. Dort wo die Platte in der Tiefe aufschmilzt, dringt Magma durch Spalten an die Erdoberfläche und bedingt eine hohe vulkanische Aktivität. Starke Erd- und Seebeben sind ebenfalls charakteristisch für Subduktionszonen.

Subduktion in Küstenregionen

Bei einer Subduktion direkt vor der Küste eines Kontinents kommt es auf der kontinentalen Platte zum einen zu Vulkanausbrüchen entlang der Plattengrenze. Zum anderen kommt es zur Auffaltung der Landmasse. Dabei wird die kontinentale Platte durch den Druck, den die beiden Platten aufeinander ausüben, gestaucht. Ein Beispiel dafür sind die Anden, die durch die Subduktion der Nasca-Platte unter die Südamerikanische Platte entstanden sind. Starke Erdbeben begleiten den Prozess.

Subduktion und Inselbildung

Bei Subduktionen weit vor der Küste bauen sich Vulkane langsam auf, bis sie über dem Meeresspiegel auftauchen. Es kommt zur Inselbildung. So sind die japanischen Inseln, die Philippinen und die Sunda-Inseln entstanden. Diese Regionen sind Schauplätze von Erd- und Seebeben.

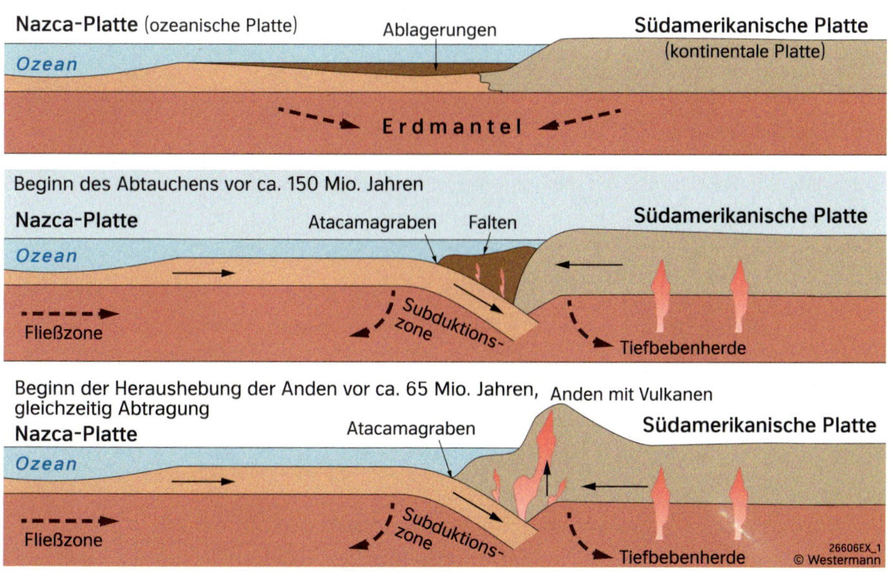

M4 Abschnitte der Faltengebirgsbildung der Anden

5 Beschreibe die Entstehung der Anden und erläutere das Vorkommen von Muschelabdrücken in großer Höhe (M4).

6 Rund um den Pazifischen Ozean erstreckt sich der „Ring of Fire“. Erläutere die Verbreitung von Vulkanen und Erdbeben entlang des Rings (Atlas).

7 Erdkruste wird ständig „recycelt“. Erkläre diese These.

Konvergierende Plattengrenzen: Zwei kontinentale Platten treffen aufeinander

Der Himalaya ist das Gebirge mit den höchsten Gipfeln der Erde. Ähnlich wie bei den Anden findet auch hier die Gebirgsbildung durch Auffaltung statt. Dennoch unterscheiden sich die Prozesse. Welche Unterschiede und Gemeinsamkeiten gibt es?

Landmassen auf Kollisionskurs

Seitdem der Urkontinent Pangäa vor etwa 200 Mio. Jahren zerbrach, driftet die Indisch-Australische Platte nordwärts in Richtung der Eurasischen Platte (siehe S. 133). Zwischen ihnen erstreckte sich zunächst ein Ozean. Dieser schloss sich im Laufe der Zeit, da die ozeanische Kruste entlang einer Subduktionszone wieder in den Erdmantel absank. Die im Ozean abgelagerten **Sedimente** (M1) wurden zusammengeschoben.

Vor etwa 60 Mio. Jahren kam es zum Zusammenstoß der beiden kontinentalen Platten. Da sie die gleiche Dichte haben, kam es dabei nicht zur Subduktion. Stattdessen wurde der Südrand der Eurasischen Platte nach und nach stark angehoben; er bildet heute das Hochland von Tibet. Die oberen Gesteinsschichten beider Lithosphärenplatten wurden immer weiter zusammengefaltet und in die Höhe geschoben zu einem **Faltengebirge**.

Bis heute bewegt sich die Indisch-Australische Platte pro Woche etwa einen Millimeter auf die Eurasische zu. Spürbar ist diese Bewegung durch – nicht selten starke – Erdbeben in dieser Region. Jährlich würde das Himalayagebirge dadurch zwischen vier und zehn Millimeter höher, allerdings gleicht sich die Erhöhung durch Abtragungsprozesse wieder aus.

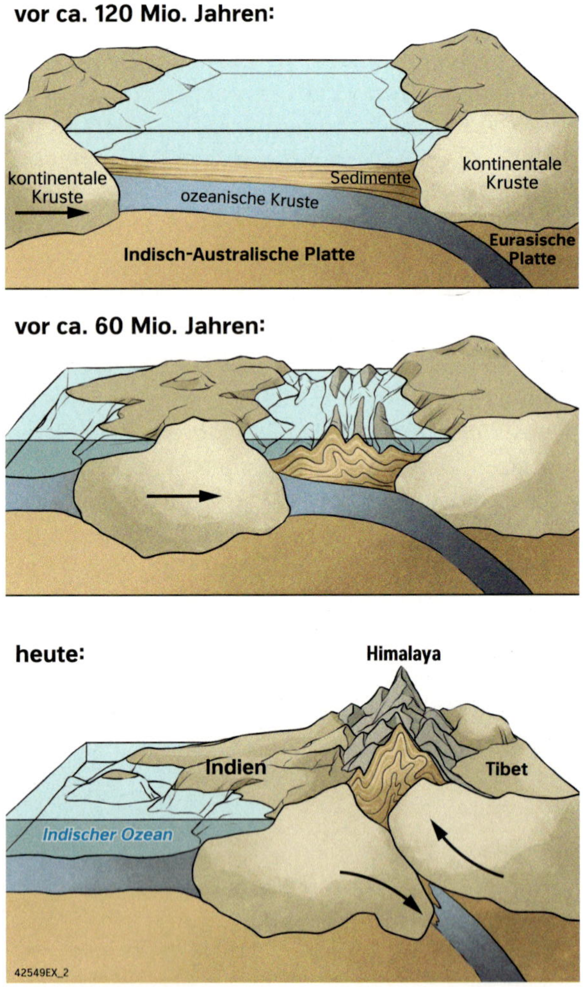

M1 Profilskizzen: Entstehung des Himalaya

1 a) Die Alpen sind – wie der Himalaya – ein Faltengebirge. Ermittle mithilfe des Atlas die an der Entstehung der Alpen beteiligten Lithosphärenplatten sowie deren Bewegungsrichtung und -geschwindigkeit.
b) Erstelle zur Entstehung der Alpen eine Skizze (ähnlich M1) mit einer Legende.

2 a) Vergleiche mithilfe der Profilzeichnungen die Entstehung des Himalaya mit der der Anden (M1, siehe S. 135 M4).
b) Erstellt zu euren Ergebnissen in Gruppenarbeit eine Kurzpräsentation oder ein kurzes Erklärvideo (siehe S. 141) und präsentiert diese oder dieses der Klasse.

Konservative Plattengrenzen

Duane Hamann ist Lehrer in Parkfield, einem Ort zwischen Los Angeles und San Francisco. Die Schüler an seiner Schule müssen sich nicht nur für den Brandfall, sondern auch für den Fall eines Erdbebens vorbereiten. Warum sind diese Übungen in Kalifornien so wichtig?

Platten bewegen sich seitwärts aneinander vorbei

Im Westen Kaliforniens driften die Pazifische und die Nordamerikanische Platte aneinander vorbei und bilden die San-Andreas-Verwerfung (engl.: San Andreas Fault). Sie verläuft über 1200 km durch kleine Ortschaften, große Städte, in der Nähe von Staudämmen und wird von Pipelines, Strom- und Telekommunikationsleitungen und Schnellstraßen gequert. Von den entgegengesetzten Plattenbewegungen zeugen versetzte Baumreihen sowie Risse in Gebäuden und Brücken.

Allerdings findet die Bewegung nicht überall gleichmäßig statt. In einigen Bereichen verhaken sich die Platten und bewegen sich über Jahrzehnte nicht. Dabei werden große Spannungen aufgebaut. Irgendwann zerbricht das Gestein und die Spannungen werden in einem Sekundenbruchteil freigesetzt. Es entstehen Erdbebenwellen mit einem großen zerstörerischen Potenzial. Dabei kann sich der betroffene Abschnitt der Verwerfung plötzlich um mehrere Meter verschieben.

An der San-Andreas-Verwerfung (M2) gibt es jährlich etwa 1500 überwiegend schwache Erdbeben. Im Jahre 1906 rückte die Pazifische Platte entlang eines 430 km langen Abschnitts in nur einer Minute sechs Meter vorwärts. San Francisco wurde dabei fast vollständig zerstört. Das letzte etwas stärkere Beben war in 2014. Die Menschen in Kalifornien erwarten in den nächsten drei Jahrzehnten „The Big One“, ein besonders starkes Erdbeben.

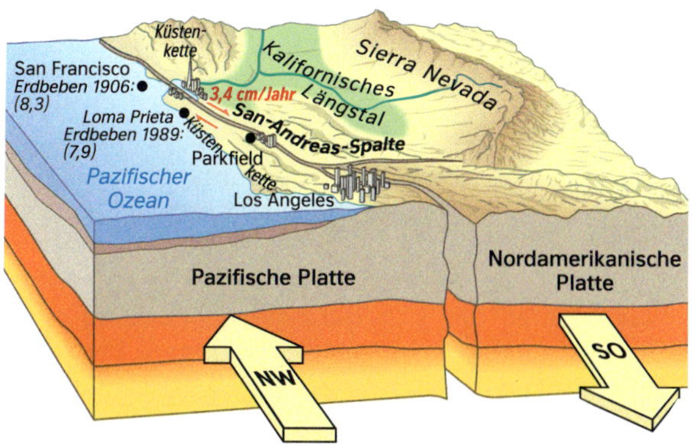

M2 Bewegung der Lithosphärenplatten in Kalifornien

M3 Versetzte Zäune nach einem Beben

3 Erstelle eine Tabelle zu den drei verschiedenen Plattengrenzen (siehe S. 134 – 137): Benenne die beteiligten Lithosphärenplatten (kontinental/ozeanisch), deren Bewegungsrichtung und die dort stattfindenden Prozesse (Erdbeben, Vulkanismus, Auffaltung, Subduktion etc.).

4 Erkläre die Verschiebung des Zauns (M2, M3).

5 Ein Erdbeben dauert meist nicht länger als 15 – 30 s, die stärksten Beben bis zu wenigen Minuten. Diskutiert in Gruppen: Wo im Klassenraum würdet ihr Sicherheit während eines Erdbebens suchen? Welche Körperhaltung bietet Sicherheit?

6 Vergleiche die San-Andreas-Verwerfung mit der Nordanatolischen Verwerfung. Gehe ein auf: Entstehung und Gefahrenpotenzial (Internet, Atlas).

100800-240-03
schueler.diercke.de
100800-242
schueler.diercke.de

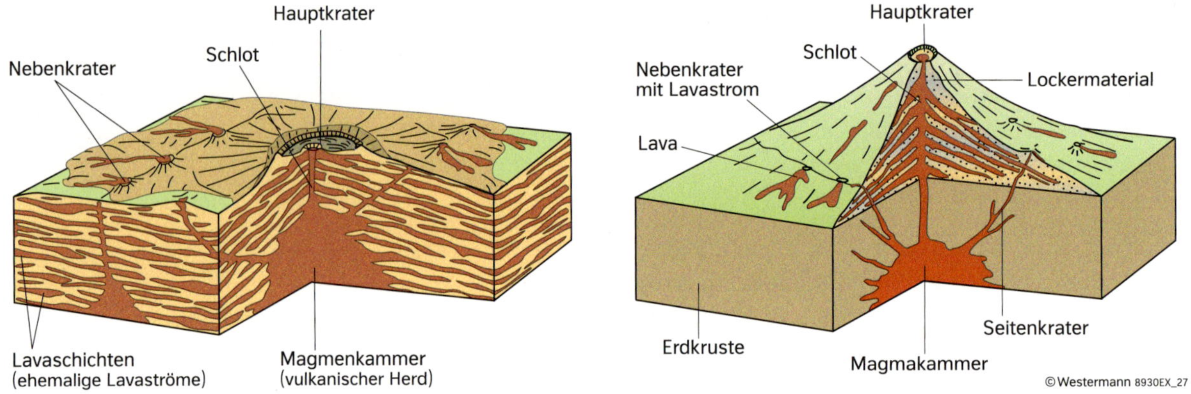

M1 Schildvulkan und Schichtvulkan (Stratovulkan)

Vulkane – nicht alle sind gleich

Es gibt ca. 1 500 aktive Vulkane auf den Landmassen der Erde. Vulkane unterscheiden sich z. B. in ihrer Entstehung, ihren Formen und ihrem Aufbau. Worin bestehen die Unterschiede und wie sind diese erklärbar?

Schild- und Stratovulkane

Viele **Schildvulkane** (M1) befinden sich an auseinanderdriftenden Plattenrändern. Ihre Eruptionen sind effusiv, das heißt, dass es zu einem kontinuierlichen Ausfließen von Lava kommt. Aufgrund ihrer Konsistenz fließt die Lava weit und relativ schnell. Dadurch bilden sich flache und sehr großflächige Vulkane, die in ihrer Gestalt einem liegenden Schild ähneln.

Nahe den Subduktionszonen von konvergierenden Plattengrenzen entstehen Schichtvulkane, auch **Stratovulkane** genannt (M1). Die Vulkanausbrüche sind explosiv. Die Lava, die während der Eruption an die Erdoberfläche gelangt, ist zähflüssig. Sie fließt daher nicht weit, sondern erkaltet in relativer Nähe zum Schlot. Neben der Lava werden weitere vulkanische Förderprodukte an die Erdoberfläche geschleudert, darunter große Gesteinsbrocken und heiße Aschewolken. Nach wiederholten Eruptionen bildet sich ein relativ steiler Vulkankegel aus Schichten von Lava und Lockermaterial (M1). Die heiße Asche kann aber auch große Distanzen zurücklegen und dabei eine sehr zerstörerische Wirkung haben. So wurde beim Ausbruch des Vesuvs im Jahr 79 n. Chr. die Stadt Pompej nicht durch Lavaströme zerstört, sondern durch glühende Aschewolken (**pyroklastische Ströme**), die sich mit einer Geschwindigkeit von bis zu 700 km/h fortbewegten und alles auf ihrem Weg zerstörten.

INFO

Magma ist geschmolzenes Gestein unter der Erdoberfläche. Oberhalb der Erdoberfläche wird es als Lava bezeichnet.
Als Caldera bezeichnet man einen kesselförmigen Vulkankrater, der sich durch Wegsprengung des Gesteinsmaterials bei einer explosiven Eruption gebildet hat oder durch Einsturz der darunterliegenden entleerten Magmakammer.

Saure vs. basische Lava
Die Lava, die an divergierenden Plattengrenzen austritt, ist basisch (basaltisch). Sie hat einen niedrigen SiO_2-Gehalt und daher eine niedrige Viskosität (dünnflüssig). Da sie dünnflüssig ist, kann Gas schnell entweichen. Die Lava, die an konvergierenden Plattengrenzen austritt, ist sauer (rhyolitisch). Sie hat einen hohen SiO_2-Gehalt und dadurch eine hohe Viskosität. In ihr eingeschlossene Gasblasen können nicht entweichen, bleiben im Magma eingeschlossen und sorgen durch ansteigenden Druck in der Magmakammer schließlich für ein explosionsartiges Entweichen (vergleichbar mit einer Limonadenflasche, die man schüttelt und dann öffnet).

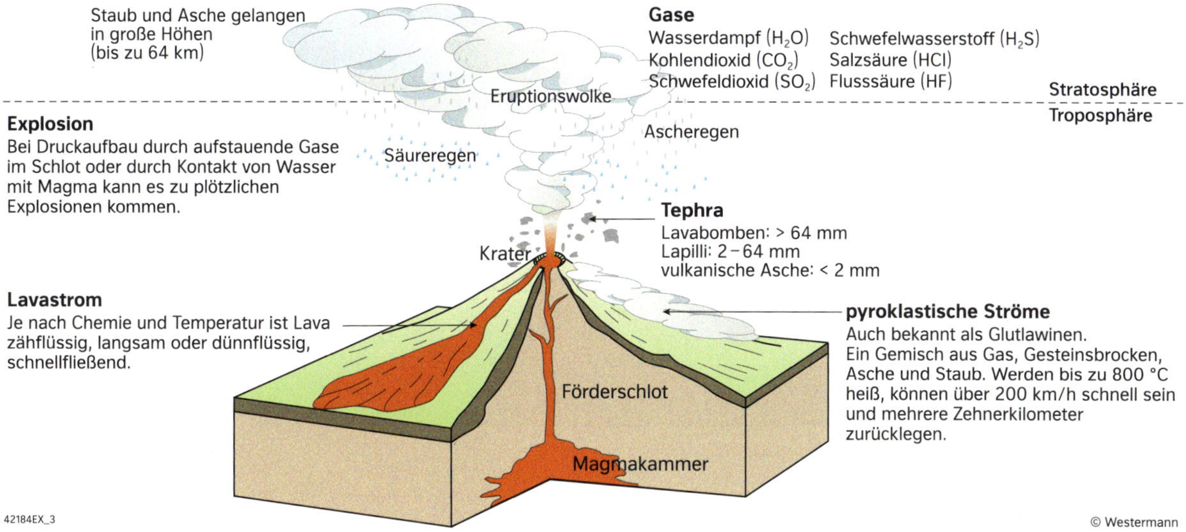

M2 Förder- und Eruptionsprodukte

Es gibt weltweit nur einen Ort, an welchem man als Tourist in den Krater eines Vulkans gelangen kann. Das ist der Vulkan Þríhnúkagígur in Island, der vor 4000 Jahren zuletzt ausbrach. Ein Isländer entdeckte die Krateröffnung 1974. Erst in den 2010er-Jahren wurde sie für Forschungszwecke und für eine Fotodokumentation zugänglich gemacht. Durch die Installation einer Gondelanlage kann seit 2012 auch eine begrenzte Anzahl von Touristen in den Krater hinabsteigen.
Der Weg zur Krateröffnung führt zunächst über 10000 Jahre alte moosbewachsene Lavafelder. Der Vulkan selbst erfordert nur einen geringen Anstieg. An der Krateröffnung besteigt man die Gondel und wird durch eine etwa vier mal vier Meter große Öffnung in den bauchigen Krater des Vulkans hinabgelassen. Bei 120 m Tiefe endet die Fahrt und es erschließt sich eine Farben- und Formenvielfalt aus Gestein. Der Vulkan gilt als schlafender Vulkan, das heißt, dass er noch nicht vollständig erloschen ist.

M3 Im Krater des Þríhnúkagígur

1 a) Vergleiche die beiden Vulkantypen (M1).
b) Erkläre das unterschiedliche Aussehen (M1, M2).

2 Erkläre, welche Art des Vulkanausbruchs und welchen Vulkantyp man erwartet
a) an einer Subduktionszone?
b) an einem mittelozeanischen Rücken?

3 Erstelle eine Kurzpräsentation zum Ausbruch des Vesuv 79 n. Chr. (Internet).

4 a) Lokalisiere den Vulkan Þríhnúkagígur.
b) Ermittle die Vulkanform, die Art des Vulkanausbruchs und den Lavatyp des Þríhnúkagígur.

5 a) Lokalisiere die Phlegräischen Felder.
b) Fasse die wissenschaftlichen Beobachtungen zusammen, die zurzeit in der Region Neapel gemacht werden (QR-Code).
c) Erläutere das Risiko eines Vulkanausbruchs für die Region.

100800-136-02 schueler.diercke.de
100800-242-03 schueler.diercke.de
100800-252-02 schueler.diercke.de
Web-Code: WES-144136-139

M1 Blick auf den Mauna Loa auf der Insel Hawaii

Hawaii – ein Hot Spot?

Die Hawaii-Inseln sind vulkanischen Ursprungs. Der Kīlauea auf Hawaii ist derzeit einer der aktivsten Vulkane der Erde. Unter Hawaii verläuft jedoch nach gegenwärtigem Kenntnisstand keine Plattengrenze. Wie kann die vulkanische Aktivität auf den Hawaii-Inseln erklärt werden?

Vulkanismus über einem Hot Spot

Auch in großer Entfernung zu Plattengrenzen tauchen Vulkane auf (Intraplattenvulkanismus). Solche Vulkane sind das Ergebnis von **Hot Spots**, d.h. von besonders heißen Bereichen in der Asthenosphäre. Die Hitze in der Asthenosphäre hat ihren Ursprung vermutlich in größerer Tiefe. Im Erdmantel bzw. an der Grenze zwischen Erdkern und Erdmantel bilden sich Mantel-Plumes (M4). Diese aufsteigenden Ströme heißen Materials bewegen sich schlauchartig zur Erdoberfläche. Nachdem das Material den zähplastischen Erdmantel durchquert hat, trifft es im oberen Bereich auf die festere Lithosphäre. Hier staut sich das Material und bildet ein Magmakissen, aus dem wiederum Magma in die Erdkruste aufsteigt.
Die Wirkung eines solchen Mantel-Plumes kann mit der eines Schweißbrenners verglichen werden. An der Stelle des Hot Spots wird die Kruste aufgeschmolzen und es kommt zu vulkanischer Aktivität. Die Lithosphärenplatte über dem Hot Spot bewegt sich jedoch und mit ihr der Vulkan. Das führt dazu, dass der aktive Vulkan den Kontakt zum Hot Spot verliert und erlischt. Über dem Hot Spot entsteht ein neuer Vulkan. Im Laufe der Jahrmillionen bildet sich auf diese Weise eine Vulkankette. Da es sich um effusive Eruptionen von eher basischer Lava handelt, finden sich an Hot Spots Formationen aus Schildvulkanen.

M2 Am Krater des Kilauea (Hawaii)

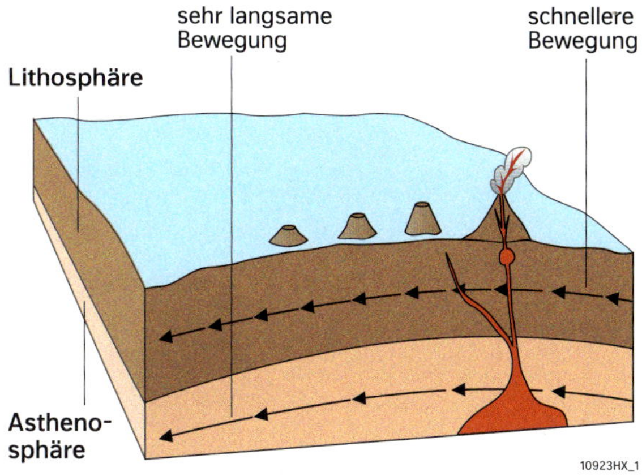

M3 Plattenbewegung über einem Hot Spot

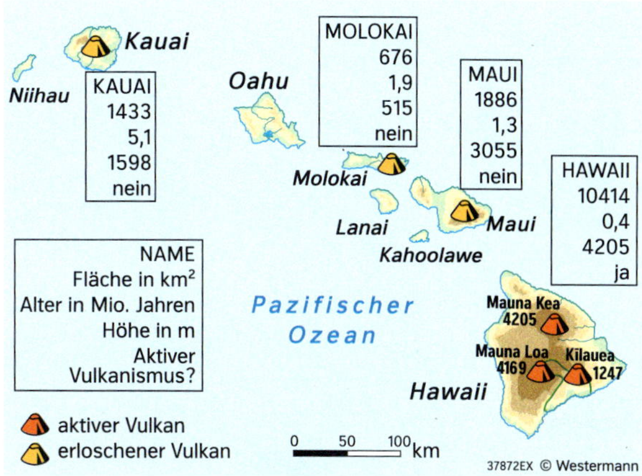

M5 Vulkanaktivität der Hawaii-Inseln

GeoMethode
Einen Erklärfilm erstellen

technische Ausstattung: Smartphone oder Tablet

1. Formuliert eine Frage, die im Erklärfilm beantwortet wird.
2. Legt die Inhalte fest, die dargestellt werden sollen.
3. Legt fest, wie die Inhalte visualisiert werden sollen: Bilder, Skizzen, Karten, Grafiken können selbst erstellt oder aus dem Buch, dem Atlas und dem Internet übernommen werden.
4. Haltet die Schritte 2 und 3 in einem Storyboard schriftlich fest.

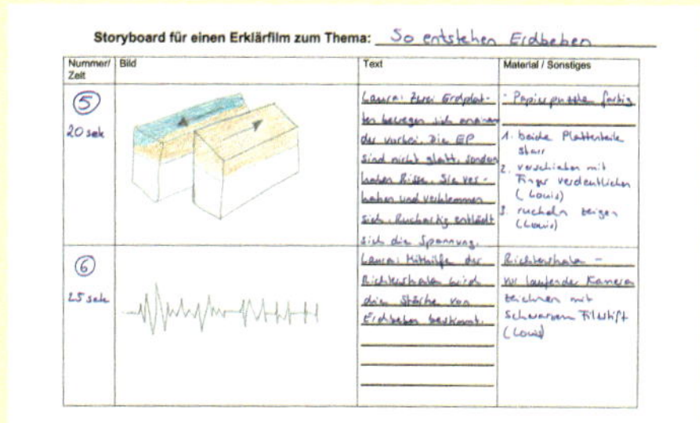

5. Stellt die Materialien zusammen und verfasst eure Texte. Achtet dabei auf Verständlichkeit und verwendet eure eigenen Wörter.
6. Nehmt euer Erklärvideo auf.

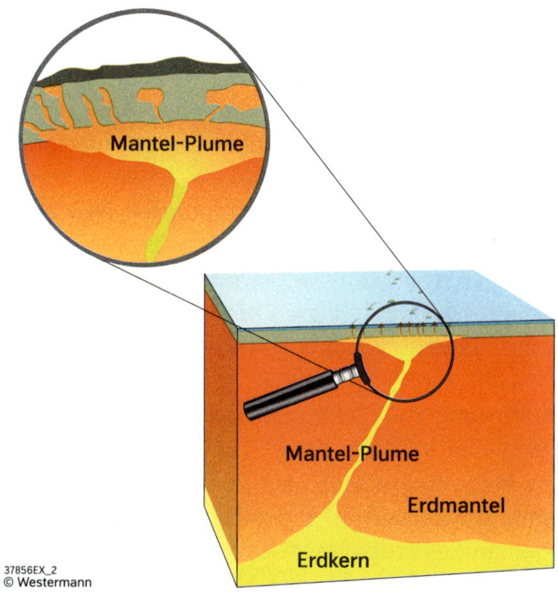

M4 Mantel-Plume

1 a) Ermittle anhand des Alters der Gesteine und ihrer Entfernung von der Insel Hawaii die Geschwindigkeit, mit der sich die Pazifische Platte über den hawaiianischen Hot Spot bewegt (M5).
b) Ermittle die Bewegungsrichtung der Pazifischen Platte (M3).
c) Erläutere die mögliche zukünftige vulkanische Aktivität Hawaiis und stelle sie zeichnerisch dar (M3, M5).

2 Erläutere die Tatsache, dass die Hawaii-Inseln aus erloschenen und aktiven Vulkanen bestehen (M3 – M5).

3 Erstellt einen Erklärfilm zum Hot Spot-Vulkanismus.

GeoPlus

4 Auch die Kanarischen Inseln befinden sich über einem Hot Spot. Ermittle die Bewegungsrichtung und Geschwindigkeit (Atlas, Internet).

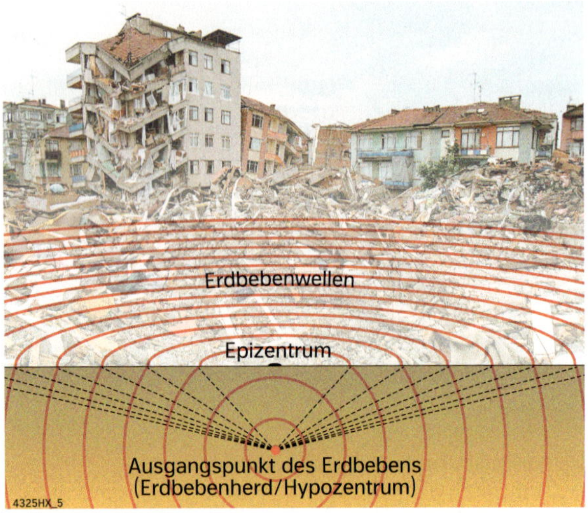

M1 Lage von Hypo- und Epizentrum (nicht maßstabsgetreu)

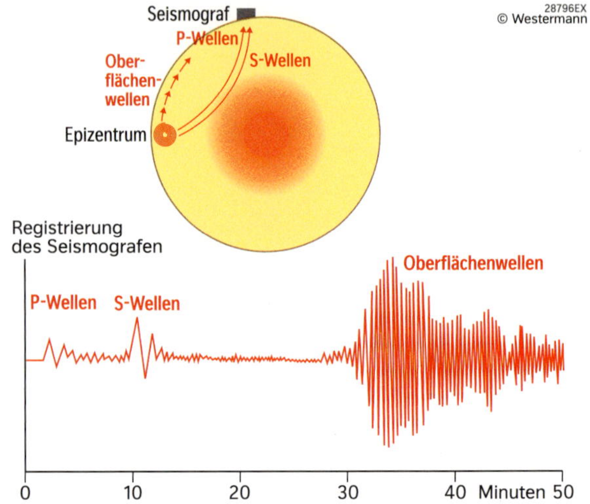

M2 Seismogramm: Eintreffen der Erdbebenwellen in zeitlichem Abstand

Erdbeben – gewaltige Sekunden

Erdbeben sind messbare Erschütterungen in der Lithosphäre. Täglich ereignen sich weltweit etwa 9000 Beben. Wo entstehen Erdbeben und wie lässt sich die Stärke der von ihnen ausgehenden Erschütterungen messen?

Prägung der Erdoberfläche

Verbreitung von Erdbeben

Tektonische Beben sind der bei Weitem häufigste Erdbebentyp. In diesen Fällen bewegen sich Erdplatten so gegeneinander, dass es zu Rissen und zum plötzlichen Spannungsabbau in der Erdkruste kommt. Besonders starke Beben ereignen sich an konvergierenden und konservativen Plattengrenzen. An divergierenden Platten und an Hot Spots sind die Beben in der Regel deutlich schwächer. Auch der Abbau von Rohstoffen oder plötzlich auftretender weiträumiger Frost können **Erdbeben** hervorrufen. Da diese Erschütterungen aber selten überregionale Bedeutung haben, finden sie wenig Beachtung.

Messung von Erdbeben

Erdbebenwellen wurden früher mithilfe von Seismografen gemessen. Die Erschütterung des Untergrunds am Standort wurde mithilfe einer Stiftnadel aufgezeichnet und ergab ein Seismogramm (M2). Heute erfolgt die Messung computergestützt, auch Laser- und Satellitenmessung kommen zum Einsatz.

Lokalisierung des Epizentrums

Erdbebenwellen durchlaufen vom Erdbebenherd kommend das Innere der Erde. Unterschieden werden Primär- und Sekundärwellen. Dort wo sie an die Erdoberfläche kommen, geben sie ihre Energie als Oberflächenwellen weiter. Primärwellen sind schneller als Sekundärwellen, als letzte treffen die Oberflächenwellen an einem Messpunkt ein. Um zu ermitteln, wie weit das **Hypozentrum** bzw. **Epizentrum** (M1) vom Seismographen entfernt sind, misst man den zeitlichen Abstand, mit dem die Wellen am Seismografen eintreffen (M2). Es ist vergleichbar mit dem zeitlichen Abstand zwischen Blitz und Donner: Je später der Donner nach dem Blitz zu hören ist, desto weiter ist das Gewitter von uns entfernt.

Gefährdung von Menschenleben durch Erdbeben

Das bisher stärkste Beben (Chile 1960) erreichte eine Magnitude von 9,5 auf der Richterskala (M4). Ihm folgte ein verheerender Tsunami. Ein weit weniger starkes Erdbeben in Haiti 2010 forderte deutlich mehr Todesopfer. Die Magnitude betrug nur 7,0, aber insgesamt starben 316000 Menschen.

INFO

Richterskala

Die Stärke eines Bebens wurde traditionell mithilfe der Richterskala angegeben. Sie wurde von Charles Francis Richter und Beno Gutenberg 1935 entwickelt. Die Richterskala basiert auf folgendem Logarithmus: Ein Beben der Stärke 2 auf der Richterskala ist zehnmal stärker als ein Beben der Stärke 1, ein Beben der Stärke 3 zehnmal stärker als eines der Stärke 2, etc. Da die Richterskala ab einer Magnitude von 6,5 ungenau wird, verwendet man jenseits dieses Wertes heute die Momenten-Magnituden-Skala, die 1977 entwickelt wurde und welche weitere Messparameter einbezieht.

0 – 2	Diese Beben werden nur von Seismographen registriert. Die Erschütterung ist vergleichbar mit einem vorbeifahrenden Lkw.
2 – 3	Erdbeben dieser Stärke sind nur in der Nähe des Epizentrums als solche wahrnehmbar. Gläser im Schrank können vibrieren.
3 – 4	Ab der Stärke 3 spürt man das Erdbeben, insbesondere in höheren Etagen eines Gebäudes, Lampen schwingen leicht. Leichte Schäden können eintreten.
4 – 5	Erdbeben dieser Stärke sind bis zu 30 km vom Epizentrum entfernt zu spüren. In der Nähe des Epizentrums können Fensterscheiben springen.
5 – 6	Ein starkes Beben; Mauerrisse in Gebäuden treten auf, Menschen geraten in Panik.
6 – 7	Kamine und einige nicht erdbebensichere Gebäude können einstürzen, Gefährdung von Menschenleben, Zerstörung im Umkreis von bis zu 70 km.
7 – 8	Risse im Boden, Gebäude stürzen ein, Erdrutsche sind möglich, große Gefahr für Menschenleben.
8 – 9	Gelten als Großbeben; es gibt je nach betroffener Region zahlreiche Opfer, Gebäude und Brücken stürzen ein, Schienen verformen sich, Bergungsarbeiten.
9 – 10	Katastrophale Erdbeben; Zerstörungen innerhalb eines Radius von 1 000 km
>10	kein Nachweis eines solchen Bebens; Berechnungen haben ergeben, dass das stärkst mögliche Erdbeben bei 10,6 auf der Richterskala liegen müsste; die Erdkruste würde bei einem solchen Beben zerbrechen.

M3 Magnitude als Messwert für Erdbeben

Ort	Jahr	Magnitude	Opferzahl*
Chile	1960	9,5	5 900
Alaska (USA)	1964	9,2	139
Sumatra (Indonesien)	2004	9,1	230 000
Honshu (Japan)	2011	9,0	20 000
Chile	2010	8,8	550
Ecuador	1906	8,8	1 000
Sumatra (Indonesien)	2005	8,6	1 300
Mexico	2017	8,2	98
San Francisco (USA)	1906	7,9	3 000
Szechuan (China)	2008	7,9	88 000
Ecuador	2016	7,8	700
Tangshan (China)	1976	7,8	240 000
Pakistan	2005	7,6	76 000
Indonesien	2018	7,5	4300
Haiti	2021	7,2	2300
Messina (Italien)	1908	7,2	78 000
Haiti	2010	7,0	316 000

M4 Auswahl an Starkbeben seit 1900 (* inkl. Opferzahl durch anschließende Tsunamis; teilweise Rundungen / Schätzungen)

1 Definiere die Begriffe Epizentrum und Hypozentrum (M1).

2 Lokalisiere die in M4 aufgelisteten Erdbeben in einer Karte und ermittle, an welchem Typ von Plattengrenzen sie sich ereignet haben.

3 Begründe, warum Hamburg nicht erdbebengefährdet ist (Atlas).

4 Prüfe, ob es einen Zusammenhang zwischen der Erdbebenstärke und den Opferzahlen gibt (M4).

5 **GeoPlus** Ermittle, wie weit das Erdbebenzentrum vom Seismografen entfernt ist, wenn das zeitliche Intervall zwischen Primär- und Sekundärwellen etwa 8 s beträgt (bzw. 2,5 s, 6 s, 11 s) (QR-Code).

100800-242-03 schueler.diercke.de **100800-252-02** schueler.diercke.de

Web-Code: WES-144136-143

M1 Zerstörung nach dem Erdbeben in Haiti

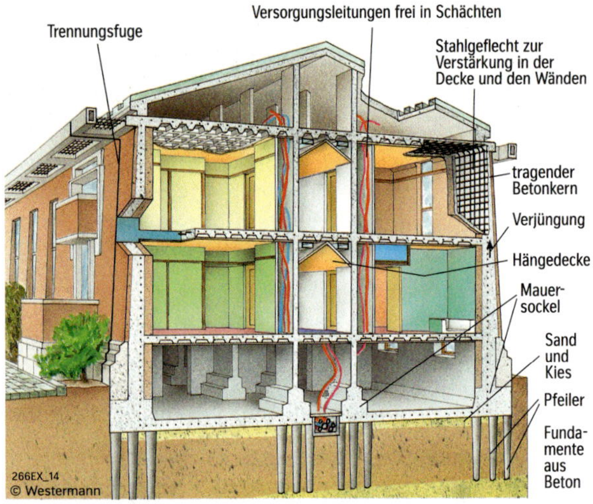

M2 Erdbebensicherheit in einem Wohnhaus

„Ready for the big one?"

Erdbeben lassen sich selbst mit modernsten Mitteln nicht präzise vorhersagen. Eine Evakuierung der Bevölkerung im betroffenen Gebiet ist daher nicht möglich. Es bleibt also nur, sich entsprechend auf ein Beben vorzubereiten. Wie geschieht dies in den verschiedenen Erdbebenregionen der Erde?

Risikogebiete

Anhand der Kenntnisse über tektonische Platten und deren Bewegungsrichtung lassen sich Wahrscheinlichkeiten ermitteln und Risiken durch Erdbeben benennen. Den genauen Zeitpunkt und die Intensität eines Bebens kennt man jedoch nicht im Voraus. Hinweise liefern einige Vorläuferphänomene: Zum Beispiel kann sich die Neigung des Erdbodens leicht verändern, messbar mithilfe von Laserstrahlen, Bebenfühlern, Kriechmessgeräten und Wassermeldern. Oder es gibt eine auffällige „seismische Ruhe".

Erdbebensicheres Bauen

Doch reichen solche Beobachtungen für präzise und alltagstaugliche Voraussagen nicht aus. Bei den Folgen einer Erdbebenkatastrophe ist zwischen Auswirkungen während der Erschütterung (Primäreffekten, z. B. Zerstörung einer Straße) und indirekten Folgen (Sekundäreffekten, z. B. Versorgung unterbrochen) zu unterscheiden.
Um in bewohnten Gebieten Schäden so gering wie möglich zu halten, ist es dort erforderlich, sich auf Erdbeben vorzubereiten. Der wirksamste Schutz ist eine erdbebensichere Bauweise, denn die größte Gefahr für Menschen geht bei einem Erdbeben von einstürzenden Häusern aus. Gebäude müssen daher erdbebensicher gebaut werden. Eine stabile Bauweise mit Stahl und Beton hilft, auch starke Beben relativ schadlos zu überstehen. Wenn Schwingungsdämpfer in die Gebäude eingebaut werden, verringert sich die Gefahr eines Einsturzes. Federelemente und Hartgummidämpfer dienen als Stoßdämpfer. Erdstöße lassen sich besser abfangen, weil die Häuser nicht mehr fest im Untergrund verankert sind.

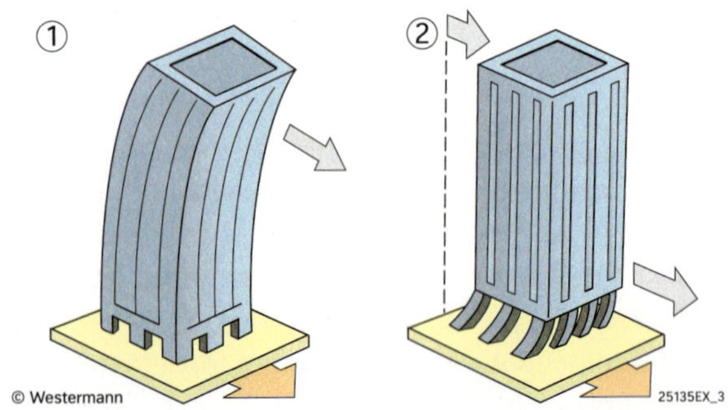

M3 Erdbebengefährdete ① und erdbebensichere Bauweise ②

Nach der Atomkatastrophe von Fukushima vor fast genau zehn Jahren hat es in der Region erneut ein schweres Erdbeben gegeben. Dabei wurden mindestens 120 Menschen verletzt. Das Beben hatte eine Stärke von 7,3. [...]
In fast einer Million Haushalte fiel in Folge der Erschütterung vorübergehend die Stromversorgung aus. [...] Auf Fernsehbildern waren Schäden an einigen Gebäuden zu sehen. In Läden fielen Waren aus den Regalen. Der Betrieb von Hochgeschwindigkeitszügen wurde vorübergehend gestoppt.

Quelle: Kathrin Erdmann, ARD Tokio: Viele Verletzte nach Erdbeben in Japan. Tagesschau Online, 14.02.2021

M4 Erdbeben in Japan Februar 2021

M6 Schutzübungen von Schulkindern in Japan

Am 12. Januar 2010 wurde Haiti von einem Beben der Stärke 7,0 erschüttert. Große Teile der Hauptstadt sind nur noch ein Trümmerhaufen. Häuser, darunter auch zahlreiche Krankenhäuser und Regierungsgebäude, stürzten ein; ganze Straßenzüge existieren nicht mehr. Überlebende irren ziellos durch die Straßen. Das Strom- und Telefonnetz funktioniert nicht mehr. Gerissene Gasleitungen haben zu Bränden geführt, die sich in der ganzen Stadt ausbreiten. Mehr als drei Millionen Menschen sind von dem Beben betroffen. Erste Schätzungen zur Zahl der Todesopfer schwanken zwischen 250000 und 500000. Dass so viele Menschen verschüttet wurden und ums Leben kamen, ist nicht zuletzt der äußerst schlechten Bausubstanz zuzuschreiben, denn Standards zur Errichtung erdbebensicherer Bauwerke gibt es in Haiti nicht. Die Menschen in dem Inselstaat sind auf internationale Hilfe angewiesen, da es vor Ort keine Katastrophenvorsorge gibt. Vielen Krankenhäusern sind schon nach kurzer Zeit die Medikamente ausgegangen. Mit bloßen Händen wird nach Überlebenden gesucht. Die meisten Experten sind sich einig, dass eine bessere Bausubstanz vielen Menschen in Haiti das Leben gerettet hätte, denn heutzutage ist es technisch möglich, das Risiko eines Gebäudeeinsturzes durch Erdbeben zu verringern.

aus Zeitungsmeldungen am 15.01.2010

M5 Erdbeben in Haiti am 12.01.2010

1 a) Beschreibe mithilfe von M2 und M3 die baulichen Maßnahmen, die bei erdbebensicherem Bauen ergriffen werden.
b) Erläutere ihre Funktionsweise.

2 Beschreibe das Bild in M1 und erläutere die Bedeutung von Schutzübungen (M6).

3 Ordne die folgenden Auswirkungen eines Erdbebens den Kategorien Primär- bzw. Sekundäreffekt zu:
– Gasleitung bricht – Bevölkerung hat kein Trinkwasser – Dach stürzt ein – Menschen kommen nicht zur Arbeit – medizinische Versorgung unterbrochen – Obdachlosigkeit der ärmeren Bevölkerung – Staudamm bricht – Zerstörung durch Überflutung – Menschen verlassen ihr Heimatland – Hunger – Strommast fällt um – Geschäfte werden geplündert – keine Elektrizität in den Häusern –

4 Vergleiche Primär- und Sekundäreffekte der Erdbeben in Japan 2021 und Haiti 2010 (M4, M5).

M1 Google GeoEye-Aufnahme nahe Sendai (Japan) vor und nach dem Tsunami im März 2011

Seebeben – die Entstehung von Tsunamis

Der Begriff Tsunami kommt aus dem Japanischen und bedeutet „große Welle am Hafen“. Geprägt haben ihn Fischer, die bei ihrer Rückkehr in den Heimathafen die Dörfer verwüstet vorfanden, obwohl sie draußen auf hoher See keine größeren Wellen bemerkt hatten. Wie entsteht diese hohe und zerstörerische Welle an der Küste und wie können Menschen rechtzeitig gewarnt werden?

Entstehung eines Tsunamis

Tsunamis sind Wellen, die durch **Seebeben** (Erdbeben am Meeresboden) entstehen. Das Tsunami-Risiko ist nicht überall gleich hoch. Starke Seebeben entstehen besonders häufig an Subduktionszonen. Das über dem Epizentrum liegende Wasser wird innerhalb von wenigen Sekunden nach oben geschoben. Auf dem offenen Meer ist von der Riesenwelle an der Meeresoberfläche nur ein kleiner Wasserberg mit knapp einem Meter Höhe erkennbar. Von ihm aus breiten sich lange, kreisförmige Wellen mit hoher Geschwindigkeit aus (M5). Sobald die Welle in Küstennähe auf den flacher werdenden Meeresboden trifft, wird sie abgebremst. Die nachfolgenden Wellen stauen sich hinter der ersten auf und türmen sich dabei meterhoch auf.

Ihre Geschwindigkeit ist von anfänglich mehreren Hundert Stundenkilometern auf etwa 30 km/h reduziert. Die **Tsunami**-Welle drängt landeinwärts und zerstört dabei den Küstenbereich mit einer enormen Wucht.

Dem Eintreffen des Tsunamis geht meist ein schneller, starker Abfall des Meeresspiegels voraus. Dies ist ein Warnsignal für die Menschen, sich schnell in höher gelegene Gebiete zu retten.

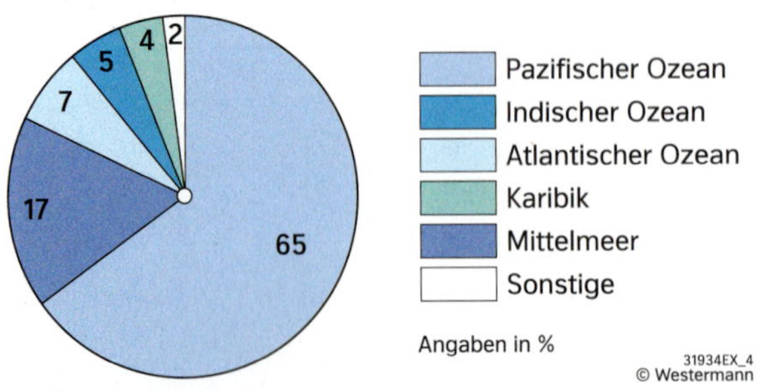

M2 Weltweite Verteilung von Tsunamis (ab 2000 v. Chr.)

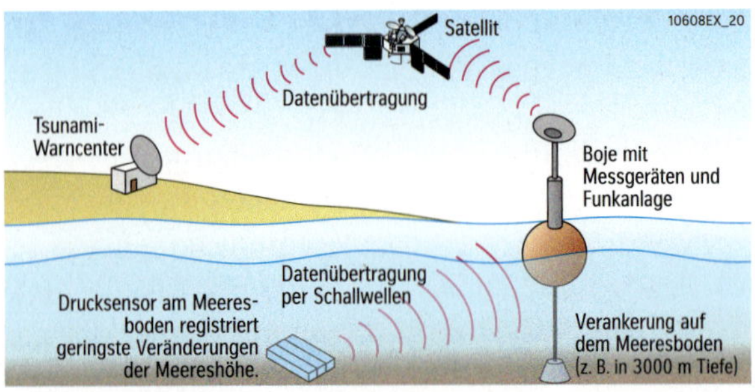

M3 Tsunami-Frühwarnsysteme retten Leben.

M4 Tsunami erreicht die japanische Stadt Natori (März 2011).

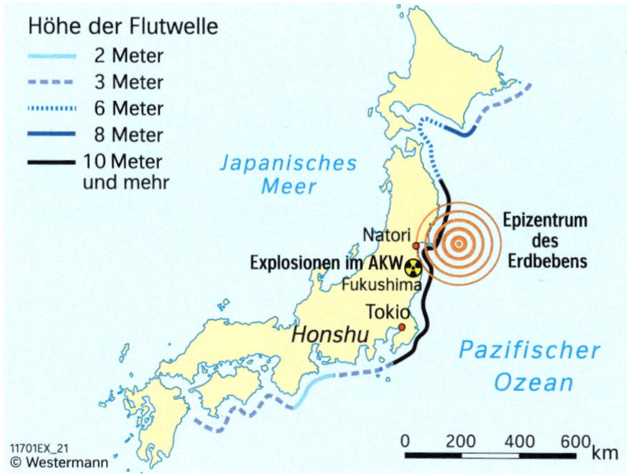

M6 Lage des Epizentrums am 11.03.2011

Warnsysteme

Während Erdbeben so plötzlich entstehen, dass die Bevölkerung in der Regel nicht davor gewarnt werden kann, ist eine Warnung bei Tsunamis möglich, noch bevor die Meeresspiegelabsenkung an der Küste erkennbar ist (M3). Dazu messen Drucksensoren am Meeresboden alle Veränderungen der Meereshöhe. Diese Informationen werden an Tsunami-Warnzentren an der Küste weitergeleitet (M3). Bei Gefahr wird die Bevölkerung umgehend über Medien und in einigen Regionen der Erde über eine Nachricht an das Mobiltelefon bzw. über eine App informiert, sodass sie den Küstenbereich rechtzeitig verlassen kann.

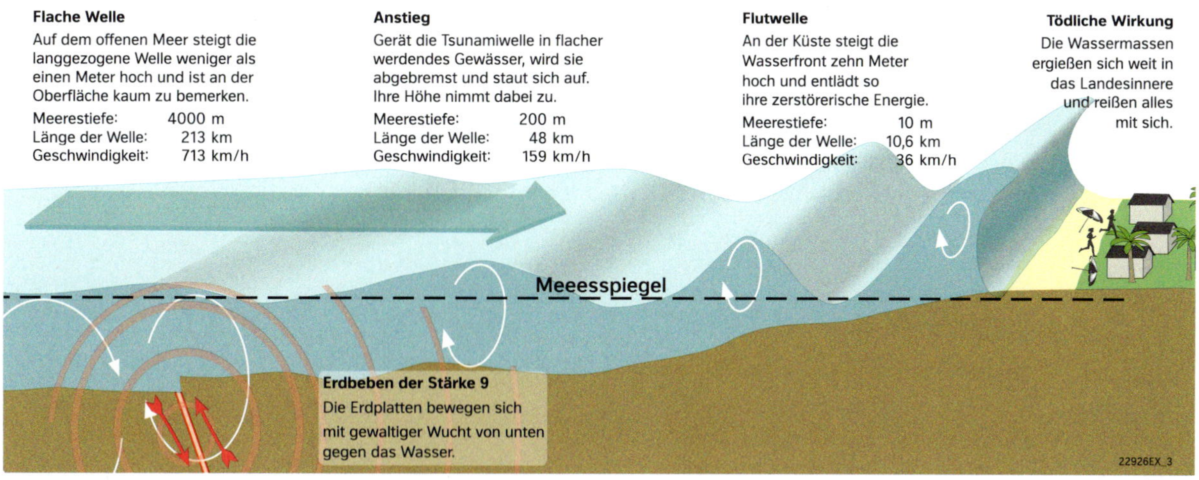

M5 Entstehung und Ausbreitung eines Tsunamis

1 Vergleiche die Aufnahmen von Sendai vor und nach dem Tsunami (M1).

2 a) Erkläre die Entstehung eines Tsunamis (M5, QR-Code).
b) Beschreibe die weltweite Verteilung von Tsunamis (M2).
c) Erkläre, warum vor allem die Küstengebiete des Pazifiks von Tsunamis betroffen sind.

3 Erstelle eine Kurzpräsentation zum Tsunami im Dezember 2004, der infolge des Seebebens vor Sumatra entstand (Plattengrenze, Erdbebenstärke, Reichweite des Tsunamis, betroffene Regionen, Folgen etc.) (QR-Code, Internet).

100800-242-03
schueler.diercke.de

100800-253-04
schueler.diercke.de

Web-Code: WES-144136-147

M1 Basaltsäulen in Island

M3 Mineralien unter dem Mikroskop

Vom Magma zum Gestein zum Magma – der Gesteinskreislauf

Steine scheinen unvergänglich. Wenn man auf die Erdgeschichte blickt, muss man jedoch feststellen, dass selbst Gesteine nur eine begrenzte Lebensdauer haben. Sie sind Teil eines Kreislaufs. Wie genau sieht dieser Gesteinskreislauf aus?

Der Erdball bestand zu Beginn, vor ca. 4,5 Mrd. Jahren, noch vollständig aus flüssigem Gestein. Erst vor vier Milliarden Jahren war die Erde so weit abgekühlt, dass sich die erste feste Gesteinskruste bildete. Heute lassen sich nach ihrer Entstehung drei Hauptgesteinsarten unterscheiden.

Magmatisches Gestein

Wir wissen, dass das Erdinnere immer noch aus heißem und zum Teil flüssigem Gestein besteht. Wenn ein Vulkan ausbricht, werden wir Zeuge von Prozessen, die sich schon in sehr früher Erdgeschichte abgespielt haben. Lava erkaltet und wir sehen magmatisches Gestein.
Beim magmatischen Gestein unterscheidet man zwischen Vulkanit (Eruptivgestein: an der Erdoberfläche erkaltete Lava) und Plutonit (auch Tiefengestein: innerhalb der Lithosphäre erkaltetes Magma). Bei gleicher chemischer Zusammensetzung unterscheiden sich die beiden Gesteinsarten in ihrer Gestalt durch die unterschiedliche Dauer der Abkühlung.

Plutonite
Wenn Magma unter der Erdoberfläche abkühlt, geschieht dies in der Regel langsam. Bei langsamem Temperaturrückgang fallen nacheinander verschiedene Minerale aus und es bilden sich Kristalle, die oft mit bloßem Auge erkennbar sind. Plutonite sind daher mittel- bis grobkörnig. Ein Beispiel hierfür ist Granit.

M2 Entstehung von Plutoniten

Vulkanite
Lava tritt bei einem Vulkanausbruch an die Erdoberfläche. Die Abkühlung erfolgt durch den Temperatur- und Druckunterschied sehr schnell, sodass ein Größenwachstum der Kristalle meist verhindert wird. Das Gestein wird daher feinkörnig und dicht. Ein Beispiel ist Basalt.

M4 Entstehung von Vulkaniten

M5 Beispiele für Sedimentgesteine und metamorphe Gestein

Sedimentgestein

An der Erdoberfläche wirken Verwitterungsprozesse: Die Gesteine sind Regen, Eis, Wind, Frost und Hitze ausgesetzt und aus großem, massivem Gesteinsmaterial werden kleinere Felsen, Kiesel oder sogar Sand. Das zerkleinerte Gesteinsmaterial wird durch Wind, Wasser oder Eis abgetragen (**Erosion**) und an anderer Stelle wieder abgelagert (Sedimentation).

Im Laufe von Jahrmillionen bilden sich mächtige Sedimentschichten. Der Druck der oberen Schichten führt dazu, dass sich die unteren Schichten immer mehr verfestigen. Es entsteht Sedimentgestein. Beispiele sind Sandstein und Kalkstein. Bei Letzterem sind auch die Schalen abgestorbener Meerestiere Teil des Sediments. Oft lässt sich die Schichtung der Sedimentablagerungen im Gestein erkennen wie Kohle und Steinsalz, die sich unter besonderen klimatischen Bedingungen bilden bzw. aus den Ablagerungen pflanzlicher Organismen.

1 Erstelle eine Übersicht zu den Hauptgesteinsarten, in der du Entstehungsprozess, -ort, Einflussfaktoren und Beispiele tabellarisch gegenüberstellst (M2, M4, M5).

2 Erstelle ein vereinfachtes Schema zum Gesteinskreislauf. Übertrage M6 und ergänze die beteiligten Prozesse an den Pfeilen.

GeoPlus

3 a) Nutze die Gesteinssammlung der Schule und kategorisiere die Gesteine nach den drei Haupttypen.
b) Wähle einen Granit, Basalt, Marmor oder Sandstein aus und beschreibe die jeweiligen Merkmale.

Metamorphes Gestein

Der Begriff leitet sich vom griechischen Wort „Metamorphose" ab (deutsch: Umwandlung). Wenn Gesteine durch plattentektonische Vorgänge in große Tiefen gelangen, sind sie dort erhöhten Temperaturen und / oder hohem Druck ausgesetzt. Bei der Umwandlung können sich die Form und Struktur der Gesteine verändern, aber auch ihre chemische Zusammensetzung, sodass neue Minerale gebildet werden. Beispiele für metamorphe Gesteine sind Marmor (Umwandlung von Kalkstein) und Schiefer (Umwandlung z. B. von tonreichen Sandsteinen).

Der Kreis schließt sich

Auf der Erde entstehen ständig neue Gesteine und werden an anderer Stelle wieder zerstört. **Endogene Kräfte** wirken dabei unter der Erdoberfläche, **exogene Kräfte** oberhalb der Erdoberfläche (griechisch: éndon – innen / innerhalb; exo – außen). Prozesse der Neubildung, Abtragung, Ablagerung und Zerstörung von Gestein erstrecken sich über Jahrmillionen. Sie lassen sich vereinfacht im **Gesteinskreislauf** darstellen.

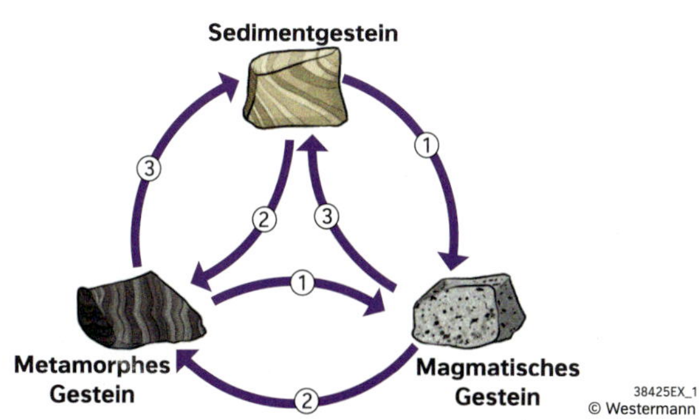

M6 Schema des Gesteinskreislaufs (Vorlage für Aufgabe 2)

Kräfte wirken auf die Gesteinsoberfläche – Verwitterung

Wind, Sonne, Wasser und Eis verändern die Erdoberfläche. Im Vergleich zu den mächtigen Vorgängen im Erdinneren scheint die Einflüsse von Temperatur, Wind und Wasser fast unscheinbar. Doch welche nicht zu unterschätzende Kraft steckt in ihnen?

Verwitterung

Die Prozesse, die das Gestein zerkleinern bzw. mineralische Bestandteile verändern oder lösen, nennt man **Verwitterung**. Es werden drei Arten der Verwitterung unterschieden (M1).

- **physikalische Verwitterung**: Zur physikalischen Verwitterung gehören alle Prozesse, die zu einer Zerkleinerung des Gesteins führen, wobei die Struktur der Minerale erhalten bleibt. Bei der Temperaturverwitterung (Insolationsverwitterung) wird das Gestein durch Sonneneinstrahlung erwärmt und dehnt sich aus. Da Gestein ein schlechter Wärmeleiter ist, erwärmen sich die äußeren und inneren Gesteinsbereiche unterschiedlich stark. Durch eine rasche Abkühlung (z. B. bei Regen) oder häufige, starke Temperaturschwankungen (Tag – Nacht) kommt es zu Spannungen im Gestein und schließlich zu Rissen und zur Zerkleinerung.
  Bei der Salzsprengung dringt salzhaltiges Wasser entlang von Rissen und Spalten ins Gestein ein. Mit der Verdunstung des Wasser fällt das Salz aus und bildet Kristalle. Diese haben ein bis zu 300 % größeres Volumen als das im Wasser gelöste Salz. Durch den Druck der Kristalle auf das Gestein kommt es zur Sprengung.
- **chemische Verwitterung**: Bei diesen Vorgängen ändert sich die chemische Zusammensetzung des Gesteins. Viele Steine reagieren z. B. mit dem Sauerstoff in der Luft, sie oxidieren (Oxidationsverwitterung).
  Bei der Kohlensäureverwitterung reagiert Kohlendioxid aus der Luft zunächst mit Wasser und bildet Kohlensäure. Die Kohlensäure wandelt das schwer lösliche Kalkgestein in leicht lösliches Kalziumhydrogenkarbonat um, das dann gelöst und mit dem Wasser abtransportiert werden kann.
- **biologische Verwitterung**: Dringen Pflanzenwurzeln in Gesteinsspalten ein, üben sie durch ihr Wachstum Druck auf das Gestein. Dies führt zu Lockerungen und Sprengungen im Gestein. Flechten und Moose, die als Pioniere die unbedeckten Gesteinsoberflächen besiedeln, geben über ihre Wurzeln Säuren ab, die Gestein chemisch angreifen und Mineralien lösen können.

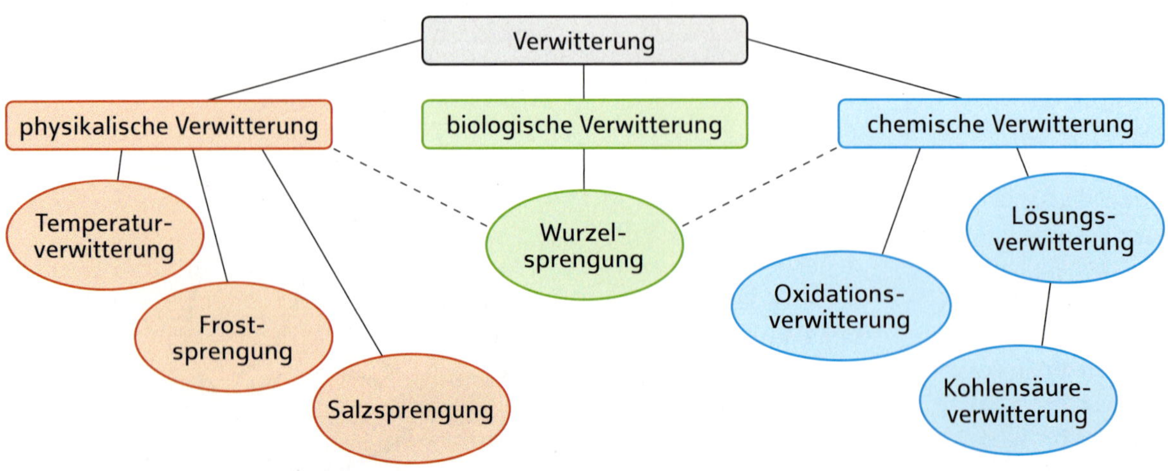

M1 Verwitterungsarten im Überblick (Auswahl)

Prägung der Erdoberfläche

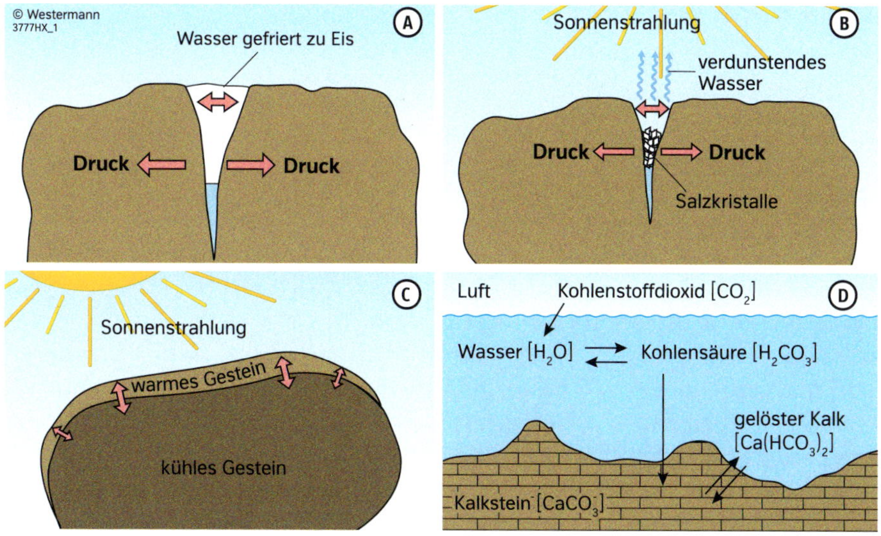

M2 Schematische Darstellung ausgewählter Verwitterungsarten

M5 Wurzelsprengung

Verwitterung durch sauren Regen
Als sauren Regen bezeichnet man Niederschlag, dessen pH-Wert niedriger als 5,5 ist. Hauptursache für seine Entstehung ist die verstärkte Emission von CO_2. Besonders Sand- und Kalkstein, Marmor, aber auch Beton und Mörtel werden durch die Säuren angegriffen. Auf der Oberfläche von Gebäuden oder Skulpturen bildet sich Gips, der dann vom Regen abgewaschen wird. Dadurch schreitet die Verwitterung von Gebäuden und Kulturdenkmälern schnell voran, die somit stark beschädigt oder sogar zerstört werden.

M3 Verwitterung – vom Menschen beeinflusst

M4 Granit: oben vor und nach Temperaturverwitterung; unten nach der Frostsprengung

1 a) Benenne die dargestellten Verwitterungsarten Ⓑ – Ⓓ (M2).
b) Erläutere den Prozess der Frostsprengung mithilfe von M2 Ⓐ.

2 a) Ergänze den Lückentext (QR-Code) mit folgenden Begriffen: ausdehnen, Mischform, kleinen Lebewesen, Zerstörung, chemischer, Klüfte, Druck.
b) Erkläre, warum die Wurzelsprengung nicht eindeutig der physikalischen oder chemischen Verwitterung zugeordnet wird.

3 a) Nenne für die folgenden Umgebungen mögliche Verwitterungsarten: Wüste, Kalksteingebiet (z. B. Südfrankreich), Hochgebirgsregion, Waldgebiet auf felsigem Untergrund.
b) Schließe Verwitterungsformen für die jeweiligen Gebiete aus.

4 Auch der Mensch trägt zur Verwitterung bei. Finde in deiner Heimatregion Objekte, die Schäden durch sauren Regen aufweisen (M3).

Web-Code: WES-144136-151

Die Kraft des Eises (glaziale Formen)

Eismassen bewegen sich zwar sehr langsam, aber umso kraftvoller verändern sie die Erdoberfläche. Die Kraft von Eis und Gletschern wirkt dort, wo es über einen langen Zeitraum hinweg kalt genug ist, also in höheren Breiten und in Gebirgen. Während der Kaltzeiten waren diese Gebiete wesentlich ausgedehnter. Welche Spuren hat das Eis hinterlassen?

Das Eis bahnt sich seinen Weg

Die Oberflächengestalt großer Teile Nord- und Mitteleuropas wurde während der vergangenen 2,7 Mio. Jahre entscheidend von den Kräften riesiger **Gletscher** und ihrer Schmelzwasser geprägt. Während der Kaltzeiten bildeten sich in Skandinavien und in den Hochgebirgen (z. B. Alpen) Gletscher, welche bis in weite Teile Mitteleuropas vorstießen.

Gletschereis entsteht dann, wenn der Niederschlag als Schnee fällt und über lange Zeit nicht abschmilzt. Die Auflast des Neuschnees drückt die darunterliegenden Schneeschichten zusammen, bis diese sich zu Firn verfestigen und schließlich dichte und kilometerdicke Eismassen bilden.

Aufgrund des hohen Drucks, dem die unteren Schichten ausgesetzt sind, schmilzt die unterste Eisschicht. Das Wasser unterhalb des Gletschers wird zu einer Art Gleitmittel und lässt ihn hangabwärts „fließen“. Im sogenannten **Nährgebiet** des Gletschers fällt immer wieder neuer Schnee, im **Zehrgebiet** – am Fuß des Gletschers – schmilzt das Eis.

Insgesamt haben drei **Kaltzeiten** weite Teile von Europa geprägt: die Elster-, Saale- und die Weichsel-Kaltzeit. Zur gleichen Zeit bildeten sich Gletscher in den Hochgebirgen. Im Alpenraum tragen die Kaltzeiten die Namen Mindel-, Riss- und Würm-Kaltzeit.

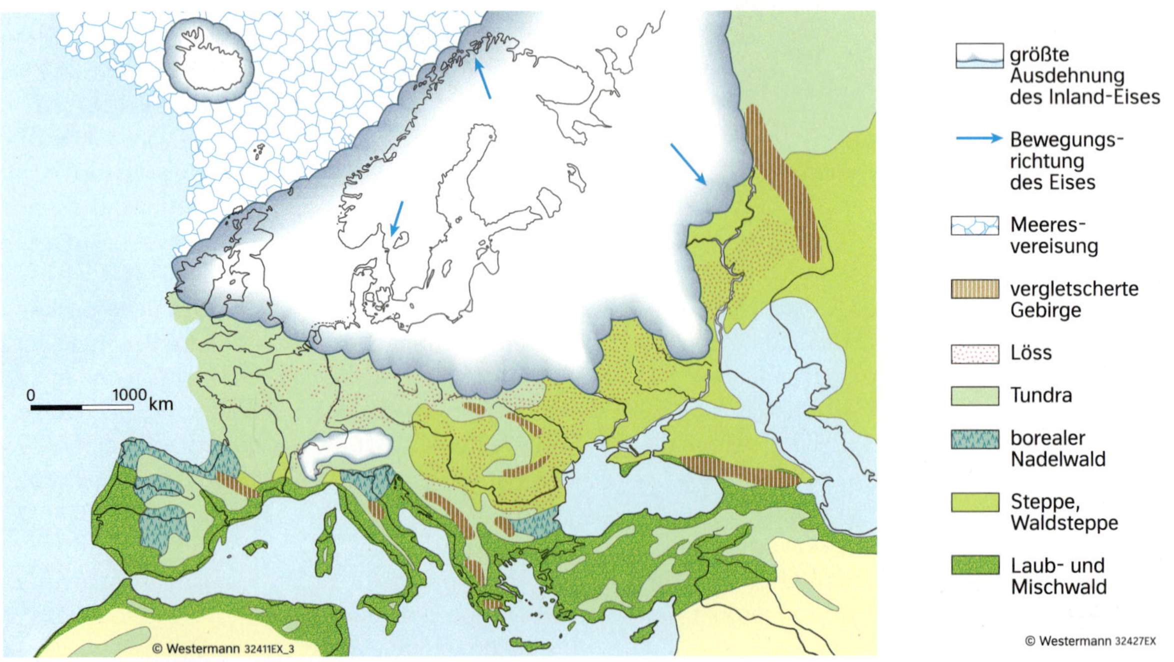

M1 Europa während der letzten Kaltzeit (Weichsel-Kaltzeit)

Gletscherspuren in Norddeutschland

Bei den Gletschervorstößen wurden riesige Mengen Gesteinsschutt mit, auf und in den Gletschern transportiert, zerkleinert und zerrieben. Beim Abschmelzen der Gletscher wurde das mitgeführte Material abgelagert.

Gesteinsmaterial, das von Gletschern transportiert und abgelagert wurde, wird als Moräne bezeichnet. Diese besteht aus feinsten Bodenbestandteilen, Gesteinsschutt (Geschiebe) sowie aus vereinzelten, bis zu meterhohen Felsblöcken (Findlingen). Materialien, die an der Unterseite und im Inneren des Gletschers transportiert wurden, blieben beim Abtauen als **Grundmoräne** liegen. Diese mächtigen Ablagerungen bilden heute das flachwellige Relief in weiten Teilen des Nordeuropäischen Tieflandes. Die zum Wall aufgetürmten Schuttmassen, die die Gletscher vor sich ablagerten, werden als **Endmoränen** bezeichnet. Sie durchziehen weite Teile Europas als Höhenzüge.

Beim Abschmelzen der Gletscher durchbrachen Schmelzwasserbäche die Endmoränenzüge. Das Schmelzwasser führte dabei Sande und Kiese mit, die sich vor der Endmoräne nach und nach auf weiten Flächen, den **Sandern**, ablagerten. Das Schmelzwasser sammelte sich in parallel zum Eisrand verlaufenden breiten Abflussrinnen. Über diese sogenannten **Urstromtäler** flossen die Wassermassen weiter ins Meer ab.

Heute fasst man diese Formen – Grundmoräne, Endmoräne, Sander und Urstromtal – als **glaziale Serie** (glazial (lat.): das Eis betreffend) zusammen. Starke, kalte Winde, die von den über 2000 m hohen Gletschern herunterwehten, bliesen feinstes Material aus den Sanderflächen aus und trugen dieses weit in das Vorland der Gletscher. Auf weiten Flächen wurde dieser Staub abgelagert und bildete teilweise meterhohe Schichten, die **Löss** genannt werden.

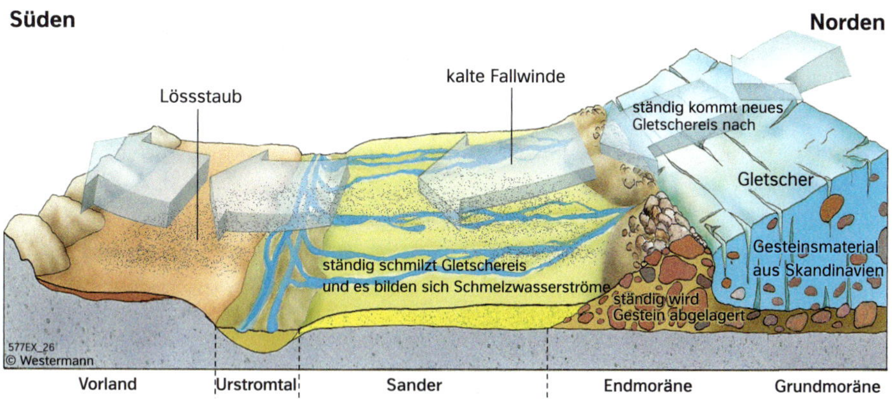

M2 Die glaziale Serie und die Lössablagerungen während der Eiszeit

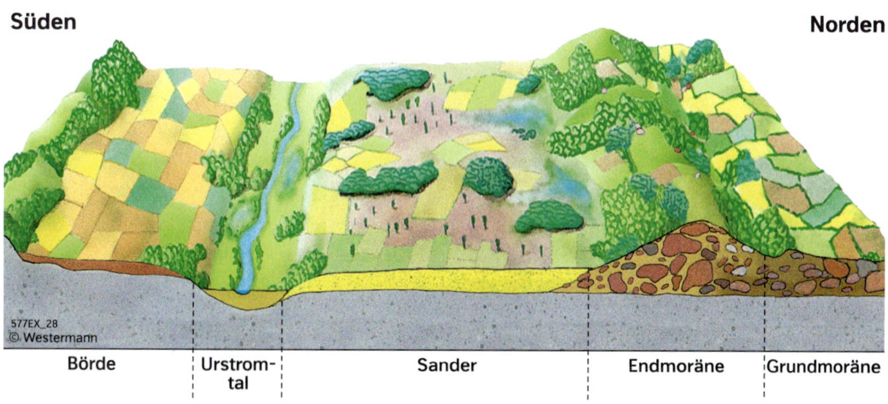

M3 Die Landschaften der glazialen Serie und der Lössablagerungen heute

1 Beschreibe die Ausdehnung der Weichsel-Kaltzeit in Europa. Gehe dabei besonders auf die Eisrandlagen in Deutschland ein (M1, Atlas).

2 a) Liste die Elemente der glazialen Serie tabellarisch auf und erkläre jeweils deren Entstehung (M2, M3).
b) Ordne die Landschaften der glazialen Serie zu: Harburger Berge, Stellmoorer Tunneltal, Holsteinische Schweiz, Braunschweiger Börde, Lüneburger Heide.

3 Erstelle mithilfe von GoogleEarth eine Kurzpräsentation zu einem Gletschergebiet (z. B. Aletsch-Gletscher). Zeige Nähr- und Zehrgebiet und Ablagerungsformen des Gletschers.

100800-52-01 schueler.diercke.de
100800-88-01 schueler.diercke.de
100800-258-02 schueler.diercke.de

Die Kraft des Wassers (fluviale Formen)

Nicht nur Eis, sondern auch Wasser hat genügend Kraft, um die Oberflächenform der Erde zu verändern. Es fließt ab seiner Quelle hangabwärts durch Bäche und Flüsse schließlich ins Meer. Auf seinem Weg nimmt das Wasser Material mit und lagert es anderenorts wieder ab. Wie wirkt die Kraft des fließendes Wassers auf unsere Landschaften?

Erosion – Transport – Ablagerung

Die Wirkkraft eines Flusses auf die Erdoberfläche hängt vor allem von drei Faktoren ab: der Wassermenge, dem Gefälle des Flussbetts und der Beschaffenheit des Flussbetts (z. B. Felsen oder Sand). Die Wassermenge eines Flusses variiert in Abhängigkeit von der Jahreszeit und der Witterung. So kommt es z. B. zum Anstieg des Flusspegels bei Schneeschmelze im Frühjahr oder durch Starkregenereignisse. Die Fließgeschwindigkeit hängt vom Relief ab: Je steiler der Flusslauf, desto schneller fließt das Wasser. Fließt ein Fluss schnell oder führt eine erhöhte Wassermenge mit sich, kommt es verstärkt zur Erosion (Abtragung). Dann nimmt er z. B. Geröll und Sand vom Flussbett auf und transportiert das Material flussabwärts. Wenn die Fließgeschwindigkeit abnimmt, kommt es zur Ablagerung (Sedimentation) des Materials (M4). Durch das Zusammenwirken von Erosion, Transport und Ablagerung haben sich verschiedene Talformen gebildet (M3).

Verschiedene Talformen – Beispiel Rhein

In seinem Oberlauf hat sich der schnell fließende Rhein tief in das harte Gestein gegraben. **Klammen** (Schluchten mit fast senkrechten Wänden) und V-förmige **Kerbtäler** sind entstanden. In der Oberrheinischen Tiefebene hat der Fluss Sand, Kies und Geröll zu einem breiten **Sohlental** aufgeschüttet. Aufgrund des geringen Gefälles findet hier nur wenig Erosion statt. Im Rheinischen Schiefergebirge nimmt die Erosionskraft des Flusses wieder zu, sodass sich eine tiefe Schlucht bilden konnte. Steile Felswände zeugen von der Härte des Gesteins.
Nördlich von Bonn bis zur Nordsee ist das Gefälle und damit die Fließgeschwindigkeit so gering, dass der Fluss vornehmlich Material ablagert. Es bildeten sich zahlreiche **Mäander** (Flussschleifen). Im Mündungsgebiet in den Niederlanden entstand durch die Sedimentation des mitgeführten Materials ein **Delta**. Die Ablagerungen versperren dem nachfließenden Wasser den Weg, sodass sich der Fluss in mehrere kleine Mündungsarme aufteilt.

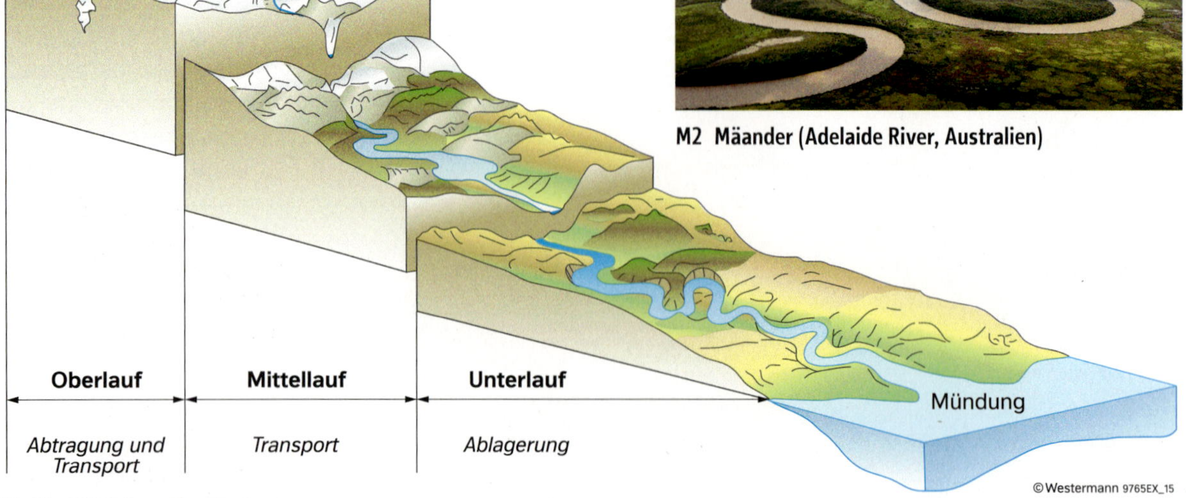

M1 Blockbild eines Flusslaufes

M2 Mäander (Adelaide River, Australien)

Kerbtal
- im Oberlauf des Flusses (Fluss trägt ab.)
- steile Talhänge
- sehr schmale Talsohle

Klamm
- im Oberlauf des Flusses (Fluss trägt ab.)
- sehr steile Talhänge
- Fluss nimmt oft gesamte Talsohle ein

Sohlental
- im Mittellauf des Flusses (Wechsel von Abtragung und Ablagerung)
- mäßig geneigte Talhänge
- flache, breite Talsohle

Muldental
- im Unterlauf (Fluss lagert ab.)
- flache Talhänge
- flache, breite Talsohle

M3 Talformen

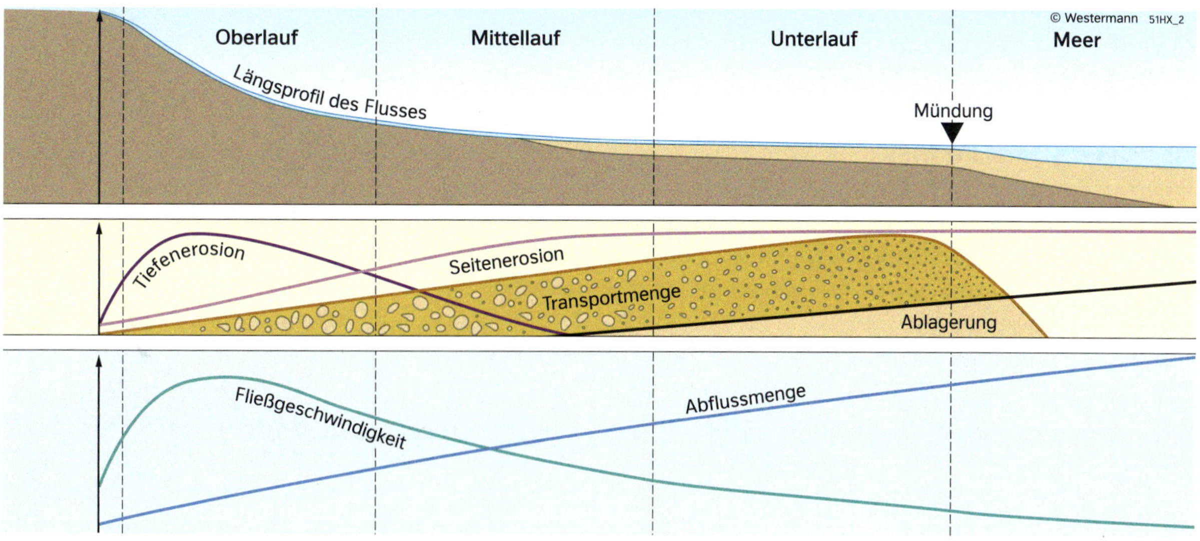

M4 Die Veränderung der Kräfte am Ober-, Mittel- und Unterlauf eines Flusses

1. Erstelle eine Übersicht zu den Merkmalen und Prozessen der Flussabschnitte (M1, M4, QR-Code).

2. a) Beschreibe den Flusslauf der Elbe von der Quelle bis zur Mündung (Relief, Einteilung in Oberlauf, Mittellauf und Unterlauf) (Atlas, Internet).
b) Benenne Gemeinsamkeiten und Unterschiede zum Rhein.

3. a) Welche Reliefgestalt ist im Flussabschnitt des Adelaide River zu erkennen? Welche Talform lässt sich ableiten (M2, M3)?
b) Erkläre anhand eines Beispiels (Mississippi, Nil etc.) die Entstehung eines Deltas (Atlas, Internet).

100800-86 schueler.diercke.de
100800-154 schueler.diercke.de
100800-224-01 schueler.diercke.de
Web-Code: WES-144136-155

M1 Im Juli 2021 ereignete sich in der Eifel und den umliegenden Regionen eine Hochwasserkatastrophe mit über 100 Todesopfern und Milliardenschäden.

Hochwasser

In der Nähe eines Flusses zu siedeln bot den Menschen seit jeher viele Vorteile. Ein Fluss diente als Frischwasserquelle und durch Fischfang als Nahrungsquelle. Zudem machten sich die Menschen Flüsse auch als Verkehrswege zunutze und bauten diese aus. Das Leben am Fluss barg jedoch auch Risiken. Wie konnte und kann die Nähe zum Fluss zu einer Bedrohung werden?

Ein Fluss tritt über die Ufer

Wenn im Einzugsgebiet eines Flusssystems Starkregen oder Tauwetter eintritt, erreicht das Wasser über die Zuflüsse zeitlich verzögert den Hauptfluss. Der Wasserpegel des Flusses steigt. Das Wasser kann über die Ufer treten.
Überschwemmungen hat es schon immer gegeben. Gut dokumentiert ist das Magdalenenhochwasser in Frankfurt am Main im Juli 1342. Nach starken und anhaltenden Regenfällen stieg das Wasser im Main so stark an, dass es zu katastrophalen Überschwemmungen in Frankfurt kam.

Flussbau am Rhein

Der Rhein verbindet heute wichtige Wirtschaftsgebiete Europas und ist eine der am stärksten befahrenen Binnenwasserstraßen der Welt. Um die Transportwege zu verkürzen wurden hier – wie bei vielen anderen Flüssen – Begradigungen vorgenommen (M2). Durch Flussbegradigungen erhöht sich auch die Fließgeschwindigkeit des Wassers und das Erosions- und Ablagerungsverhalten des Flusses verändert sich. Wenn es nun zu Tauwetter oder starken Regenfällen im Flusseinzugsgebiet kommt, füllt sich das Flussbett schneller und das Überschwemmungsrisiko steigt.
Der Wasserbauingenieur Johann Gottfried Tulla entwickelte im Jahr 1812 den Plan, den Rhein zwischen Basel und Worms an 30 Mäandern zu durchstechen und den Fluss durch Deiche in ein maximal 250 m breites Flussbett zu zwingen. Dadurch wurde die Fließstrecke zwischen Basel und Worms um etwa 80 km verkürzt. Auch das Gefälle erhöhte sich. Das Wasser benötigte auf dieser Strecke nur noch etwa 25 statt 65 Stunden. Die jahreszeitlich bedingten Überflutungen am Oberrhein konnten so verhindert werden. Die ehemaligen Überflutungsflächen wurden bebaut.
Problematisch wurde der Ausbau aber für die flussabwärts liegenden Gebiete. Das Hochwasser des Rheins durchfloss schneller den Oberlauf und traf daher häufiger mit den Hochwasserwellen der Nebenflüsse (z. B. Main und Neckar) zusammen. So verschärften sich die Überschwemmungen flussabwärts.

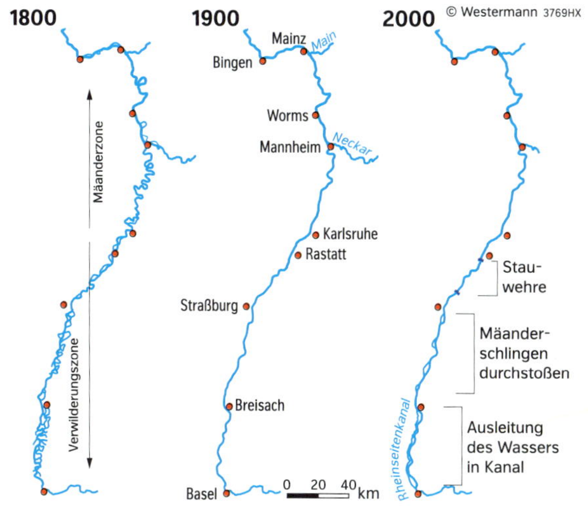

M2 Die Laufänderungen am Oberrhein

M4 „Jetzt wird mal ganz konsequent nach den Ursachen des Hochwassers gesucht."

- lang anhaltende Niederschläge im Einzugsgebiet eines Flusses (Dauerregen)
- Überflutung von Häusern
- Verlust großer Überflutungsflächen, in denen das Wasser versickern kann, durch Flussbegradigungen
- Verlust von Ackerland durch Bodenerosion
- Flächen werden bebaut, z. B. mit Wohnhäusern, Fabriken, Straßen (Bodenversiegelung).
- Schneeschmelze in den Gebirgen (z. B. Alpen)
- Brände durch elektrische Kurzschlüsse
- Unterbrechung der Strom-und Wasserversorgung
- Gefrorene und wassergesättigte Böden nehmen keine Niederschläge auf, dadurch verstärkter Oberflächenabfluss.
- Evakuierung von gefährdeten Personen

M3 Ursachen und mögliche Folgen von Hochwasser (Auswahl)

INFO

Flusssystem

Ein Flusssystem besteht aus allen Bächen und Flüssen, die in ein und denselben Hauptfluss / Strom münden. Dieser führt das Wasser schließlich dem Meer zu. Die Grenze zwischen zwei Flusssystemen nennt man Wasserscheide. Die Wasserscheide wird durch das Relief bestimmt.

Hochwasser [...] treten in unterschiedlicher Höhe und in unregelmäßigen Abständen auf. Hochwasser hat es immer gegeben, und wir müssen jederzeit damit rechnen. Für den Menschen wird Hochwasser erst dadurch zur Katastrophe mit hohen Schäden, weil er ohne Rücksicht in die überschwemmungsbedrohten Flächen hineingebaut hat.

Quelle: Müssen wir mit Hochwasser rechnen? Ministerium für Klimaschutz, Umwelt, Energie und Mobilität (MKUEM), Mainz, Hochwassermanagement, 17.03.2021

M5 Hochwasser gibt es am Rhein immer wieder.

1 Erstelle ein Wirkungsgefüge zu den Ursachen und möglichen Folgen von Hochwasser (M3).

2 Interpretiere die Karikatur (M4).

3 a) Erstelle unter Verwendung einer Karte und von Bildern eine Kurzpräsentation zu einem Renaturierungsprojekt (z. B. Emsauen in Westfalen).
b) Erläutere die Bedeutung von Renaturierungsprojekten für flussabwärts liegende Gebiete.

4 Recherchiere zur Flutkatastrophe an der Ahr (Internet).
a) Welche Flussbaumaßnahmen haben das Hochwasser begünstigt?
b) Warum war die Bevölkerung nicht überall rechtzeitig in Sicherheit?

100800-60
schueler.diercke.de
100800-61-06
schueler.diercke.de

M1 Herankommender Sandsturm

Die Kraft des Windes (äolische Formen)

Im Februar 2021 sah man in den Pyrenäen soweit das Auge reichte rötlichen Schnee. Saharastaub, der in hohen Luftschichten nach Frankreich transportiert wurde, löste dieses Phänomen aus. Die feinen Staubkörner hatten sich auf dem Schnee abgelagert und sorgten so für die rötliche Färbung. Welche anderen Spuren hinterlässt der Wind auf der Erdoberfläche?

Äolische Abtragungsprozesse

Überall dort, wo es keine schützende Pflanzendecke gibt oder der Boden nicht dauerhaft feucht ist, kann lockeres Material an der Erdoberfläche durch Wind in Bewegung gesetzt werden.
Staub (Durchmesser < 0,01 mm) kann dabei bis zu 4000 m in die Höhe gewirbelt werden und so beispielsweise von der Sahara bis nach Mittel- und Nordeuropa gelangen (**Suspension**).
Größere Partikel oder Sandkörner werden hingegen durch den Wind nur angeschoben und rollen so vorwärts (**Reptation**) oder sie werden angehoben, die Schwerkraft lässt sie aber nach kurzer Distanz wieder zu Boden fallen (**Saltation**) (M2).

Dünen

Die Veränderungen der Erdoberfläche durch Wind werden gut am Beispiel von **Dünen** deutlich. Diese nehmen unterschiedliche Formen an (M6). Transport und Ablagerung von Materialien hängen – neben der Korngröße des Materials – auch von der Windstärke, der Windrichtung, der Bodenfeuchtigkeit und der Bodenbedeckung ab.

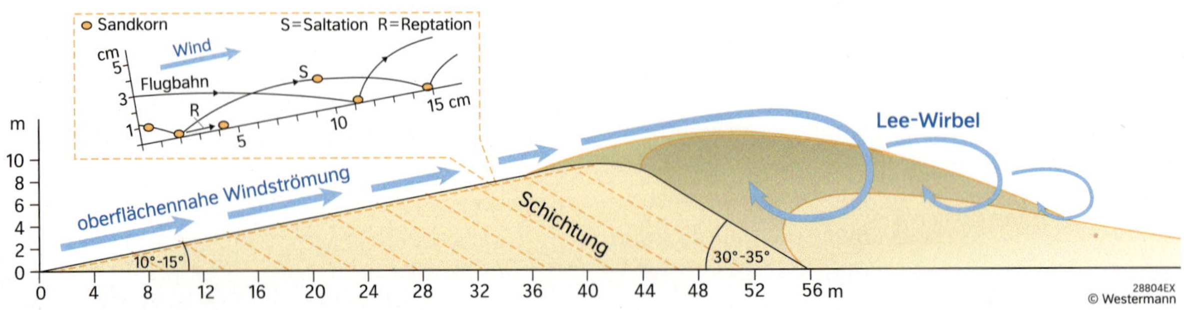

M2 Saltation und Reptation bei der Dünenbildung

M3 Eine Wanderdüne auf Jütland (Dänemark) verschlang langsam den Rubjerg Knude Leuchtturm.

Ein dänischer Umweltschützer berichtet:
„Viele Küsten Dänemarks sind durch feinen Sand geprägt. Dieser Sand würde wegwehen, wenn er nicht befestigt wäre. Den besten Halt bietet ein Bewuchs der Dünen mit Pflanzen, wie zum Beispiel dem Strandhafer und der Stranddistel.
Wir schützen daher alle Pflanzen, die uns beim Festhalten des Sandes helfen. Damit die Pflanzen der Dünen nicht zertrampelt werden, haben wir für die Touristen Bohlenwege zum Meer angelegt.
Wir scheuen keine Mühen, immer wieder neue Dünengräser anzupflanzen oder Reisigbündel in die Dünen zu stecken, um den Sand festzuhalten. Leider gibt es Urlauber, die achtlos die Dünen zertrampeln."

M5 Festhalten des Sandes

Parabeldünen und Sicheldünen (M6) entstehen unter ähnlichen Windbedingungen. Parabeldünen kommen überwiegend in semiariden bis humiden Gebieten der gemäßigten Klimazone vor, in denen es Niederschläge gibt und daher auch Vegetationsdecken (z. B. Heidekraut). Die Seiten bzw. Schenkel der Parabeldünen werden durch diese Vegetationsdecke festgehalten, wohingegen sich der Mittelteil schneller vorwärts bewegt. Der Dünenkamm erreicht gewöhnlich eine Höhe von zehn Metern, in Einzelfällen bis zu 70 m.
Sicheldünen entstehen in ariden Gebieten bei relativem Sandmangel. Sie werden im Normalfall 2–10 m hoch und bewegen sich mit einer Geschwindigkeit von etwa 10–20 m pro Jahr. Die Sichelenden eilen dem Hauptkamm der Düne voraus, da hier geringere Sandmengen bewegt werden müssen.

M4 Parabel- und Sicheldünen

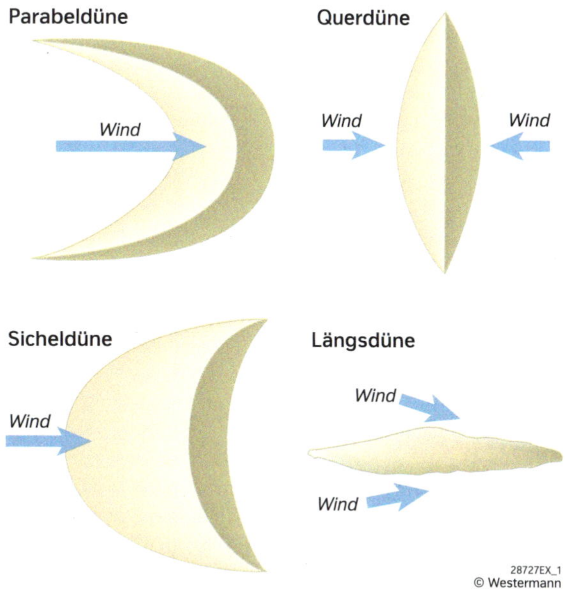

M6 Dünenformen

1. Stelle Informationen zu Reptation, Saltation und Suspension tabellarisch zusammen.

2. a) Beschreibe die Entstehung von Quer- und Längsdünen (M6).
b) Recherchiere zu Verbreitung und Dimension dieser Dünenformen.

3. Dünenbefestigungen, ein Eingriff in die Natur oder Schutz des Menschen? Diskutiere (M3, M5, M7).

4. Lokalisiere die „Dune du Pilat", beschreibe mithilfe einer Internetrecherche ihre Form und erkläre ihre Entstehung.

M7 Sanddünen bedrohen landwirtschaftliche Nutzfläche.

Alles klar?

1. Platten in Bewegung

Beschreibe die drei dargestellten Plattengrenzen, die Auswirkungen der Plattenbewegung und die dabei entstehenden Oberflächenformen.

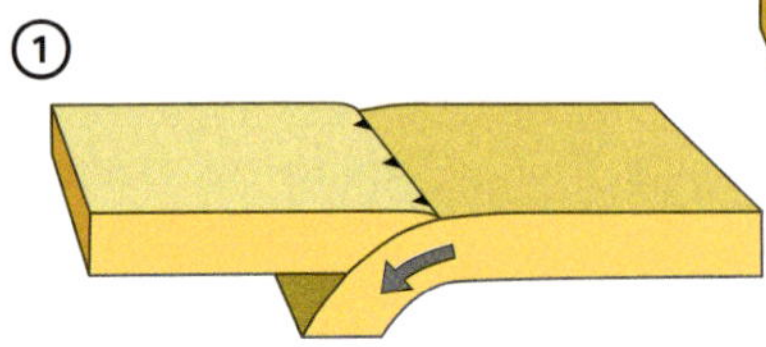

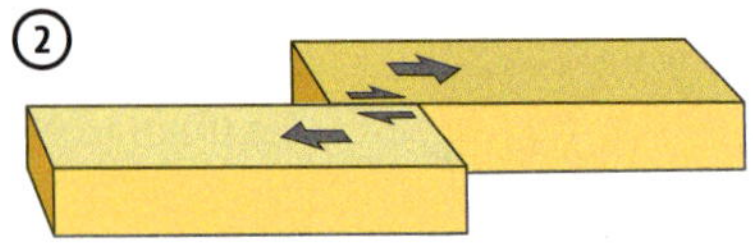

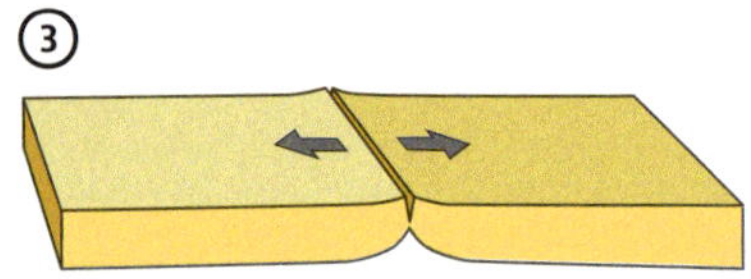

2. Vulkanismus

a) Lokalisiere den Vulkan Nyamuragira mithilfe des Atlas.
b) Beschreibe die tektonischen Vorgänge in dieser Region.
c) Beschreibe anhand der Bilder das Relief des Vulkans und den Lavastrom eines Ausbruchs in 2012 und ziehe Rückschlüsse auf den Vulkantyp und die Form des Ausbruchs (effusiv oder explosiv).

3. Gesteinsbildung

Die Astronauten von Apollo 11 brachten Mondgestein zur Erde. Erkläre, warum keine Sedimentgesteine unter den Gesteinsproben zu finden waren.

CHECK

4. Richtig oder falsch?
Prüfe folgende Aussagen und korrigiere gegebenenfalls die falschen.

1. *Während der Kaltzeiten drangen Gletscher von Skandinavien nach Mitteleuropa vor.*
2. *Grundmoränen findet man südlich der Urstromtäler.*
3. *Urstromtäler bilden die Abflussrinnen des Schmelzwassers.*
4. *Das Inlandeis erreichte eine Mächtigkeit von maximal 40 m.*
5. *Gesteinsmaterial bleibt beim Transport in seiner ursprünglichen Form erhalten.*
6. *Endmoränen sind ein Wall, der vor dem Inlandeiskörper abgelagert wurde.*

5. Exogene Ablagerungsformen
Erläutere, ob man die Bildung von Lössdecken den glazialen oder den äolischen Kräften zuordnen sollte.

6. TABU
Erstellt nach der Anleitung im QR-Code ein Tabu-Spiel mit den Grundbegriffen dieses Kapitels. Ergänzt euer Spiel mit weiteren Fachbegriffen aus dem Kapitel. Spielt anschließend das Spiel.

Web-Code: WES-144136-161

Du kannst jetzt:
- den Aufbau des Erdinneren beschreiben.
- die Plattendrift erklären.
- vulkanische und seismische Aktivität erläutern.
- Auswirkungen endogener Kräfte auf den Menschen benennen (Primär- und Sekundäreffekte).
- Gesteinsbildung erklären.
- Verwitterungsformen benennen, erklären und klimatischen Bedingungen zuordnen.
- glaziale, fluviale und äolische Oberflächenformen beschreiben und deren Entstehung erklären (Erosion, Transport, Ablagerung).
- Eingriffe des Menschen am Beispiel von Flusssystemen beurteilen.

Grundbegriffe
- Asthenosphäre
- biologische Verwitterung
- chemische Verwitterung
- Delta
- Düne
- Endmoräne
- endogene Kräfte
- Epizentrum
- Erdbeben
- Erosion
- exogene Kräfte
- Faltengebirge
- Gesteinskreislauf
- glaziale Serie
- Gletscher
- Grundmoräne
- Hochwasser
- Hot Spot
- Hypozentrum
- Kaltzeit
- Kerbtal
- Klamm
- Kontinentalverschiebung
- Konvektionsströme
- Lithosphäre
- Löss
- Mäander
- mittelozeanischer Rücken
- Nährgebiet
- physikalische Verwitterung
- Plattentektonik
- Plattenzug
- pyroklastische Ströme
- Reptation
- Rift Valley
- Saltation
- Sander
- Schildvulkan
- Sedimente
- Seebeben
- Sohlental
- Stratovulkan
- Suspension
- Tsunami
- Urstromtal
- Verwitterung
- Zehrgebiet

Nachhaltiges Handeln

Demonstration von Fridays for Future in Hamburg (24.09.2021)

ALTE
für
ENKEL
Willy-Brandt-Straße
erle.

Grundlagen für Generationen – die Sustainaible Development Goals

Bei den Vereinten Nationen wurde darüber nachgedacht, wie die Ziele nachhaltigen Handelns konkreter formuliert werden können. Als Ergebnis wurden im Jahr 2015 die Sustainable Development Goals , kurz SDGs, also die Ziele für eine nachhaltige Entwicklung festgelegt. Was beinhalten diese Ziele?

Sustainable Development Goals der Vereinten Nationen

Die 17 Sustainable Development Goals (SDGs) sind die Nachhaltigkeitsziele der Vereinten Nationen. Sie sind eine Weiterentwicklung der Millenium Development Goals, deren acht Ziele bis zum Jahr 2015 hätten umgesetzt werden sollen. Im Unterschied zu den MDGs, die vor allem auf bessere Lebensbedingungen in den Entwicklungsländern abzielten, gelten die SDGs für alle Staaten der Welt.

Die SDGs sind das Kernstück der Agenda 2030 für eine nachhaltige globale Entwicklung und beziehen sich daher auch auf die vier Dimensionen der Nachhaltigkeit – Ökologie, Ökonomie, Soziales und Politik. Die wichtigsten Aspekte sind dabei das Voranbringen des Wirtschaftswachstums, die Reduzierung von Ungleichheiten im Lebensstandard, die Gewährleistung von Chancengleichheit sowie ein nachhaltiges Management von natürlichen Ressourcen, das den Erhalt von Ökosystemen sichert. Die 17 SDGs wurden in 169 Unterziele gegliedert, damit deutlich wird, was sie beinhalten und damit die Umsetzung bzw. das Erreichen der Ziele besser messbar ist.

Nachhaltigkeit ist ein Handlungsprinzip zur Ressourcennutzung. Ziel ist eine dauerhafte Bedürfnisbefriedigung, welche die Bewahrung der natürlichen Regenerationsfähigkeit der beteiligten Ökosysteme gewährleisten soll. Die nachhaltige Entwicklung (engl.: sustainable development) deckt die Bedürfnisse der jetzigen Generation, ohne dabei die Möglichkeiten für die zukünftigen Generationen zu gefährden und bezieht dabei die folgenden Aspekte mit ein

- ➡ ökologische Tragfähigkeit,
- ➡ ökonomische Leistungsfähigkeit,
- ➡ soziale Gerechtigkeit und
- ➡ politische Stabilität.

M2 Was ist Nachhaltigkeit?

M1 Die Sustainable Development Goals – die 17 Nachhaltigkeitsziele der Agenda 2030

M3 Die vier Dimensionen der Nachhaltigkeit

INFO

SDG-Index (siehe M4)

Der SDG-Index ist eine Kennziffer, um die Umsetzung der SDGs durch die einzelnen Staaten vergleichen zu können. Dazu werden für alle Ziele verschiedene Indikatoren erfasst. Die Alphabetisierungsrate ist z. B. ein Indikator für das Ziel Nummer 4 „Hochwertige Bildung“. Für das Ziel 12 „Nachhaltiger Konsum und Produktion“ werden u. a. der Index der Lebensmittelverschwendung und die nationale Recyclingquote herangezogen.

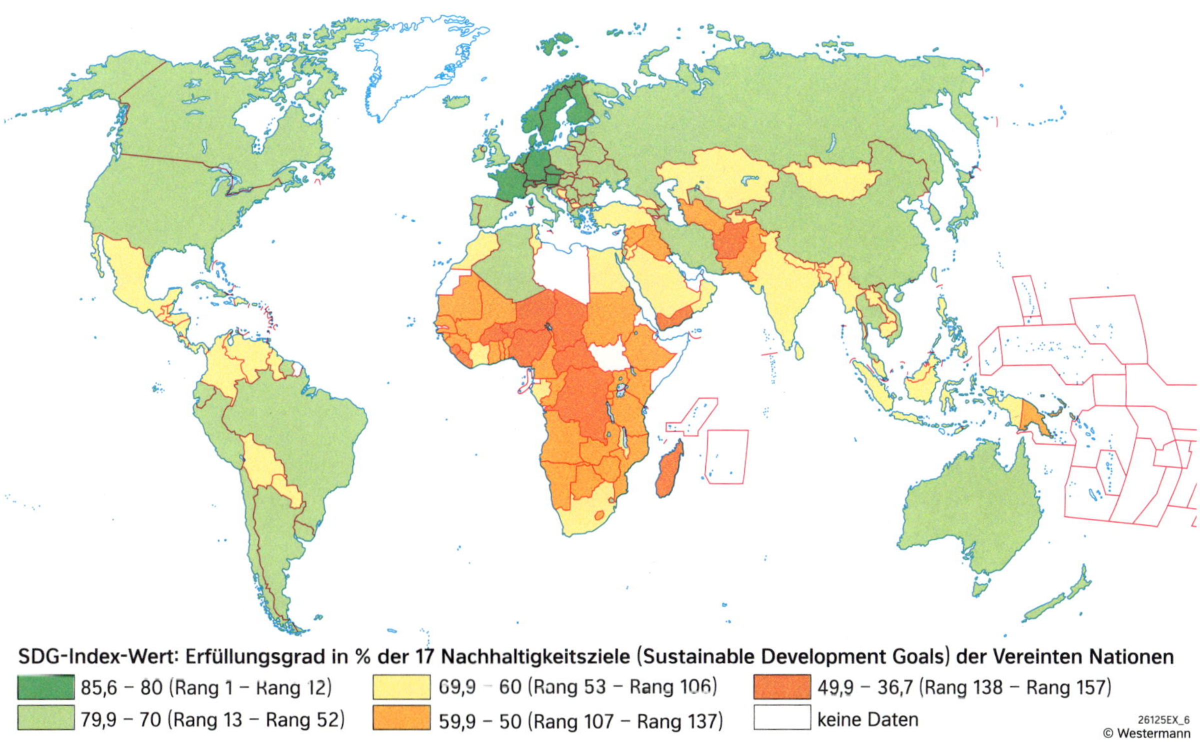

M4 Der SDG-Index weltweit (Stand 2019)

1. Erkläre, was unter Nachhaltigkeit zu verstehen ist (M2, M3).

2. Ordne die 17 SDGs nach ihrer Bedeutung. Begründe deine Reihenfolge (M1).

3. Erläutere, inwiefern das Ziel 16 dem Gedanken der Nachhaltigkeit entspricht (M1).

4. Untersuche ein SDG genauer (M1, QR-Code).
a) Beschreibe die jeweiligen Unterziele.
b) Nenne Indikatoren, an denen die Erreichung des Ziels gemessen wird (Info, QR-Code).

5. Beschreibe den Stand der globalen Umsetzung der Nachhaltigkeitsziele (M4).

GeoPlus

6. a) Recherchiere zum Leitplankenmodell und erläutere es (Internet).
b) Begründe, ob du das Leitplankenmodell oder das Modell der Nachhaltigkeit für sinnvoller erachtest (M2, M3).

Web-Code: WES-144136-165

M1 Die Schwedin Greta Thunberg streikte freitags für den Klimaschutz vor dem schwedischen Parlament in Stockholm (2018).

Kann ich mit meinem Handeln das Klima schützen?

Ein Klimaschützer fordert in einem Interview: „Um das Klima zu retten, müssen neue Gesetze erlassen werden, anders funktioniert das doch sowieso nicht." Aber kannst du mit deinem Verhalten und Handeln auch etwas bewirken?

Einsatz für den Klimaschutz

Als am 20. August 2018 in Schweden wieder die Schule begann, ging die 15-jährige Greta Thunberg stattdessen vor den Reichstag in Stockholm, in den Händen ihr mittlerweile weltbekanntes Plakat (M1). Nach einiger Zeit fand sie viele Nachahmer, zunächst lokal, später global. Immer wieder freitags streiken Jugendliche als Teil der Bewegung „Fridays for Future". Weltweit verleihen Schülerinnen und Schüler ihrem Unmut Ausdruck – „Ihr macht nicht das, was ihr machen sollt, also machen wir auch nicht, was wir machen sollen."

Im Jahr 2007 gründete der damals 9-jährige Felix Finkbeiner die Kinder- und Jugendinitiative „Plant-for-the-Planet", eine sogenannte NGO. Sein Ziel – eine Billion Bäume pflanzen. Bis 2020 wurden bereits über 28 Mio. durch die Organisation selbst gepflanzt und ca. 14 Mrd. weitere Baumpflanzungen wurden durch Partnerprojekte vorgenommen.

Klimaexperte Prof. Dr. Mojib Latif vom Geomar Helmholtz-Zentrum für Ozeanforschung in Kiel ermutigt die Jugend: „Mit eurem Handeln und eurem Verhalten könnt ihr Einfluss nehmen. Engagiert euch! Es ist eure Zukunft. Wenn eure Enkel euch später fragen werden, was ihr damals gegen den Klimawandel unternommen habt, was werdet ihr dann antworten?"

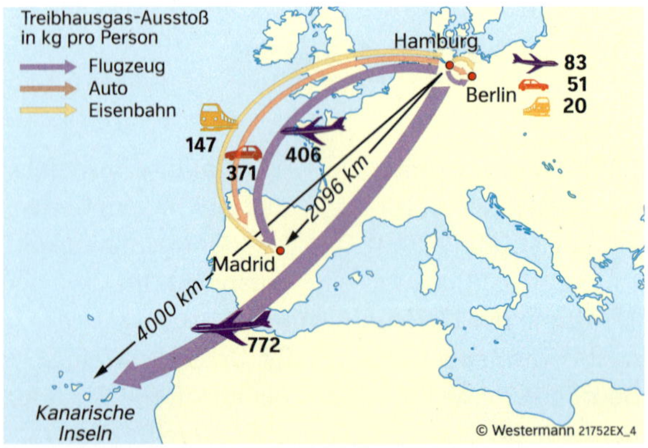

M2 Treibhausgasausstoß von Verkehrsmitteln

Die Erde wird für uns zu klein. Ressourcen aller Art werden mit alarmierender Geschwindigkeit verbraucht. Die Menschheit hat unserem Planeten verhängnisvolle Geschenke gemacht: Klimawandel, Luftverschmutzung, steigende Temperaturen, Rückgang der Polareiskappen, das Verschwinden von Wäldern und die Dezimierung von Tierarten. Die Weltbevölkerung aber vermehrt sich mit ebenfalls alarmierender Geschwindigkeit. [...]
Aber ich bin Optimist. [...] Wir wissen nie, woher und von wem die nächste große naturwissenschaftliche Entdeckung kommen wird. Wenn man die Begeisterung und die Ehrfurcht vor dem Forschungsgebiet Naturwissenschaften weckt, wenn man für ein größtmögliches junges Publikum innovative, offene Wege schafft, dann vermehrt das die Chancen beträchtlich, die neue Einstein zu finden und zu inspirieren. [...]
Denkt also daran, zu den Sternen zu schauen und nicht auf eure Füße. [...] Seid neugierig! Und ganz egal, wie schwierig euch euer Leben vorkommt: Es gibt immer etwas, das ihr tun – das ihr erfolgreich tun könnt. Gebt nie auf, das ist am wichtigsten! Lasst eurer Phantasie freien Lauf! Gestaltet die Zukunft!

Quelle: Stephen Hawking: Kurze Antworten auf große Fragen. Übersetzt von: Susanne Held, Hainer Kober. 9. Auflage. Stuttgart: Klett-Cotta 2018, S. 229f, 235f

M3 Stephen Hawking (britischer Physiker, 1942 – 2018) – Jeder kann etwas bewirken

„All das ist falsch. Ich sollte nicht hier oben sitzen. Ich sollte wieder in der Schule auf der anderen Seite des Ozeans sein. [...]
Ihr habt meine Träume und meine Kindheit mit euren leeren Worten gestohlen. [...] Wir stehen am Anfang eines Massensterbens, und alles, worüber ihr reden könnt, sind Geld und Märchen über ewiges Wirtschaftswachstum. Wie könnt ihr es wagen! Seit mehr als 30 Jahren ist die Wissenschaft sich einig. Wie könnt ihr es wagen, weiterhin wegzuschauen und hierher zu kommen und zu sagen, dass ihr genug tut, wenn die notwendige Politik und die notwendigen Lösungen noch nirgendwo in Sicht sind. [...]
Ihr verlasst euch darauf, dass meine Generation Hunderte von Milliarden Tonnen Ihres CO_2 aus der Luft saugt, mit Technologien, die es noch gar nicht gibt. [...]
Ihr lasst uns im Stich. Aber die jungen Leute fangen an, euren Verrat zu verstehen. Die Augen aller zukünftigen Generationen sind auf euch gerichtet. [...]
Die Welt wacht auf. Und die Veränderung kommt, ob es euch nun gefällt oder nicht. Danke."

Quelle: Greta Thunberg: Die ganze Klimagipfel-Rede im Wortlaut. SPÖ-Parlamentsklub, Wien, 24.09.2019, Sara Mohammadi

M4 Auszug aus Greta Thunbergs Rede auf dem UN-Klimagipfel in New York (23.9.2019)

A) „Allein kann ich sowieso nichts ändern. Die Fabriken in China und in den USA stoßen so viel CO_2 aus, da hat mein Verhalten keine Auswirkungen."

B) „Mir ist meine Zukunft wichtig. Deshalb achte ich darauf, einen möglichst geringen CO_2-Ausstoß zu verursachen. Mehr kann ich als Einzelperson nicht tun."

C) „Ich ernähre mich schon vegetarisch und verzichte auf Flugreisen. Aber um etwas zu verändern, will ich handeln. Es gibt so viele Events für Jugendliche, um gemeinsam etwas zu erreichen. Hauptsache, es passiert endlich etwas!"

M5 Aussagen zum CO_2-Ausstoß – Aussagen mittels Wertequadrat einordnen

1 a) Beschreibe deine Vorstellung einer lebenswerten Zukunft für alle Menschen auf der Erde. Orientiere dich dabei an den SDGs (siehe S. 164).
b) Diskutiert in der Klasse, wie ihr euch für das Klima engagiert und ob ihr der Meinung seid, damit etwas zu verändern (M3, M4).

2 Bestimme den CO_2-Ausstoß einer Flugreise zu deinem Traumziel (M2, QR-Code).

3 a) Erläutere Möglichkeiten, deinen CO_2-Ausstoß zu verringern (QR-Code).
b) Ordne die Aussagen in M5 und deinen eigenen Standpunkt begründet in ein Wertequadrat ein (QR-Code).

GeoPlus

4 Erläutere, was die Menschheit bisher aufhielt, ihr Verhalten und Handeln zu verändern. Gehe dabei auf die Frage ein, warum für Veränderungen oft so viel Zeit benötigt wird.

M1 Wasser ist überall.

Mein Wasserfußabdruck

Dass wir tagtäglich beim Wäschewaschen, bei der Toilettenspülung oder beim Duschen Wasser verbrauchen, ist offensichtlich. Doch dieser direkte Verbrauch ist der geringere Teil unseres Wasserbedarfs. Der größere Teil wird für die Produktion der Güter und Waren benötigt, die wir täglich nutzen. Wie können wir unseren persönlichen Beitrag leisten, Wasser zu sparen?

Wasser ist nicht gleich Wasser

Das Statistische Bundesamt gibt für Deutsche einen durchschnittlichen Wasserverbrauch von rund 129 Litern pro Person und Tag an (M3). Berechnet man jedoch das **virtuelle Wasser**, verbrauchen wir in Deutschland pro Person mehr als 4 000 Liter Wasser pro Tag (M4).

Beim virtuellen Wasser (M2) wird unterschieden zwischen *Grünem Wasser* aus Niederschlag und natürlicher Bodenfeuchtigkeit, *Blauem Wasser* für die künstliche Bewässerung und *Grauem Wasser*, das während der Nutzung verunreinigt wird und nur bedingt wiederverwendet werden kann.

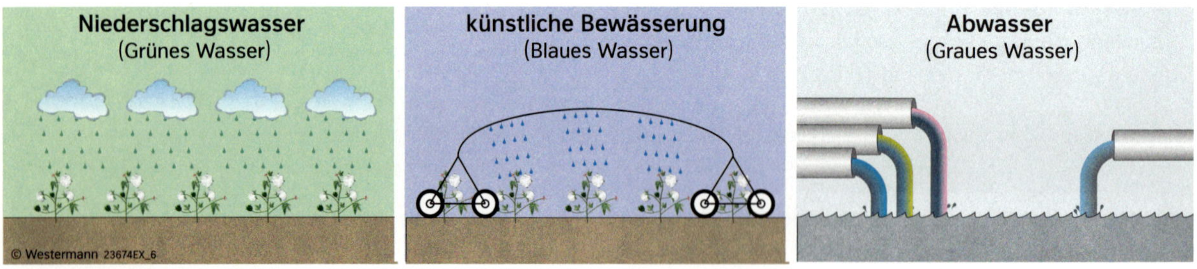

M2 Virtuelles Wasser

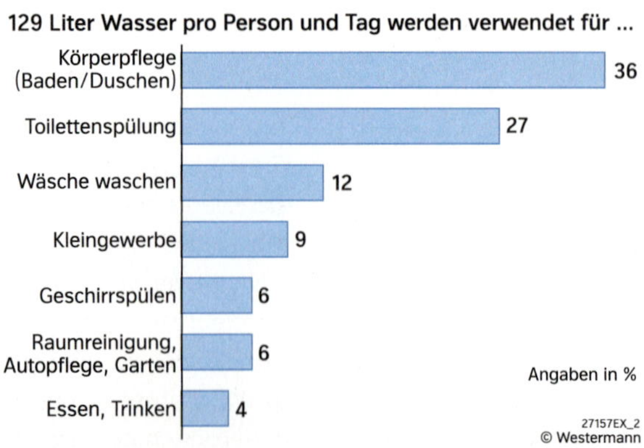

M3 Direkter Wasserverbrauch in Deutschland (2021)

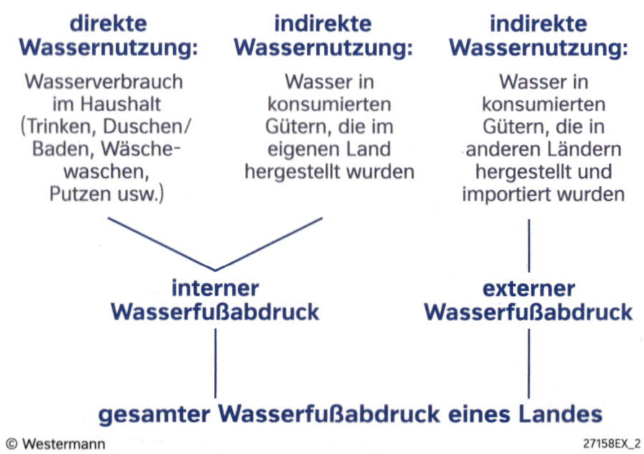

M4 Zusammensetzung des Wasserfußabdrucks

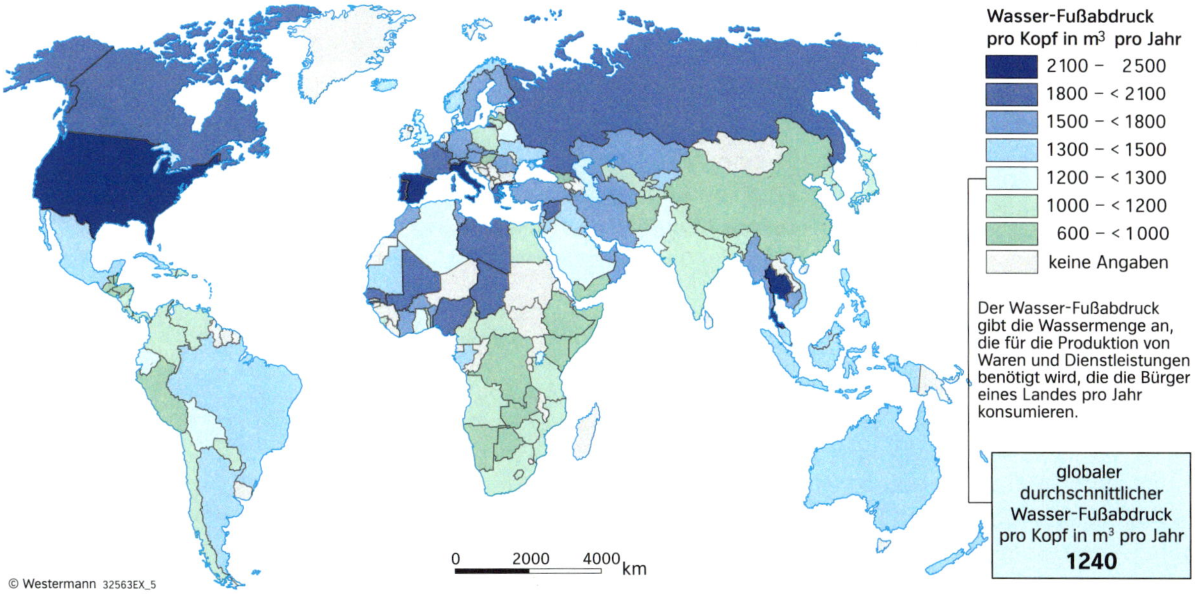

M5 Wasserfußabdruck weltweit

Produkt	virtueller Wassergehalt			
	gesamt (in l)	Grün (in %)	Blau (in %)	Grau (in %)
Grundnahrungsmittel				
1 kg Kartoffeln	287	66	12	22
1 kg Brot	1608	70	19	11
1 kg Reis	2497	68	20	12
tierische Produkte				
1 l Milch (4 Gläser)	1020	85	8	7
1 kg Käse	3178	85	8	7
1 kg Hühnerfleisch	4325	82	7	11
1 kg Butter	5553	85	8	7
1 kg Schweinefleisch	5988	82	8	10
1 kg Rindfleisch	15415	93	4	3
Obst und Gemüse				
1 kg Tomaten	214	50	30	20
1 kg Bananen	790	84	12	4
1 kg Äpfel	822	68	16	16
1 kg Spargel	2150	70	6	24
Genussmittel				
1 l Kaffee (8 Tassen)	1056	96	1	3
1 kg Schokolade	17196	98	1	1
Sonstiges				
1 T-Shirt (250 g)	2495	54	33	13
1 kg Rinderleder	17093	93	4	3

M6 Mittlerer globaler virtueller Wassergehalt ausgewählter Produkte

1 a) Erkläre, was virtuelles Wasser ist (M2).
b) Diskutiert, welches der Fotos in M1 nicht zu den anderen passt (M4).

2 Erkläre, warum das Duschen am Morgen im Gegensatz zur Tafel Schokolade keine Wassersorgen macht (M3, M6).

3 Erläutere, wie du deinen Wasserfußabdruck reduzieren kannst (M6, QR-Code).

GeoPlus

4 Unser Konsum verbraucht Wasser in anderen Ländern.
a) Nenne Regionen, in denen das besonders problematisch ist.
b) Recherchiere Folgen für die Menschen und die Umwelt vor Ort (Internet).

Web-Code: WES-144136-169

12 NACHHALTIGE/R KONSUM UND PRODUKTION

Mein ökologischer Fußabdruck – wie viele Erden verbrauche ich momentan?

Wenn jemand sprichwörtlich „auf großem Fuß lebt", dann pflegt er einen konsumorientierten und aufwendigen Lebensstil. Was sich nach Luxus anhört, weist im Hinblick auf den globalen Ressourcenverbrauch auf eine der zentralen Herausforderungen für die Zukunft hin. Der Mensch hinterlässt einen zu großen ökologischen Fußabdruck. Was bedeutet das und wie groß ist dein eigener ökologischen Fußabdruck?

Leben auf großem Fuß

Die US-amerikanische Organisation Global Footprint Network veröffentlicht jedes Jahr einen Bericht, der verdeutlicht, wie viele „Erden" die Menschheit aktuell verbraucht (M5). Dieser Verbrauch an Ressourcen und Flächen lässt sich mithilfe des ökologischen Fußabdrucks anschaulich darstellen (M4).

Eine weitere Darstellungsform des **Ressourcenverbrauchs** ist der **Earth Overshoot Day** (M1). An diesem Tag ist die Menge an erneuerbaren Ressourcen für ein Kalenderjahr aufgebraucht. Nach diesem Tag lebt die Menschheit für den Rest des Jahres auf Kosten nachfolgender Generationen.

Der Earth Overshoot Day des Jahres 2020 war durch die weltweite COVID-19-Pandemie mehr als drei Wochen später als im vorangegangenen Jahr (M2). Auch während Wirtschaftskrisen in den vergangenen Jahrzehnten verlagerte sich der Earth Overshoot Day im Kalenderjahr nach hinten. Doch das sind nur Ausnahmen, tendenziell wird der Earth Overshoot Day immer früher erreicht. Das bedeutet, dass der Ressourcenverbrauch durch den Menschen zunimmt.

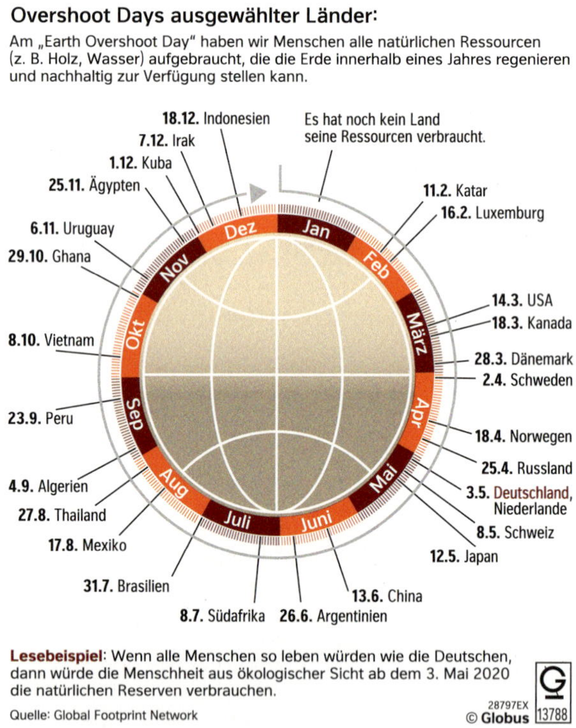

M1 Der Earth Overshoot Day (2020)

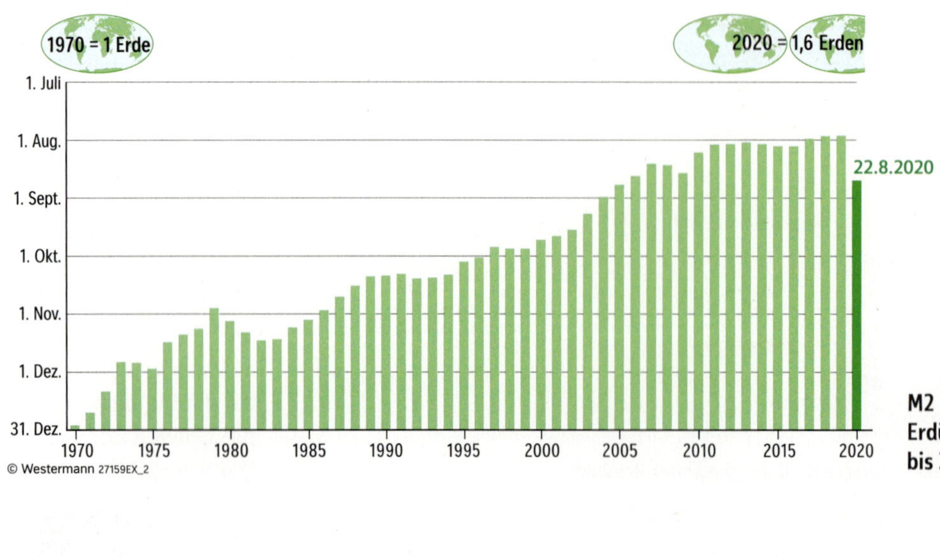

M2 Earth Overshoot Day – der Erdüberlastungstag von 1970 bis 2020

M3 Arten des Flächenverbrauchs zur Bestimmung des ökologischen Fußabdruckes

INFO

Der globale Hektar (gha) ist die Maßeinheit des ökologischen Fußabdrucks. Er gibt den Flächenverbrauch eines Menschen bzw. eines Landes entsprechend dem geführten Lebensstil an. Der ökologische Fußabdruck kann für eine bessere Vergleichbarkeit auch im Verbrauch von Erden angegeben werden (M5).

In die Berechnung des ökologischen Fußabdrucks fließen alle Flächen ein, die der Mensch zur Aufrechterhaltung seines Lebensstils verbraucht (M3). Dieser Durchschnittswert wird globaler Hektar (gha) genannt. Rein rechnerisch stünden – würde man die gesamte nutzbare Fläche der Erde unter allen Menschen gleichmäßig aufteilen – jedem Erdenbürger bei nachhaltiger Nutzung 1,7 globale Hektar zu. Also knapp zwei große Fußballfelder.
Der globale Hektar entspricht einem Hektar durchschnittlicher biologischer Produktivität weltweit. Auf diese Weise können verschiedene Länder oder Gebiete miteinander verglichen werden.
Da die Weltbevölkerung stetig wächst und der Lebensstandard in vielen Ländern steigt, ändert sich auch der weltweite ökologische Fußabdruck.

Jahr	1970	2021	2050*
Weltbevölkerung (in Mrd.)	3,7	7,8	9,7
ökolog. Fußabdruck (in gha)	2,0	3,1	5,0
Verbrauch an Erden	1,0	1,7	3,0

M4 Der ökologische Fußabdruck (* Prognose)

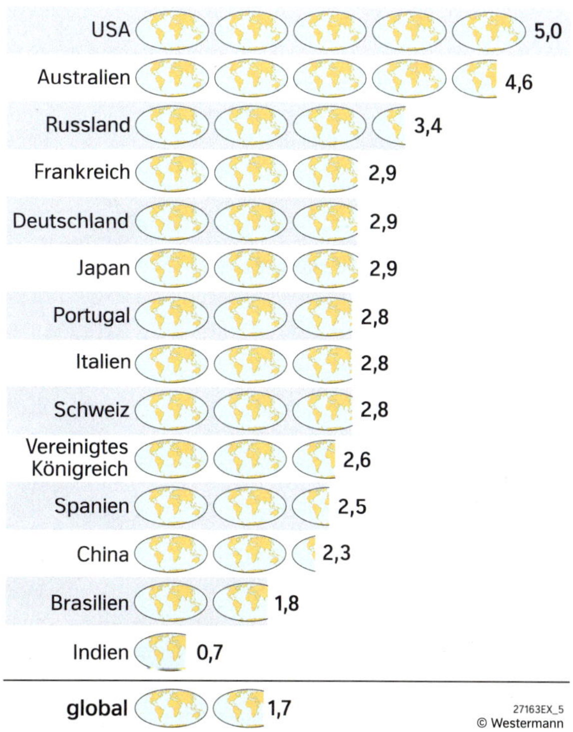

M5 Verbrauch an Erden nach Ländern (2021)

1 a) In Katar und Luxemburg lag der Earth Overshoot Day 2020 bereits im Februar (M1). Recherchiere zu den Gründen (Internet).
b) Recherchiere den weltweiten Erdüberlastungstag für das laufende Kalenderjahr.
c) Erläutere, warum der Erdüberlastungstag im Jahr 2020 später erreicht wurde (M2).

2 a) Bestimme deinen persönlichen ökologischen Fußabdruck und vergleiche ihn mit dem Deutschlands und anderer Länder (M4, QR-Code).
b) Erläutere, wie du deinen ökologischen Fußabdruck verringern kannst (M3, M4).

GeoPlus

3 Einige Experten behaupten, dass viele Menschen nur durch entsprechende Gesetze nachhaltiger handeln werden. Nimm zu dieser Aussage begründet Stellung.

Web-Code: WES-144136-171

Der ökologische Rucksack

Jedes Produkt, das wir benutzen, hat ein bestimmtes Gewicht. Der ökologische Rucksack gibt das „wahre“ Gewicht dieses Produktes an. Was ist damit gemeint?

Was ist der ökologische Rucksack?

Der **ökologischer Rucksack** eines Produktes gibt die Menge an Ressourcen an, die bei der Herstellung, Nutzung und Entsorgung eines Produktes verbraucht werden. So werden z. B. für die Herstellung eines Kilogramms Kunststoff etwa fünf Kilogramm weitere Ressourcen benötigt.

Ziel einer nachhaltigen Industrie muss sein, Produkte mit einem leichten ökologischen Rucksack herzustellen. Das sind zum Beispiel Produkte, die ressourcenschonend hergestellt werden, die eine lange Lebensdauer haben und deren Materialien gut wiederverwertet werden können.

① **Touchscreen**
Die Metalle Indium und Zinn leiten Strom und übertragen so die Fingerberührung. Sie werden ganz dünn auf den Bildschirm aufgebracht. Kunststoff wird ebenfalls benötigt.

③ **Display**
Hier werden sogenannte Seltene Erden verwendet, das sind sehr selten vorkommende Metalle.

⑤ **Sound und Vibration**
Für das Mikrofon wird Nickel benötigt, für Lautsprecher und Vibration Seltene Erden.

⑦ **Gehäuse**
Das Gehäuse besteht aus Kunststoff, Keramik, Glas oder Aluminium.

⑧ **Akku**
Lithium-Ionen-Akkus bestehen aus Lithium, Cobalt und Aluminium (Aluminium wird aus Bauxit gewonnen).

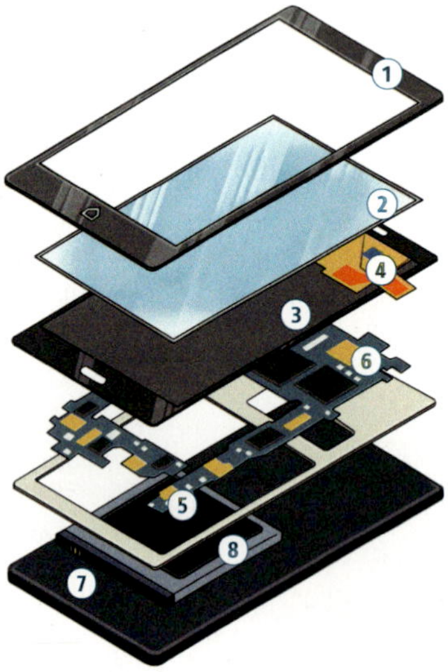

② **Glas**
Es besteht aus den Metallen Silizium, Kalium und Aluminium (wird aus Bauxit gewonnen).

④ **Leiterplatte**
Die Platte besteht aus Kunststoff und Keramik. Für die elektrischen Kontakte werden die Metalle Gold, Silber, Platin, Palladium, Kupfer und Wolfram benötigt.

⑥ **Mikroelektronik**
Elektronische Bauteile und Verbindungen bestehen aus den Metallen Zinn, Blei und Coltan (Seltene Erde).

M1 Bauteile eines Smartphones

M2 Ansatz des ökologischen Rucksacks

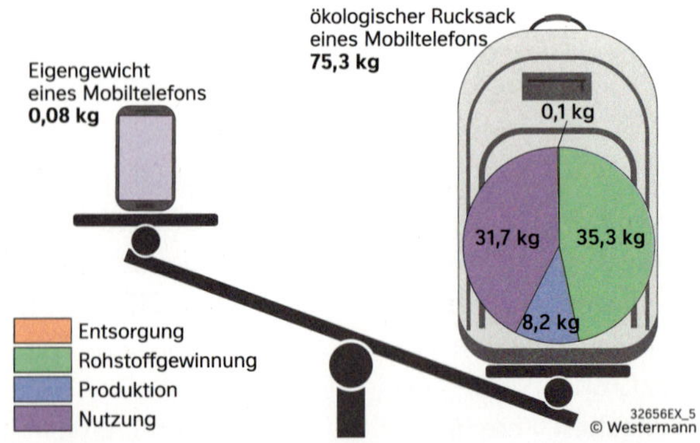

M3 Ökologischer Rucksack am Beispiel eines durchschnittlichen Smartphones

M4 Kinderarbeit in einer Mine in Afrika

M7 Produktion eines Smartphones

M8 Verschrottung von alten Geräten

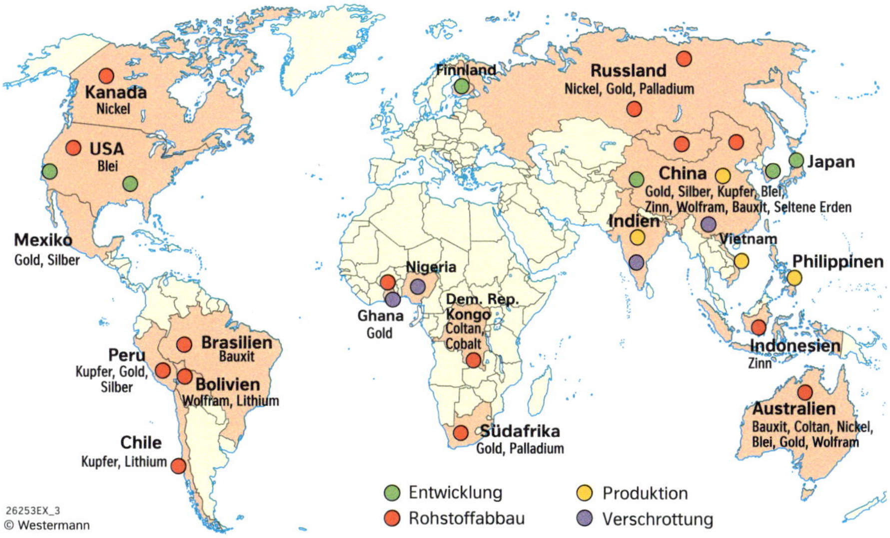

M5 Beteiligte Länder am Zyklus eines Smartphones (Auswahl)

Smartphone-hersteller	Gesamtnote	Note Energie	Note Ressourcen	Note Chemikalien
Fairphone	B	B	A-	B-
Apple	B-	A-	C	B
Microsoft	C-	D+	D+	C
LG	D+	D	C-	D+
Sony	D+	C-	C-	D
Google	D+	C-	D	C-
Huawei	D	D	D+	D
Samsung	D-	D	D	D-
Oppo	F	F	F	F
Vivo	F	F	F	F

M6 Wie nachhaltig sind die Smartphones verschiedener Hersteller? (Greenpeace-Studie von 2017) (Noten: A = sehr gut, F = sehr schlecht)

1 a) Ermittle Länder, aus denen Metalle für den Akku stammen (M1, M5, Atlas).
b) Ordne den drei Fotos jeweils ein Land zu, in dem es aufgenommen sein könnte (M4, M5, M7, M8).

2 Erläutere das Prinzip des ökologischen Rucksacks am Beispiel des Smartphones (M1 – M8, QR-Code).

3 Begründe, warum ein Smartphone so wertvoll ist (M1).

4 Begründe, ob die Ergebnisse aus der Greenpeace-Studie (M6) einen Einfluss auf deinen Kauf eines Smartphones hätten.

GeoPlus
5 Diskutiert in der Klasse, welche der 17 SDGs von Bedeutung sind, um ein nachhaltiges Smartphone zu produzieren (siehe S. 164).

M1 Elektroschrott-Müllhalde in Europa

M3 Verwertung des Elektroschrotts in Ghanas Hauptstadt Accra

Umgang mit Elektroschrott

Im Jahr 2014 produzierte die Menschheit etwa 44 Millionen Tonnen Elektromüll. Im Jahr 2019 waren es bereits 54 Millionen Tonnen. Was passiert mit dieser großen Menge Elektroschrott?

Leben in der Toxic City

Elektrogeräte sind heute fester Bestandteil unseres Alltags und der Arbeitswelt. Jedes Jahr präsentieren die großen Konzerne ihre neuesten Produkte. Gekauft ist der neue Fernseher schnell, doch was passiert mit dem Altgerät?
Jährlich gelangen Tausende Tonnen Elektroschrott, unter anderem aus Deutschland, nach Afrika. In dem Slum-Viertel Agbogbloshie in Ghanas Hauptstadt Accra wird das Problem mit dem Elektroschrott deutlich. Hier brennt täglich der Schrott aus aller Welt. Aus alten Computern, Monitoren, Smartphones und Fernsehgeräten wird herausgeholt, was noch irgendeinen Wert hat. Kommt man nicht direkt an das Material (z. B. bei Kabeln und Netzteilen), werden die Geräte zerschmettert und danach ausgebrannt. Übrig bleiben kleine Mengen Kupfer, Eisen oder Aluminium.
Die Arbeit ist gefährlich und kann sogar tödlich sein. Nicht nur der Rauch ist giftig. Blei, Quecksilber, Cadmium und andere giftige Stoffe gelangen über den Regen in die Böden und vergiften das Grundwasser. Auch die Böden sind komplett verseucht. Viele Familien schicken ihre Kinder in die Toxic City, da sie auf die Einnahmen angewiesen sind. Und obwohl die schlechten Arbeitsbedingungen und die Folgen für die Umwelt bekannt sind, steigt der jährliche Export von Altgeräten nach Afrika stetig an.

Land	kg/Einw.	Land	kg/Einw.
Norwegen	26,0	Russland	11,3
Ver. Königreich	23,9	Türkei	10,2
Australien	21,7	Chile	9,9
USA	21,0	China	7,2
Japan	20,0	Südafrika	7,1
Kanada	20,2	Indien	2,7
Deutschland	19,4	Ghana	1,8
Ungarn	13,6	Gambia	1,2

M2 Elektroschrottaufkommen ausgewählter Länder (2019)

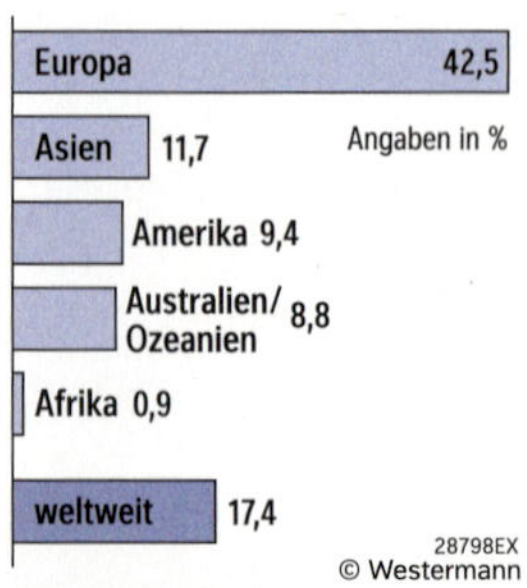

M4 Anteil des gesammelten und recycelten Elektroschrotts (2019)

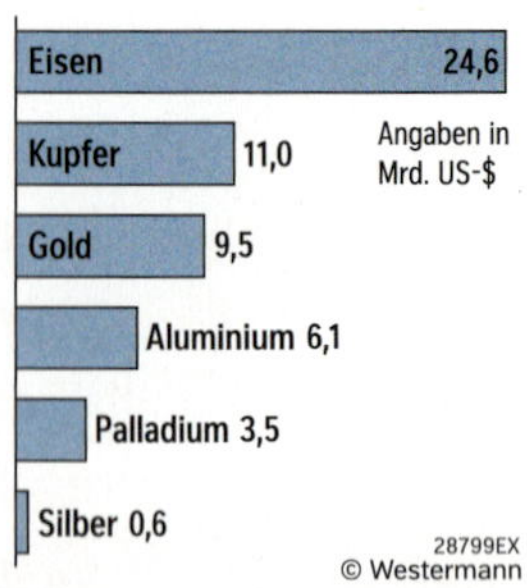

M5 Wert der weltweit in Elektroschrott enthaltenen Rohstoffe (2019)

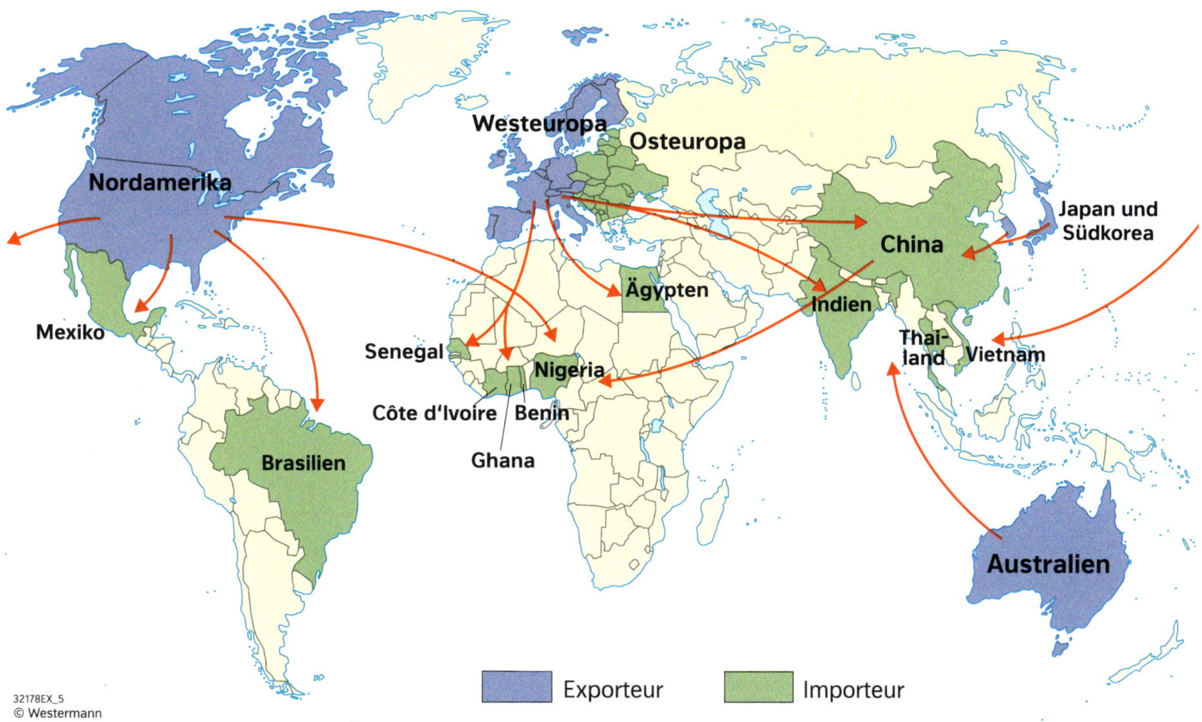

M6 Exportwege des illegalen Elektroschrotts (2019)

Elektroschrott muss in Deutschland fachgerecht entsorgt werden. Dazu gibt es Gesetze, die die Rücknahme von alten Elektrogeräten an öffentlichen Sammelstellen regeln. Zudem können Hersteller sowie der Handel freiwillig eigene Rücknahmesysteme anbieten. Wir als Verbraucher sind dazu verpflichtet, alte Elektrogeräte auf diesen Wegen abzugeben. Doch die Produktverantwortung für alte Elektrogeräte ist geteilt: Nach der Rücknahme liegt die Entsorgung bei den Herstellern. Sie müssen die Kosten der Entsorgung und Aufbereitung selbst tragen. Giftige bzw. umweltgefährdende Stoffe und recycelbare Stoffe müssen voneinander getrennt werden.
Sofern man seine alten Geräte beim Wertstoff- oder Recyclinghof abgibt, ist die Wahrscheinlichkeit gering, dass diese zum Beispiel als Güterspenden in der Toxic City in Accra landen. Doch oftmals werden alte Elektrogeräte als Sperrmüll einfach an die Straße gestellt oder auf Flohmärkten günstig verkauft. Auf diese Weise können sie in den Kreislauf des globalen Elektroschrotts gelangen.

M7 Gesetzliche Regelungen zur Elektrogeräte-Rücknahme

1 Erkläre, warum es sinnvoll ist, Elektroschrott zu recyceln (M5).

2 a) Beschreibe den möglichen Kreislauf eines Elektrogerätes (M1, M3, M6, siehe S. 173/M5).
b) Stelle dar, welche Probleme auftreten, wenn Elektroschrott in Entwicklungsländern entsorgt wird (M3).

3 a) Bewerte die gesetzlichen Regelungen für Elektroaltgeräte in Deutschland (M7).
b) Liste weitere Möglichkeiten auf, wie alte Elektrogeräte von Deutschland nach Afrika gelangen können.

4 „Das Aufkommen von Elektroschrott pro Einwohner (M2) ist ein Indikator für die ökonomische Situation eines Landes". Begründe, ob du dieser Aussage zustimmst.

GeoPlus

5 Entwickle Vorschläge, wie du mit deinem Verhalten das Elektroschrott-Problem reduzieren kannst.

Sand – eine unterschätzte Ressource

Obwohl Sand nach Süßwasser der zweitwichtigste Rohstoff der modernen Gesellschaft ist, wird seine Bedeutung oft unterschätzt. Dabei ist die Verfügbarkeit von Sand schon heute sehr beschränkt. Der Rohstoff ist so begehrt, dass bereits ganze Strände gestohlen werden. Aber warum ist das so?

Den Wüstenstaaten geht der Sand aus

Schneller, höher, weiter scheint das Motto zu sein. Die Baubranche auf der Arabischen Halbinsel boomt. In Dubai wachsen die Hotels und Bürotürme in den Himmel, Katar baut Stadien und Hotels für die Fußballweltmeisterschaft 2022. Doch ausgerechnet der Rohstoff Sand schränkt die Bautätigkeit ein.

Dabei gibt es in der Wüste mehr als genug Sand. Aber Wüstensand ist für die Betonherstellung nicht geeignet. Der Salzanteil ist zu hoch und die Sandkörner sind sehr fein und rund. Zement haftet nur unzureichend daran. Beton besteht zu einem Teil aus Zement, zu sechs bis sieben Teilen aus Sand und Kies sowie Wasser.

Die Vereinigten Arabischen Emirate müssen Sand für ihre Bauprojekte importieren, zum Beispiel aus Australien. Das Geschäft mit Sand ist lukrativ; jährlich werden weltweit Sande und Kiese für etwa 70 Mrd. US-$ gehandelt.

Sand und Kies – bedeutende Rohstoffe

Mehr als 50 Mrd. t Sand und Kies werden jährlich weltweit abgebaut, etwa sechsmal mehr als Kohle. Damit sind Sand und Kies die am meisten abgebauten festen Rohstoffe überhaupt.

Doch diese Rohstoffe werden knapper. Allein für die Betonproduktion wurden im Jahr 2020 weltweit etwa 40 Mrd. t gebraucht. Der weltweite Verbrauch von Sand und Kies hat sich von 1995 bis 2020 etwa vervierfacht.

Auch Glas besteht zu einem großen Anteil aus Sand. Ohne Sand gäbe es auch keine Mikrochips in Computern und Smartphones. Der Sand muss für die Herstellung von Elektronik eine besondere Qualität haben und sehr rein sein. Sand findet sich sogar in Kartoffelchips, in Zahnpasta und in Poliermitteln. Er wird benötigt, um Dämme und Deiche zu bauen oder zu erhöhen. Auch zur Herstellung von Asphalt und Autoreifen wird Sand verwendet.

M1 Stein, Kies und Sand – auf die Korngröße kommt es an!

M2 Sandabbau in Sierra Leone

M3 Aufschüttung einer künstlichen Insel vor Dubai (der Sand stammt aus Australien)

M6 Auf einer Baustelle in China wird Beton gegossen. China ist mit Abstand der größte Verbraucher von Beton weltweit.

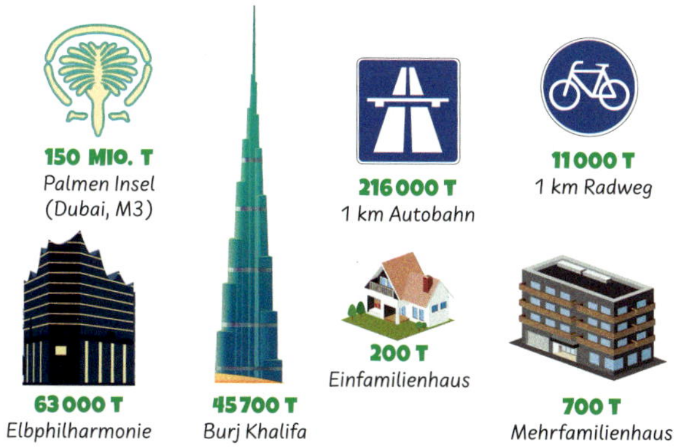

M4 So viel Sand steck in ...

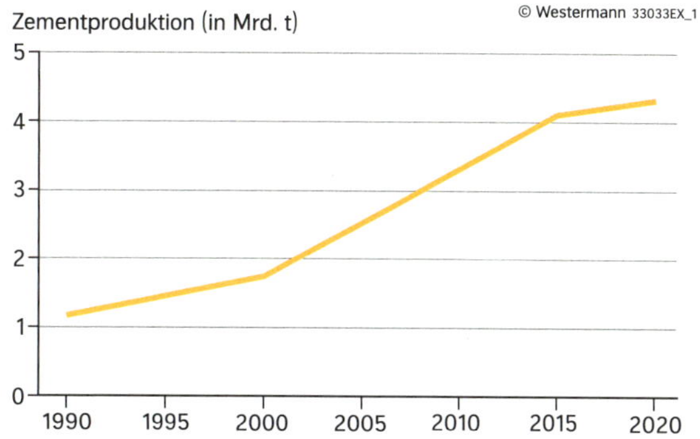

M7 Entwicklung der Zementproduktion weltweit

Sande und Kiese sind Deutschlands häufigste Rohstoffe. Sie konzentrieren sich in den eiszeitlich geprägten Räumen Nord- und Süddeutschlands und an den Ufern großer Flüsse. Mitunter entstehen beim Abbau des Rohstoffes Baggerseen, die zu beliebten Ausflugsorten werden.

Aber Sand wird auch am und im Meer gewonnen. Große Saugbagger fahren mit einem Saugkopf über den Meeresboden und saugen ein Sand-Wasser-Gemisch ein. Das Wasser läuft ab und der Sand wird an Land transportiert. Ein Saugbaggerschiff kann etwa 8 000 Lkw-Ladungen Sand mit einem Mal transportieren.

Bei dieser Form der Sandgewinnung wird der Lebensraum von Meerestieren und Pflanzen nachhaltig zerstört. Deshalb sind eine genaue Ausweisung der Abbaugebiete und eine regelmäßige Kontrolle wichtig. Nicht in allen Ländern der Erde ist dies jedoch der Fall. In Nordafrika wurden so schon ganze Strände und Ökosysteme zerstört. In Indonesien sind bereits ganze Inseln abgebaggert worden, um den Sand nach Singapur und auf die Arabische Halbinsel zu exportieren. Den indonesischen Fischern wird dabei die Lebensgrundlage entzogen. Staatliche Stellen in Indonesien haben nicht die Mittel, den Raubbau an Sand zu überwachen. Ein Teil des Sandes wird durch kriminelle Organisationen vorbei an allen Kontrollen abgebaut und verkauft.

Die Menge an Sand und Kies, die jährlich legal und illegal abgebaut wird, ist doppelt so hoch wie der weltweite Transport dieser Ressource durch Flüsse. Damit verändert der Mensch auch die Oberflächengestalt der Erde gravierend.

M5 Sand- und Kiesabbau

1. a) Erläutere die Bedeutung von Sanden und Kiesen (M3, M4, M6).
b) Erkläre, welche Bedeutung Sand in deinem Leben hat.

2. Erkläre, wie der Verbrauch an Sand und Kies durch die Zementproduktion abgeschätzt werden kann (M7).

3. a) Vergleiche den Abbau von Sand und Kies auf dem Festland und im Meer (M5).
b) Beschreibe ökologische und ökonomische Probleme des Sandabbaus (M2, M5).

4. Nenne exogene Kräfte, die die dargestellten Korngrößen transportieren können (M1, siehe Kapitel 5).

12 NACHHALTIGE/R KONSUM UND PRODUKTION

14 LEBEN UNTER WASSER

M1 Eine Taucherin sammelt Plastikmüll bei Istanbul.

M4 Umweltschützer auf den Philippinen

Meere voll Plastikmüll

Jeden Tag produzieren wir Unmengen an Plastikmüll. Ein Großteil davon landet in den Ozeanen, wo sich durch die Strömungen im Laufe der Zeit riesige Müllstrudel bilden. Der Great Pacific Garbage Patch im Nordpazifik ist der größte dieser Strudel. Er hat mittlerweile die Ausmaße von Mitteleuropa. Wie wirkt sich der Plastikmüll auf das Ökosystem Weltmeer aus und wie können wir unsere Meere schützen?

Plastikmüll und seine Folgen

Kaum eine Bedrohung der Meere ist heute so sichtbar wie die Belastung durch Plastikabfälle. In knapp 100 Jahren hat das anfänglich vielgelobte Material unseren Blauen Planeten unwiederbringlich verändert. Wurden in den 1950er-Jahren knapp 1,5 Mio. t Plastik pro Jahr produziert sind es heute fast 400 Mio. t. Und ein viel zu großer Teil davon landet im Meer.

Etwa 75 % des gesamten Meeresmülls bestehen aus Kunststoffen. Der jährliche Eintrag von Kunststoff beträgt 4,8 – 12,7 Mio. t. Nach Angaben des Umweltprogramms der Vereinten Nationen treiben inzwischen auf jedem Quadratkilometer Meeresoberfläche bis zu 18 000 Plastikteile unterschiedlichster Größe. Doch was wir sehen ist nur die Spitze des Eisbergs, mehr als 90 % der Abfälle sinken auf den Meeresboden und bleiben unserem Auge verborgen. Plastik ist im Meer nahezu unvergänglich, nur langsam zersetzt es sich durch Salzwasser und Sonne und gibt nach und nach kleinere Bruchstücke an die Umgebung ab.

Quelle: Plastikmüll und seine Folgen. NABU Online, Stand: 2022

M2 Bericht einer Umweltschutzorganisation

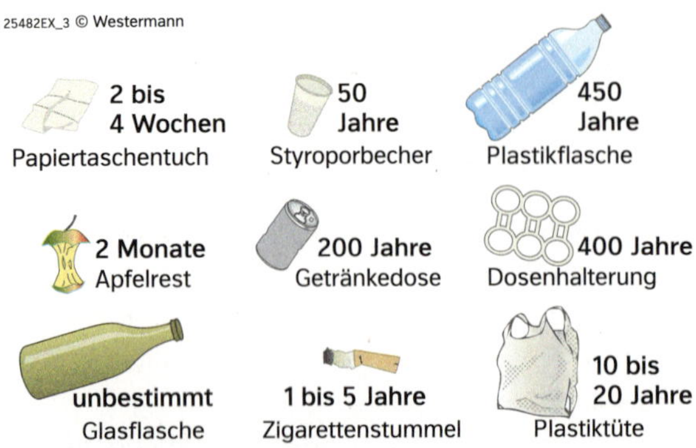

M3 Abbauzeiten von Müll im Meer

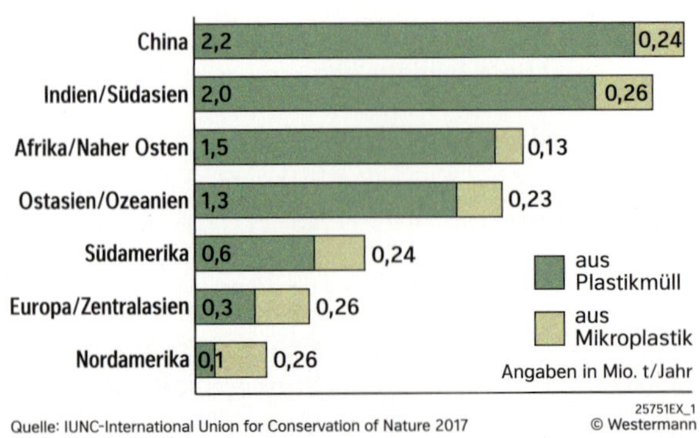

M5 Verursacher des Plastikmülleintrags ins Weltmeer

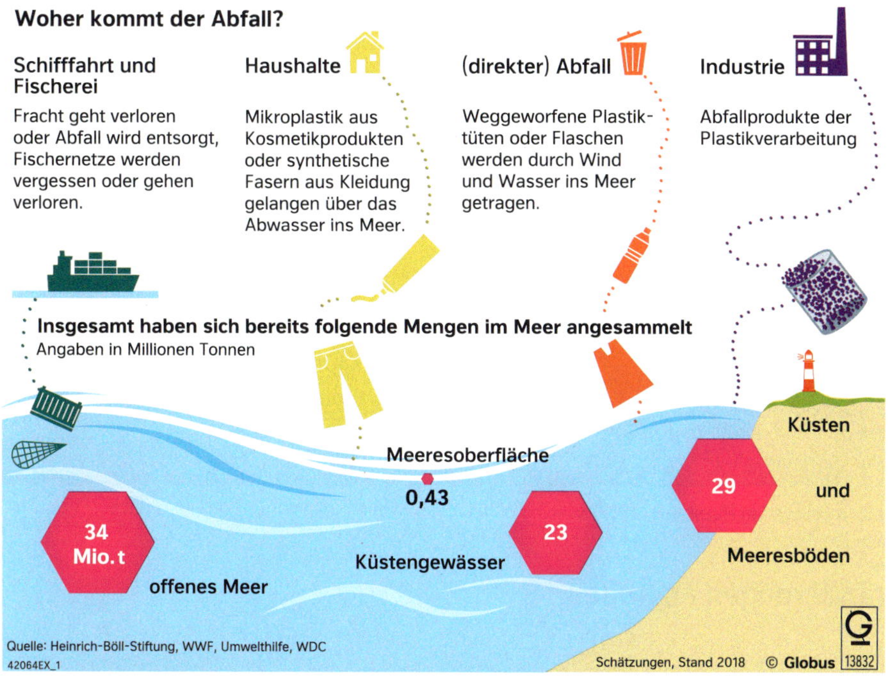

M6 Plastikmüll im Meer

INFO

Als **Mikroplastik** werden mikroskopisch kleine feste Partikel aus Kunststoff bezeichnet. Mikroplastik wird zum einen industriell hergestellt und in Kosmetik und Hygieneprodukten wie Peelings und Zahnpasta verwendet. Zum anderen entsteht es durch die Zerkleinerung größerer Kunststoffprodukte durch die Sonne und Salzwasser. Heute ist Mikroplastik bereits in allen Bereichen der Umwelt nachweisbar.

M7 Plastikmüll – eine Gefahr für die Tierwelt

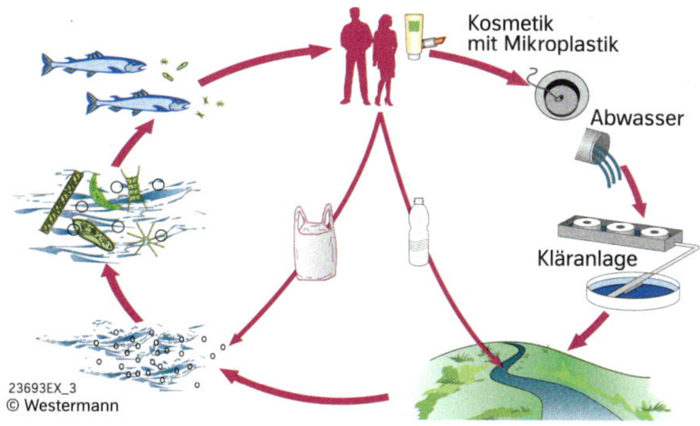

M9 Kreislauf des Mikroplastik

Verwenden Sie keine Peelings, Duschgels und Zahnpasten, die Kunststoffe enthalten. [...]
Kaufen Sie langlebige Produkte. Nutzen Sie plastikfreie Verpackungen wie Papiertüten für Brot oder Obst und Gemüse, Mehrwegflaschen oder noch besser Glasflaschen aus der Region und eigene Textiltragetaschen für den Einkauf. Trennen Sie Ihren Müll. Nur so ermöglichen Sie, dass Plastik und andere Stoffe überhaupt recycelt werden können. Beteiligen Sie sich an freiwilligen Säuberungsaktionen an Küsten, Stränden und Flussufern.

Quelle: Ein Meer von Kunststoffen. Umweltbundesamt Online, 29.09.2015

M8 Handlungsmöglichkeiten (Auswahl)

1 Beschreibe die Herkunft, die räumliche Verteilung und unterschiedliche Erscheinungsformen von Plastikmüll im Meer (M1, M5, M6, QR-Code).

2 a) Erläutere, inwiefern Plastikmüll im Meer zur Bedrohung wird (M1, M2, M3, M7).
b) Begründe, warum Plastik auch uns Menschen gefährdet (M9).

3 Entwickle Handlungsmöglichkeiten wie in M8, die zum Schutz des Weltmeeres beitragen (M4).

GeoPlus

4 a) Recherchiere zu Projekten, um das Meer vom Müll zu befreien (Internet).
b) Erläutere die Unterziele des SDGs 14 – Leben unter Wasser (Internet).

Nachhaltiges Handeln

Web-Code: WES-144136-179

M1 Andreas Bourani beim Global Citizen Festival in Hamburg (2017)

Selbst handeln und Veränderungen anstoßen

Als Global Citizen werden Menschen bezeichnet, die sich der Zusammenhänge dieser Welt und auch ihres Platzes darin bewusst sind. Bist du ein Global Citizen?

Initiative Global Citizen

„Wir können die Generation sein, welche die Armut ein für alle Mal besiegt", heißt es auf der Homepage von Global Citizen im Bereich „Aktiv werden". Lea und Anton sind neugierig geworden. Sie klicken sich durch die Seiten und finden verschiedene Kampagnen zur Armutsbekämpfung.
Beide registrieren sich und fangen an, aktiv zu werden. Sie schreiben Mails an ihre Wahlkreisabgeordnete und fordern sie auf, den Kampf gegen extreme Armut zu unterstützen. Zuvor hatten sie auf der Homepage erfahren, dass Deutschland zwar 2019 über zehn Milliarden Euro für die Entwicklungszusammenarbeit ausgeben will, aber dies 2020 voraussichtlich wieder senken werde. Dagegen sollen die finanziellen Mittel für die Verteidigung um fünf Milliarden Euro erhöht werden. „Das wusste ich gar nicht", gibt Lea zu. „Was für eine unsinnige Verteilung", ärgert sich Anton.
Am Abend haben beide mehrere Mails und Tweets an Entscheidungsträger geschrieben. Plötzlich entdecken sie ihren Punktestand. Mit den Punkten können sie Konzerttickets gewinnen, unter anderem für die Global Citizen Festivals. „Das wäre ja der Wahnsinn!", ist Lea begeistert. „Schau mal, was es schon für Festivals gab!"

INFO

Global Citizen
Der Hauptsitz von **Global Citizen** befindet sich in New York. Weitere Büros existieren in Kanada, Australien und Großbritannien. Gegründet wurde die Organisation 2008.
Alle unter *globalcitizen.org/de/* registrierten User können als Global Citizen aktiv werden und Punkte sammeln. Dafür ist die Teilnahme an verschiedenen Aktionen notwendig wie das Unterschreiben einer Online-Petition oder das Verschicken eines Tweets. Oft sind fertige Vorschläge vorhanden. Mit den nötigen Punkten ist die Teilnahme an Ticket-Verlosungen möglich. Die Tickets gelten für ausgewählte Konzerte und andere Events.
Seit der Gründung sind Millionen von Global Citizens auf der ganzen Welt insgesamt etwa 25 Millionen Mal aktiv geworden, um die größten Herausforderungen unserer Welt gemeinsam anzupacken. Das bedeutet, dass insgesamt knapp 25 Millionen E-Mails und Tweets geschrieben sowie Unterschriften bzw. Telefonanrufe getätigt wurden, um unter anderem extreme Armut bis 2030 zu beenden.
Bis jetzt konnten dank dieser Aktionen fast 50 Milliarden US-Dollar an finanziellen Zusagen gesichert werden. Diese Mittel werden bis zum Jahr 2030 etwa einer Milliarde Menschen helfen.

1) „Global Citizen spiegelt das Gefühl der Jugend weltweit wider. Mit den sozialen Medien wird die nächste Generation erreicht und motiviert, sich nachhaltig für eine gerechtere Welt zu engagieren."

2) „In Wirklichkeit locken die Konzert-Events. Dafür werden Tweets und Mails verschickt. Am persönlichen Handeln und am eigenen Lebensstil ändert sich dadurch gar nichts."

3) „Global Citizen gibt mit den eigenen Mega-Konzerten Künstlern, Politikern und vor allem Global Playern eine sehr attraktive Bühne, um ihr soziales Engagement zu präsentieren. Unternehmen können hier im Sinne ihrer Nachhaltigkeitsstrategie mit großen Spenden für sich werben."

4) „Global Citizen ermöglicht jedem Einzelnen, seine eigene Stimme zu erheben und sich an die Entscheidungsträger der Welt zu wenden. So kann jeder sein Anliegen mitteilen und sich für die Sustainable Development Goals engagieren."

5) „Global Citizen bietet auf der Homepage interessante und lohnende Informationen und Anregungen für das eigene Handeln. Im Zeitalter der Digitalisierung sollten sich NGO's genau so präsentieren."

6) „Bei Global Citizen geht es genauso um Geldspenden wie bei allen anderen Organisationen. Neben der eigenen Spende sollen auch Regierungen und Unternehmen zu Spenden aufgefordert werden. Ansonsten sehe ich keinen Unterschied zu anderen Organisationen."

7) „Die Unterstützung der Sustainable Development Goals der UN durch Andreas Bourani hat Global Citizen in Deutschland einen enormen Schub gegeben. Gerade für die Mobilisierung der jungen Generation sind die Festivals mit angesagten Künstlerinnen und Künstlern eine Riesenchance."

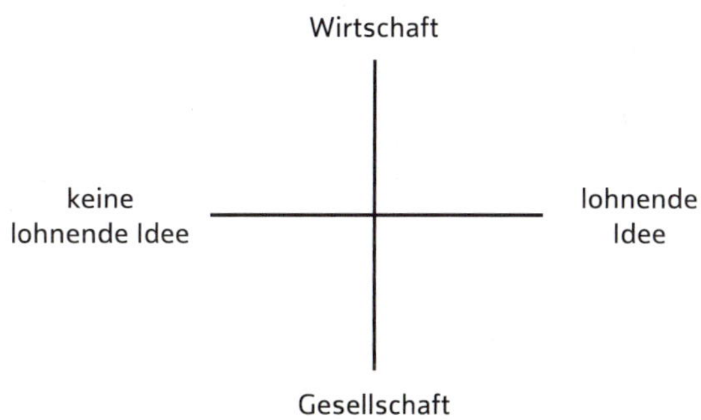

M2 Aussagen zur Initiative Global Citizen mit Wertequadrat

1 a) Entscheide spontan: Willst du ein Global Citizen sein?
b) Begründe kurz mit Bezug auf die SDGs (siehe S. 164).

2 a) Notiere mindestens drei aktuelle Aktionen von Global Citizen, an denen du dich beteiligen könntest (Internet).
b) Ordne sie den passenden SDGs zu.

3 Ordne die Aussagen in M2 in ein Wertequadrat ein und begründe jeweils deine Entscheidung (QR-Code).

4 Überprüfe deine Entscheidung aus Aufgabe 1. Begründe deine erneute Entscheidung mit Bezug zu den vier Dimensionen der Nachhaltigkeit.

5 Engagiere dich bei Global Citizen oder schreibe Global Citizen deine Kritik an deren Vorgehensweise.

Web-Code: WES-144136-181

Alles klar?

1. Nachhaltigkeit

a) Erläutere die Entstehung der Sustainable Development Goals.

b) Nenne zu jeder Doppelseite im Kapitel mindestens ein bzw. ein weiteres SDG, was für die behandelte Thematik von Bedeutung ist (siehe S. 164).

c) Erläutere, warum es oft so schwierig ist, alle Dimensionen der Nachhaltigkeit gleichermaßen zu berücksichtigen.

d) Werte die Karikatur aus.

2. Von Rucksäcken und Fußabdrücken

a) Nenne Möglichkeiten, wie wir unser Verhalten und Handeln nachhaltiger gestalten können. Gehe dabei auf die Begriffe Wasserfußabdruck, ökologischer Fußabdruck und ökologischer Rucksack ein.

b) Erläutere, warum auch der politische Aspekt für die Nachhaltigkeit so bedeutsam ist.

c) Erkläre, welche globale Verantwortung wir beim Umgang mit Elektroschrott haben. Erstelle dafür ein Wirkungsgefüge.

3. Nachhaltig essen

a) Beschreibe anhand des Wasserfußabdrucks eines Burgers, was man unter virtuellem Wasser versteht.

b) Bewerte die Aussage: „Vegetarier sparen viel Wasser und CO_2“.

c) Begründe, ob Insektenburger eine nachhaltige Alternative zu herkömmlichen Burgern sein können.

d) Entwickle Vorschläge, wie man seine Ernährung nachhaltiger gestalten kann.

Alternative Insektenburger?

essbarer Anteil
80 % **40 %**

Proteingehalt
60 % **50 %**

Futter
1 : 4

Platz
1 : 12,5

verursachter CO_2-Ausstoß
1 : 100

gesamter Wasserverbrauch
1 : 15 500

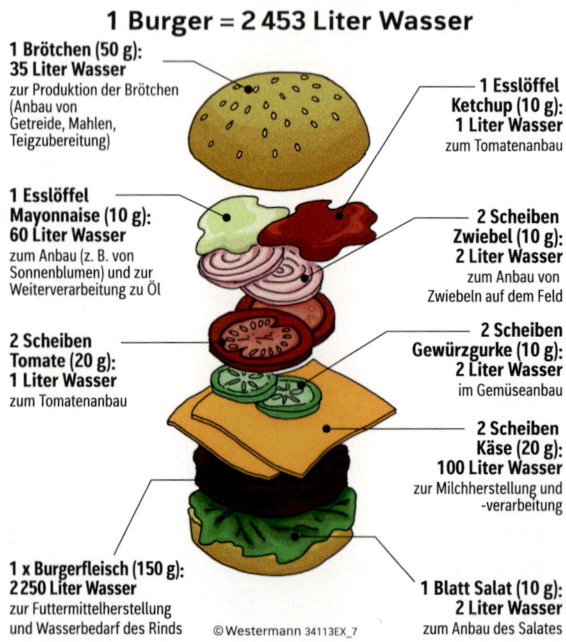

CHECK

4. Sand – eine unterschätzte Ressource

a) „Wie Sand am Meer“ – Erläutere, warum es sich bei Bausand um eine endliche Ressource handelt.

b) Erstelle ein Zukunftsszenario für die Nutzung von Bausand. Nutze dazu die Daten in der Grafik.

c) Entwickle eigene Ansätze, wie der globale Sandverbrauch reduziert werden könnte.

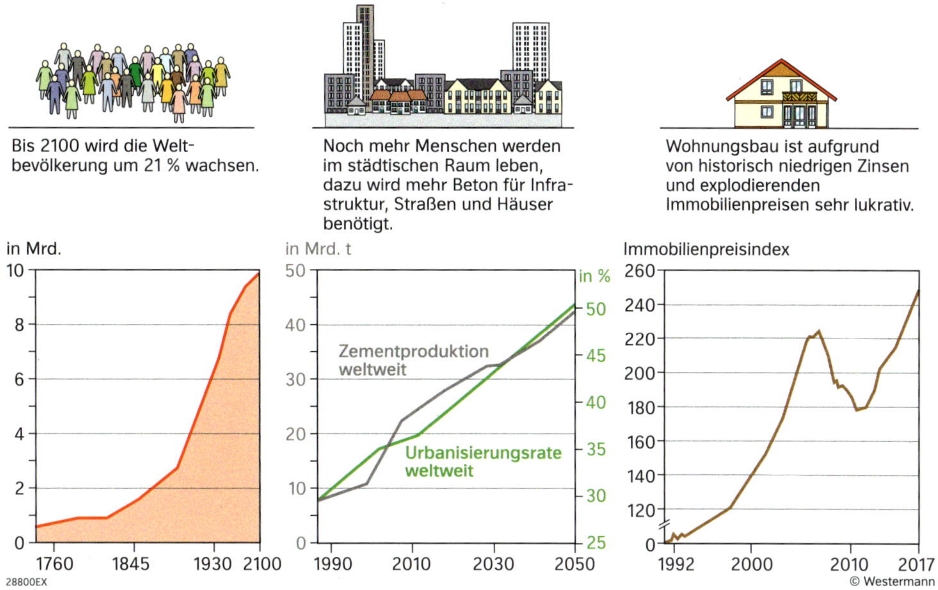

5. Ein Meer aus Plastik

a) Beschreibe das Erlebnis eines fiktiven Tauchgangs im Jahr 2050.

b) Erläutere, wodurch der Mensch das Ökosystem Weltmeer stark belastet.

c) Erörtere, warum die Verwirklichung des SDGs 14 von der Umsetzung der Ziele 9, 12, 13 und 16 abhängt.

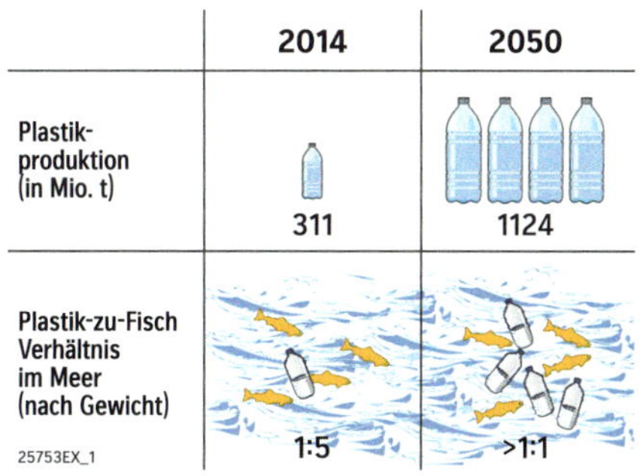

Du kannst jetzt:

- einige der Sustainable Development Goals benennen.
- die Dimensionen der Nachhaltigkeit anwenden.
- erläutern, inwiefern du dein Verhalten und Handeln nachhaltig gestalten kannst.
- beschreiben, wie du deinen Wasserfußabdruck reduzieren kannst.
- erklären, was man unter dem Begriff virtuelles Wasser versteht.
- deinen ökologischen Fußabdruck bestimmen und daraus Konsequenzen für dein Verhalten und Handeln ableiten.
- den ökologischen Rucksack am Beispiel eines Smartphones erläutern.
- den problematischen Umgang mit Elektroschrott darstellen und die gesetzlichen Regelungen dazu bewerten.
- die Bedeutung von Sand und Kies erläutern.
- das Problem von Plastikmüll und Mikroplastik beschreiben und Handlungsmöglichkeiten entwickeln.
- ein Wertequadrat am Beispiel des Global Citizen anwenden.

Grundbegriffe

- Earth Overshoot Day
- Global Citizen
- Korngröße
- Mikroplastik
- NGO
- ökologischer Rucksack
- Ressourcenverbrauch
- Sustainable Development Goals
- Tragfähigkeit
- virtuelles Wasser

Böden – eine Grundlage unseres Lebens

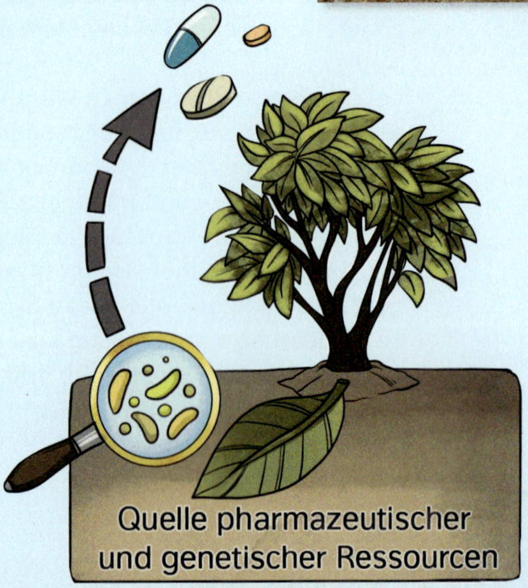

Grundlage für Infrastruktur

Lebensraum

Bereitstellung von
Baumaterial

Zn
P
Ca
N
S
K
Nährstoffkreislauf

CO_2
C
Kohlenstoffbindung

Klimaregulierung

Der Boden – eine wichtige Lebensgrundlage

In diesem Kapitel beschäftigst du dich mit dem Boden, einer lebenswichtigen, aber oft unbeachteten Ressource. Wie entsteht Boden und welche Prozesse spielen sich in ihm ab?

Die Haut der Erde

Böden bilden die oberste belebte Schicht der Erdkruste. Diese Pedosphäre (Bodenschicht) stellt einen Überschneidungsbereich zwischen fester Lithosphäre (Gesteinschicht), Atmosphäre (Gashülle), Biosphäre (Tiere, Pflanzen, Pilze) und Hydrosphäre (Wasser) dar. Böden sind ein Gemisch fester, flüssiger und gasförmiger Stoffe und bestehen aus anorganischen Bestandteilen wie Gesteinsbruchstücken, **Mineralien** und Salzen sowie aus organische Substanzen wie Vegetationsrückständen, Bodentieren und Wurzeln. Hinzu kommen noch Wasser und Luft sowie weitere Stoffe (M3).
Die im Boden lebenden Organismen besiedeln in großer Zahl die wasser- und luftgefüllten Poren. Sie zersetzen die organische Substanz. Dies geschieht in unterschiedlichen Phasen:

1. Nach dem Abfallen z. B. eines Blattes erfolgt zunächst seine Verfärbung ohne sichtbare Zerstörung. Danach kommt es zu einer mechanischen Zerkleinerung, bei der durch Zerbeißen und Aufnahme in den Tierkörper sowie durch das bei größeren Tieren beobachtbare Wiederausscheiden der Zellverband zerstört wird.
2. Das zerkleinerte organische Material wird dann durch Mikroorganismen weiter abgebaut. Dadurch kommt es zur gleichzeitig ablaufenden **Humifizierung** und **Mineralisierung** (Info).

Böden sind nur begrenzt verfügbar und aufgrund der langen Entwicklungszeit eine nicht regenerierbare Ressource. Bis sich eine ein Zentimeter mächtige Bodenschicht entwickelt hat, dauert es 100 bis 300 Jahre.

INFO

Mineralisierung
... bezeichnet die Zerkleinerung und den Abbau von organischem Material bis in seine anorganischen Endprodukte. Diese Endprodukte sind Nährstoffe, die Pflanzen zum Wachstum benötigen und über ihre Wurzeln dem Boden entnehmen (z.B. Stickstoff, Phosphor, Magnesium, Calcium). Der in dem organischen Material ursprünglich enthaltene Kohlenstoff wird in Form von CO_2 freigesetzt.

Humifizierung
... ist die Umsetzung von organischer Substanz durch Bodenlebewesen zu **Humus** (Info). Die organische Substanz wird von Makrofauna (z.B. Regenwürmern) zerkleinert, gefressen und wieder ausgeschieden. Danach wird sie von Einzellern und Mikroorganismen weiter verwertet.
Die dabei entstehenden Huminstoffe erhöhen die Bodenfruchtbarkeit und sind für die dunkle Färbung des Oberbodens verantwortlich.

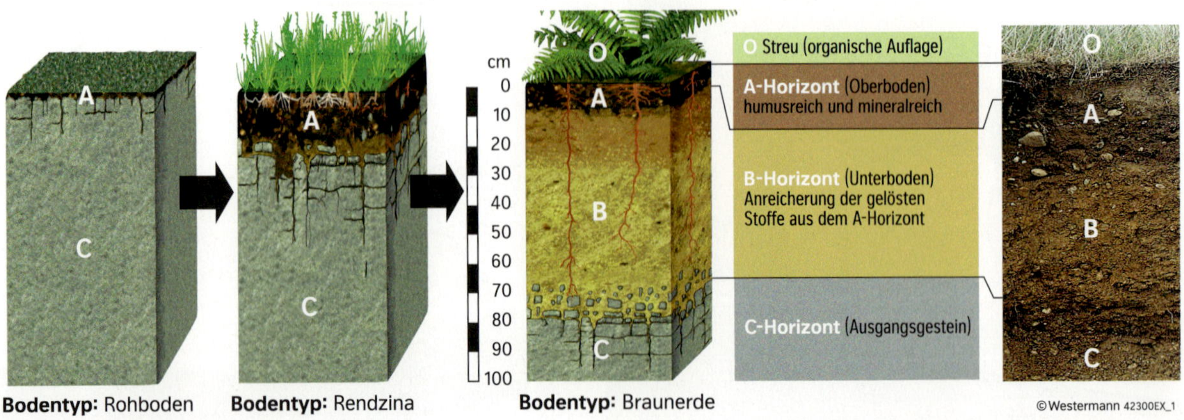

M1 Entwicklung von Bodenhorizonten

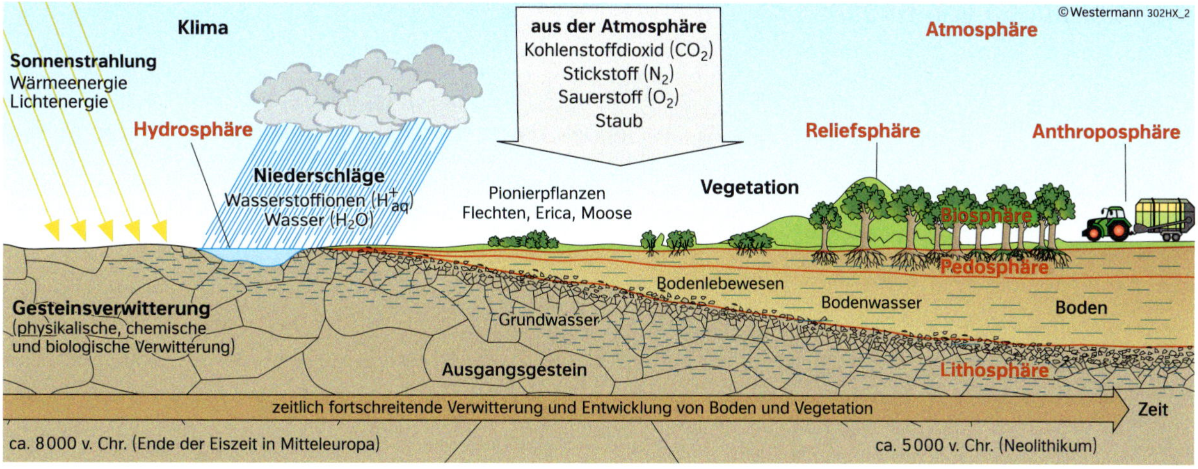

M2 Schema der Bodenbildung

Bodenbildung

Die **Gesteinsverwitterung** und die Zersetzung organischer Substanz zählen zu den wichtigsten Prozessen der Bodenbildung. Durch Abbauprozesse der organischen Substanz kommt es zur Anreicherung einer zersetzten Substanz (Humus, Info). Im Laufe der Zeit bildet sich ein zunehmend mächtiger Oberboden aus (M1, M2). Höhere Pflanzen können sich ansiedeln. Schreitet die Bodenbildung weiter voran, entwickelt sich zwischen dem Oberboden und der in immer größerer Tiefe ablaufenden Gesteinsverwitterung ein Unterboden.

Die an der Bodenbildung beteiligten Faktoren sind
- das Klima,
- das Ausgangsgestein,
- das Gelände,
- die Wasserzufuhr,
- die Bodentiere und -pflanzen und
- der zunehmende Einfluss des Menschen.

Die genannten Faktoren sind weltweit, aber auch innerhalb Deutschlands unterschiedlich ausgeprägt. Daher entwickelten sich sehr unterschiedliche **Bodentypen** mit unterschiedlichen Eigenschaften und **Bodenhorizonten**.

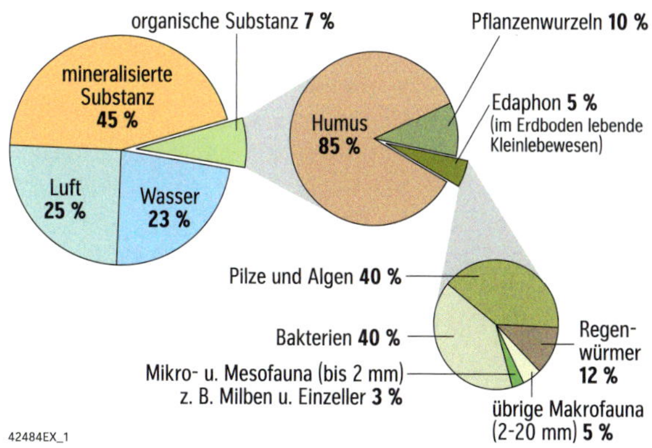

M3 Zusammensetzung eines Wiesenbodens

INFO

Humus
Als Humus wird die Gesamtheit aller im Boden befindlichen abgestorbenen und umgewandelten pflanzlichen und tierischen Substanzen bezeichnet. Humus fördert die Bodenfruchtbarkeit und die Fähigkeit, Wasser aufzunehmen und zu speichern.

1 Fasse zusammen, was Böden sind und woraus sie bestehen.

2 a) Beschreibe die Zusammensetzung eines Wiesenbodens (M3).
b) Erläutere Faktoren, die auf den Prozess der Bodenbildung einwirken (M1, M2).

3 „Boden entsteht von oben und von unten." Erkläre diese Aussage.

4 a) Vergleiche Bodentypen und landwirtschaftliche Nutzung in Deutschland (Atlas).
b) Nenne zwei Bodentypen, die sich zum Anbau von Kulturpflanzen gut eignen.

GeoPlus
5 Jedes Jahres wird ein „Boden des Jahres" ausgerufen. Recherchiere Informationen zum diesjährigen Boden des Jahres und stelle ihn vor.

100800-56
schueler.diercke.de

100800-57
schueler.diercke.de

Die Funktionen von Böden

Böden haben aufgrund ihrer zahlreichen „Dienstleistungen“ einen unschätzbaren Wert für das Leben auf der Erde. Diese Leistungen der Böden sind jedoch vielen Menschen unbekannt und finden oft zu wenig Anerkennung. Welche Funktionen sind es?

Boden ist eines der wichtigsten Querschnittsthemen des Umweltschutzes. Was immer die Umweltpolitik anstrebt und tut – fast immer ist auch der Boden beteiligt oder betroffen. Schadstoffe, die in die Luft entweichen, landen letztendlich in ihm. Er ist das Substrat aller Lebensräume und damit die Basis der biologischen Vielfalt, von der er selbst einen erheblichen Teil in sich birgt. Er schützt als lebendiger Filter das Grundwasser vor Verunreinigung, und er bändigt als Wasserspeicher Naturgefahren. Der Umgang mit dem Boden ist entscheidend für die Funktionsfähigkeit der Ökosysteme ebenso wie für die Qualität der Landschaft als Lebens- und Erlebnisraum. Und sogar der Klimaschutz hat mit Boden zu tun: In dessen organischer Substanz ist mehr Kohlenstoff gespeichert als in der Atmosphäre. [...]
Dass unser Dasein existenziell mit dem Boden verknüpft ist, gehört zu den Grunderfahrungen der Menschheit: Die Jäger und Sammler sowie die ersten Ackerbauern erlebten diese Abhängigkeit täglich am eigenen Leib. Sie hat sich seither nicht gelockert: Boden ist eine essenzielle Ressource der Zivilisation geblieben. Er erfüllt unverzichtbare Funktionen für Mensch und Natur, die keine Technik ersetzen kann (M2).
Auch in einem anderen Punkt ahnten die Menschen schon in der Frühzeit, was wir heute wissen:
Alles Leben kommt von der Erde. Die Böden selbst sind hochkomplexe, lebendige und entsprechend verletzbare Organismen, die sich über Jahrtausende entwickelt haben. Boden ist begrenzt, erfüllt unentbehrliche Funktionen – die er bei unsachgemäßem Umgang aber auch einbüßen kann – und wird von verschiedenen Nutzern zu unterschiedlichen Zwecken beansprucht. Die Erhaltung einer solchen Ressource bedarf einer integralen Politik, die alle Akteure einbindet. [...]

Quelle: Gérard Poffet: Homo und Humus. (Hrsg.): Bundesamt für Umwelt (BAFU) Online. Magazin Umwelt. Natürliche Ressourcen in der Schweiz., 4/ 2011, S.3

M1 Bedeutung der Böden

Funktionen der Böden

ökologische Funktionen

- Lebensraumfunktion: Fähigkeit des Bodens, Organismen als Lebensgrundlage zu dienen und zur Erhaltung der Vielfalt von Ökosystemen und Arten beizutragen
- Produktionsfunktion: Fähigkeit des Bodens, Biomasse zu produzieren, d. h. Nahrungs- und Futtermittel sowie Holz und Fasern
- Regulierungsfunktion: Fähigkeit des Bodens, Stoff- und Energiekreisläufe zu regulieren, eine Filter-, Puffer- oder Speicherfunktion wahrzunehmen sowie Stoffe umzuwandeln

Funktionen für den Menschen

- Trägerfunktion: Fähigkeit des Bodens, als Baugrund zu dienen

- Archivfunktion: Fähigkeit des Bodens, Informationen der Natur- und Kulturgeschichte zu bewahren

- Rohstofffunktion: Fähigkeit des Bodens, Rohstoffe, Wasser und geothermische Energie zu speichern

M2 Übersicht über die Bodenfunktionen

„Mich beeindruckt am Boden besonders, dass in einer Handvoll Boden mehr Lebewesen leben, als es Menschen auf der Erde gibt. Viele von ihnen sind noch gar nicht genau erforscht. Die größeren, sichtbaren Tiere im Boden wie Maulwürfe, Regenwürmer und Asseln sind es, die den Boden immer wieder durchmischen und auflockern. Die kleinen Mikroorganismen kümmern sich vor allem um die Zersetzung von abgestorbenen Pflanzenteilen und geben dadurch **Nährstoffe** für die Pflanzen und damit auch für alle anderen Lebewesen frei. Sie sind somit ein ganz wichtiger Teil in einem großen Nährstoffkreislauf und der Boden wird durch sie zu einem großen Speicher für Nährstoffe wie Phosphor, Stickstoff oder Schwefel. Die Menge an Nährstoffen in einem Boden ist einerseits abhängig von der Zahl der Bodenlebewesen und andererseits von genügend Sauerstoff, nicht zu geringen Temperaturen und ausreichend Wasser im Boden. Mich fasziniert Boden."

M3 Peter Jüttner (Biologe) berichtet über das Bodenleben.

„Als Wissenschaftlerin, die sich mit Wasser beschäftigt, habe ich auch viel mit dem Boden zu tun, denn die beiden Bereiche Hydrosphäre und Pedosphäre sind untrennbar miteinander verknüpft. Ohne Wasser gäbe es kein Leben im Boden und der Boden ist ganz wichtig für die Reinigung unseres Trinkwassers.
Wasser gelangt als Niederschlag auf die Bodenoberfläche und versickert je nach Bodenart unterschiedlich schnell. Bei sandigen Böden zum Beispiel versickert das Wasser viel schneller als bei lehmigen Böden. Große Teile des Wassers werden im Boden gespeichert und stehen so den Pflanzen zur Verfügung. Das Sickerwasser nimmt die im Boden gelösten Nährstoffe wie ein Förderband mit in tiefere Bodenschichten. Gleichzeitig werden Schadstoffe, die im Regenwasser enthalten sind, vom Boden festgehalten, indem die Bodenpartikel sich mit ihnen verbinden. Das Wasser wird dadurch gefiltert. Im unteren Bodenbereich speichert sich das meist sehr saubere Wasser als Grundwasser – und Grundwasser nutzen wir zur Trinkwassergewinnung."

M4 Isabell Meyer (Hydrologin) berichtet über Wasser im Boden.

„Seit 20 Jahren arbeite ich bereits als Klimaforscherin und untersuche dabei den Zusammenhang von Boden und Klima.
Die Böden unserer Erde speichern unglaubliche Mengen CO_2. Jeder, der sich mit dem Klimawandel beschäftigt, weiß daher um ihre große Bedeutung. Im Boden kommt Kohlenstoff teilweise gasförmig in der Bodenluft vor oder als gebundener Bestandteil der abgestorbenen Pflanzenreste wie Blätter oder Wurzeln. Eine kleine Veränderung dieses Systems hat direkt Auswirkungen auf die CO_2-Konzentration in der Atmosphäre und damit auf die Erwärmung der Erdoberfläche."

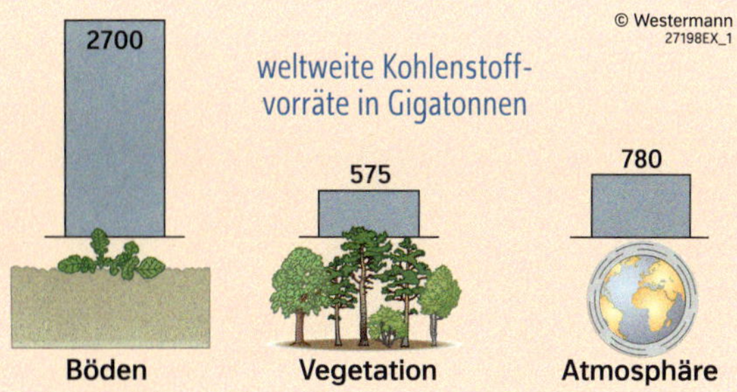

M5 Carolin Voigt (Klimaforscherin) berichtet über den Boden als CO_2-Speicher.

1 Ordne M3 – M5 einer der in M2 dargestellten Funktionen zu.

2 a) Erläutere die Bedeutung des Bodens für unsere Trinkwasserversorgung.
b) Böden sind ein Archiv der Landschaftsgeschichte. Verdeutliche das anhand von zwei selbstgewählten Beispielen.

3 „Boden ist eine unverzichtbare Lebensgrundlage wie Wasser und Luft." Erörtere diese These.

M1 Beispiele physikalischer Bodendegradation

Böden – zunehmend gefährdet

Böden sind Multitalente mit Funktionen (siehe S. 188/189), die unser Überleben sichern. Doch trotz dieser Bedeutung geht der Mensch weltweit sehr rücksichtslos mit den Böden um und gefährdet sie. Welche Gefährdungen sind das?

Bodendegradation

Bei der vielfältigen Bodennutzung schädigt oder zerstört der Mensch weltweit Böden in ihrer Form und Funktion. Die Verschlechterung von Bodeneigenschaften durch Eingriffe des Menschen, durch Veränderungen des Klimas, den Wandel anderer Umweltbedingungen oder eine Kombination dieser Einflussfaktoren wird als **Bodendegradation** bezeichnet.

Abhängig davon, welche Bodeneigenschaften gemindert werden und welche Größenordnung die Minderung aufweist, können Schädigungen des Bodens leichten bis schwersten Ausmaßes entstehen. Die Schäden durch zum Beispiel Bodenverdichtung, **Erosion** oder Bodenversalzung (M1, M3), sind meist nicht reversibel, das heißt unumkehrbar. Die Fruchtbarkeit und die natürlichen Funktionen der Böden (z.B. Wasser- und Nährstoffspeicher, Puffer- und Filterwirkung) werden dabei mehr oder weniger stark gestört, im Extremfall sogar zerstört.

Form und Ausmaß der Bodendegradation sind weltweit sehr unterschiedlich (M2). Die Ursachen für die variierende Bodendegradation auf den verschiedenen Kontinenten, liegen zum einen in den voneinander abweichenden Ausstattungen der Räume (Klima und Böden), zum anderen in unterschiedlichen Bewirtschaftungstechniken in der Landwirtschaft.

Bodendegradation ist vor allem unter dem Aspekt der nachhaltigen Sicherung der Versorgung des Menschen mit Nahrung und reinem Wasser, ein schwerwiegendes Problem. Es zieht weitere soziale und ökonomische Probleme nach sich.

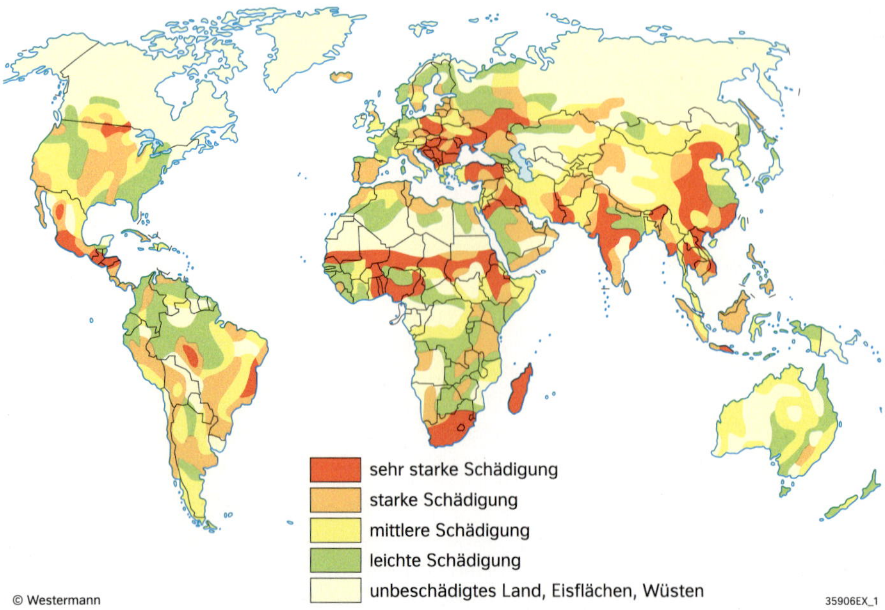

M2 Bodendegradation weltweit

M3 Beispiele chemischer Bodendegradation

Bodendegradation am Beispiel der Bodenverdichtung

Im Laufe eines Jahres werden landwirtschaftlich genutzte Böden mit schweren Landmaschinen befahren, die den Boden verdichten können (M1, M4). Durch Bodenverdichtung wird der Anteil der Grobporen verändert (M5). Dies führt dazu, dass Niederschlagswasser verlangsamt in den Boden infiltriert, sodass verdichtete Böden oft zu Staunässe neigen. Der Anteil oberflächlich abfließenden Wassers wird dadurch erhöht, womit auch die Erosionsgefahr ansteigt. Die Gefahr der Bodenverdichtung besteht insbesondere bei nasser Witterung. Zudem wird in verdichteten Böden durch den verschlechterten Austausch von Wasser, Luft und Wärme neben den Feldfrüchten auch die Bodenfauna geschädigt.

Bei dem Verdichtungsvorgang ist weniger das Gesamtgewicht eines Fahrzeugs als vielmehr der Auflagedruck an der Kontaktfläche von Fahrzeug und Boden entscheidend. Durch die Verteilung des Fahrzeuggewichts auf eine größere Auflagefläche kann eine tief greifende, schadhafte Bodenverdichtung abgeschwächt werden.

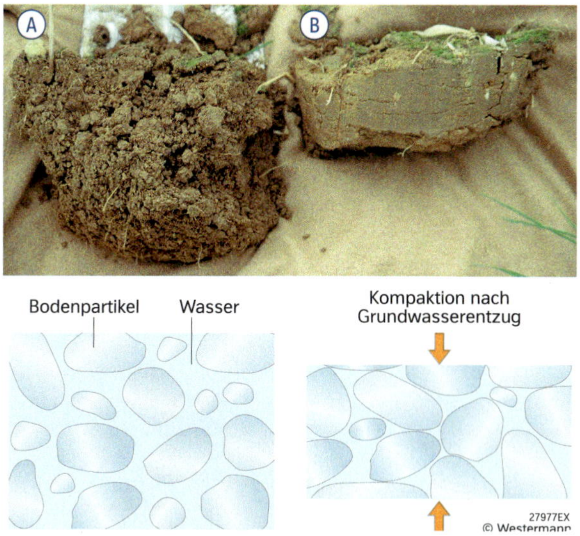

M4 Bodenstruktur: Ⓐ unverdichteter, Ⓑ verdichteter Boden

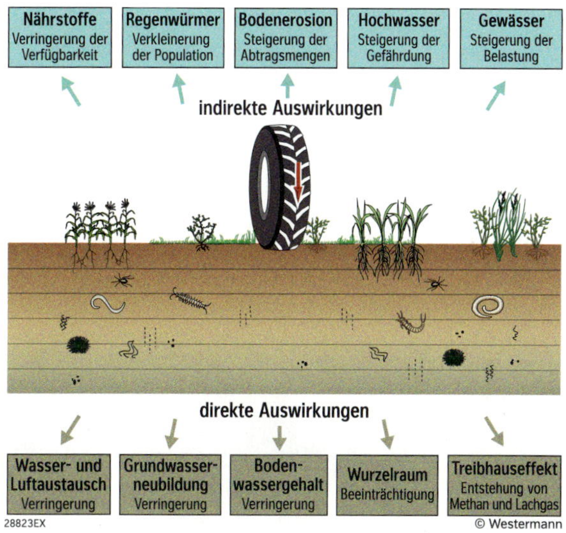

M5 Auswirkung der Bodenverdichtung

1 Erstelle eine Mindmap zu Faktoren, die die Ressource Boden gefährden.

2 Erstelle ein Wirkungsgefüge, das soziale und wirtschaftliche Folgen der Bodendegradation aufzeigt.

3 a) Nenne Regionen, die von Bodenverdichtung besonders betroffen sein könnten (Atlas).
b) Entwickle Möglichkeiten, wie die Bodenverdichtung verringert werden kann.
c) Stelle Zusammenhänge zwischen der Bodenverdichtung und den in M5 genannten Folgen dar.

GeoPlus
4 Wähle eine weitere Degradationsform und recherchiere, wie diese entsteht.

100800-141-03 schueler.diercke.de
100800-256-01 schueler.diercke.de
100800-260-01 schueler.diercke.de

Bodenversiegelung in Städten

Hamburgs Einwohnerzahl wächst stetig. Berechnungen gehen davon aus, dass 2031 die Anzahl von zwei Millionen Einwohnern überschritten wird. Durch diese Entwicklung steigt der Druck auf die Freiflächen in der Stadt und im Umland. In welchem Umfang wurden in Hamburg Flächen versiegelt und welche Folgen hat die Bodenversiegelung?

Begehrte Flächen

Auch wenn sich das Wachstum verlangsamt, so werden dennoch jedes Jahr in Deutschland weitere Flächen verbraucht (M2). Dabei werden ehemals offene Flächen luft- und wasserdicht abgedeckt. Man spricht von **Bodenversiegelung**.

In den wachsenden Städten und deren Umland gibt es häufig Konflikte um die Nutzung der freien und offenen Flächen. Anwohner lehnen eine Bebauung von benachbarten Freiflächen oft ab. Sie befürchten eine Beeinträchtigung der Lebensqualität in ihrem Wohnumfeld. Auch Naturschützer befürworten die Erhaltung der Frei- und Grünflächen. Auf der anderen Seite gibt es viele Menschen, die dringend eine Wohnung oder ein Baugrundstück suchen, Verwaltungen, die den Wohnraummangel beseitigen wollen sowie Investoren mit kommerziellen Interessen.

Die Versieglung und enge Bebauung der Städte führen dazu, dass sich diese stärker aufheizen als ihr Umland. Sie werden besonders in den heißen Sommermonaten zu einer Belastung für die Gesundheit der Bewohner. Innerstädtische Grün- und Freiflächen haben hingegen einen positiven Effekt auf die Luftqualität und das Stadtklima.

In Hamburg gibt es Bemühungen, Wohnraum dadurch zu schaffen, dass auf bestehende Gebäude weitere Stockwerke aufgesattelt werden oder auf bereits versiegelten Flächen gebaut wird. Verbunden ist das mit dem Ziel, offene Flächen am Stadtrand zu schonen und städtische Frei- und Grünflächen zu schützen und zu erweitern.

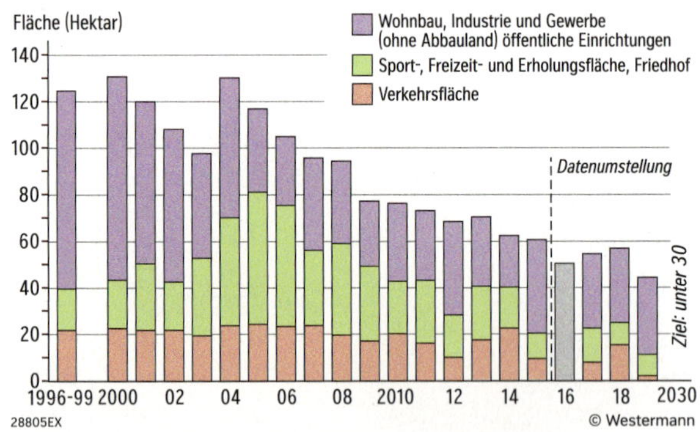

M2 Anstieg der Siedlungs- und Verkehrsfläche (ha/Tag)

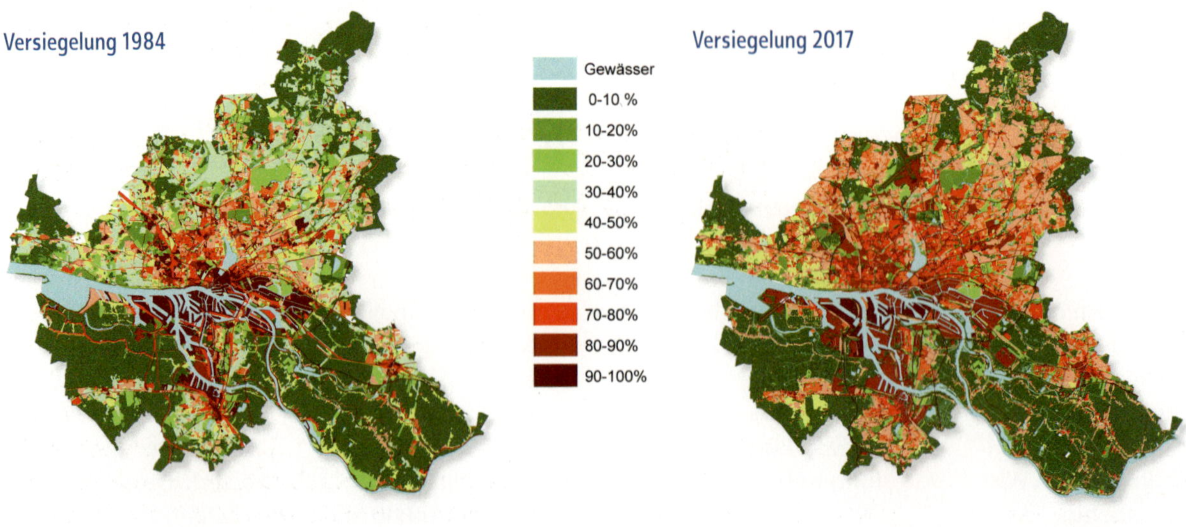

M1 Bodenversiegelung in Hamburg

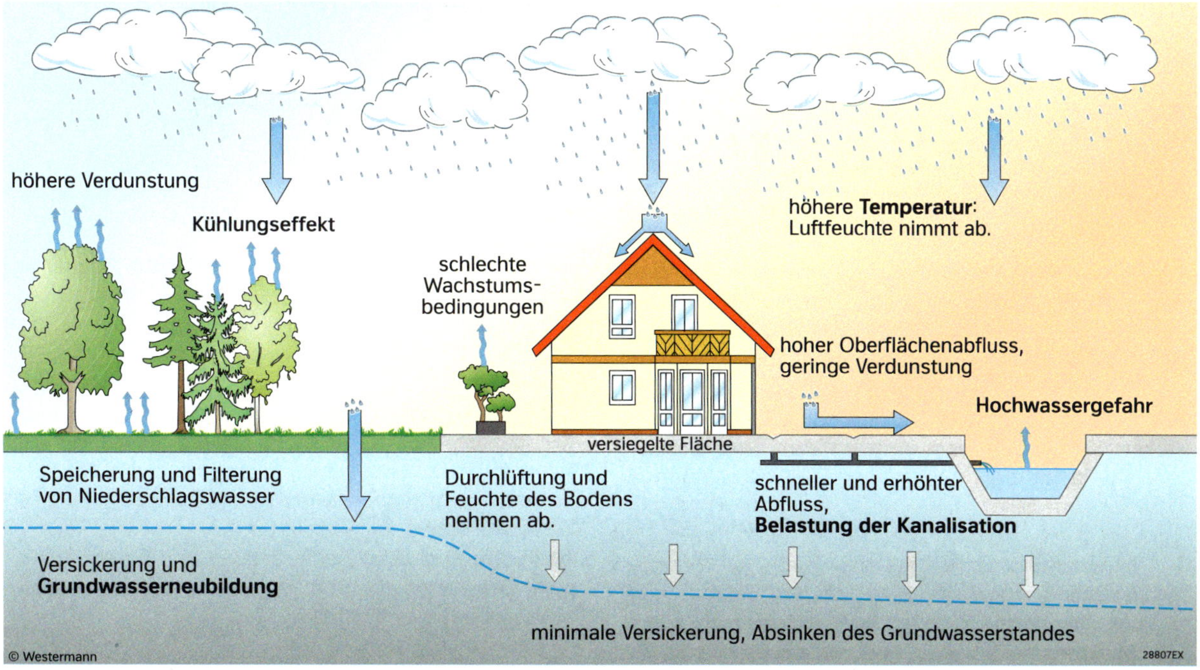

M3 Ökologische Folgen der Bodenversiegelung

Als ein Beispiel für eine fortschrittliche Nachverdichtung gelten Dachausbau, Aufstockung und Blockrandbebauung in der Hamburger Vieringstraße oder die Umnutzung der Bahnbrache in Altona, die Wohnungsbau mit Dachbegrünung und begrünte Innenhöfe entstehen ließ (siehe QR-Code).

M4 Nachverdichtung

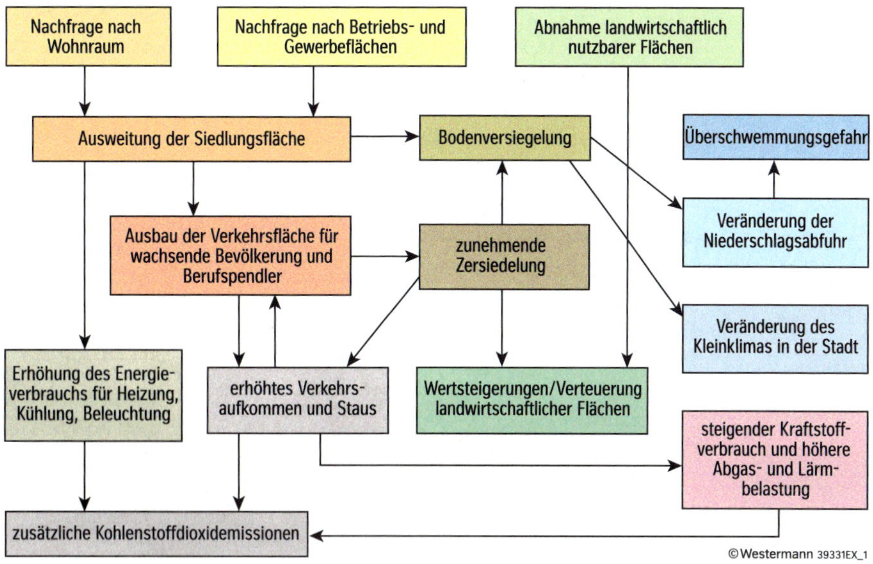

M5 Wirkungsgefüge zum Thema Bodenversiegelung

1 Stelle die Entwicklung der Bodenversiegelung in Hamburg zwischen 1984 und 2017 dar (M1).

2 Erläutere Folgen der Bodenversiegelung (Text, M3). Stelle dabei wirtschaftliche, ökologische und soziale Folgen tabellarisch gegenüber (M5).

3 Die Stadt Hamburg versucht, einer weiteren Bodenversieglung auch durch Maßnahmen der Nachverdichtung zu begegnen. Sammle Vor- und Nachteile dieses Vorgehens (M4).

4 Für Hamburg-Nord wurde das Verbot einer weiteren Einzelhausbebauung diskutiert. Nimm zu diesem Vorhaben Stellung.

Schutz vor Bodenerosion am Beispiel der Great Plains in den USA

3000 bis 12000 Jahre hat es gedauert, bis in den Great Plains Ackerboden mit einer ausreichenden Tiefe entstanden ist. Zerstört werden kann er in wenigen Jahren oder sogar Tagen. Was kann man tun, um den Boden zu schützen und nachhaltig zu wirtschaften?

Ⓐ Durch **Strip Cropping**, streifenförmigen Anbau unterschiedlicher Pflanzen, soll vermieden werden, dass die Ackerfläche nach der Ernte schutzlos Wind und Wasser ausgeliefert ist. Die Pflanzen auf den Anbaustreifen werden zu unterschiedlichen Zeiten geerntet, sodass immer nur einzelne Streifen brach liegen. Wird Boden vom abgeernteten Streifen ausgeweht, bleibt er an den Pflanzen des benachbarten Streifens hängen.

Ⓑ **Windschutzstreifen** werden quer zur Hauptwindrichtung angelegt. Man pflanzt Büsche und Bäume. Windschutzstreifen vermindern zum einen die Windgeschwindigkeit, weil sie ein Hindernis für den Wind darstellen. Zum anderen kann sich an ihnen Boden ablagern, der vom Wind fortgeweht wurde. Windschutzstreifen bewirken auch eine höhere Feuchtigkeit im Boden in der Nähe der Hecken.

Ⓒ **Aufforstung** ist eine Maßnahme zum Bodenschutz, die insbesondere an steileren Hängen angewendet wird. Die Bäume halten mit ihren Wurzeln den Boden fest, sie bewirken, dass mehr Wasser in den Boden versickert und sie bieten einen guten Schutz vor der Erosion durch Wind.

Ⓓ Boden kann besonders gut fortgeweht werden, wenn er trocken ist. Mit **Bewässerungsanlagen** wird der Boden feucht gehalten. Durch Bewässerung kann auch fehlender oder unregelmäßiger Niederschlag ausgeglichen werden. Allerdings sind die Bewässerungsanlagen teuer.
Noch besseren Bodenschutz bietet die Kombination von Bewässerung und streifenförmigem Anbau unterschiedlicher Pflanzen.

Ⓔ Beim **Konturpflügen** werden die Felder parallel zum Hang gepflügt. Dadurch werden Furchen parallel zum Hang gezogen. Sie stellen ein Hindernis für abfließendes Wasser dar.
Noch besseren Bodenschutz bietet die Kombination von Konturpflügen und streifenförmigem Anbau unterschiedlicher Pflanzen.

M1 Mögliche Maßnahmen zum Bodenschutz

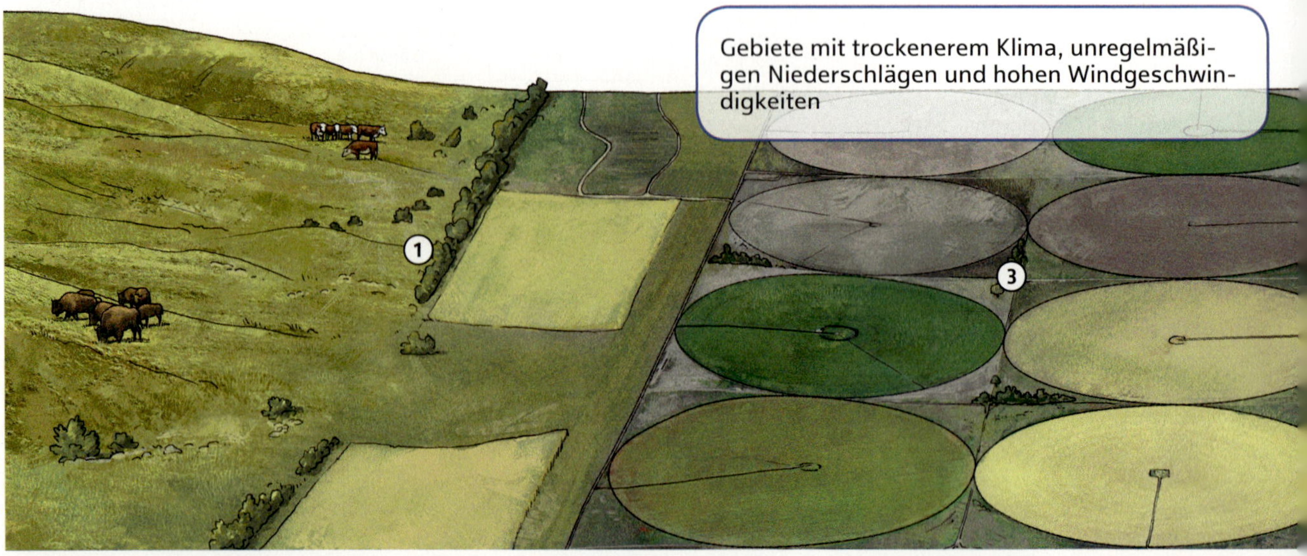

M2 Faktoren, welche die Böden gefährden

M3 In flachen Gebieten wendet man diese Maßnahme an, um den Boden zu schützen.

M4 In hügeligen Gebieten wendet man diese Maßnahme an, um den Boden zu schützen.

1 a) Beschreibe die Lage der Great Plains (Atlas).
b) Begründe die Notwendigkeit von Erosionsschutzmaßnahmen in den Great Plains (Text, M5).

2 a) Vergleiche die Nutzung der Gebiete, die in M3 und M4 zu sehen sind.
b) Notiere Vermutungen, inwiefern die Nutzungen zeigen, dass es sich um Maßnahmen zum Schutz vor Erosion handelt.

3 a) Ordne die beschriebenen Maßnahmen in M1 den Ziffern in M2 zu.
b) Notiere zu den Abbildungen in M3 und M4 neue Bildunterschriften, in denen du die entsprechenden Fachbegriffe für die angewendeten Maßnahmen verwendest.

M5 Winderosion in den 1930er-Jahren in den Great Plains

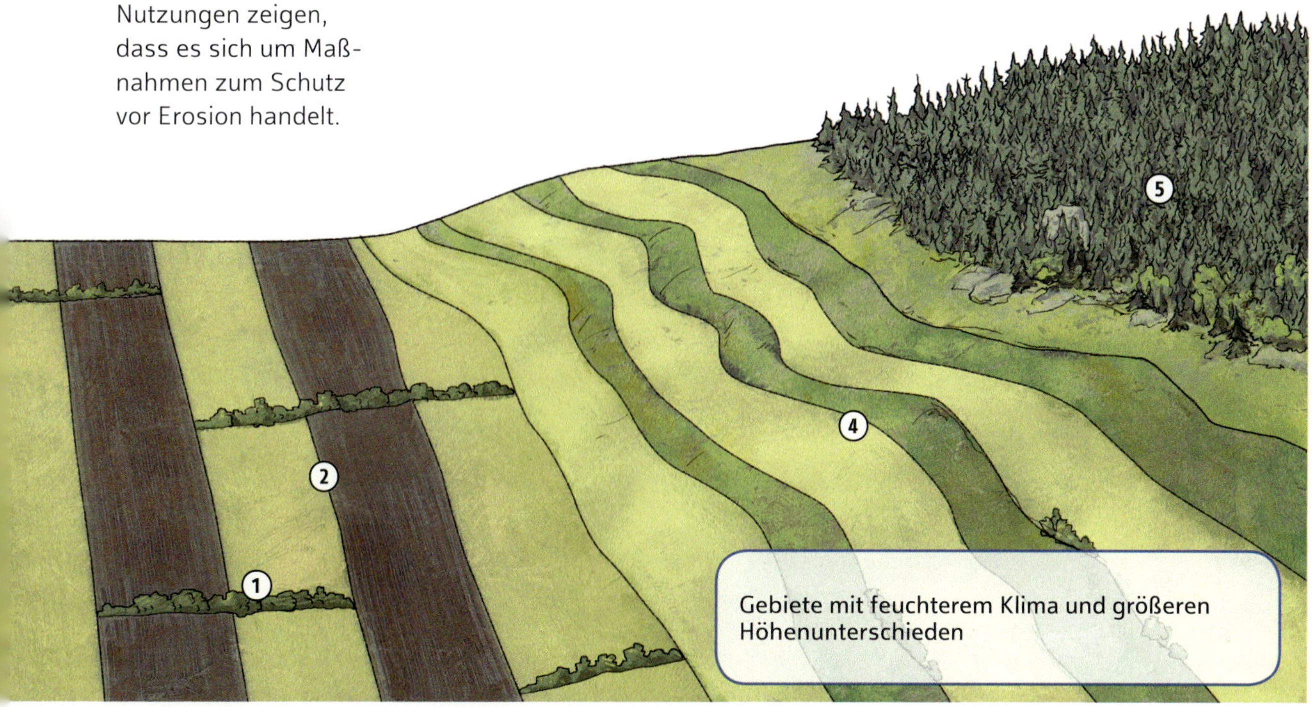

Alles klar?

1. Bodenprofil

a) Ordne den rechts gekennzeichneten Bodenhorizonten folgende Texte zu:

1. hauptsächlich verwittertes Gestein, geringerer Humusgehalt	2. B-Horizont 3. A-Horizont	4. Streu: unzersetztes und teilweise zersetztes pflanzliches Material	5. humusreicher und mineralisierter Bodenhorizont

2. Bodenfunktionen

Erkläre folgende Bodenfunktionen und ordne sie den ökologischen Funktionen oder Funktionen für den Menschen zu.
Trägerfunktion, Rohstofffunktion, Produktionsfunktion, Lebensraumfunktion, Regulierungsfunktion, Archivfunktion

3. Bodenbildung

Erläutere die Bodenentwicklung.

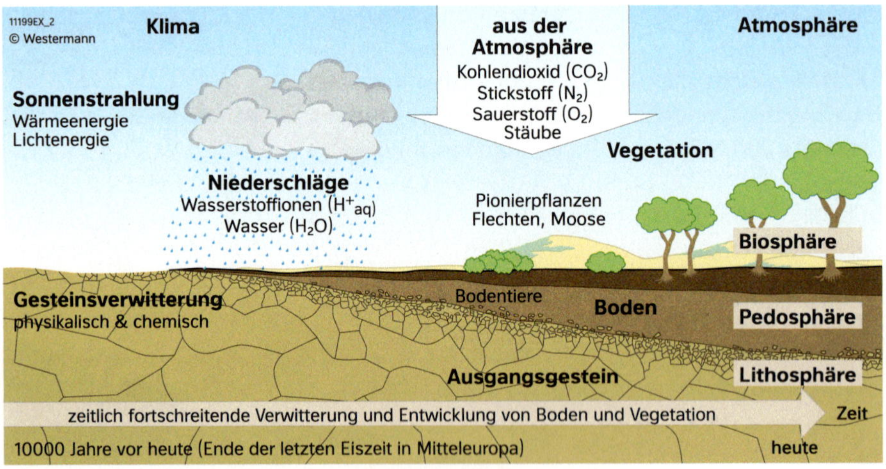

4. Bodenversiegelung

Erläutere mithilfe der Abbildung Folgen der Bodenversiegelung.

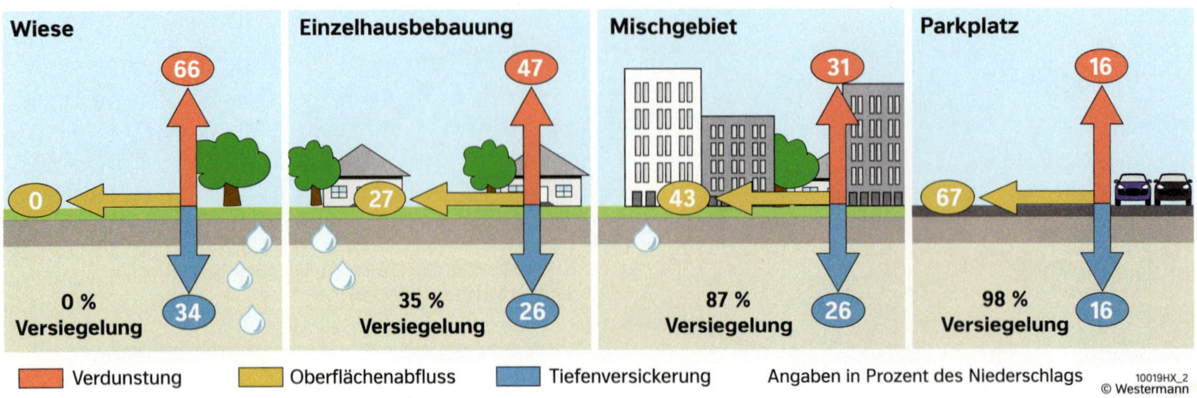

CHECK

5. Schädigung der Böden

a) Beschreibe die Schädigungen des Bodens, die auf den Fotos 1 – 4 zu erkennen sind.

b) Wähle eine der Schädigungen aus und erläutere Maßnahmen, die geeignet sind, solche Schäden zu minimieren oder zu vermeiden.

Grundbegriffe

- Boden
- Bodendegradation
- Bodenhorizont
- Bodentyp
- Bodenversiegelung
- Gesteinsverwitterung
- Humifizierung
- Humus
- Mineral
- Mineralisierung
- Nährstoff

Du kannst jetzt:

- beschreiben, was Boden ist und die Entstehung von Böden erklären.
- Prozesse im Boden beschreiben und die Bedeutung von Böden für Fauna und Flora erörtern.
- die zunehmende Gefährdung der Böden erläutern und Maßnahmen zum Schutz von Böden erörtern.
- das Ausmaß der Bodenversiegelung in Hamburg beschreiben und Wege erläutern, mit denen versucht wird, Konflikte zwischen zunehmendem Wohnungsbau und Naturschutz zu mindern.

Der Klimawandel

Der Morteratsch-Gletscher in der Schweiz ist auf dem Rückzug.

Erinnere dich: Wetter, Klima und Atmosphäre

Der Klimawandel wird das Leben aller Lebewesen auf der Erde beeinflussen. Um den Prozess des Klimawandels zu verstehen und um auf ihn reagieren zu können, ist Hintergrundwissen rund um die Begriffe Wetter, Witterung, Klima, Klimaelemente und -faktoren wichtig.

Wetter und Klima

Heute scheint die Sonne, morgen regnet es. Solche kurzfristigen Phänomene, die den augenblicklichen Zustand der **Troposphäre** in einem eng begrenzten Gebiet beschreiben, bezeichnen wir als Wetter (Info).

Monatlich zusammengefasste Messwerte des Wetters über mindestens 30 Jahre ergeben das Klima (Info) eines Raumes. Dieses lässt sich in einem Klimadiagramm grafisch darstellen.

Mithilfe messbarer Einzelwerte der **Klimaelemente** (M1) lässt sich das Klima genauer darstellen. Je nachdem wie die **Klimafaktoren** (M1) einen Messort prägen, unterscheidet sich das Klima einzelner Räume. Klimaelemente und Klimafaktoren beeinflussen sich gegenseitig.

Im Klimasystem der Erde stehen die **Atmosphäre**, das Land und die Gewässer miteinander in Verbindung. Beispielsweise führen hohe Temperatur- und Niederschlagswerte über Landflächen zu einer erhöhten **Verdunstung**. Die Verdunstung lässt wiederum den Wasserdampfgehalt der Atmosphäre steigen, Wolkenbildung und Niederschläge nehmen zu. Dadurch können Flüsse über die Ufer treten und große Schäden anrichten.

INFO

Wetter
Der Begriff Wetter bezeichnet die in einem bestimmten Moment und an einem bestimmten Ort gemessenen Werte der Klimaelemente (M1, z. B. Temperatur und Niederschlag).

Witterung
Als Witterung wird das beständige Wetter an einem Ort über einen Zeitraum von einigen Tagen bis hin zu Wochen bezeichnet. Auch die Witterung wird mithilfe von fühlbaren Größen wie Temperatur, Wind und Niederschlägen beschrieben.

Klima
Um das Klima an einem Ort zu bestimmen, wird die durchschnittliche Ausprägung der Klimaelemente über mehrere Jahrzehnte (häufig 30 Jahre) statistisch ermittelt.

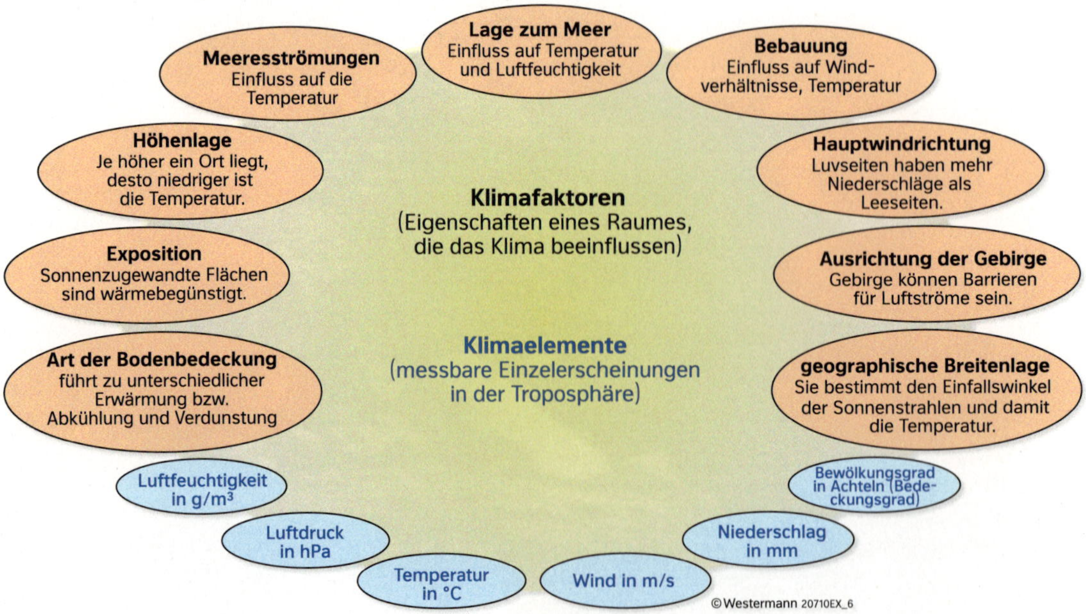

M1 Klimaelemente und Klimafaktoren

Der Aufbau der Atmosphäre

Unsere Erde ist von einer Gashülle umgeben, der Atmosphäre. Sämtliche Vorgänge des Wetters spielen sich in den unteren etwa zehn Kilometern der Atmosphäre ab. Dieser Bereich wird Troposphäre genannt (M2).

In der darüber liegenden Stratosphäre befindet sich die Ozonschicht. Sie absorbiert die von der Sonne abgestrahlte und für Lebewesen gefährliche UV-Strahlung und wandelt sie in Wärme um. Daher nimmt die Temperatur in der oberen Stratosphäre zu (M2).

In einer Höhe von etwa 50 km beginnt die Mesosphäre. Aufgrund des fehlenden Ozons sinken die Temperaturen wieder deutlich ab. Sternschnuppen ereignen sich beispielsweise in der kalten Mesosphäre. Hier verglühen Gesteinsbrocken aus dem All. So ist zu erklären, dass sie nur selten als zerstörerische Meteorite auf der Erdoberfläche einschlagen. In der darüber liegenden Thermosphäre steigen die Temperaturen auf bis zu 1700 °C. Die Exosphäre stellt den fließenden Übergang zum Weltall dar.

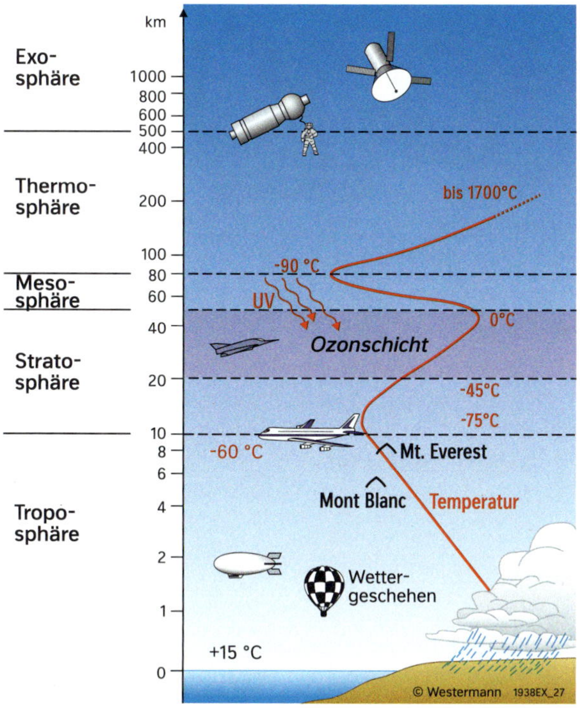

M2 Aufbau der Atmosphäre

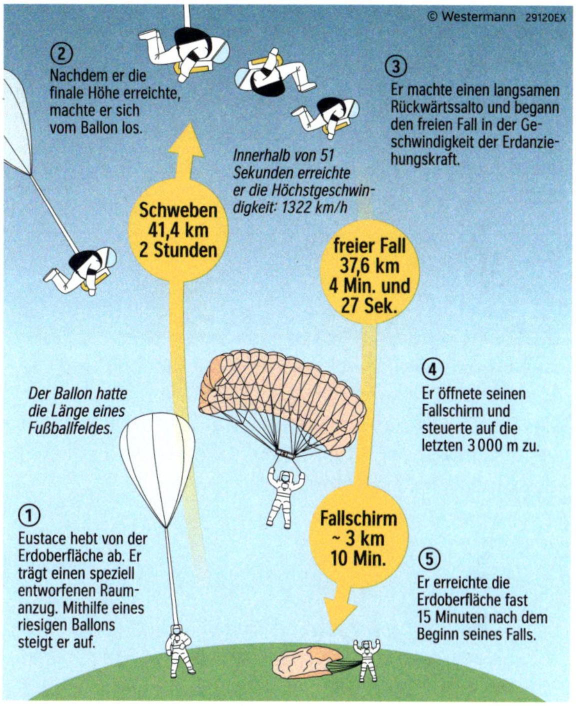

M3 Der Sprung von Alan Eustace (2014)

1 a) Ordne begründet zu, ob es sich um Wetter, Witterung oder Klima handelt:

I „Nach dem heißen und sonnigen ersten Tag des Open Air Festivals Wacken mit über 34 °C am Donnerstag wird im Verlauf des Freitags die Schwüle zunehmen. Am späten Nachmittag ist mit heftigem Gewitterregen zu rechnen."

II In den letzten Jahrzehnten häufen sich die Tage, an denen die Temperatur 30 Grad übersteigt.

III „Nebel im Februar – Kälte das ganze Jahr"; „Wenn's im Februar nicht schneit, schneit's in der Osterzeit" (alte Bauernregeln)

b) Nenne drei eigene Beispiele zu den Begriffen.

2 2014 unternahm der US-Amerikaner Eustace einen Fallschirmsprung aus 41 419 m Höhe (M3).

a) Benenne die Atmosphärenschicht, in der Eustace absprang.

b) Beschreibe seinen Flug Richtung Erdoberfläche, indem du darauf eingehst, welche Schichten er durchflog, welche Temperaturen dort herrschen und was er gesehen haben mag.

GeoPlus

3 Begründe, weshalb es auf dem Mars kein Wetter gibt.

100800-93-06
schueler.diercke.de

Das Klima wandelt sich

Wissenschaftlerinnen und Wissenschaftler können anhand von Daten belegen, dass sich das Klima wandelt und dass der Mensch dafür verantwortlich ist. Welche Fakten lassen diese Schlüsse zu?

INFO

Weltklimarat

Der Weltklimarat heißt offiziell Intergovernmental Panel on Climate Change (IPCC). Er ist ein zwischenstaatliches Gremium, das 1988 vom Umweltprogramm der Vereinten Nationen (UN) und der Weltorganisation für Meteorologie gegründet wurde. Am im August 2021 veröffentlichten sechsten Weltklimabericht arbeiteten 234 Autorinnen und Autoren aus 65 Staaten. Der Bericht fußt auf Ergebnissen von etwa 14000 wissenschaftlichen Veröffentlichungen.

① Es ist eindeutig, dass sich unter dem Einfluss des Menschen die Atmosphäre, die Ozeane und die Landflächen erwärmt haben. In kurzer Zeit haben weltweit Veränderungen in der Atmosphäre, im Weltmeer, in der Kryosphäre (gefrorenes Eis) und der Biosphäre stattgefunden.

② Jedes der vergangenen vier Jahrzehnte war jeweils wärmer als alle Jahrzehnte davor seit 1881.

③ Der mittlere globale Meeresspiegel ist deutlich angestiegen.

④ Der Einfluss des Menschen ist sehr wahrscheinlich der Hauptantriebsfaktor für den weltweiten Rückgang von Gletschern seit den 1950er-Jahren und für den Flächenrückgang des arktischen Meereises.

⑤ Nach dem Ende der letzten Eiszeit vor etwa 12000 Jahren blieb der CO_2-Gehalt in der Atmosphäre zunächst weitestgehend gleich. Erst mit Beginn der Industrialisierung stieg der CO_2-Gehalt drastisch an.

⑥ Veränderungen in der Biosphäre stehen im Einklang mit der globalen Erwärmung: Klimazonen haben sich auf beiden Erdhalbkugeln polwärts verschoben, Wachstumsphasen der Pflanzen und Verhaltensmuster der Tiere verändern sich.

⑦ Mit dem Anstieg der globalen Erwärmung wird die Wahrscheinlichkeit von Wetterextremen größer. Zum Beispiel führt jede weitere Erwärmung um jeweils 0,5 Grad Celsius zu deutlich erkennbaren Zunahmen der Intensität und Häufigkeit von Hitzeextremen, einschließlich Hitzewellen und Starkniederschlägen sowie Dürren in manchen Regionen.

M1 Erkenntnisse

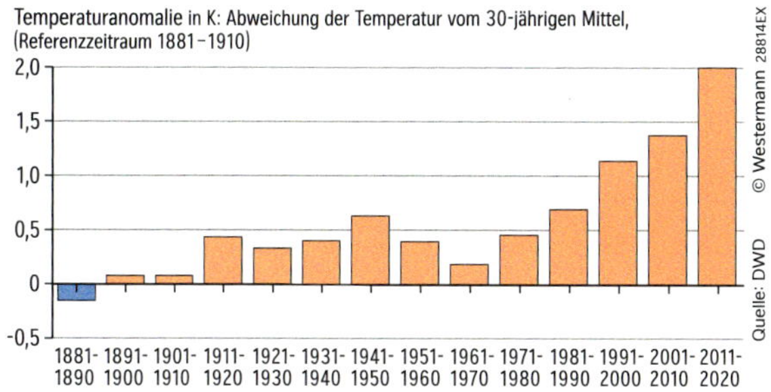

M2 Temperaturanomalie (Deutschland)

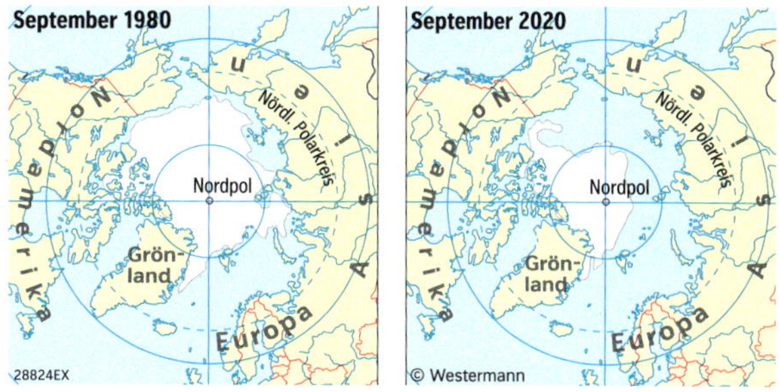

M6 Meereisflächen in der Arktis

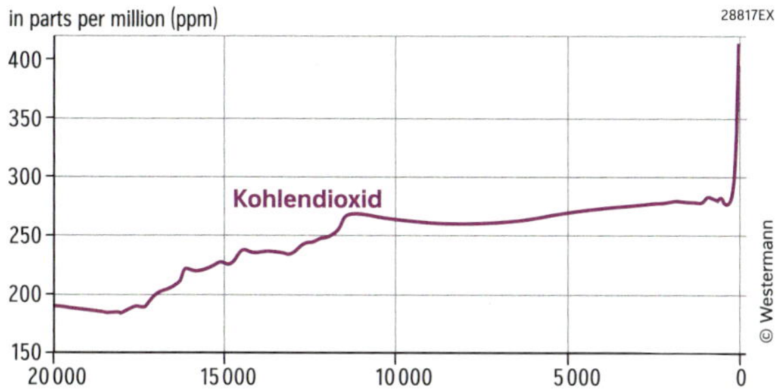

M3 Konzentration von CO_2 in der Atmosphäre

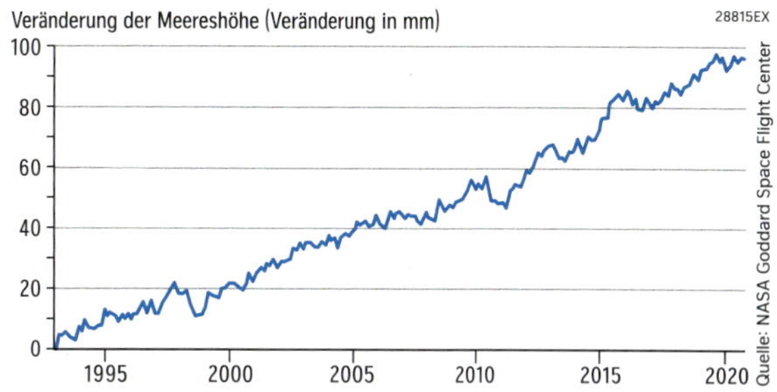

M7 Meeresspiegelanstieg

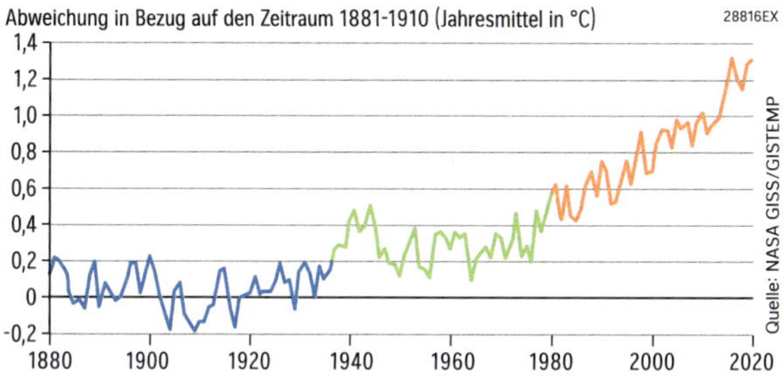

M4 Veränderung der globalen Mitteltemperatur

Phänologische Jahreszeiten

	Länge in Tagen	
	1961–1990	1991–2020
Winter	120	101
Frühling	96	102
Sommer	90	89
Herbst	59	73

Phänologische Jahreszeiten beschreiben die unterschiedlichen Entwicklungsstadien von Pflanzen, von der Blüte über das Früchtetragen bis zum Blattfall.

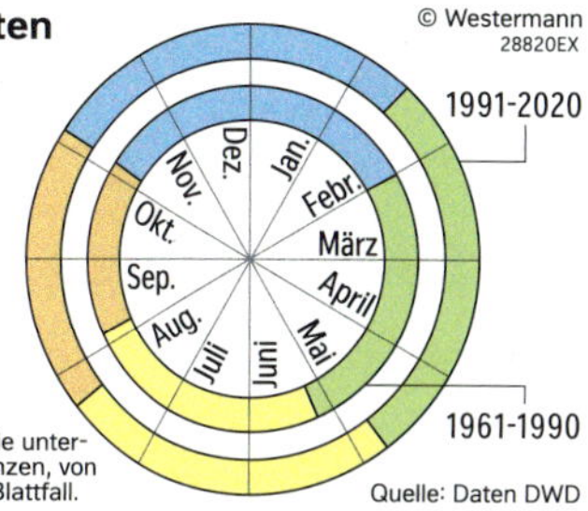

M8 Phänologische Jahreszeiten verschieben sich (Deutschland).

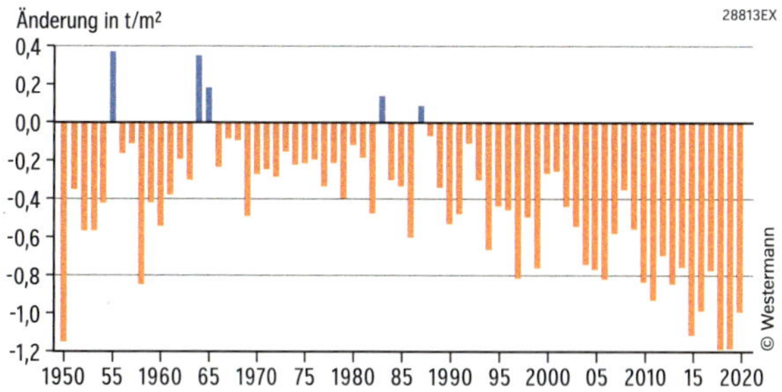

M5 Weltweite Veränderung der Gletschereismasse

Jahr	Abweichung	Jahr	Abweichung
2020	+1,28 °C	2018	+1,11 °C
2016	+1,27 °C	2014	+1,01 °C
2019	+1,24 °C	2010	+0,98 °C
2017	+1,18 °C	2013	+0,94 °C
2015	+1,16 °C	2005	+0,94 °C

M9 Die weltweit wärmsten Jahre seit Beginn der Aufzeichnung bis 2020 (Abweichung in Bezug auf 1881–1910)

Der Klimawandel

1 a) Suche in M2–M9 Hinweise, die die Feststellungen des Weltklimarates (M1) belegen.

b) Formuliere anhand von M2–M9 eigene Feststellungen bzw. Aussagen.

GeoPlus

2 Diskutiere anhand der Materialien und des QR-Codes, ob sich der Klimawandel auch in Deutschland bemerkbar macht. Geh auch auf die Situation in Hamburg ein.

Web-Code: WES-144136-203

Ursachen natürlicher Klimaschwankungen

Im Laufe der Erdgeschichte änderte sich das Klima immer wieder. Phasen mit höheren und niedrigeren Durchschnittstemperaturen wechselten sich ab. Welche Ursachen hatten diese natürlichen Klimaveränderungen?

Das Klima wandelte sich mehrfach

Die Erde dreht sich um die Sonne (**Erdrevolution**) und gleichzeitig um die eigene Achse (**Erdrotation**). Im Laufe der Erdgeschichte kam es dabei immer wieder zu Abweichungen (M1), welche die Energiezufuhr der Sonne zur Erde schwanken ließen. Bekannt sind mehrere Gründe:

- Die Ellipse der Erdbahn um die Sonne (Exzentrizität) änderte ihre Form.
- Die Kreiselbewegung der Erdachse (Präzession) änderte sich.
- Die Neigung der Erdachse gegenüber der Umlaufbahn um die Sonne (Schiefe der Ekliptik) variierte.

Diese drei Änderungen traten nicht plötzlich auf. Es waren lang anhaltende Prozesse, die eine ebenso langsame Änderung der globalen Durchschnittstemperatur zur Folge hatten.

Diesen Phänomenen stehen Ereignisse gegenüber, die zu vergleichsweise schnellen Klimaänderungen führen können.

INFO

Klimaänderungen

... können terrestrische (interne, irdische) oder extraterrestrische (externe, außerirdische) Ursachen haben. In beiden Fällen verändert sich die **Strahlungsbilanz** der Erde so sehr, dass sich dies auf das Klima auswirkt. Die Klimaänderungen können langfristig oder relativ kurzfristig sein.

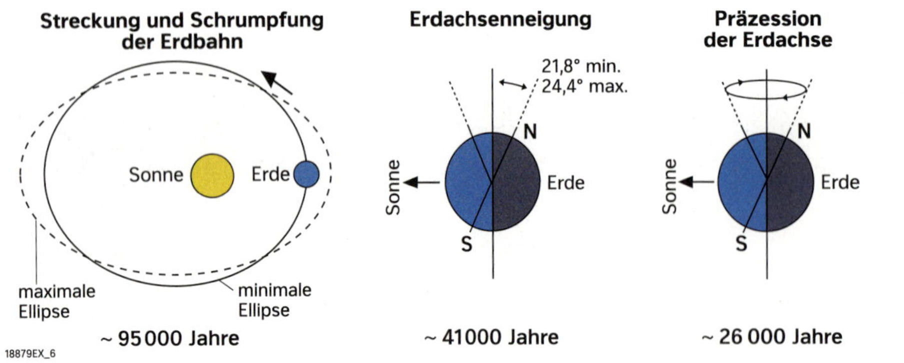

M1 Änderungen in Erdbahnparametern

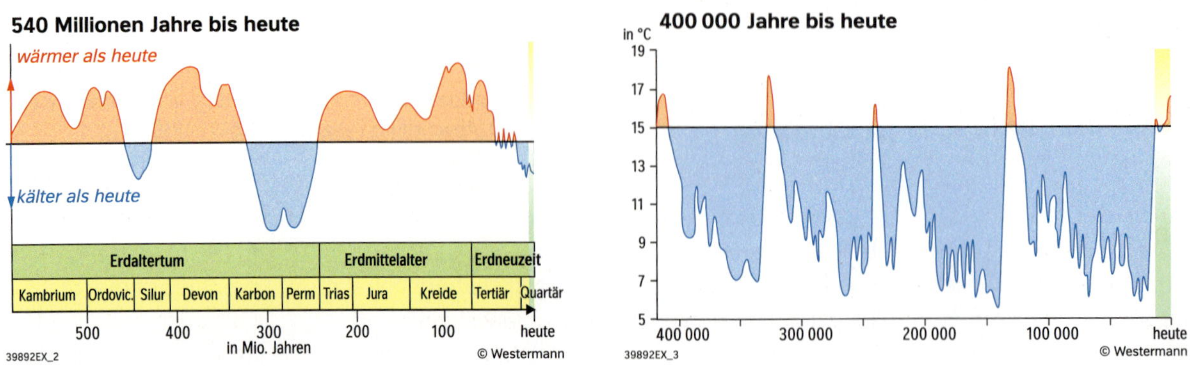

M2 Globale Durchschnittstemperaturen im Laufe der Erdgeschichte

Der Klimawandel

Die Sonne selbst zeigt Schwankungen in der Strahlungsintensität innerhalb von Jahren bzw. Jahrzehnten. Um die Schwankungen zu messen, wird das Wechselspiel von relativ kühlen **Sonnenflecken** und den weitgehend synchron auftretenden heißen Sonnenfackeln und sonstigen Eruptionen beobachtet. Je mehr Sonnenflecken auftreten, desto höher ist die Aktivität der Sonne, was sich letztlich, zeitlich versetzt, auf das Erdklima auswirkt.

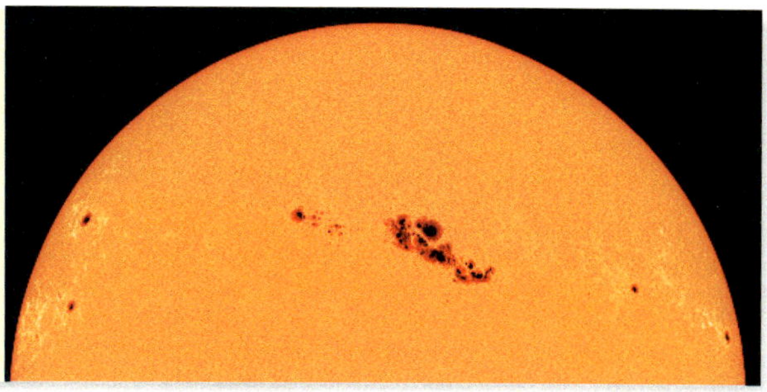

M3 Klimaschwankungen durch die Aktivität der Sonne

Meteoriteneinschläge können zu plötzlichen Klimaveränderungen führen. Zu einem dieser Ereignisse kam es vor 66 Mio. Jahren, als ein Meteorit von etwa zehn Kilometern Durchmesser auf der Erde einschlug. In der Nähe des Einschlags wurde das Leben schlagartig ausgelöscht. Großen Mengen von Staub und Aerosolen wurden in die Atmosphäre geschleudert und verdunkelten für lange Zeit den Himmel. Es folgte eine starke Abkühlung. Angenommen wird heute, dass die globale Jahresmitteltemperatur mehrere Jahre unter dem Gefrierpunkt lag. Pflanzen starben ab und Nahrungsketten wurden unterbrochen. Dieses Ereignis ist wahrscheinlich für das Aussterben der Saurier verantwortlich.

M4 Klimaschwankungen durch Meteoriteneinschläge

Vulkanausbrüche können zu kurzen, aber auch längerfristigen Klimaänderungen führen. Kurzfristige Folgen entstehen durch die Freisetzung vulkanischer Aerosole, die die wärmende Strahlung der Sonne in der Atmosphäre reflektieren. Dadurch gelangt weniger Sonnenstrahlung auf die Erdoberfläche und es wird kühler.
Bei großflächigen, langanhaltenden Vulkanausbrüchen kann es zu längerfristigen Klimaänderungen kommen. Eines dieser Ereignisse waren die Vulkanausbrüche im heutigen Sibirien vor etwa 250 Mio. Jahren. Mehr als 5 Mio. km³ Lava wurden auf die Erdoberfläche geworfen. Es bildete sich der Sibirische Trapp (Foto), eine etwa 3000 m dicke Basaltschicht, die eine Fläche bedeckt, die fünfmal größer ist als Deutschland. Die dabei austretende große Menge an CO_2 führte zu einer extremen Temperaturzunahmen von 8 bis 10 °C.

M5 Klimaschwankungen durch Vulkanausbrüche

1 Fasse die Ursachen natürlicher Klimaveränderungen zusammen. Unterscheide in lang- und kurzfristige Änderungen sowie in extraterrestrische und terrestrische Auslöser der Klimaveränderungen.

2 a) Recherchiere, wie der Ausbruch des Tambora in Indonesien im Jahr 1815 das Klima in Europa änderte. Nutze auch den QR-Code.
b) Präsentiere dein Ergebnis in einem digitalen Format, zum Beispiel in Form eines Podcast-Beitrages (siehe S. 95) oder eines Erklärvideos.

Web-Code: WES-144136-205

M1 Blick auf die Erdatmosphäre von der internationalen Raumstation

Der natürliche Treibhauseffekt

Der natürliche Treibhauseffekt ist Grundlage für das Leben auf der Erde. Ohne ihn läge die Durchschnittstemperatur weit unter 0 °C und das für alle Lebensprozesse wichtige Wasser läge nicht in flüssiger Form vor. Wie funktioniert der natürliche Treibhauseffekt?

Die Wirkungsweise des natürlichen Treibhauseffektes

Der natürliche Treibhauseffekt ist ein Prozess in der Atmosphäre, der einen Anstieg der Temperaturen zur Folge hat. Die kurzwellige Solarstrahlung (Sonnenstrahlung) kann die Atmosphäre zum großenTeil ungehindert durchdringen. Allerdings wird dabei ein Teil der Strahlung wieder direkt ins Weltall reflektiert. Der größere Teil der Solarstrahlung wird von der Atmosphäre, vor allem aber von der Erdoberfläche, absorbiert und anschließend als langwellige Wärmestrahlung wieder abgegeben.

Ein großer Teil dieser Wärmestrahlung wird von der Atmosphäre, insbesondere von den klimawirksamen Treibhausgasen, absorbiert und wiederum abgestrahlt, auch Richtung Erdoberfläche (Gegenstrahlung). Durch diesen natürlichen Treibhauseffekt kommt es zu einer Erhöhung der globalen Durchschnittstemperatur in Bodennähe von -18° C auf etwa +15° C.

Die beteiligten Treibhausgase sind vor allem Wasserdampf (H_2O), Kohlenstoffdioxid (CO_2), Distickstoffoxid (N_2O) und Methan (CH_4) (M4). Der Anteil des Wasserdampfs in der Atmosphäre ist dabei temperaturabhängig. So kann eine wärmere Atmosphäre mehr Wasserdampf speichern als eine kühlere.

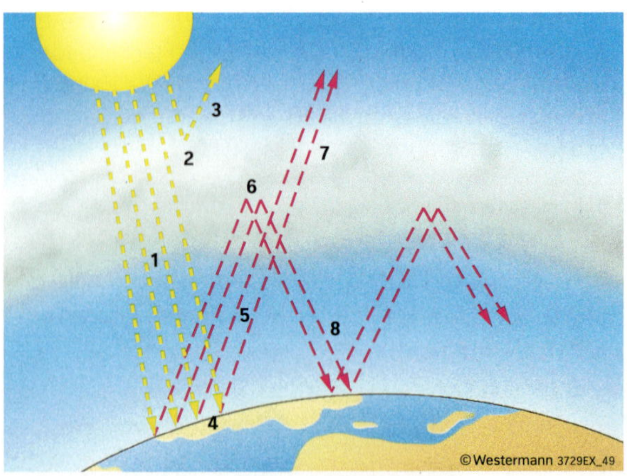

M2 Solarstrahlung und Wärmestrahlung der Erde

M3 **Das Wittmoor im Norden Hamburgs – Moore sind bedeutende Kohlenstoffsenken.**

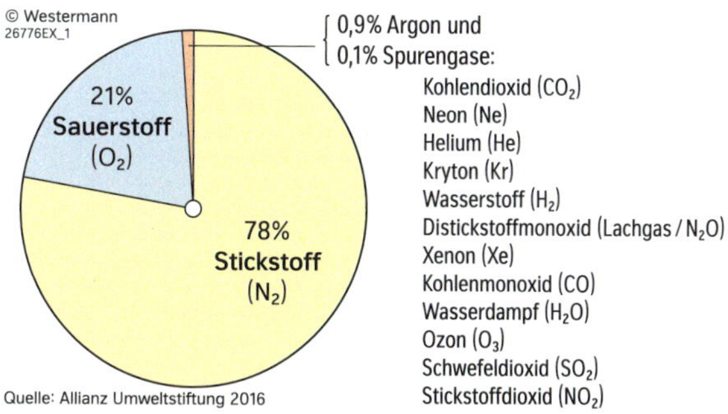

M4 Zusammensetzung der Luft und Anteil der Treibhausgase

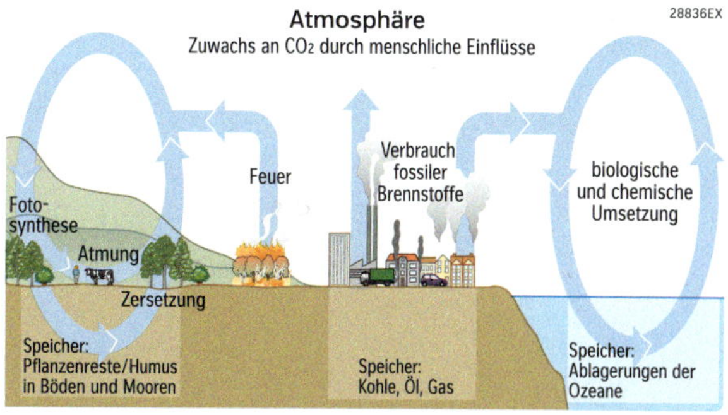

M6 Der Kohlenstoffkreislauf (vereinfacht)

Von zentraler Bedeutung für das Ausmaß des Treibhauseffekts ist Kohlenstoffdioxid, da dieses eine lange Verweildauer in der Atmosphäre aufweist. Sein Anteil in der Atmosphäre wird durch den globalen Kohlenstoffkreislauf (M6) gesteuert. Dieser besteht aus verschiedenen Kohlenstoffspeichern wie Atmosphäre, Böden und Vegetation, Ozeanen sowie Kohle-, Öl- und Gasvorkommen, in denen Kohlenstoff in unterschiedlicher Form gespeichert ist. Zwischen den natürlichen Teilsystemen, wie z. B. Atmosphäre, Vegetation und Ozeanen, findet ein ständiger Austausch statt. Wird Kohlenstoff in Speichern aufgenommen, spricht man von „Senken", wird er freigesetzt, spricht man von „Quellen". Wälder, Böden, Moore und Meere sind besonders bedeutende Senken. Die Speicherkapazität der Meere ist temperaturabhängig. Je höher die Wassertemperatur ist, desto weniger Kohlenstoff in Form von CO_2 kann gespeichert werden.

M5 Der Kohlenstoffkreislauf

1. Übertrage die Darstellung M2 in dein Heft. Beschrifte deine Skizze mithilfe des Textes auf S. 206. Setze an die Stellen 1–8 Erklärungen, sodass die Wirkungsweise des natürlichen Treibhauseffekts verdeutlicht wird.

2. Erläutere die Bedeutung des Kohlenstoffkreislaufes auf das Klima.

GeoPlus

3. In Mooren sind rund ein Drittel des terrestrischen Kohlenstoffs gebunden. Sie wirken somit als Kohlenstoffsenken. Beschreibe den Vorgang, der für diese Wirkung verantwortlich ist (Internet).

Der anthropogen verstärkte Treibhauseffekt

Schlagzeilen wie „Verheerend und menschengemacht" oder „Menschheit schuld an Hitzewellen" aus dem August 2021 verweisen auf den Zusammenhang zwischen menschlichen Aktivitäten, Treibhausgasemissionen und dem Klimawandel. Welche Aktivitäten sind besonders klimaschädlich und wo werden die meisten Treibhausgase emittiert?

[...] Die Hauptursache der globalen Erwärmung ist die Freisetzung von Treibhausgasen wie CO_2. Seit 1750 sind die atmosphärischen Konzentrationen der Treibhausgase CO_2, CH_4, N_2O jeweils um 40 %, 150 % und 20 % gestiegen. Die Aktivitäten des Menschen führen dazu, dass die aktuellen Konzentrationen dieser Gase diejenigen der zurückliegenden 800 000 Jahre übersteigen und ihre mittleren Zuwachsraten in den letzten 22 000 Jahren noch nie so hoch waren wie heute. [...] [D]urch menschliche Aktivitäten (hauptsächlich durch den Einsatz fossiler Brennstoffe und Landnutzungsänderungen) [sind gigantische] CO_2-Mengen [...] freigesetzt worden. Davon blieb weniger als die Hälfte [...] in der Atmosphäre und trug zum menschengemachten Treibhauseffekt bei. Der Rest wurde etwa jeweils zur Hälfte vom Ozean [...] und von Böden und Pflanzen [...] aufgenommen.

Quelle: BMU: Kernbotschaften des Fünften Sachstandsberichts des IPCC (Teilbericht 1). www.bmu.de, 2017, S. 3

M1 Mitteilung

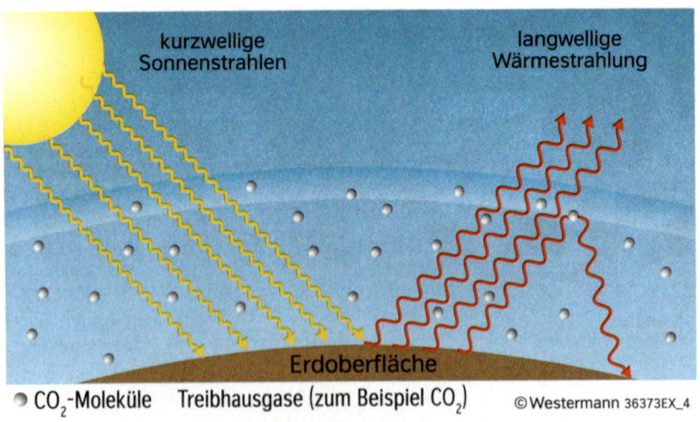

M2 Der natürliche Treibhauseffekt

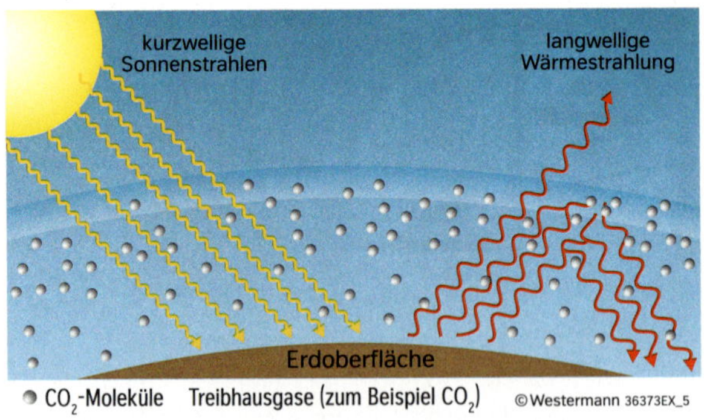

M4 Der vom Menschen verstärkte Treibhauseffekt

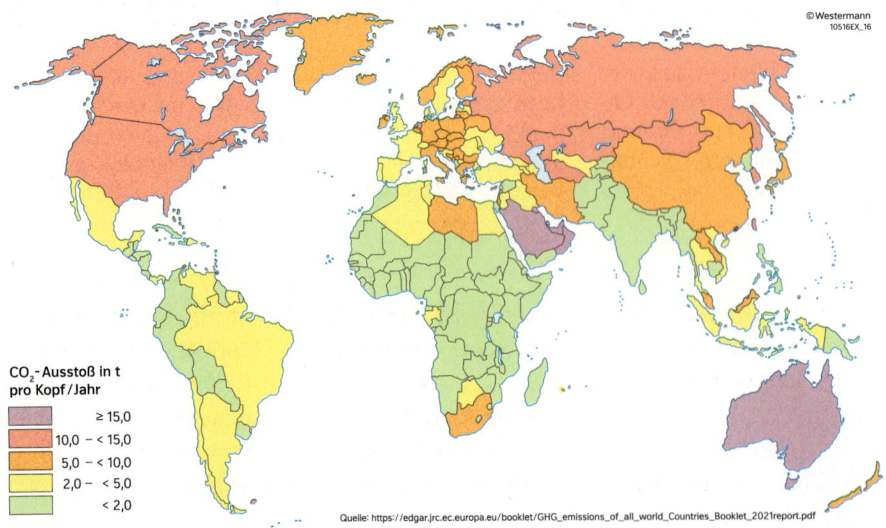

M3 CO_2-Emission pro Kopf (2020)

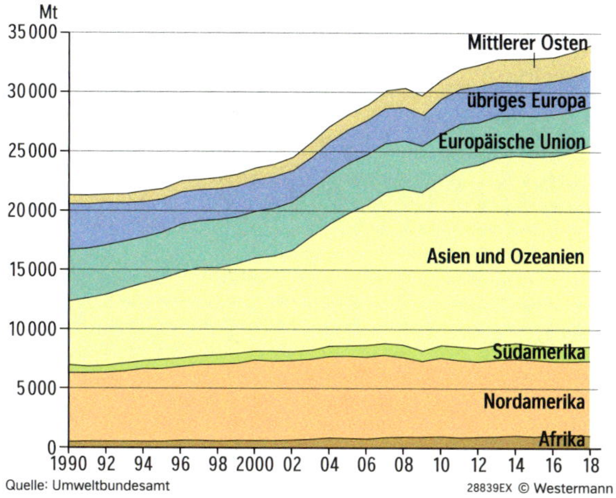

M5 CO_2**-Emissionen nach Region**

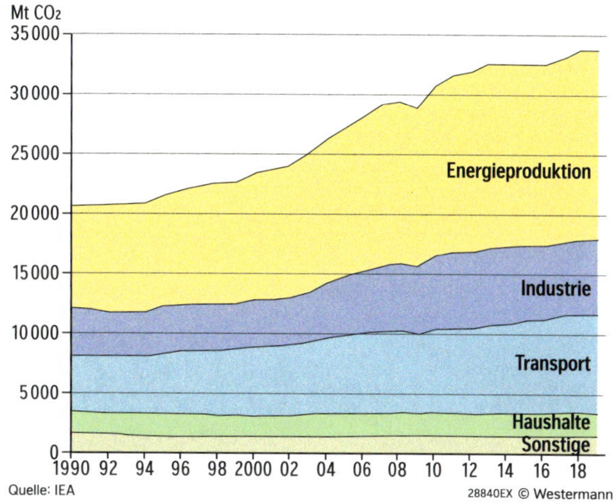

M8 CO_2**-Emissionen nach Sektor**

Treibhausgase	CO_2	CH_4	N_2O	Ozon	FCKW
atmosphärische Konzentration in ppm (2017)	405	1,85	0,3	0,05	0,0005
Konzentrationsanstieg pro Jahr (in %)	0,5	0,9	0,25	unklar	4
mittlere Verweildauer in der Atmosphäre (Jahre)	k. A.	12	121	0,1	640
Klimawirksamkeit bezogen auf ein Molekül CO_2	1	28	265	2000	13 900
anthropogene Quellen	fossile Brennstoffe, Waldrodung, Bodenerosion	Reisanbau, Rinderhaltung, Mülldeponien, Verbrennung von Biomasse	fossile Brennstoffe, Verbrennung von Biomasse, Stickstoffdünger	indirekt durch NO_2, CH_4, CO und Kohlenwasserstoff in der Troposphäre	Kältemittel, Schäumungsmittel, Treibgase

M6 Charakteristische Daten der Treibhausgase (Quellen: IPCC 2016, AMS 2017, NOAA 2017)

Der Anteil der CO_2-Emissionen, der von Kohlenstoffsenken an Land oder im Meer aufgenommen wurde, ist in den letzten 50 Jahren immer weiter zurückgegangen. Kohlenstoffsenken wie die Moore, Wälder, die Böden oder das Phytoplankton der Meere spielen im Klimasystem der Erde eine wichtige Rolle, denn sie nehmen CO_2 aus der Luft auf und bauen es in andere Kohlenstoffverbindungen um. Dadurch reduzieren sie nicht nur das Treibhausgas aus der Atmosphäre, sie speichern den Kohlenstoff auch über lange Zeiträume hinweg. Brandrodung und die Verwendung von Holz als Brennstoff tragen daher doppelt zur Erhöhung des CO_2-Gehaltes in der Atmosphäre bei: Zum einen durch die Emission, zum anderen dadurch, dass die Aufnahme von CO_2 nicht durch die Vegetation vermindert wird.

M7 Die Funktion von Kohlenstoffsenken

1 Fasse zusammen, was unter „anthropogen verstärktem Treibhauseffekt" zu verstehen ist (M1, M2, M4, M6, M7).

2 a) Beschreibe die in M3, M5 und M8 dargestellten Messergebnisse.
b) Problematisiere Folgen eines verstärkten Ausstoßes von CO_2.

3 a) Nutze den QR-Code. Lege dar, wie sich die CO_2-Emissionen Deutschlands zusammensetzten.
b) Erläutere, wie sich die einzelnen Bereiche entwickelt haben.
c) Entwickle für drei Bereiche Handlungsempfehlungen, um die CO_2-Emmissionen Deutschlands weiter zu verringern.

Web-Code: WES-144136-209

M1 Das Forschungsschiff „Polarstern" erreichte den Nordpol früher als gedacht. Das Eis war dünner als angenommen (08/2020).

Folgen des Klimawandels in der Arktis

Die Arktis besteht aus Meeres- und Festlandflächen, die zum Teil mit Eis bedeckt sind. Besonders mächtig und beständig ist die Eisbedeckung auf Grönland. Doch das Eis zieht sich zurück. Welche Folgen hat ein Abschmelzen des grönländischen Inlandeises?

Warum ist der Temperaturanstieg in der Arktis deutlich höher als in anderen Regionen?
Mit etwa 2 °C gegenüber dem Durchschnitt des letzten Jahrhunderts und etwa 0,5 °C in den letzten beiden Jahrzehnten liegt der Temperaturanstieg in der Region deutlich über dem globalen Trend. Wissenschaftler sehen dies als Anzeichen, [...] das auf dem Albedo-Effekt beruht [Info]. [...] Dadurch kommt es zu einer sich selbst beschleunigenden Erwärmung. Diese „positive" Eis-Albedo-Rückkopplung wird als Hauptfaktor für die Erwärmung der letzten 20 Jahre angesehen. [...]

Was sind die Folgen der Veränderungen im arktischen Meereis?
Gefährdet sind die Pflanzen und Tiere, die das Eis als Lebensraum benötigen. Die zunehmende Erwärmung der Arktis beeinflusst außerdem Großwetterlagen außerhalb der Arktis wie den polaren Jetstream, dessen verändertes Zirkulationsmuster für extremere Wetterlagen auch in gemäßigten Breiten sorgt. Eine ganz andere Konsequenz ist der durch zunehmend eisfreie Passagen erleichterte Schiffsverkehr im Polarbereich. Neben einem intensiveren Handelsverkehr erhoffen sich die Anrainer-Staaten einen leichteren Zugriff auf wertvolle Ressourcen wie Öl, Uran oder Wolfram, die unter dem Meer vermutet werden. Keine direkte Rolle spielt der Verlust des arktischen Meereises hingegen für den globalen Meeresspiegelanstieg: Das im Meer schwimmende Meereis verdrängt bereits jetzt das gleiche Volumen an Wasser wie im geschmolzenen Zustand. Die Meereisschmelze kann aber das Salzverhältnis im Ozean verändern, das für das Funktionieren des Golfstroms entscheidend ist. [...]

Welche Folgen haben die Eisverluste auf dem Festland?
Eine der gravierendsten Folgen des Klimawandels ist der drohende Anstieg des Meeresspiegels. Als eine zentrale Ursache gilt das mögliche Abschmelzen der Eismassen des Festlandes. Die größten Eisspeicher der Erde befinden sich derzeit vor allem in Grönland und der Antarktis sowie in den Gletschern der Gebirgsketten. Die Eiskappe, die Grönland zu 80 Prozent bedeckt, besteht aus rund 2,6 Mio. km^3 gefrorenem Wasser und bildet eine Fläche von 1,8 Mio. km^2. Würde das Grönlandeis komplett abschmelzen, wäre ein Anstieg des globalen Meeresspiegels um etwa 7,4 m die Folge.

Quelle: Harmeling, Sven (Germanwatch, Hg.): Diercke Spezial: Globaler Klimawandel. Braunschweig, 2018, S. 40 – 42, verändert

M2 Ausschnitt aus einem Interview mit Klimaforschern

Wissenschaftler haben die Eisschmelze in Grönland und in der Antarktis untersucht. Die Eismassen der Antarktis sind mehr als zehnmal größer als die Grönlands. Das Ergebnis war überraschend. Die Wissenschaftler fanden heraus, dass die Eisschmelze in Grönland einen größeren Einfluss auf den aktuellen Anstieg des Meeresspiegels hat als die Eisschmelze in der Antarktis. Das hängt damit zusammen, dass sich die nördliche Polarregion besonders schnell erwärmt. Deshalb wird auch für Grönland ein besonders hoher Temperaturanstieg erwartet.
Bei gleichbleibender Emission von CO_2 stiege die Temperatur bis 2100 um bis zu zehn Grad Celsius. In den letzten 20 Jahren ist das Eis auf Grönland in einem Umfang geschmolzen, der zu einem Anteil am Anstieg des Weltmeeresspiegels von über einem Zentimeter beigetragen hat. Die Eisdecke in Grönland hat in dieser Zeit 4700 Gigatonnen an Masse verloren. Diese Massen würden die USA einen halben Meter unter Wasser setzen.

M3 Die Arktis erwärmt sich besonders schnell.

INFO

Eis-Albedo-Rückkopplung
Darunter versteht man die besonders große Wirkung der Eisflächen auf das Weltklima: Eisflächen reflektieren einen Großteil der Sonnenstrahlung. Dieses Zurückwerfen der Sonnenstrahlen wird als Albedo bezeichnet. Eisflächen haben eine hohe Albedo. Dunkle Meeresflächen reflektieren nur einen geringen Teil der Sonnenstrahlen. Der Großteil wird in Wärmestrahlung umgesetzt.

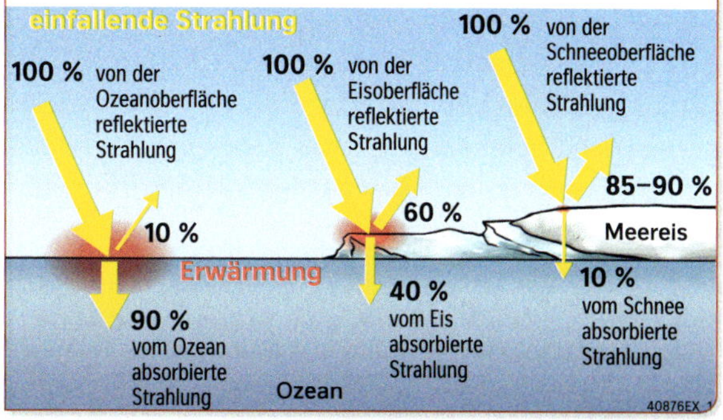

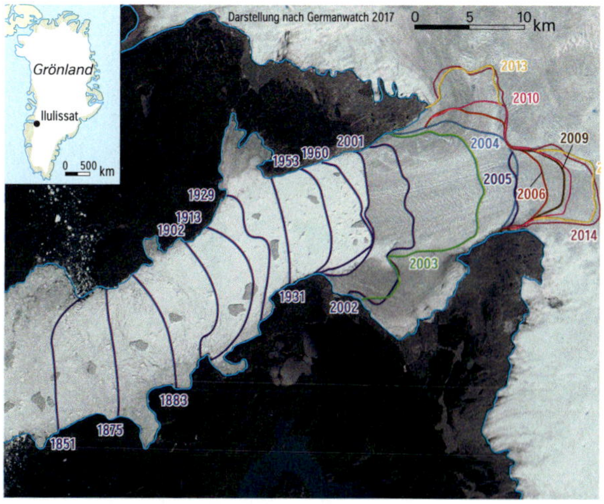

M4 Die Satellitenaufnahme zeigt, wie weit sich der westgrönländische Jakobshavn-Gletscher (bei Ilulissat) im Zeitraum der Jahre 1851 – 2014 zurückgezogen hat.

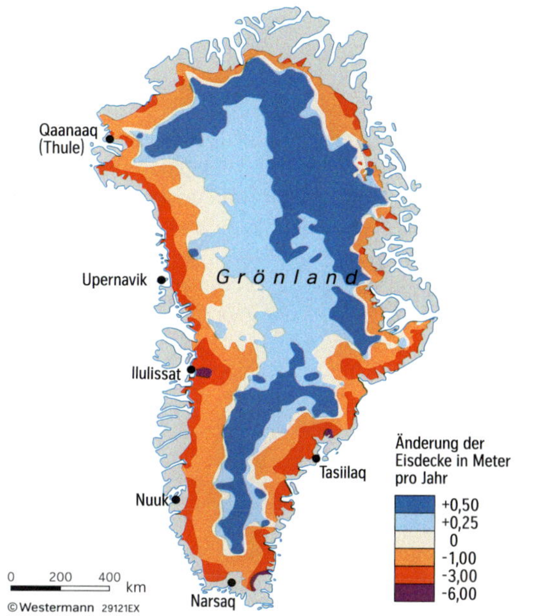

M5 Ab- bzw. Zunahme der Eisstärke Grönlands (2003 – 2019)

1 Erkläre, wie die Eis-Albedo-Rückkopplung dazu beiträgt, dass sich die Arktis schneller als andere Regionen der Welt erwärmt

2 a) Fasse mithilfe der Materialien die Folgen des Abschmelzens des arktischen Eises zusammen.

b) Recherchiere weitere Folgen.

GeoPlus
3 Stelle mithilfe des QR-Codes für eine Küstenregion deiner Wahl fest, welche Folgen ein Abschmelzen der grönländischen Gletscher hätte (M2).

Warum ist Bangladesch so stark vom Klimawandel betroffen?

Dass der Meeresspiegel steigen wird und mit intensiveren Naturkatastrophen infolge des Klimawandels zu rechnen ist, gilt als gesichert. Bangladesch ist eines der ärmsten Länder. Es ist nur für 0,06 % der weltweiten Emissionen von Treibhausgasen verantwortlich, ist aber bereits heute von den Auswirkungen des Klimawandels so stark betroffen wie kaum ein anderes Land. Worauf ist das zurückzuführen?

Bangladesch – ein Land droht zu versinken

Bangladesch liegt zu einem großen Teil nur wenige Meter über dem Meeresspiegel. Durch dessen Anstieg ist der Lebensraum von Millionen Menschen gefährdet: Ein Teil der Küstenregion wird im Meer versinken (M3, M4) und Sturmfluten werden noch höher auflaufen. Die zwei großen Ströme Ganges und Bramaputra werden aufgrund des höheren Meeresspiegels zurückgestaut. Auf diese Weise kommt es auch im Landesinneren zu weiträumigen Überschwemmungen.

Ob Erdbeben oder Tsunami, Wirbelsturm oder Überschwemmung: Das Risiko, dass sich ein Naturereignis zur Naturkatastrophe entwickelt, hängt nur zum Teil von der Stärke des Ereignisses ab. [...] Wer vorbereitet ist, wer im Falle eines extremen Naturereignisses weiß, was zu tun ist, hat höhere Überlebenschancen. Länder, die Naturgefahren kommen sehen, die sich auf die Folgen des Klimawandels vorbereiten und die die erforderlichen Finanzmittel bereitstellen, sind für die Zukunft besser gerüstet.
Der jährliche erscheinende Weltrisikobericht soll einen Beitrag dazu leisten, diese Zusammenhänge auf globaler Ebene zu betrachten und zukunftsorientierte Schlussfolgerungen [...] zu ziehen.[...]
Extreme Naturereignisse können nicht direkt verhindert werden, aber Länder können unter anderem durch die Bekämpfung von Hunger und Armut und durch das Ergreifen von Vorsorgemaßnahmen das Katastrophenrisiko reduzieren. Wichtiger Bestandteil des Weltrisikobericht ist der Weltrisikoindex (M2). Er bewertet das Katastrophenrisiko von 181 Ländern, indem sowohl die Gefahr vor Naturereignissen und die Verwundbarkeit der Gesellschaft analysiert werden.
Der Weltrisikoindex basiert auf vier Kernfragen:

- Exposition: Wie wahrscheinlich ist ein extremes Naturereignis und trifft es auf Menschen?
- Anfälligkeit: Wie verwundbar sind die Menschen durch die Naturgefahren?
- Bewältigung: Inwieweit können Gesellschaften akute Katastrophen bewältigen?
- Anpassung: Trifft die Gesellschaft Vorsorgemaßnahmen gegenüber zukünftig zu erwartenden Naturgefahren?

www.welthungerhilfe.de/informieren/themen/ueberleben-sichern/weltrisikobericht/ (verändert)

M1 Der Weltrisikoindex

INFO

Naturereignis – Naturgefahr – Naturkatstrophe

Als Naturereignis wird ein Vorgang in der Natur bezeichnet, der in einer unbesiedelten, menschenleeren Region und (weitgehend) ohne menschliches Zutun abläuft, z. B. eine Überschwemmung oder ein Vulkanausbruch. Beide werden dann zu Naturgefahren, wenn Menschen in einer Region leben, in der häufig Überschwemmungen oder Vulkanausbrüche auftreten. Kommt es tatsächlich zu einem solchen Ereignis, das Menschen tötet und verletzt sowie Häuser, Straßen, Brücken etc. zerstört, wird von einer Naturkatastrophe gesprochen.

Land	Wert
1. Vanuatu	47,73
2. Salomonen	31,16
3. Tonga	30,51
8. Philippinen	21,39
13. Bangladesch	16,23
43. Vietnam	10,27
46. Japan	9,66
66. Niederlande	7,98
86. Peru	6,75
126. Laos	4,46
161. Deutschland	2,66

M2 Position von Ländern im Weltrisikoindex (2021)

M3 Opfer des Klimawandels und Meeresspiegelanstiegs auf Kutubdia Island (Bangladesch) protestieren und fordern Gerechtigkeit für Klimaflüchtlinge. Vor allem durch den Klimawandel treten in Kutubdia öfter Naturkatastrophen auf. Zyklone werden stärker und zahlreicher. Der Meeresspiegel steigt. Das führt zu extremer Erosion und Salzeintrag. Dies zerstört nicht nur das Ackerland, sondern führt auch zu Klimaflüchtlingen, die ihre Lebensgrundlage verloren haben.

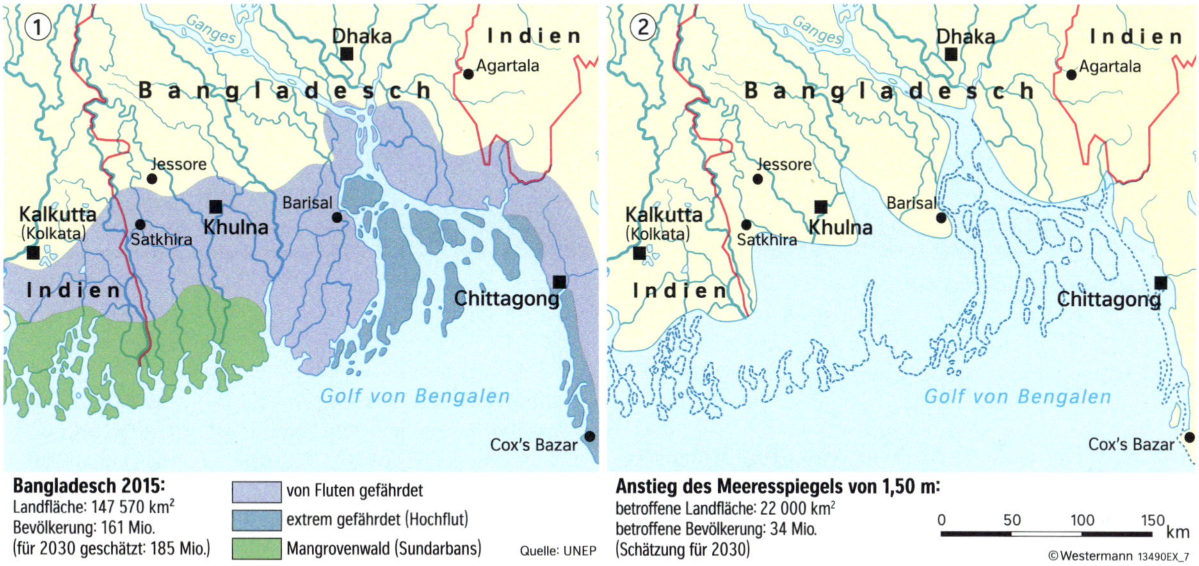

M4 Der Meeresspiegelanstieg und die betroffene Küste

1 a) Beschreibe die Lage von Bangladesch (Atlas).
b) Nenne Naturgefahren, die Bangladesch bedrohen. Nutze auch den Atlas.
c) Zähle Naturkatastrophen auf, die sich aufgrund des Klimawandels in Bangladesch wahrscheinlich verstärken werden.

2 Begründe, warum ein schwerer Sturm in einer einsamen Wüste ein Naturereignis ist und ein schwerer Sturm auf Kutubdia (M3) eine Naturkatastrophe (Info).

3 a) Bangladesch ist nach dem Weltrisiko-Index weniger stark von Naturereignissen bedroht als Japan. Trotzdem hat Bangladesch einen schlechteren Gesamtwert als Japan (M2). Erkläre, wie das möglich ist (M1).
b) Vergleiche eine Karte zum Weltrisikoindex mit einer Weltkarte zum Entwicklungsstand der Länder. Nutze den Atlas.

GeoPlus

4 Entwickle eine Zukunftsprognose für die Delta-Region Bangladeschs und die Menschen, die dort leben. Berücksichtige die Auswirkungen des Klimawandels sowie den Wandel der Landnutzung.

M1 Bangladesch zur Trockenzeit

METHODE

Satellitenbilder auswerten

Mit Satellitenbildern die Welt von oben betrachten

1957 wurde der erste Satellit in den Weltraum geschossen. Er trug den Namen „Sputnik 1". Mit der Entsendung von Satelliten in die Erdumlaufbahn eröffneten sich neue Möglichkeiten für die Betrachtung der Erde von oben. Zuvor konnten nur Luftaufnahmen von kleinen Teilen der Erdoberfläche mithilfe von Flugzeugen gemacht werden. Nun war es möglich, große Regionen anhand von Satellitenbildern zu betrachten.

Satellitenbilder – viele Möglichkeiten der Verwendung

Satellitenbilder ermöglichen die Erkundung von schwer zugänglichen Gebieten der Erde. Vergleicht man Satellitenbilder, die ein Gebiet zu unterschiedlichen Zeitpunkten darstellen, werden Veränderungen sichtbar. So können unter anderem auch Ausmaße von Naturkatastrophen ermittelt werden.

Im Rhythmus des Regens
In einem einzigen Jahr fallen in Bangladesch durchschnittlich 1 500 bis 2 250 mm Regen. Dieser Niederschlag ist jedoch nicht gleichmäßig über das Jahr verteilt, sondern auf bestimmte Zeiten konzentriert. Von Ende Mai bis Anfang Oktober führen feuchte Luftmassen aus Südwesten zu starken Niederschlägen. Man bezeichnet dies als Sommermonsun. In den übrigen Monaten überwiegen dagegen trockene Winde. Es herrscht Trockenzeit. Der Wechsel zwischen Regenreichtum und -armut zeigt sich in der Landschaft. Die Flüsse schwellen zur Regenzeit an und die Böden werden fruchtbar.

M2 Trocken- und Regenzeit in Bangladesch

M3 Landsat 7

M4 Bangladesch zur Regenzeit

In vier Schritten zur Auswertung eines Satellitenbildes

1. Bestimme den Namen des Satelliten und den Zeitpunkt der Aufnahme des Satellitenbildes.
2. Ordne das Satellitenbild räumlich ein. Eine erste Einordnung ermöglicht der Name des Bildes. Für die genaue Einordnung suchst du auffällige Objekte (Siedlungen, Straßen, Flüsse) und vergleichst diese mit einer Karte des Gebietes.
3. Beschreibe die im Satellitenbild abgebildeten Flächen und Linien. Deute hierzu die Farben des Bildes (z. B. Grün = Vegetation).
4. Erläutere Ursachen der Strukturen. Liegen zwei Bilder in zeitlicher Folge vor, können Veränderungen beschrieben und erklärt werden.

Name des Satelliten		
Zeitpunkt der Aufnahme		
Name des Bildes		
Land		
abgebildete Siedlungen		
abgebildete Flüsse		
weitere Formen (mit Farbe)		
Beschreibung Strukturen		
Ursachen der Strukturen		

M5 Tabelle für die Auswertung von Satellitenbildern

1 Erläutere die Nutzungsmöglichkeiten von Satellitenbildern.

2 a) Werte die Satellitenbilder in M1 und M4 aus. Nutze hierzu M5 und den Atlas.

b) Begründe Unterschiede zwischen den beiden Bildern.

3 Suche das Satellitenbild „Earth by Night“ der NASA und werte es aus (Internet).

100800-18
schueler.diercke.de

Kalifornien leidet unter Wassermangel

Es gibt eine Vielzahl von Regionen in der Welt, in denen heute schon die Folgen des Klimawandels spürbar sind. Eine ist der US-Bundesstaat Kalifornien. In den 2010er-Jahren litt er unter einer außergewöhnlichen Dürre (Info). Welche kurzfristigen und langfristigen Auswirkungen hat diese klimatische Extremsituation?

Kalifornien ist es gewohnt, dass die saisonalen Niederschläge starke und schwer vorhersagbare Schwankungen aufweisen. Im Fall der nun anhaltenden Trockenheit begannen sich in Kalifornien die ersten Anzeichen Ende 2011 zu mehren, dass es zunehmend trockener werden würde. Jedoch verliefen die folgenden Monate wenig spektakulär und immer wieder konnten vom Pazifik heranziehende Niederschlagsgebiete den Vormarsch der Trockenheit abschwächen.
Über das gesamte Jahr 2012 gesehen begann sich jedoch die Trockenheit von Monat zu Monat allmählich auszuweiten. Nach einem außergewöhnlich nassen Beginn des Winters 2012/13 verschärfte sich die Trockenheit in der Folge dann dramatisch. Die Messperiode von Januar bis Juni 2013 war die trockenste seit Beginn der 118-jährigen Messreihe in Kalifornien, wobei weite Bereiche Kaliforniens während dieser Zeit beinahe überhaupt keinen Niederschlag erhielten.
Aus meteorologischer Sicht war der Grund für diese Niederschlagsanomalie ein beständiges und sehr kräftiges Hochdruckgebiet über dem nordöstlichen (erwärmten) Pazifik. Dieses sorgte vor allem während der Winterzeit dafür, dass die sonst für Kalifornien niederschlagsbringenden Tiefdruckgebiete auf einer außergewöhnlich nördlichen Zugbahn vorbeizogen.
Neben der Trockenheit wurden in beinahe erschreckender Regelmäßigkeit Temperaturrekorde gebrochen: sowohl Tagesrekorde als auch Monatsrekorde. Vergleicht man die Temperaturen des saisonalen Abschnitts Januar bis Juni von 2014 mit dem des bisher wärmsten Jahres, so liegt dieser Wert um mehr als 1 Grad Celsius über dem bisherigen Rekord. Solch eine Abweichung ist aus klimatologischer Sicht gesehen beträchtlich. Zusammengefasst dauert die Dürre nun schon 3 Jahre, wobei in dieser Zeitspanne das bisher trockenste Jahr (2013) zu finden ist.

Gekürzt aus: H. Tuschy. Der Sonnenstaat Kalifornien wartet auf Regen. Thema des Tages vom 25.09.2014 (Deutscher Wetterdienst; www.wetterdienst.de)

M1 Meteorologische Erklärung der Dürre (2013)

M2 Ausgetrockneter Fluss in Kalifornien (2014)

INFO

Dürre

... ist eine Trockenperiode. Bei extrem geringem Niederschlag und gleichzeitig hohen Temperaturen mit der Folge starker Verdunstung stellen sich bei Tier, Mensch und Pflanze Wassermangelerscheinungen ein. Die Dürre ist eine Zeit hoher Defizite der klimatischen Wasserbilanz. Ihre Auswirkungen auf die Vegetation hängen v.a. davon ab, wie lange ein Boden aus einem Vorrat Wasser zum Ausgleich des Niederschlagsmangels nachliefern kann.

Quelle: Diercke Wörterbuch Geographie 2017, S. 186

M3 Ein Großwaldbrand erreicht eine Ortschaft (07/2021).

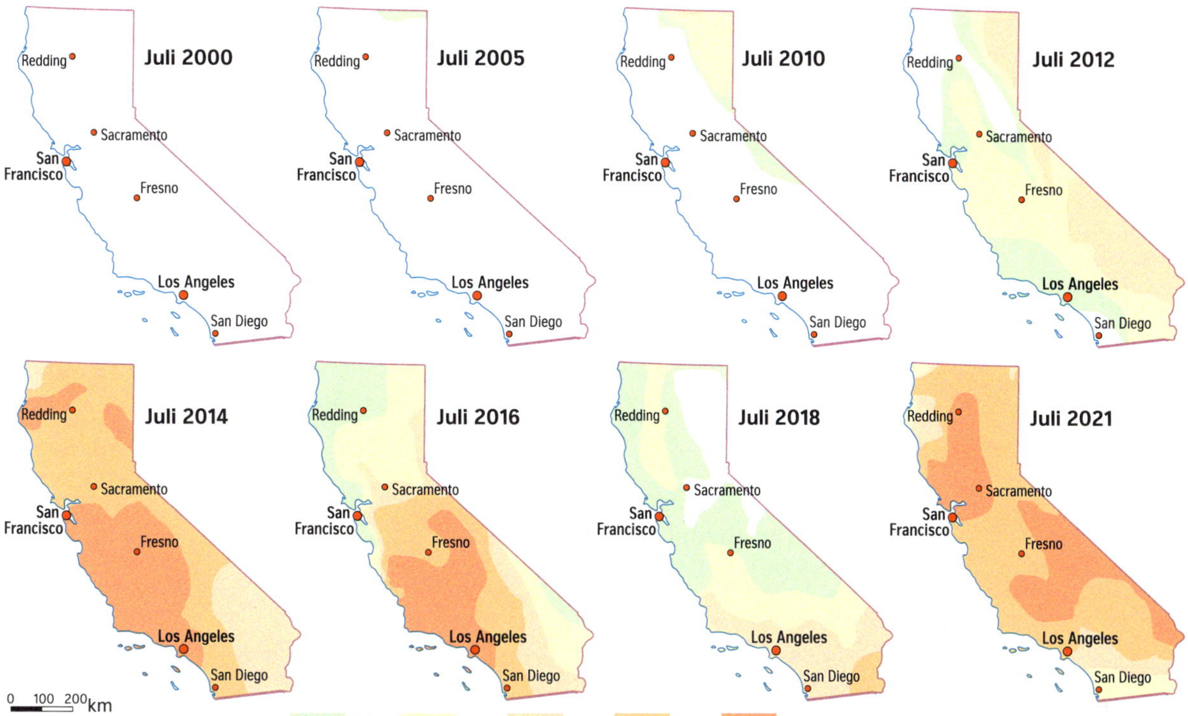

M4 Ausprägung der California Drought

	Zeitraum	in 1 000 ha	zerstörte Gebäude	Todesopfer
1	08/2020	417,8	935	1
2	07/2021	389,8	1329	1
3	07/2018	185,8	280	1
4	08/2020	160,5	222	0
5	09/2020	153,7	853	0
6	08/2020	147,0	1491	6
7	08/2020	129,1	2352	15
8	12/2017	114,1	1063	2
9	10/2003	110,6	2820	15
10	08/2012	110,0	0	0
11	08/2013	104,1	112	0
12	07/2007	97,2	1	0
13	07/2018	92,9	1614	8
14	07/2021	90,3	50	0
15	08/2021	89,8	1003	1
16	09/1932	89,0	0	0

M5 Größte Waldbrände in Kalifornien (1932 – 2021)

Kategorie	Beschreibung	mögliche Auswirkungen
D0	ungewöhnliche Trockenheit	Entwicklung in Richtung Dürre: • kurzfristige Trockenheit verzögert Bepflanzung sowie Wachstum von Nutzpflanzen oder Weideland nach einer Dürre: • teilweise bestehender Wassermangel • Weideland und Nutzpflanzen nicht vollständig erholt
D1	mäßige Dürre	• teilweiser Schaden an Nutzpflanzen und Weideland • niedriger Wasserstand in Flüssen, Stauseen oder Brunnen, zum Teil entwickelt sich Wassermangel oder steht unmittelbar bevor • freiwillige Einschränkungen des Wasserverbrauchs sind gewünscht
D2	schwere Dürre	• Verlust von Nutzpflanzen und Weideland wahrscheinlich • häufiges Auftreten von Wassermangel • Einschränkungen des Wasserverbrauchs werden verhängt
D3	extreme Dürre	• großflächige Verluste von Nutzpflanzen und Weideland • weitverbreiteter Wassermangel oder Einschränkungen des Wasserverbrauchs
D4	außergewöhnliche Dürre	• außerordentliche und weit verbreitete Verluste von Nutzpflanzen und Weideland • Wassermangel in Stauseen, Flüssen und Brunnen führt zu Notsituationen in der Wasserversorgung

M6 Kategorien der California Drought (M4)

1 a) Erkläre die Entstehung der Dürre (M1).
b) Beschreibe, wie sich die Situation seit 2014 verändert hat (M4).
c) Ermittle den aktuellen Dürregrad Kaliforniens (QR-Code).

2 Erstelle mithilfe der Materialien eine Concept-Map zu den Folgen der Dürre in Kalifornien. Kennzeichne ökologische, ökonomische und soziale Folgen mit unterschiedlichen Farben.

Klimakonferenzen

Die Weltgemeinschaft versucht, auf Klimakonferenzen weltweit akzeptierte Klimaschutzziele zu formulieren. Mithilfe der Simulation „World Climate“ könnt ihr eine Klimakonferenz nachspielen.

Zähe Verhandlungen

Auf den UN-Klimakonferenzen sind nahezu alle Staaten der Erde vertreten. Die mediale Aufmerksamkeit ist hoch.

Im Vorfeld zu jeder Klimakonferenz tagen in den Teilnehmerstaaten bereits mehrere Arbeitskreise. Sie holen Expertenwissen ein, bereiten Textentwürfe vor und suchen Verbündete. Vertragliche Festlegungen werden im Protokoll festgehalten. Sie erlangen ihre völkerrechtliche Verbindlichkeit aber oft erst später durch die Ratifikation seitens der Vertragspartner.

Die Verhandlungen während der aufwendigen UN-Konferenzen sind oft zäh und die Ergebnisse angesichts der vielen Beteiligten meistens unzureichend. Während der Konferenzen kommt es oft zu Protesten (M3). Wegweisend war die Klimakonferenz in Paris 2015. 197 Staaten unterzeichneten ein Klimaschutzabkommen, das vorsieht, die Erwärmung auf deutlich unter zwei Grad Celsius und möglichst unter 1,5 Grad Celsius zu beschränken. Ob dies gelingt, ist fraglich. Entscheidend ist der Wille der Politiker vieler Staaten.

M1 Auf einer Weltklimakonferenz

M3 Protestaktion während einer Weltklimakonferenz (2021)

World Climate ist ein Rollenspiel, bei dem die Mitwirkenden als Teilnehmer einer UN-Klimakonferenz auftreten. Ziel der Konferenz ist es, Maßnahmen und **Anpassungsstrategien** zu entwickeln, um die Erderwärmung dem Pariser Klimaabkommen entsprechend auf maximal 2 °C über dem vorindustriellen Niveau zu begrenzen.
World Climate beinhaltet eine Simulation, bei der die Folgen getroffener Klimaschutzmaßnahmen sofort durch die unterlegte Software „C-ROADS“, die die Dynamik des Klimasystems widerspiegelt, berechnet und visualisiert werden können. Die Simulation ermöglicht also, Maßnahmenvorschläge auf ihre Wirksamkeit zu bewerten. In dem Rollenspiel können auch strategische Allianzen geschmiedet und deren Erfolgschancen getestet werden.
World Climate ist kostenfrei und kann offline und online gespielt werden. Nötig ist ein Computer mit „C-ROADS World Climate“. Hilfe bei der Vorbereitung, Durchführung und Auswertung bietet der QR-Code.

M2 World Climate – ein simulationsbasiertes Rollenspiel

1 Spiele mit deiner Lerngruppe das Rollenspiel. Einen zusammenfassenden Ablauf zeigt der QR-Code. Nutzt die Rollenkarten auf den Seiten 219 bis 221.

Web-Code: WES-144136-218

Volksrepublik China

China ist das bevölkerungsreichste Land und der größte CO_2-Emittent der Welt. Es ist durch den Klimawandel stark gefährdet, da wichtige Naturressourcen wie Wasser, Boden und Luft bereits hoch belastet sind und Dürren, Wasserverschmutzung, Hitzewellen und Überschwemmungen wachsenden Druck auf wichtige Systeme ausüben.

unsere Verhandlungsposition

öffentliche Meinung

Chinas Bevölkerung möchte in einer gesunden Umwelt leben und seinen Lebensstandard erhöhen. Dazu gehören auch die nötigen Mittel, um Nahrung, Gesundheit, Wohnraum, menschenwürdige Arbeitsbedingungen, Mobilität und die nationale Sicherheit zu gewährleisten. Ohne zusätzliche Bereitstellung von Energie wird das nicht gehen. Allein unser Strombedarf wächst jährlich um die Menge, die Deutschland in einem Jahr verbraucht.
Viele Menschen bei uns glauben, dass der Klimawandel real ist. Aber weit weniger Menschen unterstützen Abkommen, um den Problemen des Klimawandels entgegenzuwirken.

nationale Maßnahmen

Unser oberstes Ziel ist es, unser Recht auf Fortschritt zu verteidigen. Wir wissen, dass unsere Abhängigkeit von fossilen Brennstoffen negative gesundheitliche Folgen hat. 2015 haben wir uns in Paris verpflichtet, spätestens 2030 den Höhepunkt unserer CO_2-Emissionen zu erreichen. Wir werden daher die emissionsfreie Stromerzeugung noch stärker als bisher ausbauen. Aber der Volkskongress hat 2020 zur Sicherung unserer Energieversorgung und zur Förderung der Wirtschaft die Kohleverstromung immer noch für wichtiger erklärt als Sonnen- und Windenergie. Ein noch 2017 geplanter Emissionshandel wird nicht eingeführt.

Chancen

Unsere Wirtschaft wächst rasch, die Bekämpfung des Klimawandels ist daher nur eines von vielen Problemen. Abkommen zur Emissionsbegrenzung würden neben der Verlangsamung des Klimawandels auch die lokale Luftverschmutzung reduzieren, die Gesundheit unserer Bevölkerung verbessern und so auch politische Unruhen vermeiden.

Wald und Landnutzung

Programme zum Schutz der Wälder können Treibhausgasemissionen senken.
Wir haben zwar die Möglichkeit, diese durch REDD-Politik (Reduktion der Emissionen durch Entwaldung und Landdegradierung) zu reduzieren – wir forsten auch auf. Doch in den Ländern mit den größten noch erhaltenen Tropenwäldern wird leider noch immer stark abgeholzt.

Indien

Unsere oberste Priorität ist es, den Lebensstandard in Indien zu erhöhen. Dieser liegt jedoch weit unter dem der Industrieländer und sogar unter dem Chinas. Rund 15 Prozent der Landbevölkerung haben noch keinen Zugang zu Strom. Indiens Stromnetze sind staatlich, die Energieerzeugung jedoch privatwirtschaftlich.

unsere Verhandlungsposition

öffentliche Meinung

Unsere Bevölkerung möchte in einer gesunden Umwelt leben, aber auch ihren Lebensstandard erhöhen: Dazu gehören auch die nötigen Mittel, um menschenwürdige Arbeitsbedingungen, Wohnraum, Nahrung, Gesundheit, Mobilität und die nationale Sicherheit zu gewährleisten. Viele Menschen bei uns glauben, dass der Klimawandel real ist. Deutlich weniger unterstützen Abkommen, um den Problemen des Klimawandels entgegenzuwirken. Unsere oberste Priorität ist die Bekämpfung der Armut.

Chancen

Das Potenzial an erneuerbaren Energien, vor allem Sonne, aber auch Wind und Biomasse in Indien ist riesig. Bisher haben diese Energiequellen jedoch in Indien nur eine geringe Bedeutung. Sie decken etwa sechs Prozent des Energiebedarfs. 2015 haben wir den Vereinten Nationen zugesagt, dass unsere erneuerbaren Energien im Jahr 2030 rund 40 Prozent des Stroms liefern. Dabei gehen wir von Unterstützung durch die internationale Gemeinschaft aus.

Handlungsmöglichkeiten

Wir haben noch nicht zu einer größeren Reduzierung der Emissionen beigetragen. Doch die Entwicklung emissionsarmer Energien hätte Vorteile wie die Verbesserung der Luftqualität und die Stromversorgung unzugänglicher Regionen. Wenn unsere Staatsprogramme greifen, kann der Preis für Solarstrom bald das Niveau des Kohlestroms erreichen. Eine stärkere Führungsrolle im Kampf gegen den Klimawandel könnte Indien politische Vorteile bringen. Wir müssen unser Recht auf Entwicklung verteidigen und unsere Bevölkerung aus der Armut führen. Wir leisten unseren Beitrag, aber die reichen Länder müssen Maßnahmen im Ausgleich für ihre Umweltschädigung ergreifen. Wir werden nicht für ihre Emissionen zahlen.

Wald und Landnutzung

Wir können unsere Treibhausgasemissionen durch Verringerung der Entwaldung und Landdegradierung reduzieren. Leider wird aber auch bei uns immer noch in erheblichem Umfang abgeholzt. Die Programme dagegen sollten von Industrienationen bezahlt werden.

Europäische Union (EU)

Unsere Mitgliedsstaaten sind bereits in unterschiedlichem Maße vom Klimawandel betroffen. Wir können uns aber besser als viele andere an ihn anpassen und haben uns selbst stets als Vorreiter bei Maßnahmen zur CO_2-Reduktion verpflichtet. Und wir wollen trotz der Coronakrise weiter voranschreiten.

unsere Verhandlungsposition

öffentliche Meinung

Die Bürgerinnen und Bürger unserer Mitgliedsländer sind überwiegend der Ansicht, dass der Klimawandel real und anthropogen verursacht ist. Die meisten unterstützen Vereinbarungen, welche den Problemen des Klimawandels entgegenwirken. Steuererhöhungen oder sonstige Maßnahmen, welche die Lebenshaltungskosten in die Höhe treiben, lehnen die meisten aber ab.
Der Klimawandel hat bei der europäischen Bevölkerung hohe Bedeutung, nach den Themen finanzielle Instabilität, Arbeitslosigkeit und Terrorismus.
Sie lehnt aber alle Vereinbarungen ab, die den USA und insbesondere China keine verbindlichen Verpflichtungen auferlegen.

nationale Maßnahmen

2015 verpflichtete sich die EU in Paris, Emissionen um mindestens 40 % bis 2030 im Vergleich zu 1990 zu reduzieren. Dies ist eines der ehrgeizigsten Versprechen der großen Emittenten.
Die EU hat u. a. das Europäische Emissionshandelssystem entwickelt, einige Mitgliedsstaaten haben sogar zusätzlich eine CO_2-Steuer eingeführt.
Die EU leistet Pionierarbeit in der Wirtschaftspolitik und setzt weiter massiv auf Förderprogramme für erneuerbare und kohlenstoffarme Energiequellen. Wir können und wollen aber nicht als Einzige tätig sein.
Wir wissen aber auch, dass der Weg in die notwendige Dekarbonisierung für einige Mitglieder schwierig sein wird.

Chancen

Die Reduktion von Emissionen bringt zusätzlich zu der Stabilität des Klimas viele Vorteile: Die Weiterentwicklung der erneuerbaren Energien generiert Arbeitsplätze, verringert die Abhängigkeit von ausländischem Öl und Gas und verringert die Luftverschmutzung.

Wald und Landnutzung

Wir können für unseren Verantwortungsbereich eine Reduktion der Treibhausgasemissionen durch REDD-Politik (Reduktion der Emissionen durch Entwaldung und Landdegradierung) versprechen. Dies wird aber nur einen kleinen Teil der EU-Emissionen betreffen.

Vereinigte Staaten von Amerika (USA)

Mithilfe der Fracking-Technologie sind die USA innerhalb weniger Jahre zum bedeutenden Öl- und Gasproduzenten sowie -Exporteur aufgestiegen. Damit haben die USA als wichtiges energiepolitisches Ziel die energetische Autarkie erreicht. Doch staatliche Forschungsstellen in den USA haben nachgewiesen, dass der Klimawandel bereits alle 50 Bundesstaaten betrifft. Ohne dramatische Reduktion der US- und der globalen Emissionen werden die klimabedingten Schäden noch viel größer werden.

unsere Verhandlungsposition

öffentliche Meinung

Wir haben viele Klimaskeptiker, z.B. in der Brennstoffindustrie, doch die meisten US-Amerikaner sehen den Klimawandel als real und anthropogen bedingt. Seine Bewertung liegt aber weit abgeschlagen hinter den Themen nationale Sicherheit, Wirtschaft und Arbeit, besonders seit der Coronakrise. Die Mehrheit der US-Bürgerinnen und Bürger unterstützt zwar Vereinbarungen, die den Folgen des Klimawandels entgegenwirken, lehnt aber alles ab, was die Lebenshaltungskosten in die Höhe treibt.
Die USA verwehren sich zudem Vereinbarungen, die ihre Wirtschaft belasten, solange die Emissionen anderer Länder steigen.

Handlungsmöglichkeiten

Wir haben uns in Paris verpflichtet, die Emissionen bis 2025 um 26 bis 28 Prozent gegenüber dem Jahr 2005 zu verringern. Wir setzten dabei auf nationale Entscheidungen zur Begrenzung von Kraftwerksemissionen, auf technologische Fortschritte wie Erhöhung der Kraftstoffeffizienz sowie auf Emissionsreduzierungen durch Maßnahmen einzelner Städte, Staaten und Regionen. Die Regierung und Vertreter der Wirtschaft betonen aber, dass fossile Brennstoffe auch in Zukunft notwendig sein werden. Doch entgegen der versprochenen Renaissance der Kohle sinkt ihr Anteil am Strommix. Denn viele Kohlekraftwerke sind überaltert und teuer.

Chancen

Der parteiübergreifende Bericht „Risky Business" zeigte, wie hoch die Kosten einer Verzögerung der Emissionsreduktion sind und dass die meisten Staaten und Regionen in den USA von einer Politik der Emissionsreduktion profitieren.

Wald und Landnutzung

Wir können eine Reduktion der Treibhausgasemissionen durch REDD-Politik (Reduktion der Emissionen durch Entwaldung und Landdegradierung) zwar versprechen, aber dies würde die US-Emissionen nur geringfügig verändern.

andere Industrieländer (Länder des Globalen Nordens)

Mehr als 97 Prozent der Klimaforscher sind sich einig: Der Klimawandel ist anthropogen bedingt und seine Auswirkungen können verheerend sein. Für viele Industrieländer sind die Effekte des Klimawandels bereits spürbar: Anstieg des Meeresspiegels, häufigere Dürre- oder Hitzeperioden, Überschwemmungen und die Schädigung wichtiger Ökosysteme.

unsere Verhandlungsposition

öffentliche Meinung

Die meisten Bürgerinnen und Bürger unserer Länder stimmen den Ansichten der Klimaforscher zu. Viele unterstützen daher Vereinbarungen, die den Problemen des Klimawandels entgegenwirken. Dennoch lehnen die meisten Steuererhöhungen oder sonstige Maßnahmen ab, welche die Lebenshaltungskosten in die Höhe treiben. Der Klimawandel rangiert in unseren Ländern hinter den Themen nationale Sicherheit, Wirtschaft und Arbeit. Und auch der Rest der Welt muss zu umfangreichen Maßnahmen bereit sein, wenn es zu einer effektiven, internationalen Vereinbarung kommen soll. Wir lehnen daher Vereinbarungen entschieden ab, die z. B. den USA und den Entwicklungsländern keine verbindlichen Zusagen abverlangen.

Handlungsmöglichkeiten

Wir haben in Paris Vereinbarungen zugestimmt. Setzen wir diese gemeinsam um, stoppen wir das Wachstum der Emissionen und reduzieren sie danach ein wenig. Wie im Fall von Kanadas Teersand oder auch Australiens Kohle sind viele unserer Volkswirtschaften abhängig von Einnahmen aus der fossilen Brennstoffindustrie. Sie schafft Arbeitsplätze. Kanada ist aus dem Kyoto-Protokoll ausgetreten, Australien hat seine Treibhausgas-Steuerpolitik wieder aufgehoben. Wegen der Dynamik des Klimawandels werden wir unsere erneuerbaren Energien aber weiter ausbauen, die Technologie weiterentwickeln. Wir planen wo immer nötig auch Anpassungsmaßnahmen. Vereinbarungen, die zu weiteren Belastungen unserer Wirtschaften führen, sind für uns aber politisch inakzeptabel.

Chancen

Erneuerbare Energien werden billiger und konkurrenzfähiger. Ihr Ausbau wird die Gesundheit der Menschen verbessern, Arbeitsplätze schaffen und zur Energiesicherheit beitragen.

Wald und Landnutzung

Wir können für unsere Länder eine Reduktion der Treibhausgasemissionen durch REDD-Politik (Reduktion der Emissionen durch Entwaldung und Landdegradierung) versprechen. Diese würden aber nur einen kleinen Teil unserer Emissionen betreffen.

andere Entwicklungsländer (Länder des Globalen Südens)

Der Klimawandel bedroht unser Überleben. Er macht unsere Länder durch Dürren, Krankheiten, Überschwemmungen, geringere Agrarerträge und ökologische Störungen immer verwundbarer. Auch wenn andere Nationen dies vergessen: Das Abkommen von Paris legt den Zielwert für Erwärmung auf 1,5 Grad Celsius fest. Wir haben hart daran gearbeitet, dass dieses Ziel in die Vereinbarungen aufgenommen wurde. Als ärmste Länder dieser Welt haben wir aber nicht die Ressourcen für notwendige Investitionen in saubere Energietechnologien, um unsere Emissionen zu reduzieren oder uns dem Klimawandel anzupassen. Deshalb können wir keine tiefgreifenden Maßnahmen umsetzen.

unsere Verhandlungsposition

öffentliche Meinung

Wir haben eine wachsende Besorgnis in Bezug auf den Klimawandel, da unsere Bevölkerungen seine Auswirkungen schon heute direkt erleben. Wir wissen, dass wir unter den Auswirkungen des Klimawandels am meisten zu leiden haben: Der Anstieg des Meeresspiegels wird viele Millionen Menschen aus ihrer Heimat vertreiben, einige flache Inselstaaten werden ganz im Meer verschwinden. Doch auch unsere Bevölkerungen möchten in einer gesunden Umwelt leben, in der sie ihren Familien Nahrung, Kleidung und Unterkunft bieten können, in der sie Chancen auf Bildung, eine ordentliche Arbeit und Zugang zu einer guten Gesundheitsversorgung haben.

Handlungsmöglichkeiten

*W*ir müssen uns weiterentwickeln können und unseren Völkern aus der Armut helfen. Wir sind bereit, alles Machbare zu tun, um unsere Treibhausgasemissionen zu senken. Die überwiegende Mehrheit unserer Länder hat sich der UN gegenüber verpflichtet, den Klimawandel zu bekämpfen. Viele dieser Verpflichtungen beinhalten jedoch keine Aussage, wann wir den Höchstwert unserer Emissionen erreichen, sondern Angebote, unseren Ausstoß bis 2030 zu verlangsamen. Die reichen Länder dieser Welt müssen umfassende Maßnahmen ergreifen, die ihrem früheren Verschulden an diesem Problem entsprechen. Wir werden nicht den Preis für deren bisherige Emissionen zahlen.

Wald und Landnutzung

Wir haben die Möglichkeit, unsere Treibhausgasemissionen durch REDD-Politik (Reduktion der Emissionen durch Entwaldung und Landdegradierung) zu senken. Die Entwicklungsländer dieser Welt verfügen über den größten Anteil der noch verbliebenen tropischen Wälder. Leider wird in diesen Gebieten intensiv abgeholzt. Programme zum Schutz der Wälder können unsere Emissionen senken, müssen aber von Industrieländern mitfinanziert werden.

Alles klar?

1. Ursachen natürlicher Klimaschwankungen

Nenne Faktoren, die das Klima der Erde auf natürliche Weise ändern. Unterscheide dabei in kurzfristige und langfristige Klimaänderungen.

2. Der Treibhauseffekt

a) Erkläre den Treibhauseffekt mithilfe der in der Grafik verwendeten Begriffe.

b) Nenne Verhaltensweisen des Menschen, mit denen dieser das Klima beeinflusst.

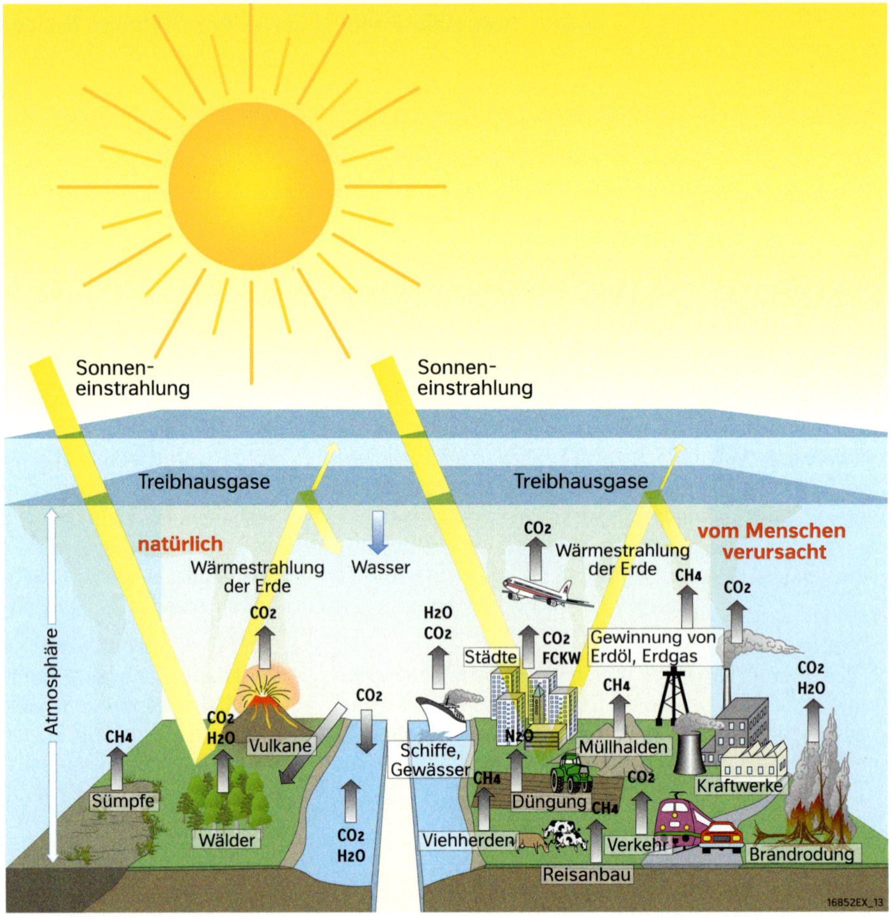

3. Folgen des Klimawandels

a) Nenne Folgen des Klimawandels, die bereits heute weltweit zu beobachten sind.

b) Wähle eine gekennzeichnete Region in der Karte aus. Stelle dar, welche Folgen der Klimawandel haben wird (ökologisch, ökonomisch, sozial).

4. Das Klima Hamburgs

Überprüfe, ob der Klimawandel in Hamburg messbar ist.

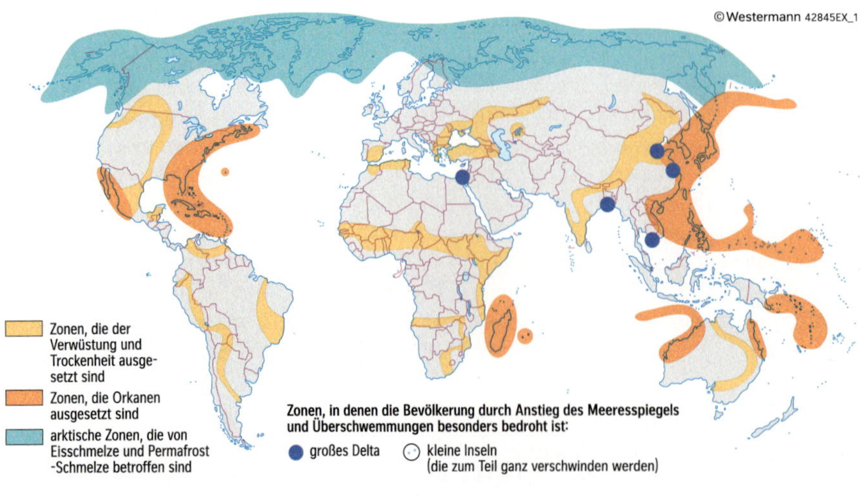

Regionen, in denen die Bevölkerung besonders durch den Klimawandel bedroht ist

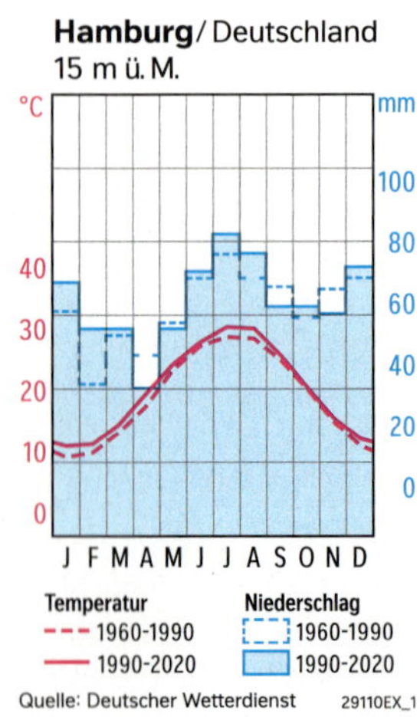

CHECK

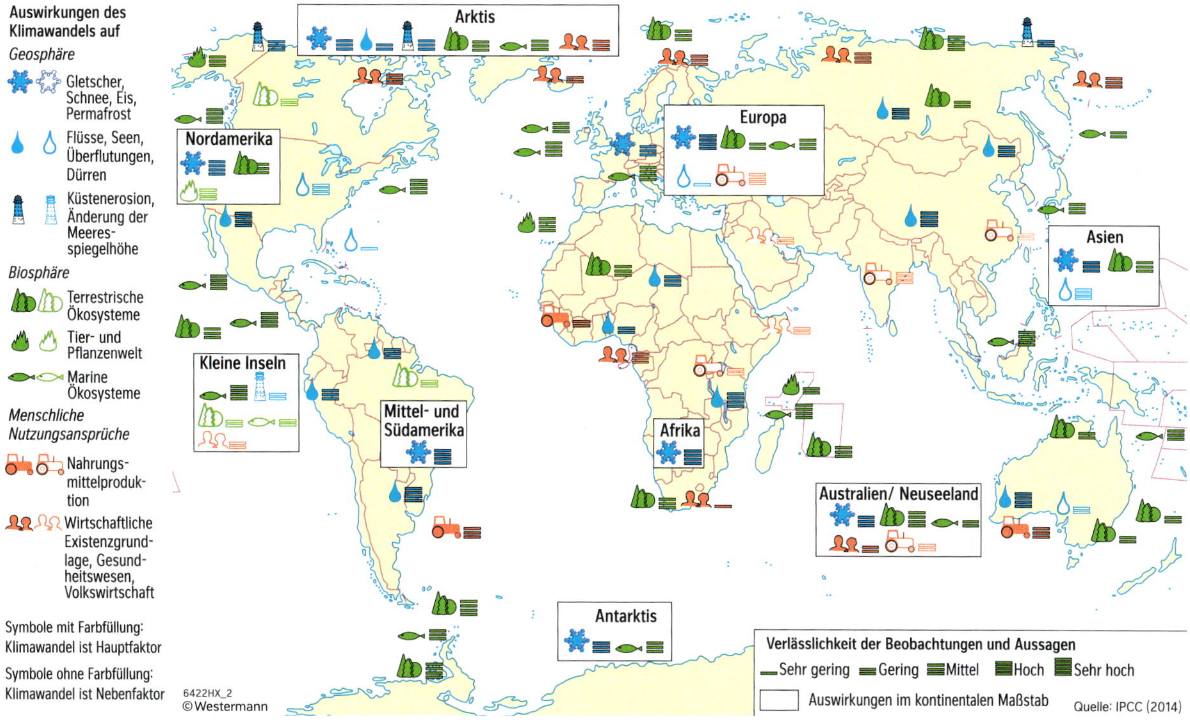

Diskutierte Auswirkungen des Klimawandels (nach IPCC-Bericht 2014)

5. Veränderungen weltweit
Erläutere an einem Beispiel deiner Wahl in der Karte oben, welche Auswirkungen der Klimawandel auf die Wirtschaft und Gesellschaft dieser Region haben könnte (Atlas).

6. Karikatur
a) Werte die Karikatur aus.
b) Suche (z.B. im Internet) eine Karikatur zum Thema Weltklimakonferenzen und werte sie aus.

„WIE WÄR'S MIT RUDERN, KOLLEGE?"

Du kannst jetzt:

- die Unterschiede zwischen Wetter, Witterung und Klima erklären.
- den Aufbau der Atmosphäre beschreiben.
- Merkmale nennen, die auf einen Wandel des Klimas hindeuten.
- Ursachen für natürliche Klimaschwankungen nennen.
- sowohl den natürlichen als auch den zunehmenden anthropogenen Treibhauseffekt erklären.
- Folgen klimatischer Extremsituationen und des Klimawandels erläutern.
- die Bedeutung von Klimakonferenzen zur Formulierung weltweit akzeptierter Klimaschutzziele erläutern.
- Satellitenbilder beschreiben und auswerten.

Grundbegriffe

- Anpassungsstrategie
- Atmosphäre
- Erdrevolution
- Erdrotation
- Klimaelement
- Klimafaktoren
- Sonnenflecken
- Strahlungsbilanz
- Troposphäre
- Verdunstung

Minilexikon

Alphabetisierungsrate (Seite 83)
Das ist der Anteil der Bevölkerung, der in einem Land lesen und schreiben kann.

Anpassungsstrategie
(Seite 218)
Sich an etwas anpassen bedeutet, dass man z. B. sein Verhalten ändert oder Maßnahmen ergreift, um mit veränderten Bedingungen (gut) leben zu können. Zur Anpassung an den Klimawandel und seine Folgen gibt es verschiedene Anpassungsstrategien (z. B. Deicherhöhungen und -stabilisierungen gegen den Meeresspiegelanstieg).

Armutsgrenze (Seite 9)
Das ist das Existenzminimum zur Deckung der lebensnotwendigen Grundbedürfnisse. Unterhalb dieser Grenze hat ein Mensch zu wenig Mittel, um seinen Lebensunterhalt bestreiten zu können. In Deutschland sind das für einen Einpersonenhaushalt knapp über 1000 €/mtl.

Asthenosphäre (Seite 130)
Das ist eine Zone mit geringer Gesteinsfestigkeit im oberen Erdmantel. Die zähflüssige Asthenosphäre liegt unterhalb der festen Lithosphäre. Auf ihr bewegen sich die Erdplatten (Plattentektonik).

Asyl (Seite 96)
Unter Asyl versteht man einen Zufluchtsort, in dem man sicher ist vor Verfolgung. Ein Recht auf Asyl haben Menschen, die in ihrem eigenen Land um ihr Leben oder ihre Freiheit fürchten müssen. In Deutschland ist das Recht auf Asyl in Artikel 16a Grundgesetz festgeschrieben

Atmosphäre (Seite 200)
Die Erde ist von einer gasförmigen Hülle, der Atmosphäre, umgeben. Sie besteht aus mehreren Schichten. Für die Meteorologen ist die unterste Schicht am interessantesten, da sich hier das Wettergeschehen abspielt.

Bad Governance (Seite 14)
Eine schlechte Regierungsführung, gekennzeichnet durch fehlende demokratische Beteiligungsmöglichkeiten der Bevölkerung, Korruption und Vetternwirtschaft, wird Bad Governance genannt.

Bevölkerungsdiagramm
(Seite 73)
Das ist die grafische Darstellung der Bevölkerung eines Raumes (z. B. Staat, Stadt) nach Alter und Geschlecht. Die absolute Anzahl der Einwohner (oder deren Anteil an der Gesamtbevölkerung) jeder Altersgruppe wird getrennt in männliche und weibliche Personen als Balken dargestellt.

Bevölkerungsdichte (Seite 76)
Das ist die durchschnittliche Zahl der Einwohner eines Raumes je Flächeneinheit. Sie wird meist als Zahl der Einwohner je Quadratkilometer angegeben.

Bevölkerungsentwicklung
(Seite 72)
Eine Bevölkerungszahl kann entweder wachsen, sinken oder stagnieren. Werden diese Bewegungen über einen längeren Zeitraum beobachtet, wird eine Entwicklung der Bevölkerungszahl ersichtlich. Diese nennt man Bevölkerungsentwicklung.

biologische Verwitterung
(Seite 150)
Bei dieser Form der Verwitterung üben Pflanzenwurzeln Druck auf Gesteine aus. Mit der Zeit wird der Druck so groß, dass die Gesteine aufsprengen.

BIP/Kopf (Seite 9)
Das ist das Bruttoinlandsprodukt (BIP), welches durch die Einwohnerzahl des jeweiligen Landes geteilt wird. Damit erhält man die durchschnittliche pro Einwohner (also pro Kopf) erwirtschaftete Leistung innerhalb des Landes.

Boden (Seite 186)
Der Boden ist der obere und belebte Teil der Erdkruste. Böden entstehen durch die Gesteinsverwitterung, das Absterben von organischem Material und die Durchmischung durch Tiere und Menschen. Auch das Klima beeinflusst die Eigenschaften der Böden.

Bodendegradation (Seite 190)
Bestimmte Prozesse können den Aufbau sowie die Funktionen von Böden so stark verändern, dass die Veränderungen nicht mehr rückgängig gemacht werden können. Oft wird die Bodendegradation durch intensive landwirtschaftliche Nutzung verursacht. Folgen können z. B. die Versalzung der Böden sein oder die Erosion, also der Abtrag der oberen, meist fruchtbaren Bodenschichten.

Bodenhorizont (Seite 187)
Ein Bodenhorizont ist eine weitgehend parallel zur Erdoberfläche verlaufende Schicht im Boden. Je nach Bodentyp kann ein Horizont unterschiedlich mächtig sein, besitzt aber immer ähnliche Merkmale und Eigenschaften.

Bodentypen (Seite 187)
Bei der Einteilung von Böden in Bodentypen werden alle bodenbildenden Faktoren berücksichtigt (z. B. Ausgangsgestein, Klima, Vegetation oder Relief). Ein Bodentyp ist charakterisiert durch eine festgelegte Abfolge von Bodenhorizonten und eine bestimmte Bodenart.

Bodenversiegelung (Seite 192)
Fachleute bezeichnen das Asphaltieren und Betonieren von Flächen als Bodenversiegelung. Der natürliche Boden wird z. B. durch

Gebäude, Straßen oder Plätze zugebaut.

Braingain (Seite 98)
Braingain ist ein Begriff für die volkswirtschaftlichen Gewinne durch Zuwanderung von gut qualifizierten Menschen. Kehren die Migranten wieder zurück in ihr Herkunftsland, entsteht dort ebenfalls ein Braingain. Wissen und Know-how fließen zurück.

Bruttoinlandsprodukt (BIP) (Seite 9)
Das BIP ist die Summe aller volkswirtschaftlichen Leistungen (Produktion und Dienstleistungen), die innerhalb eines Landes im Laufe eines Jahres erbracht werden.

chemische Verwitterung (Seite 150)
Dadurch werden Gesteine chemisch umgewandelt sowie verändert. Das geschieht, indem die Gesteine mit Wasser, Luft, Säuren oder organischen Verbindungen in Berührung kommen. Man unterscheidet die Lösungs- und Oxidationsverwitterung sowie die Hydrolyse.

Cluster (Seite 62)
Das Cluster bezeichnet eine räumliche Konzentration miteinander verbundener Unternehmen und Institutionen (auch Forschungseinrichtungen, Hochschulen etc.) innerhalb eines bestimmten Wirtschaftszweiges.

Container (Seite 38)
Ein Container ist ein transportierbarer, großer und geschlossener Metallkasten, dessen Maße festgelegt sind. Container werden in der Schifffahrt zum Transport von Waren verwendet.

Delta (Seite 154)
Eine Flussmündung mit einem Netz von Seitenarmen wird Delta genannt. Ein Delta wird gebildet, indem der Fluss das mitgeführte Material (z. B. Lehm) ablagert und das Wasser sich neue Wege zum Meer bahnen muss.

Demografie (Seite 72)
Die Demografie ist die Wissenschaft, die sich mit der Entwicklung der Bevölkerung und ihrer Zusammensetzung befasst.

Dependenztheorie (Seite 20)
Die Theorie besagt, dass der Entwicklungsstand der Länder des Globalen Südens als Folge der Beziehungen zu den Ländern des Nordens zu betrachten ist. Diese, vor allem während des Kolonialismus entstandenen Beziehungen, sind von wirtschaftlichen, sozialen und kulturellen Abhängigkeiten geprägt.

Desertifikation (Seite 119)
Das ist die Ausbreitung der Wüste in Trockenräumen. Häufig wird sie verursacht durch menschliche Eingriffe, z. B. Umwandlung der Savanne in Wüste durch Überweidung oder Grundwasserabsenkung.

Düne (Seite 158)
Eine Düne ist eine Sandablagerung. Sie wird durch Wind aufgeschüttet. Dünen gibt es vor allem an Küsten (z. B. auch auf den Nordsee-Inseln) und in Wüsten (z. B. in der Sahara in Nordafrika). Bei einer Düne ist die dem Wind zugewandte Seite flacher, die windabgewandte Seite steiler.

Dürre (Seite 112, siehe Info S. 216)

Earth Overshoot Day (Seite 170)
Das ist der Erdüberlastungstag. An dem Tag hat die Menschheit alle natürlichen Ressourcen aufgebraucht, die die Erde innerhalb eines Jahres wiederherstellen kann. Im Jahr 2021 wurden bereits am 29. Juli die natürlichen Ressourcen der Erde für das ganze Jahr aufgebraucht.

Elterngeld (Seite 84)
Mit dem Elterngeld unterstützt der deutsche Staat Väter und Mütter, die nach der Geburt ihres Kindes nicht sofort wieder berufstätig sein wollen.

Endmoräne (Seite 153)
Das ist die Moräne, die am Ende eines Gletschers abgelagert wurde.

endogene Kräfte (Seite 149)
Endogene Prozesse haben ihren Ursprung im Erdinneren und führen zu Verformungen der Erdoberfläche. Dies sind z. B. Erdbeben oder Vulkanausbrüche.

Epizentrum (Seite 142)
Das Epizentrum ist der Punkt auf der Erdoberfläche, der genau über dem Herd eines Erdbebens liegt. An diesem Punkt treten die größten Erdbebenwellen auf. Bei einem starken Erdbeben sind hier die Schäden am größten.

Erdbeben (Seite 142)
Ein Erdbeben ist eine Erschütterung der Erdoberfläche, die durch Kräfte im Erdinneren verursacht wird. Erdbeben entstehen meist durch die ruckartige Verschiebung der Platten der Erdkruste.

Erdrevolution (Seite 204)
Die Erde umkreist innerhalb eines Jahres die Sonne. Diese Bewegung wird Erdrevolution genannt.

Erdrotation (Seite 204)
Innerhalb von 24 Stunden dreht sich die Erde einmal um ihre eigene Achse. Diese Drehbewegung nennt man Erdrotation. Die Rotationsachse wird Erdachse genannt.

Erosion (Seiten 149, 190)
Die Erosion ist die Abtragung von Boden und Gesteinen, hauptsächlich durch Wasser, Eis und Wind.

exogene Kräfte (Seite 149)
Diese umfassen Kräfte, die von außen auf die Erde einwirken und dadurch die Erdoberfläche gestalten, z. B. Wasser, Wind oder Eis. Die exogenen Kräfte führen zu

Verwitterung, Erosion und Sedimentation.

extensiv (Seite 119)
Im Hinblick auf die landwirtschaftliche Nutzung ist eine Bewirtschaftung gemeint, die ohne großen Kapital- und Arbeitsaufwand auskommt.

Faltengebirge (Seite 136)
Gebirge (z. B. Alpen, Anden, Himalaya), die durch Auffaltung entstanden sind. Durch seitlichen Druck wurden ursprünglich waagerecht liegende Gesteinsschichten aufgewölbt und verschoben (Plattentektonik).

Familienplanung (Seite 85)
Das sind Maßnahmen zur Begrenzung der Geburten in Ländern mit hohem Bevölkerungswachstum. Zur Familienplanung gehören die Beratung über und die Ausgabe von Mitteln zur Empfängnisverhütung.

Fast Fashion (Seite 48)
So wird Kleidung bezeichnet, wenn sie sehr günstig, in kurzer Zeit und in modernen Designs produziert sowie in großen Mengen verkauft wird. Dabei erhalten die Menschen, die die Kleidungsstücke fertigen, häufig einen extrem geringen Lohn und müssen oft unter schlechten Bedingungen arbeiten.

Fertilitätsrate (Seite 72)
Das ist die durchschnittliche Anzahl an Kindern, die eine Frau in ihren fruchtbaren Jahren (15 bis 49 Jahre) zur Welt bringt.

Flüchtling (Seite 94)
Das ist eine Person, die unfreiwillig ihre Heimat verlässt. Gründe für eine Flucht können politische oder religiöse Verfolgung, Nahrungsmittelknappheit oder Krieg sein.

Footlose Industries (Seite 42)
Wirtschaftsbetriebe, die für die Produktion ihrer Produkte an keinen bestimmten Standort gebunden sind, werden als Footloose Industry (deutsch: ungebundene Industrie) bezeichnet.

Fragmentierung (Seite 18)
Das heißt auch „Zersplitterung". Zu einer Fragmentierung kann es in einem Land kommen, wenn es große Unterschiede innerhalb der Bevölkerung gibt. Zum Beispiel im Hinblick auf das BIP/Kopf aber auch kulturelle Unterschiede.

Freihandel (Seite 52)
Das ist der internationale Handel (Außenhandel), der nicht durch Handelshemmnisse, z. B. durch Zollschranken, eingeschränkt ist.

Freihandelszone (Seite 38)
In eine Freihandelszone können Mitglieder (z. B. ein Zusammenschluss mehrerer Länder) ihre Waren ohne große Hindernisse untereinander handeln. Um dies zu ermöglichen, werden in einer Freihandelszone die Zollbeschränkungen und Handelshemmnisse abgebaut. Gegenüber Nicht-Mitgliedern gelten diese Vorteile jedoch nicht.

Freizügigkeit (Seite 102)
Bürgerinnen und Bürger der EU können innerhalb der Staaten der EU ohne Beschränkungen reisen. Außerdem können sie frei wählen, wo sie wohnen und arbeiten möchten. Sie haben dabei die gleichen Rechte wie die Staatsbürger des EU-Landes, in das sie reisen bzw. in das sie gezogen sind und in dem sie arbeiten.

Fruchtbarer Halbmond (Seite 122)
Dabei handelt es sich um Gebiete, die halbkreisförmig westlich, nördlich und nordöstlich um die Syrische Wüste liegen und zusammen eines der ältesten und wichtigsten Landwirtschaftsgebiete des Orients bilden. Hier begannen bereits vor rund 10 000 Jahren Ackerbau und häusliche Viehzucht.

Gated Communities (Seite 92)
Eine Gated Community ist eine geschlossene Wohnanlage von wohlhabenden Menschen innerhalb einer Großstadt, die durch zahlreiche Maßnahmen wie Sperrzäune und Wachdienste vom Rest der Stadt abgetrennt ist. Der Zutritt ist nur bestimmten Personen möglich. Man findet Gated Communities häufig in den großen Städten der Entwicklungsländer.

Geburtenrate (Seite 72)
Anzahl der geborenen Kinder pro 1 000 Einwohner, z. B. eines Landes oder einer Region innerhalb eines Jahres.

Gesteinskreislauf (Seite 149)
Gesteine verwittern an der Erdoberfläche, werden transportiert und wieder abgelagert. Ebenso können Gesteine gestaucht und gefaltet werden und wieder in das Erdinnere abtauchen. Dort können sie aufgeschmolzen und umgewandelt werden. Zur Erdoberfläche gelangen die Gesteine zum Beispiel als Lava aus einem Vulkan.

Gesteinsverwitterung (Seite 187)
Durch den Vorgang der Verwitterung werden Gesteine in immer kleinere Bestandteile zerlegt. Dies geschieht durch den Einfluss von Frost, Hitze und Wasser.

glaziale Serie (Seite 153)
Das ist die Aufeinanderfolge von Oberflächenformen, die als Ergebnis der Tätigkeit des Inlandeises und seiner Schmelzwässer im Eiszeitalter entstanden sind. Dazu gehören Grundmoräne, Endmoräne, Sander und Urstromtal.

Gletscher (Seite 152)
Gletscher sind Eismassen im Hochgebirge und in den Polargebieten, die sich talabwärts bewegen. Sie entstehen oberhalb der Schneegrenze.

Global Citizen (Seite 180, siehe Info S. 180)

Global City (Seite 60)
Eine Global City ist eine Stadt wie New York, London oder Tokio, die weltweit von besonderer kultureller, politischer und wirtschaftlicher Bedeutung ist, z. B. als globales Finanzzentrum oder als Hauptsitz zahlreicher global tätiger Unternehmen.

Global Player (Seite 58)
Ein multinationales Unternehmen, das Produktionsstandorte in der ganzen Welt hat und den Weltmarkt beliefert, wird als Global Player bezeichnet.

Globalisierung (Seite 34)
Sie beschreibt die Zunahme der weltweiten, vor allem wirtschaftlichen Verflechtung der Staaten der Erde, die durch moderne Kommunikationsmittel und Transportsysteme gefördert wird.

Grundbedürfnisse (Seite 8)
Diese umfassen den Mindestbedarf, den ein Mensch zum Leben braucht. Wichtige Grundbedürfnisse sind Nahrung, Trinkwasser, Kleidung, Unterkunft sowie Bildung, Arbeit, ärztliche Versorgung und politische Mitbestimmung.

Grundmoräne (Seite 153)
Dies ist Material eines Gletschers oder Inlandeises, das auf dem Grund des Gletschers mitgeführt und abgelagert wurde.

Hochwasser (Seite 156)
Wenn der Wasserstand von Flüssen, Bächen, Seen oder Meeren über das Normalmaß ansteigt, spricht man von Hochwasser. Manchmal kommt es dann zu Überschwemmungen, die zu Naturkatastrophen führen können.

Hot Spot (Seite 140)
Hot Spots liegen nicht an den Rändern der Erdplatten, sondern entstehen durch einen ortsfesten Aufschmelzpunkt in der Asthenosphäre. Von dort aus dringt Magma durch die sich langsam über den Hot Spot bewegende Lithosphäre (z. B. Hawaii).

Human Development Index (HDI) (Seite 10)
Das ist eine Maßeinheit, mit der die Vereinten Nationen seit 1992 den Entwicklungsstand der Länder bestimmen. Dabei werden die Lebenserwartung, die durchschnittliche Dauer des Schulbesuchs und das Pro-Kopf-Einkommen berücksichtigt. Resultat ist eine Rangfolge der Länder der Erde vom höchsten bis zum niedrigsten HDI (zwischen 0 und 1).

Humifizierung (Seite 186, siehe Info S. 186)

Humus (Seite 186, siehe Info S. 187)

Hypozentrum (Seite 142)
Das ist der Entstehungsort von Erdbeben im Erdinnern, auch Erdbebenherd genannt.

informeller Sektor (Seite 92)
Das ist ein offiziell nicht erfasster Bereich des Klein- und Dienstleistungsgewerbes (z. B. Straßenhandel, Schuhputzer) und der Landwirtschaft. Obwohl keine Steuern an den Staat gezahlt werden, wird der informelle Sektor von den Regierungen geduldet, da er für große Teile der Bevölkerung ein Existenzminimum ermöglicht.

just in time (Seite 38)
Das ist die Organisation der Zulieferung von Teilen, die bei der Produktion gebraucht werden. Der Hersteller bestellt aus Kostengründen erst dann bei den einzelnen Zulieferern, wenn der Lagerbestand zur Neige geht.

Kaltzeit (Seite 152)
Eine Kaltzeit ist ein Abschnitt der Erdgeschichte, in dem es durch einen weltweiten Rückgang der Temperaturen zur Ausbreitung von Gletschern im Norden Europas und in den Hochgebirgen kam. Die letzte Kaltzeit endete vor etwa 10 000 Jahren.

Kerbtal (Seite 154)
Das ist ein Tal mit steilen Hängen und schmalem Talboden. Die Erosionskraft des Flusses ist hier groß.

Klamm (Seite 154)
Eine Klamm ist ein Tal mit senkrechten, oft hohen Talwänden. Eine Klamm entsteht, wenn ein Fluss (oder Wildbach) sehr stark in die Tiefe erodiert (abträgt).

Klimaelement (Seite 200)
Klimaelemente sind Bausteine des Klimas: Sonnenstrahlung, Temperatur, Luftdruck, Luftfeuchtigkeit, Niederschlag, Wind, Bewölkung. Durch Zusammenwirken und gegenseitige Beeinflussung entsteht das Klima.

Klimafaktoren (Seite 200)
Klimafaktoren sind Eigenschaften eines Raumes, die das Klima beeinflussen: z. B. Breitenlage, Höhenlage, Relief (Talverlauf, Gebirgsverteilung, Exposition) Lage zum Meer, Hauptwindrichtung, Bodenbedeckung oder Siedlungsdichte.

Kontinentalverschiebung (Seite 129)
(auch Kontinentaldrift) Das ist die von Wegener angenommene langsame Verschiebung der Kontinente. Später erkannte man, dass sich nicht die Kontinente, sondern die Platten der Lithosphäre bewegen (Plattentektonik).

Konvektionsströme (Seite 132)
Das ist die auf- und absteigende Magmaströmung im oberen Erdmantel, die zu Bewegungen der Platten der Erdkruste und damit zum Beispiel auch zur Gebirgsbildung führt.

Korngröße (Seite 176)
Das ist die Größe von Körnern in Sedimenten und Bodenteilchen. Die unterschiedlichen Korngrößen sind eingeteilt in Ton, Schluff, Sand, Kies und Steine. Die Größenangabe erfolgt in Millimetern.

Korruption (Seite 14)
Das heißt Bestechlichkeit oder Verderbtheit. Korruption ist der Missbrauch anvertrauter Macht zum privaten Vorteil. Dabei werden andere Personen benachteiligt oder geschädigt.

Landflucht (Seite 18)
Unter Landflucht versteht man die Abwanderung vom Land in die Stadt. Push- und Pull-Faktoren sind in der Regel die Auslöser für Landflucht.

Landwirtschaftszonen (Seite 108)
Auf der Erde gibt es verschiedene Regionen, die je nach ihren natürlichen Bedingungen (z. B. Klima, Relief) für unterschiedliche landwirtschaftliche Nutzungen geeignet sind. Daraus ergibt sich eine Karte der Zonen der Landwirtschaft.

Lebenserwartung (Seite 80)
Das ist die durchschnittlich zu erwartende Lebensdauer eines Menschen zum Zeitpunkt seiner Geburt. Einfluss auf die Lebenserwartung haben unter anderem die Art der Ernährung und die medizinische Versorgung. Auch das Geschlecht kann entscheidend sein, denn im Durchschnitt werden Frauen in den meisten Ländern älter als Männer.

Lieferkette (Seite 58)
(engl.: „supply chain") Die Lieferkette umfasst alle Stationen, die bei der Erzeugung eines Produktes durchlaufen werden. Die Steuerung der Zu- und Weiterlieferungen ist Aufgabe der Logistik.

Lithosphäre (Seite 130)
Das ist die Gesteinshülle der Erde. Zur Lithosphäre gehören die Erdkruste und die oberste, feste Schicht des oberen Erdmantels. Die Lithosphäre besteht aus Erdplatten (Plattentektonik), die sich auf einer zähflüssigen Schicht (Asthenosphäre) bewegen.

Logistik (Seite 38)
Als Logistik bezeichnet man die Planung, Steuerung, Abwicklung und Kontrolle des Transportes, des Umschlags und der Lagerung von Gütern. Logistikzentren sind z. B. Häfen, Güterbahnhöfe und Flugplätze.

Löss (Seite 153)
Dabei handelt es sich um eiszeitliche Windanwehungen von feinem Gesteinsmehl, das z. B. durch Gletscher zerkleinert wurde. Der daraus entstandene Lössboden ist besonders fruchtbar, weil er meist tiefgründig und locker ist sowie Wasser gut speichern kann.

Mäander (Seite 154)
Damit wird eine Flussschlinge im Mittel- und Unterlauf eines Flusses bezeichnet. Ein Mäander besitzt einen Gleithang, an dem die Strömung sehr gering ist, was zur Sedimentation führt. Gegenüber befindet sich der Prallhang, an dem die hohe Fließgeschwindigkeit für Erosion sorgt. Durch stete Seitenerosion und Sedimentation verlagert sich der Mäander ständig.

Megastadt (Seite 88)
Das sind im Allgemeinen große Städte mit mehr als zehn Millionen Einwohnern. Im engeren Sinne sind damit vor allem die rasant anwachsenden Großstädte in den Entwicklungs- und Schwellenländern gemeint, die aufgrund ihres hohen Bevölkerungswachstums vor großen Schwierigkeiten stehen (Verarmung der Bevölkerung, Umweltverschmutzung, hohe Kriminalität etc.).

Metropole
(Seite 90, siehe Info S. 91)

Migration (Seite 76)
Darunter versteht man die Wanderung einzelner Menschen oder von Menschen in Gruppen, die mit einem Wechsel des Wohnsitzes verbunden ist. Gründe für die Migration können die Suche nach einem Arbeitsplatz, aber auch die Flucht vor Hunger oder Krieg sein.

Migrationshintergrund (Seite 102)
Menschen, die in Deutschland einen Migrationshintergrund haben, sind entweder eingewandert oder zumindest ein Elternteil hatte bei ihrer Geburt nicht die deutsche Staatsbürgerschaft.

Mikroplastik (Seite 179, siehe Info S. 179)

Mineral (Seite 186)
Ein Mineral ist ein stofflich einheitlicher Bestandteil eines Gesteins. Ein Mineral hat bestimmte physikalische und chemische Eigenschaften.

Mineralisierung (Seite 186, siehe Info S. 186)

mittelozeanischer Rücken (Seite 129)
Die mittelozeanischen Rücken sind langgestreckte, untermeerische Erhebungen, die in allen Ozeanen vorkommen und an denen Erdplatten auseinanderdriften.

Modell (Seite 52)
Das ist die vereinfachte Abbildung der Wirklichkeit. Sie dient dazu, dass man eine Sache oder einen Prozess besser verstehen kann.

Modell des demografischen Übergangs (Seite 78)
Dies ist ein Modell zur Veränderung der Geburten- und Sterberate sowie der daraus resultierenden Wachstumsrate und Bevölke-

rungsstruktur beim Übergang von der Agrar- zur Industriegesellschaft.

Modernisierungstheorie / Wachstumstheorie (Seite 20)
Darunter werden eine Vielzahl von Entwicklungstheorien zusammengefasst. Die Modernisierungstheorien betrachten hauptsächlich innere Aspekte als Ursache für den Entwicklungsstand eines Landes. Nach diesen Theorien sind die sich entwickelnden Staaten (noch) in einem Zustand, den die entwickelten Staaten bereits hinter sich haben.

Nährgebiet (Seite 152)
Man kann einen Gletscher in ein Nährgebiet und ein Zehrgebiet einteilen. Im Nährgebiet (oben) bildet sich der gefallene Schnee zu Gletschereis um.

Nährstoff (Seite 189)
Lebewesen brauchen bestimmte Stoffe, wie zum Beispiel Salze, Mineralien oder Vitamine, um zu wachsen und zu überleben.

Nichtregierungsorganisation (NGO) (Seite 166)
NGOs sind freiwillige Zusammenschlüsse einzelner Bürger und Bürgerinnen mit gleichen oder ähnlichen Interessen auf lokaler, regionaler, nationaler oder internationaler Ebene.

ökologischer Rucksack (Seite 172)
Das ist ein Konzept, um zu veranschaulichen, wie viel „Natur" bzw. Ressourcen in einem Konsumprodukt oder einer Dienstleistung stecken. Dabei wird der gesamte Verbrauch an Ressourcen während der Produktion, der Nutzung und bei der Entsorgung einberechnet.

Partizipation (Seite 22)
Darunter versteht man die Teilhabe eines Einzelnen oder einer Gruppe an Prozessen, Entwicklungen oder Aktionen. Mit Partizipation kann das Leben selbstbestimmt und aktiv (mit-) gestaltet werden.

personenorientierte Dienstleistung (Seite 54)
Diese Dienstleistungen sind vor allem für private Haushalte vorgesehen. Sie werden von den Personen direkt verbraucht. Einrichtungen, die diese Dienstleistungen zur Verfügung stellen sind z. B. Restaurants, Friseure oder Supermärkte.

physikalische Verwitterung (Seite 150)
Dabei handelt es sich um die Zerkleinerung von Gestein. Dies geschieht bei der physikalischen Verwitterung durch die Freisetzung von Kräften, durch die die Gesteine zerkleinert werden. Beispiele dafür sind die Frost- und Salzsprengung oder die Temperaturverwitterung.

Plattentektonik (Seite 132)
Nach dieser Theorie besteht die Lithosphäre aus verschiedenen Erdplatten (Lithosphärenplatten), die in langsamer Bewegung sind. Durch die Plattentektonik sind Kontinente und Ozeane entstanden.

Plattenzug (Seite 132)
Das ist eine wichtige Kraft für die Bewegung der Lithosphärenplatten. Indem eine dichte, schwere Platte unter eine leichtere taucht, entsteht an den Subduktionszonen ein Zug nach unten. Das ist der Plattenzug.

primärer Sektor (Seiten 9, 54)
Das ist der Teil der Wirtschaft, der sich mit der Produktion von Rohstoffen beschäftigt: die Landwirtschaft, die Forstwirtschaft, die Fischerei und der (reine) Bergbau (nicht die Aufbereitung).

Protektionismus (Seite 52)
Darunter versteht man den wirtschaftspolitischen Schutz der eigenen Volkswirtschaft durch Maßnahmen, wie z. B. Importzölle, Beschränkung der Einfuhrmengen oder einzuhaltende Normen.

Push-und Pull-Faktoren (Seite 96)
Das sind auslösende Ursachen für die Wanderung von Menschen zwischen Räumen mit unterschiedlicher Attraktivität. Push-Faktoren bewegen die Menschen zum Verlassen einer Region (z. B. Landflucht, schlechte Bildungsmöglichkeiten, hohe Arbeitslosigkeit). Pull-Faktoren sind Anziehungskräfte des Zuwanderungsgebietes (z. B. bessere Ausbildungschancen, besserer Arbeitsmarkt).

pyroklastischer Strom (Seite 138)
Das ist eine Art Lawine, die sich beim Ausbruch eines Vulkans bilden kann. Sie besteht aus Gesteinen, heißer Asche und Gas und kann sich sehr schnell fortbewegen. Ein pyroklastischer Strom ist gefährlich, da hohe Temperaturen zwischen 200 und 700 Grad Celsius herrschen. Ebenso können Gase, die in der Lava gelöst sind, explosionsartig entweichen.

Reptation (Seite 158)
Damit bezeichnet man die Bewegung von Körnern, die auf der Bodenoberfläche rollend und kriechend durch den Druck des Windes ihre Position wechseln.

Ressourcenverbrauch (Seite 170)
Eine Ressource ist ein natürliches Produktionsmittel und eine Hilfsquelle. Ressourcen sind Rohstoffe, aber auch Umweltgüter wie Luft und Wasser, die für die wirtschaftliche Tätigkeit des Menschen erforderlich sind. Die Nutzung dieser Güter wird als Verbrauch bezeichnet.

Rift Valley (Seite 134)
Das Rift Valley wird auch Grabenbruch genannt. Es ist die Absenkung eines Streifens der Erdkruste zwischen Bruchlinien, die durch

auseinanderdriftende Erdplatten (Plattentektonik) ausgelöst wurde.

Sahelzone (Seite 119)
Das ist eine Bezeichnung für den Südrand der Wüste Sahara. In dieser Region fallen zwischen 100 und 500 mm Niederschlag im Jahresdurchschnitt. Da die Niederschläge nicht regelmäßig sind, kommt es in dieser, u.a. von den Nomaden genutzten Region häufig zu Dürren und demzufolge zu Hungersnöten.

Saltation (Seite 158)
Das ist der Transport von Sandkörnern durch den Wind. Diese können durch das Auftreffen von anderen Körnern, den Schub durch Wind oder Windsog sowie dem Auftrieb von der Bodenoberfläche parabelförmig transportiert werden.

Sander (Seite 153)
Dabei handelt es sich um eine Aufschüttung am Rand eines Gletschers oder Inlandeises. Der Sander kann aus Sand, Kies oder Geschiebe bestehen.

Schildvulkan (Seite 138)
Ein Vulkan mit flachen, weit auslaufenden Flanken wird Schildvulkan genannt. Er entsteht durch Ausströmen dünnflüssiger Lava (z. B. Mauna Loa auf Hawaii).

Sediment (Seite 136)
Sedimente sind Ablagerungen von Sand, Ton oder Kalk an Land oder im Meer. Man bezeichnet Lockersedimente als Sedimente.

Seebeben (Seite 146)
Das ist ein Erdbeben, dessen Hypozentrum unter einem Meeresgebiet liegt.

sekundärer Sektor (Seiten 9, 54)
Das ist der Teil der Wirtschaft, der sich mit der Bearbeitung, Verarbeitung und Aufbereitung von Rohstoffen beschäftigt.

Slum (Seite 92)
Ein Slum ist ein dicht besiedeltes Wohnviertel innerhalb einer Stadt, in dem sozial schwach gestellte Menschen in Behausungen mit einer heruntergekommenen Bausubstanz leben. Es wird auch als Elendsviertel bezeichnet. Der Wohnungsstandard ist niedrig und die Ausstattung mit Infrastruktur gering.

Sohlental (Seite 154)
Diese Talform ist gekennzeichnet von einer breiteren Talsohle als der des Kerbtals. Hier wirken vor allem die Kräfte der Seitenerosion. Somit werden die Hänge an den Seiten flacher. Dadurch, dass Sedimente abgelagert werden, entsteht ein Tal, dessen Flusslauf nicht mehr den gesamten Talgrund einnimmt.

Sonderwirtschaftszone (Seite 62)
Damit bezeichnet man ein Gebiet innerhalb eines Staates, das ein besonderes Wirtschafts- und Steuerrecht aufweist. Auch Erleichterungen im Umwelt-, Arbeits- und Sozialrecht können existieren. Das Ziel der Einrichtung ist für gewöhnlich wirtschaftliches Wachstum durch ausländische Investitionen. Sonderwirtschaftszonen wurden in mehreren Ländern eingerichtet, darunter sind die Volksrepublik China, Indien und die V.A.E.

Sonnenflecken (Seite 205)
Sonnenflecken sind dunkle Stellen auf der Sonnenoberfläche, die kühler sind als der Rest der Oberfläche. Da die Anzahl und Größe der Sonnenflecken nicht immer gleich ist, variiert die Sonnenaktivität.

Sterberate (Seite 72)
Die Sterberate beschreibt die Anzahl der Gestorbenen pro 1000 Einwohner in einem bestimmten Gebiet und in einem bestimmten Zeitraum.

Strahlungsbilanz (Seite 204)
Durch die Sonneneinstrahlung erhält die Erde Energie. Ein Teil dieser Energie bleibt aber nicht innerhalb der Atmosphäre, sondern wird zurück in den Weltraum gestrahlt. Davon wiederum wird ein Teil zurückreflektiert. Dies kann man in einer Gleichung darstellen, die Strahlungsbilanz der Erde genannt wird.

Stratovulkan (Seite 138)
Ein kegelförmiger Vulkan mit steilen Seiten ist ein Stratovulkan oder Schichtvulkan. Er besteht aus sich abwechselnden Lava- und Ascheschichten (z. B. Ätna).

Subsistenzwirtschaft (Seite 16)
Damit bezeichnet man eine Wirtschaftsform in der Landwirtschaft, die nur der Eigenversorgung dient. Sie ist in den Entwicklungsländern verbreitet.

Suspension (Seite 158)
Das ist eine Form des Transports von kleinem Material im Wasser oder von Staub mit dem Wind.

Sustainable Development Goals (SDGs) (Seite 164)
Die SDGs sind 17 Ziele, die von den Vereinten Nationen 2015 beschlossen wurden. In den folgenden 15 Jahren sollen die 17 Ziele umgesetzt werden. Die Ziele beinhalten die Abschaffung von Armut weltweit, den Schutz des Planeten sowie die Gewährleistung von Wohlstand für alle Menschen.

Terms of Trade (Seite 16)
Damit wird das Verhältnis zwischen Export- und Importpreisen bezeichnet. Das Verhältnis verschlechtert sich für ein Land, wenn die Exportpreise fallen und die Importpreise steigen oder die Exportpreise langsamer steigen als die Importpreise.

tertiärer Sektor (Seiten 9, 54)
Das ist der Teil der Wirtschaft, der Dienstleistungen erbringt: Han-

del, Banken, Verkehr, Tourismusgewerbe, Verwaltung, Bildungs- und Gesundheitswesen, freie Berufe (Ärzte, Rechtsanwälte, Architekten usw.).

Tragfähigkeit (Seite 164)
Die Tragfähigkeit eines Raumes versucht Auskunft über die Anzahl an Menschen zu geben, die unter Befriedigung aller Grundbedürfnisse auf längere Sicht in diesem Raum (Region, Kontinent, Erde) leben kann.

Treibhausgas (Seite 48)
Ein Gas, das in der Atmosphäre wie die Glasscheibe eines Treibhauses wirkt, heißt Treibhausgas. Es lässt einerseits Sonnenstrahlen zur Erde durch, ist andererseits aber ein fast unüberwindliches Hindernis für die von der Erde ausgehende Wärmestrahlung.

Troposphäre (Seite 200)
Die unterste Schicht der Atmosphäre heißt Troposphäre. Sie reicht bis in zehn Kilometer Höhe. In ihr findet das Wettergeschehen auf der Erde statt.

Tsunami (S. 146)
Ein Tsunami ist eine bis zu 30 m hohe Welle in Küstennähe von großer Zerstörungskraft. Dem Tsunami geht eine flache und schnelle Welle voraus, die meist auf offenem Ozean durch ein Seebeben ausgelöst wurde.

unternehmensorientierte Dienstleistung (Seite 54)
Diese Dienstleistungen sind nicht für einzelne Personen oder Haushalte vorgesehen, sondern für öffentliche Einrichtungen oder Unternehmen. Sie werden für den Produktionsprozess benötigt oder vermitteln z. B. zwischen Konsumenten und Produzenten. Beispiele dafür sind Sicherheitsdienste, Reinigungsunternehmen, Beratungsdienste oder Marketingunternehmen.

Urstromtal (S. 153)
Diese Talform wurde vom Schmelzwasser der kaltzeitlichen Gletscher gebildet. Durch deren Abfließen sind große breite Täler entstanden.

Verdunstung (Seite 200)
Das ist der Übergang des Wassers vom flüssigen in den gasförmigen Zustand, z. B. von Wasser in Wasserdampf.

Verstädterung (Seite 88)
Das ist der Prozess der Zunahme der Stadtbevölkerung gegenüber der Landbevölkerung. Die Verstädterung zeigt sich im Raum dadurch, dass sich Städte vergrößern und ins Umland wachsen, und sich auch Dörfer vergrößern und stadtähnlich werden (weniger Bauernhöfe, mehr Industriebetriebe, Neubausiedlungen).

Verwitterung (Seite 150)
Die Zerstörung oder Zerkleinerung von Gesteinen durch fließendes Wasser, Eis, extreme oder stark wechselnde Temperaturen (z. B. starke Sonneneinstrahlung, Frost), Gase (vor allem industrielle Abgase), Wind, Pflanzen und Tiere ist der Prozess der Verwitterung.

virtuelles Wasser (Seite 168)
Das ist ein mathematisches Hilfsmittel zur Berechnung des realen Wasserverbrauchs eines Landes. Der Import von Produkten (zu deren Herstellung Wasser benötigt wird) wird zu deren inländischem Verbrauch gerechnet. Von dieser Summe abgezogen wird der Export von Produkten.

Vulnerabilität (Seite 29)
Die Anfälligkeit von Menschen, Gesellschaften, Infrastruktur und Sachwerten eines Lebensraumes gegenüber unterschiedlichen Arten von Katastrophen (z. B. Naturkatastrophen, soziale Unruhen, politische Unruhen) ist die Vulnerabilität oder auch Verletzlichkeit.

Wachstumsrate (Seite 72)
Die Wachstumsrate einer Bevölkerung ergibt sich aus der Differenz zwischen Geburtenrate und Sterberate. Ist die Wachstumsrate negativ, schrumpft die Bevölkerung, ist sie positiv, wächst sie.

World Trade Organization (WTO) (Seite 38, siehe Info S. 52)

Welthunger-Index (WHI) (Seite 110, siehe M2, S. 110)

Zehrgebiet (Seite 152)
Man kann einen Gletscher in ein Nährgebiet und ein Zehrgebiet einteilen. Im Zehrgebiet (unten) schmilzt der Gletscher.

Die unterschiedlichen Aufgabenstellungen (Operatoren)

Anforderungsbereich I

umfasst das Wiedergeben und Beschreiben von Inhalten und Materialien.

Berechnen heißt, Aufgaben anhand vorgegebener Daten und Sachverhalte zu lösen.

Beschreiben / wiedergeben heißt, das Wichtigste aus einem Material oder mehreren Materialien in eigenen Worten und mit den richtigen Fachwörtern darzustellen.

Nennen / benennen heißt, Informationen ohne Erklärung / Kommentar aufzuzählen.

Skizzieren heißt, einen Sachverhalt in seinen Grundzügen anzugeben.

Zusammenfassen heißt, Sachverhalte, Texte oder andere Materialien auf das Wesentliche zu verkürzen.

Schwierigkeitsstufe II: Erklären und Anwenden

umfasst das selbstständige Erklären, Bearbeiten und Ordnen bekannter Sachverhalte sowie das angemessene Anwenden gelernter Inhalte und Methoden auf andere Sachverhalte.

Analysieren heißt, Texte und Materialien nach vorgegebenen Gesichtspunkten zu untersuchen.

Anwenden heißt, etwas Bekanntes (z. B. eine Methode oder bekanntes Wissen) auf etwas Neues zu beziehen.

Auswerten heißt, ein Material (z.B. Text, Grafik, Karte, Foto) unter einer bestimmten Fragestellung zu bearbeiten und am Schluss eine Gesamtaussage zu formulieren.

Begründen heißt, einen Sachverhalt oder eine Aussage durch nachvollziehbare Argumente zu festigen.

Charakterisieren heißt, Sachverhalte oder Personen in ihrer Eigenart zu beschreiben, typische Merkmale zu kennzeichnen und diese dann zusammenzufassen.

Darstellen heißt, Sachverhalte mithilfe von Materialien und mit Fachbegriffen zu beschreiben und Zusammenhänge aufzuzeigen.

Einordnen / zuordnen heißt, die Informationen, die du aus einem Material oder mehreren Materialien gewinnen kannst, zusammenzustellen und in einen Zusammenhang einzufügen.

Erklären heißt, Materialien oder Sachverhalte deutlich zu machen, in einen größeren Zusammenhang einzuordnen und zu begründen.

Erläutern heißt, Materialien oder Sachverhalte mit zusätzlichen Informationen deutlich zu machen.

Herausarbeiten heißt, aus Materialien bestimmte Sachverhalte zu erschließen, die nicht genannt werden.

In Beziehung setzen heißt, Zusammenhänge von Materialien oder Sachverhalten herzustellen. Dabei sollst du diese Zusammenhänge begründen.

Untersuchen heißt, Sachverhalte, Texte und andere Materialien nach vorgegebenen oder selbst gewählten Aspekten / Anweisungen zu erschließen.

Vergleichen / gegenüberstellen heißt, nach vorgegebenen oder selbst gewählten Gesichtspunkten Unterschiede, Ähnlichkeiten und Gemeinsamkeiten zu ermitteln und darzustellen.

Schwierigkeitsstufe III: Urteilsfähigkeit

umfasst den reflexiven Umgang mit neuen Problemstellungen, eingesetzten Methoden und gewonnenen Erkenntnissen, um zu Begründungen, Urteilen und Handlungsoptionen zu gelangen.

Beurteilen heißt, im Anschluss an die Bearbeitung eines Themas oder eines Materials eine Aussage zu treffen, ob ein Sachverhalt richtig ist. Dabei sollst du keine persönliche Wertung und keine eigene Meinung äußern (im Gegensatz zu „bewerten / Stellung nehmen").

Entwickeln heißt, zu einem Thema oder Problem ein Konzept / eine Lösung zu formulieren.

Bewerten / Stellung nehmen bedeutet die gleiche Aufgabenstellung wie beim Operator „beurteilen", diesmal aber ist eine eigene Meinung zu äußern und diese zu begründen.

Diskutieren / sich auseinandersetzen mit heißt, zu einem Problem oder einer These Argumente zu finden, die zu einer Bewertung führen. Diese Bewertung musst du aber begründen.

Erörtern heißt, zu einer vorgegebenen These oder Problemstellung durch Abwägen von Pro- und Kontra-Argumenten ein begründetes Ergebnis zu formulieren.

Gestalten / entwerfen / verfassen heißt, eine Aufgabe kreativ so zu lösen, dass ein neues Produkt dabei herauskommt. Ein Produkt kann z. B. ein Plakat, eine Zeichnung oder ein Text sein.

Interpretieren heißt, Zusammenhänge aus Materialien herauszufinden. Am Ende solltest du eine begründete Stellungnahme abgeben. Oft müssen dazu vorher Materialien analysiert, erläutert oder bewertet werden.

Überprüfen heißt, verschiedene Aussagen oder Behauptungen miteinander zu vergleichen und deren Richtigkeit abzuschätzen. Dabei sollte deine eigene, begründete Meinung deutlich werden.

Klimadaten weltweit

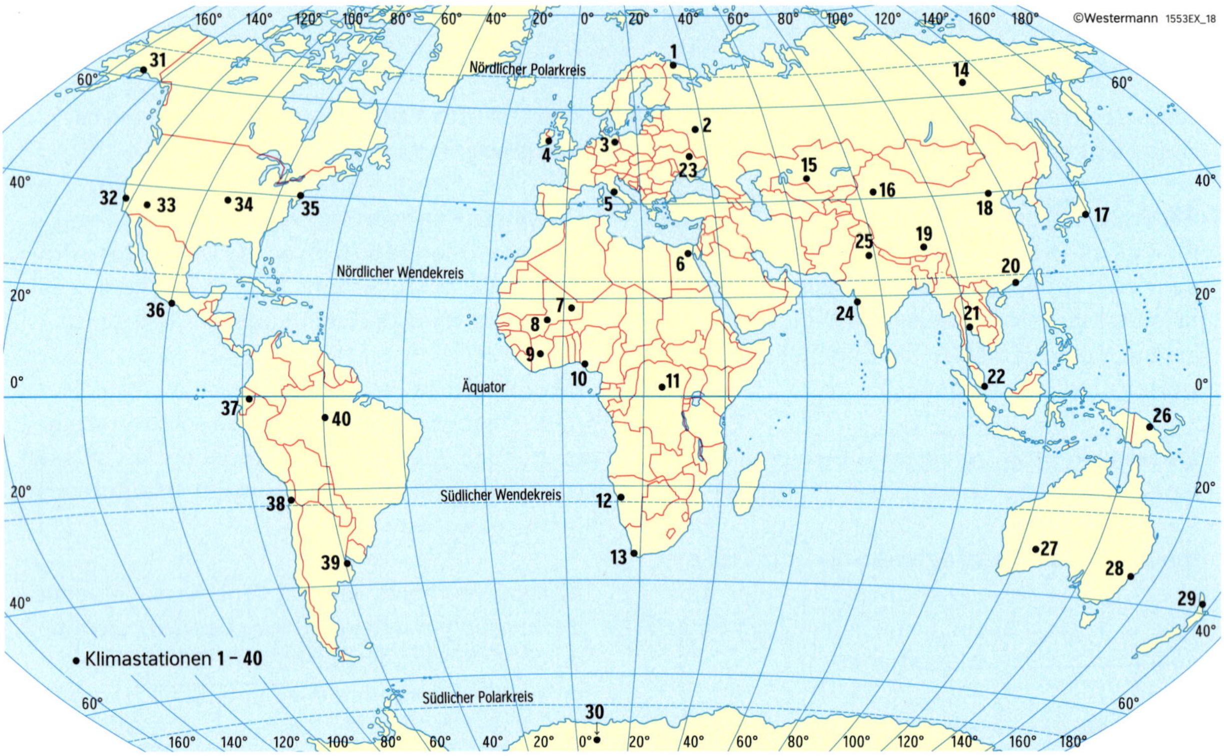

Lage der Klimastationen

Europa

Nr.	Station	Lage		J	F	M	A	M	J	J	A	S	O	N	D	Jahr
1	Murmansk	46 m ü. M.	°C	-10,9	-11,4	-8,1	-1,4	3,9	10,0	13,4	11,1	6,9	0,9	-3,8	-7,9	0,2
	(Russland)	68° 58' N / 33° 03' O	mm	19	16	18	19	25	40	54	60	44	30	28	33	386
2	Moskau	156 m ü. M.	°C	-10,3	-9,7	-5,0	3,7	11,7	15,4	17,8	15,8	10,4	4,1	-2,3	-8,0	3,6
	(Russland)	55° 45' N / 37° 34' O	mm	31	28	33	35	52	67	74	74	58	51	36	36	575
3	Berlin	51 m ü. M.	°C	-0,6	-0,3	3,6	8,7	13,8	17,0	18,5	17,7	13,9	8,9	4,5	1,1	8,9
	(Deutschland)	52° 28' N / 13° 18' O	mm	43	40	31	41	46	62	70	68	46	47	46	41	581
4	Dublin	68 m ü. M.	°C	4,5	4,8	6,5	8,4	10,5	13,5	15,0	14,8	13,1	10,5	7,2	5,8	9,6
	(Irland)	53° 26' N / 6° 15' W	mm	71	52	51	43	62	55	66	80	77	68	67	77	769
5	Rom	46 m ü. M.	°C	6,9	7,7	10,8	13,9	18,1	22,1	24,7	24,5	21,1	16,4	11,7	8,5	15,5
	(Italien)	41° 54' N / 12° 29' O	mm	76	88	77	72	63	48	14	22	70	128	116	106	880

Afrika

Nr.	Station	Lage		J	F	M	A	M	J	J	A	S	O	N	D	Jahr
6	Kairo	95 m ü. M.	°C	13,3	14,7	17,5	21,1	25,0	27,5	28,3	28,3	26,1	24,1	20,0	15,0	21,7
	(Ägypten)	30° 08' N / 31° 34' O	mm	4	5	3	1	1	0	0	0	0	1	1	8	24
7	Gao	270 m ü. M.	°C	22,0	25,0	28,8	32,4	34,6	34,5	32,3	29,8	31,8	31,9	28,4	23,3	29,6
	(Mali)	16° 16' N / 0° 03' W	mm	<1	0	<1	<1	8	23	71	127	38	3	<1	<1	270
8	Mopti	280 m ü. M.	°C	22,6	25,2	29,0	31,6	32,8	31,2	28,6	27,3	28,3	28,8	26,8	23,1	27,9
	(Mali)	14° 30' N / 4° 12' W	mm	<1	<1	1	5	23	56	147	198	94	18	1	<1	543
9	Bouaké	365 m ü. M.	°C	27,1	28,0	28,4	27,9	27,2	26,1	24,8	24,5	25,5	26,1	26,7	26,7	26,6
	(Elfenbeinküste)	7° 42' N / 5° 00' W	mm	13	46	92	140	154	135	99	108	225	140	35	23	1210
10	Douala	11 m ü. M.	°C	26,7	27,0	26,8	26,6	26,3	25,4	24,3	24,1	24,7	25,0	26,0	26,4	25,8
	(Kamerun)	4° 01' N / 9° 43' O	mm	57	82	216	243	337	486	725	776	638	388	150	52	4150
11	Yangambi	487 m ü. M.	°C	24,7	25,3	25,5	25,2	24,9	24,5	23,6	23,9	24,3	24,5	24,3	24,3	24,6
	(D. R. Kongo)	0° 49' N / 24° 29' O	mm	85	99	148	150	177	126	146	170	180	241	180	126	1828
12	Swakopmund	12 m ü. M.	°C	17,2	18,1	17,5	15,7	15,1	15,2	13,0	12,1	12,6	13,7	14,9	16,4	15,1
	(Namibia)	22° 41' S / 14° 31' O	mm	1	2	2	2	0	0	0	0	0	0	1	0	8
13	Kapstadt	17 m ü. M.	°C	21,2	21,5	20,3	17,5	15,1	13,4	12,6	13,2	14,5	16,3	18,3	20,1	17,0
	(Südafrika)	33° 54' S / 18° 32' O	mm	12	8	17	84	82	85	85	71	43	29	17	11	506

Asien

Nr.	Station	Höhe / Lage		J	F	M	A	M	J	J	A	S	O	N	D	Jahr
14	Jakutsk	100 m ü. M.	°C	-43,2	-35,8	-22,0	-7,4	5,6	15,4	18,8	14,8	6,2	-7,8	-27,7	-39,6	-10,2
	(Russland)	62° 05' N / 129° 45' O	mm	7	6	5	7	16	31	43	38	22	16	13	9	213
15	Kysylorda	129 m ü. M.	°C	-9,6	-7,5	0,5	11,2	18,8	23,6	24,6	22,5	15,8	7,8	-0,6	-7,0	8,3
	(Kasachstan)	44° 46' N / 65° 32' O	mm	13	15	14	14	11	5	4	3	4	7	10	14	114
16	Kuqa	970 m ü. M.	°C	-12,6	-3,6	7,2	13,1	18,1	21,4	24,1	22,5	18,1	12,2	1,7	-7,2	9,6
	(China)	41° 40' N / 83° 06' O	mm	3	3	5	3	3	33	18	8	5	0	2	8	91
17	Tokio	4 m ü. M.	°C	3,7	4,3	7,6	13,1	17,6	21,1	25,1	26,4	22,8	16,7	11,3	6,1	14,7
	(Japan)	35° 41' N / 139° 46' O	mm	48	73	101	135	131	182	146	147	217	220	101	61	1562
18	Peking	52 m ü. M.	°C	-4,7	-1,9	4,8	13,7	20,1	24,7	26,1	24,9	19,9	12,8	3,8	-2,7	11,8
	(China)	39° 57' N / 116° 19' O	mm	4	5	8	17	35	78	243	141	58	16	11	3	619
19	Lhasa	3685 m ü. M.	°C	-1,7	1,1	4,7	8,1	12,2	16,7	16,4	15,6	14,2	8,9	3,9	0,0	8,3
	(China)	29° 40' N / 91° 07' O	mm	2	13	8	5	25	64	122	89	66	13	3	0	410
20	Hongkong	33 m ü. M.	°C	15,6	15,0	17,5	21,7	25,6	27,5	28,1	28,1	27,2	25,0	20,9	17,5	22,5
	(China)	22° 18' N / 114° 10' O	mm	33	46	74	292	394	381	394	361	247	114	43	30	2409
21	Bangkok	2 m ü. M.	°C	26,0	27,8	29,2	30,1	29,7	28,9	28,5	28,4	28,0	27,7	27,0	25,7	28,1
	(Thailand)	13° 45' N / 100° 28' O	mm	9	30	36	82	165	153	168	183	310	239	55	8	1438
22	Singapur	10 m ü. M.	°C	26,4	27,0	27,5	27,5	27,8	27,5	27,5	27,2	27,2	27,0	27,0	27,0	27,2
	(Singapur)	1° 18' N / 103° 50' O	mm	251	173	193	188	173	173	170	196	178	208	254	256	2413
23	Charkow	152 m ü. M.	°C	-7,1	-6,5	-1,6	7,8	15,0	18,9	21,1	19,9	14,1	7,3	0,7	-4,0	7,1
	(Ukraine)	49° 56' N / 36° 17' O	mm	36	33	32	33	50	60	75	48	34	42	39	37	519
24	Mumbai	11 m ü. M.	°C	23,9	23,9	26,1	28,1	29,7	28,9	27,2	27,0	27,0	28,1	27,2	25,6	26,9
	(Indien)	18° 54' N / 72° 49' O	mm	3	3	3	2	18	485	617	340	264	64	13	3	1815
25	Neu-Delhi	218 m ü. M.	°C	13,9	16,7	22,5	28,1	33,3	33,6	31,4	30,0	28,9	26,1	20,0	15,3	25,0
	(Indien)	28° 35' N / 77° 12' O	mm	23	18	13	8	13	74	180	173	117	10	3	10	642
26	Madang	6 m ü. M.	°C	27,3	27,0	27,3	27,2	27,5	27,2	27,2	27,2	27,2	27,5	27,5	27,5	27,3
	(Papua-Neu.)	5° 14' S / 145° 45' O	mm	307	302	378	429	384	274	193	122	135	254	338	368	3484

Australien

Nr.	Station	Höhe / Lage		J	F	M	A	M	J	J	A	S	O	N	D	Jahr
27	Kalgoorlie	380 m ü. M.	°C	25,7	24,9	23,0	18,7	14,7	12,0	10,8	12,3	15,3	18,2	21,4	24,3	18,4
	(Australien)	30° 45' S / 121° 30' O	mm	24	27	24	18	22	25	24	23	13	14	15	13	244
28	Sydney	42 m ü. M.	°C	22,0	21,9	20,8	18,3	15,1	12,8	11,8	13,0	15,2	17,6	19,5	21,1	17,4
	(Australien)	33° 51' S / 151° 31' O	mm	104	125	129	101	115	141	94	83	72	80	77	86	1207
29	Auckland	49 m ü. M.	°C	19,2	19,6	18,4	16,4	13,8	11,8	10,8	11,3	12,6	14,3	15,9	17,7	15,2
	(Neuseeland)	36° 51' S / 174° 46' O	mm	84	104	71	109	122	140	140	109	97	107	81	79	1243

Antarktika

Nr.	Station	Höhe / Lage		J	F	M	A	M	J	J	A	S	O	N	D	Jahr
30	Südpol	2800 m ü. M.	°C	-28,8	-40,1	-54,4	-58,5	-57,4	-56,5	-59,2	-58,9	-59,0	-51,3	-38,9	-28,1	-49,3
		90° S	mm	0	0	0	0	0	0	1	1	0	0	0	0	2

Amerika

Nr.	Station	Höhe / Lage		J	F	M	A	M	J	J	A	S	O	N	D	Jahr
31	Anchorage	27 m ü. M.	°C	-10,9	-7,8	-4,8	2,1	7,7	12,5	13,9	13,1	8,8	1,7	-5,4	-9,8	1,8
	(USA)	61° 10' N / 149° 59' W	mm	20	18	13	11	13	25	47	65	64	47	26	24	373
32	San Francisco	16 m ü. M.	°C	10,4	11,7	12,6	13,2	14,1	15,1	14,9	15,2	16,7	16,3	14,1	11,4	13,8
	(USA)	37° 47' N / 122° 25' W	mm	116	93	74	37	16	4	0	1	6	23	51	108	529
33	Death Valley	56 m ü. M.	°C	11,1	14,4	18,9	23,9	28,9	34,2	38,6	37,2	32,0	23,9	16,1	11,4	24,2
	(USA)	36° 28' N / 116° 51' W	mm	3	1	3	3	5	5	8	8	5	1	3	1	46
34	Kansas City	226 m ü. M.	°C	-0,7	1,6	6,0	12,9	18,4	24,1	27,2	26,3	21,6	15,4	6,7	1,6	13,4
	(USA)	39° 07' N / 94° 35' W	mm	36	32	63	90	112	116	81	96	83	73	46	39	867
35	New York	96 m ü. M.	°C	0,7	0,8	4,7	10,8	16,9	21,9	24,9	23,9	20,3	14,6	8,3	2,2	12,5
	(USA)	40° 47' N / 73° 58' W	mm	84	72	102	87	93	84	94	113	98	80	86	83	1076
36	Acapulco	3 m ü. M.	°C	26,7	26,5	26,7	27,5	28,5	28,6	28,7	28,8	28,1	28,1	27,7	26,7	27,7
	(Mexiko)	16° 50' N / 99° 56' W	mm	6	1	<1	1	36	281	256	252	349	159	28	8	1377
37	Quito	2818 m ü. M.	°C	13,0	13,0	12,9	13,0	13,1	13,0	12,9	13,1	13,2	12,9	12,8	13,0	13,0
	(Ecuador)	0° 13' S / 78° 30' W	mm	124	135	159	180	130	49	18	22	83	133	110	107	1250
38	Antofagasta	119 m ü. M.	°C	19,9	20,1	18,5	16,2	15,1	13,5	13,1	13,5	14,5	15,2	16,8	18,4	16,2
	(Chile)	23° 26' S / 70° 28' W	mm	0	0	0	0,3	0,1	1,7	2,4	1,2	1,0	0,8	0,2	0	7,7
39	Buenos Aires	25 m ü. M.	°C	23,7	23,0	20,7	16,6	13,7	11,1	10,5	11,5	13,6	16,5	19,5	22,1	16,9
	(Argentinien)	34° 35' S / 58° 29' W	mm	104	82	122	90	79	68	61	68	80	100	90	83	1027
40	Manaus	48 m ü. M.	°C	26,2	26,2	26,4	26,2	26,3	26,6	26,8	27,5	27,9	27,8	27,6	26,8	26,9
	(Brasilien)	3° 08' S / 60° 01' W	mm	266	247	269	267	194	100	64	38	60	124	152	216	1897

Methoden zur Klimadatenauswertung

Klimadiagramme auswerten

Um dich z. B. auf eine Reise vorzubereiten, solltest du das Klima kennen.

1. Wo befindet sich die Klimastation? (Höhe über dem Meeresspiegel, Lage zum Meer, Staat)
2. Welche Temperatur herrscht dort? (Jahresdurchschnittstemperatur, Jahrestemperaturverlauf, Jahrestemperaturschwankung, maximale und minimale Monatsdurchschnittstemperatur)
3. Wie hoch ist der Niederschlag? (Jahresniederschlagssumme, Jahresniederschlagsverteilung, trockene und feuchte Monate)
4. Welche Schlussfolgerungen können gezogen werden? (Ursachen für Temperatur- und Niederschlagswerte, Auswirkungen auf die Vegetation, Einordnen in Klima- und Vegetationszone)

Klimadiagramme digital erstellen

Klimadaten sind in Diagrammform anschaulicher, schneller erfassbar und leichter vergleichbar. Das Zeichnen von Klimadiagrammen per Hand ist aufwendig. Mithilfe des Computers lassen sich heute Klimatabellen viel leichter grafisch umsetzen. Neben Tabellenkalkulationsprogrammen gibt es auch spezielle Software, wie z. B. den Diercke Klimagraph.

1. Gib die folgende Adresse in deinen Web-Browser ein: diercke.westermann.de/Klimagraph
2. Verwendest du den Diercke-Weltatlas, findest du auf der ersten Umschlagseite deinen persönlichen Online-Schlüssel, mit dem du dich kostenfrei im System anmelden kannst.
3. Gib die Daten aus der Klimatabelle ein (Ort, Höhe über dem Meeresspiegel, Monatsmitteltemperaturen, Monatsniederschläge). Die Jahresdurchschnittstemperatur sowie der Jahresniederschlag werden automatisch berechnet.
4. Kontrolliere deine Eingaben.
5. Das Ergebnis kannst du speichern. Es wird im JPG-Format abgelegt und kann so z. B. in ein Textverarbeitungsdokument, eine Präsentationssoftware oder ein Bildbearbeitungsprogramm eingefügt werden.

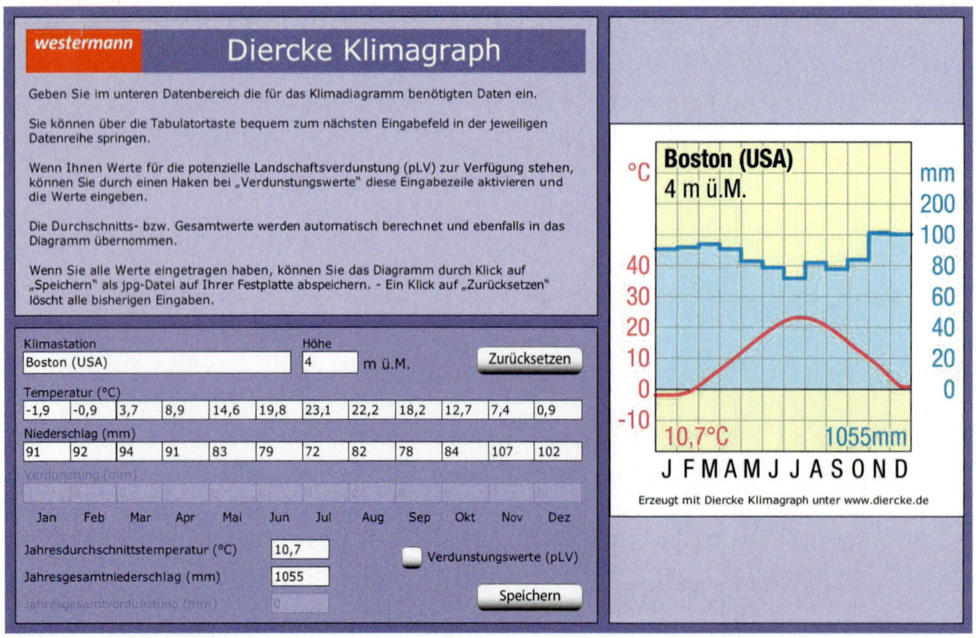

Der Diercke Klimagraph

Bildquellenverzeichnis

|123RF.com, Hong Kong: djembe 8.2; Hakala, Tero 105.2. |akg-images GmbH, Berlin: 35.1, 35.3, 35.5, 35.6, 128.1; Lessing, Erich 35.4; Rabatti & Domingie 35.2. |Alamy Stock Photo, Abingdon/Oxfordshire: Bledowski, Maciej 190.1; Cavan Images 174.3; Davydov, Aleksandr 43.3, 48.2; g.thielmann 29.1; geogphotos 151.1; Linwei, Lou 117.2; London, Scott 216.1; lucky-photographer Titel; Oberhauser, Rupert 48.1; Trenchard, Tommy E 176.2; West, Jim 4.1, 106.1; Yan Liao 29.2. |Alamy Stock Photo (RMB), Abingdon/Oxfordshire: ARCTIC IMAGES 134.1; Boethling, Joerg 67.3; David R. Frazier Photolibrary, Inc. 195.2; Delimont, Danita 21.1; Henderson, John 179.2; Imaginechina Limited 58.2; Kesseler, Marco 66.4; Manley, Tina 40.2; Panther Media GmbH 36.3; Pucheta, Eduardo 197.2; Schmeling, Michael 134.2; Shields, Martin 137.2; West, Jim 124.2. |Astrofoto, Sörth: NASA 36.4. |Baaske Cartoons, Müllheim: Mester, Gerhard 52.1, 66.3; Plassmann, Thomas 105.1. |Behörde für Umwelt, Klima, Energie und Agrarwirtschaft / Agrarwirtschaft, Bodenschutz und Altlasten, Hamburg: 192.1, 192.2, 192.3. |Berghahn, Matthias, Bielefeld: 13.1, 31.1, 195.4. |Deutsches Zentrum für Luft- und Raumfahrt e.V. (DLR), Bremen: Institut für Raumfahrtsysteme, Bremen 3.5, 32.1. |dreamstime.com, Brentwood: Buurserstraat386 42.2, 68.6; Mopic 171.2; Nan Li 82.1; Samrat35 22.1; Vaidya, Prashant 74.1; Yavuz, Naci 37.2; Yurikr 190.3. |eoVision, Salzburg: U.S. Geological Survey 2022 214.1, 215.1. |Focus Photo- u. Presseagentur GmbH, Hamburg: Peter Menzel 3.1, 3.2, 3.3, 3.4, 6.1, 6.2, 7.1, 7.2. |fotolia.com, New York: 171.1; asikkk 133.2; Deyan Georgiev 109.3; Foto66 31.5; Ikan, Leonid 191.2; Jargstorff, Wolfgang 109.1; Kara 8.4; Kirsty Pargeter 39.1; Krautwald, Sven 164.1; Picture-Factory 61.1; redaktion93 8.3; stockWERK 182.3; thongsee 109.7; Vasilius 65.1; windu 188.5. |Fürstenberg, Stephanie, Speyer: 141.2. |GeoZentrum Nordbayern, Erlangen: Axel Munnecke 148.2. |Getty Images, München: 2009 Tom Stoddart 173.1; AFP 40.4; AFP/GEOFFROY VAN DER HASSELT 41.1; Anadolu Agency 178.2; Archive Holdings Inc. 96.1; Barcroft Media 65.2, 213.1; Bashir Osman's Photography 90.1; Bloomberg 120.2; Bronstein, Paula 112.1; cience & Society Picture Library/Science Museum 35.8; Corbis News / Jie Zhao 177.2; De Souza, Carl 64.2; Graham, Tim 64.4; In Pictures/Kemp, Mike 110.1; Issouf Sanogo/AFP 43.1, 44.1; JAY DIRECTO 178.3; Photothek/Imo, Thomas 173.3; Restivo, Marco / Barcroft Media 4.2, 126.1; SOPA Images/LightRocket 216.2; Spencer Platt 66.2; Steinmetz, George 159.2; The Asahi Shimbun Premium 5.3, 198.1. |Gottscheber, Pepsch, München: 69.4. |Güttler, Peter - Freier Redaktions-Dienst (GEO), Berlin: 134.3. |Haitzinger, Horst, München: 157.1. |Imago, Berlin: China Foto Press 173.2; POP-EYE/Kriemann 202.1; Reichwein, Christoph 156.1; Xinhua 24.1, 47.2. |iStockphoto.com, Calgary: alexdobysh 35.7; alffoto 64.5; alvarez 121.1; Andree_Nery 97.3; bdStudios 174.2; blueclue 31.2; br-photo 37.3, 68.4; bsiro 149.3; Bucharskiy, Yuriy 188.1, 188.2; CasarsaGuru 189.2; ChrisBoswell 124.1; danishkhan 8.8; dhughes9 109.8; drbimages 200.1; FGorgun 8.1; fototrav 26.1; Gaspari, Orietta 40.1; Greig, Johnny 31.4; Hispanolistic 64.1; JanelleLugge 154.1; julof90 151.4; Katiekk2 47.1; Kurilovych, Iryna 8.9; Madmaxer 188.3; Nehring, Nancy 56.1; officek_ki 109.4; OSTILL 15.1; peeterv 94.2, 94.5; Robert_Ford 160.1; RobinOlimb 124.5; Rost-9D/Getty Images 130.1; scisettialfio 148.4; SHansche 60.1; stockfour 189.1; Stramyk 5.2, 185.1; TonyBaggett 188.4; vector 182.2; Vesnaandjic 97.1; wbritten 189.3; wilpunt 67.1; Zzvet 124.3. |Karto-Grafik Heidolph, Dachau: 21.3, 21.4, 59.1, 59.2, 77.1, 80.1, 85.3, 118.1, 125.1, 141.1, 146.3, 147.2, 183.1, 183.2, 204.1, 222.1. |Kartographie Michael Hermes, Hardegsen Hevensen: 26.3, 55.1, 58.3, 64.6, 64.7, 76.1, 76.2, 76.3, 110.2, 114.3, 122.2, 125.2, 131.1, 182.5, 182.6, 182.7, 187.1. |laif, Köln: 142.1; Arcticphoto 109.6; Hollandse Hoogte 109.2; Laurent GRANDGUILLOT/REA 195.1; Zackary Canepari/The New York Times/Redux 92.1. |Lung, Lucien, Paris: Photography Lucien Lung 62.1. |Miehlich, Günter, Hamburg: 191.4. |Mithoff, Stephanie, Ahorn: 5.1, 12.1, 14.1, 16.1, 16.2, 17.1, 18.1, 34.2, 88.1, 122.1, 136.1, 172.2, 182.4, 184.1, 211.1. |NASA, Washington: 211.2. |NASA - Earth Observatory: Justin Wilkinson, Texas State University, JETS-Vertrag bei NASA-JSC. 206.1. |NASA Headquarters, Washington, DC: 214.2. |Nußbaum, Dennis, Koblenz: 172.1. |Ochsenwadel, Brigitte, Möckmühl: 151.2. |OEKO-TEX® Service GmbH, Zürich: 49.2. |PantherMedia GmbH (panthermedia.net), München: Bosch, Marcus und Christoph 191.1; Walek-Larisch, Gabriele 44.2. |Pfannenschmidt, Dirk, Hannover: 207.2. |Picture-Alliance GmbH, Frankfurt a.M.: 4.3, 162.1; ANP/de Waal, Remko 218.2; Antonio Pisacreta/ROPI 125.4; AP Photo/Rafiq Maqbool 114.1; AP/Sunday Alamba 94.4; AP/Vogel, Richard 43.2, 46.1; Bibliographisches Institut/Prof. Dr. H.

Wilhelmy 197.1; Bildagentur Huber/Gräfenhain 159.1; Countrypixel/FRP 197.4; dieKLEINERT.de / Kostas Koufogiorgos 124.4; dieKLEINERT.de/Calleri, Paolo 182.1; dpa-infografik 123.1, 125.3, 170.3, 179.1; dpa/AFP 68.2; dpa/Alfred-Wegener-Institut/Graupner, Stefan 210.1; dpa/Brakemeier, Tim 175.1; dpa/Brenneisen, Oliver 57.1; dpa/epa afp Issouf Sanogo 109.5; dpa/epa Sawaguchi 145.1; dpa/Ernert, Matthias 36.1; dpa/Irungu, Daniel 51.1; dpa/MAXPPP Chamussy 218.1; dpa/Nietfeld, Kay 68.5; dpa/Samsung Vietnam 26.2; dpa/Stache, Soeren 42.1; dpa/Stephen_Morrison 43.4, 50.2; dpa/TASS/Prokofyev, Vyacheslav 41.2; dpa/Weihrauch, Roland 50.1; gbrci/Geisler-Fotopress 180.1; Google GeoEye 146.1, 146.2; Hanna Franzén/TT/Franzén, Hanna 166.1; imageBROKER/Tack, Jochen 177.1; imageBROKER/West, Jim 66.1; KEYSTONE/Flueeler, Urs 56.2; Koenig, Christine 130.2; landov/Kersey, Brian 37.1, 68.1; Maxppp/Kyodo 147.1; Morio Taga/Jiji Press Photo 40.3; Pacific Press/Lohr-Jones, Albin 36.2, 68.3; Pacific Press/Minjie, Jia 117.1; Photoshot 114.2; Photoshot/Muzi, Li 23.1; PictureLux/Legacy 195.3; REUTERS/Doce, Nacho 21.2; REUTERS/White, Thomas 120.1. |Prof. Dr. Stephan Lessenich, Muenchen: 67.5. |Rietze, Martin, Eichenau: 160.2. |Schmidt, Marianne, Teningen: 196.1. |Schönauer-Kornek, Sabine, Wolfenbüttel: 34.1. |Science Photo Library, München: Garlick, Mark 205.2; Parker, David 137.1. |Shutterstock.com, New York: aleks-p 149.1; Arthimedes 3.6, 70.1; Castleski 160.3; catwalker 67.4; D. Hammonds 31.7; DFLC Prints 19.2; diy13 28.1; Globe Turner 41.3; Ikpoyi, Dan 94.3; Kraft, Jess 19.1; Lebedev Sergei 205.3; Mainka, Markus 190.2; Omer koclar 158.1; Palamarchu, Sergiy 69.3; Popov, Andrey 35.9; rafapress 69.1; sergemi 139.1; sheris9 161.1; stockphoto-graf 177.5, 177.6; testing 58.1; TonyV3112 69.2; tristan tan 85.2; xpixel 176.1; Yevhenii Chulovskyi 148.1; YewLoon Lam 92.2. |SOHO (NASA & ESA): 205.1. |Spatz, André, Photography, Naples, FL: 96.2. |stock.adobe.com, Dublin: Albiez, Rainer 212.1; aleks-p 149.2; Alex 144.1; AlfRibeiro 64.3; areporter 181.1; ARochau 155.1; ArtHdesign 155.4; barmalini 168.6; Bassey 94.1; Beboy 140.2; Boyes, Tyler 148.3; Cohn, Michael 155.2; Crazy nook 151.5; ExQuisine 168.5; Firma V 168.7; Friedel, Bernd 168.4; GloriaG 133.1; Hien Phung 24.2; industrieblick 8.5, 31.3; Jovanovic, Dejan 77.2, 77.3, 77.4, 77.5, 77.6, 77.7, 77.8, 77.9, 77.10, 77.11; klyaksun 177.3; Kzenon 8.7; Lund, Jacob 97.2; M.Rode-Foto 207.1; macrovector 177.4; majonit 212.2; michal812 151.3; mimagephotos 168.3; MNStudio 140.1; New Africa 168.2; njr_2018 67.2; Oleg 149.4; ONYXprj 95.1; peterschreiber.media 170.2; pfeifferv 212.3; pixelliebe 177.7; Rohde, Gabriele 197.3; RS.Foto 129.1; Schwier, Christian 8.6, 31.6; Sibylle 191.3; Steidi 179.3; Zahn, Heiko 155.3; zet art 177.8, 177.9. |Tomicek/www.tomicek.de, Werl: 223.1. |toonpool.com, Berlin, Castrop-Rauxel: Pfohlmann, Christiane 49.1. |UNICEF Deutschland, Köln: 85.1. |United Nations: https://www.un.org/sustainabledevelopment/ „The content of this publication has not been approved by the United Nations and does not reflect the views of the United Nations or its officials or Member States" 164.2, 164.3, 164.4, 164.5, 164.6, 164.7, 164.8, 164.9, 164.10, 164.11, 164.12, 164.13, 164.14, 164.15, 164.16, 164.17, 164.18, 164.19, 166.2, 168.1, 170.1, 174.1, 178.1, 178.4, 180.2. |WFP, Berlin: Franco Mattioli 22.2. |www.diercke.de: 236.1. |www.worldmapper.org, London: 72.1.

Mit Beiträgen von
Sören Alsen, Matthias Bahr, Kristin Blechschmidt, Teresa von Bogen, Andreas Bremm, Geerd Budelmann, Joachim Dietz, Thomas Eck, Rainer Ellmann-Bahr, Sarah Franz, Roland Frenzel, Stephanie Fürstenberg, Peter Gaffga, Anette Gerlach, Peter Gernandt, Martina Graupner, Jarko Hennig, Guido Hoffmeister, Klaus Jägersküpper, Silke Jennings, Stefan Junker, Sascha Kardaetz, Ute Kleinelümern, Renate Koch, Peter Köhler, Norma Kreuzberger, Heike Kubitza, Wolfgang Latz, Anika Laubitz-Bertram, Jens Mayenfels, Anja Mevs, Frank Morgeneyer, Frank Müller, Jürgen Nebel, Rainer Niedernostheide, Notburga Protze, Jasmin Repplinger, Simone Reutemann, Tammo Rock, Thomas Rößner, Winfried Sander, Marianne Schmidt, Lars Schmoll, Birgit Schreier, Sina Steyer, Rita Tekülve, Martina Weiser, Silke Weiß, Monika Wendorf

Russland
Alaska (Bundesstaat der USA)
Kanada
Grönland (Dänemark)
Nuuk
Island
Reykjavík
Färöer (Dänemark)
Spitzbergen (Norw.)
Norwegen
Oslo
Schweden
Stockholm
Grossbritannien und Nordirland
DK
Kopenhagen
Irland
Dublin
London
NL
B
Brüssel
L
Berlin
Deutsch-land
CZ
Paris
Frankreich
CH
FL
Bern
A
SLO
RSM
MC
AND
Rom
Italien
Spanien
Madrid
Portugal
Lissabon
Gibraltar (G.-B.)
Rabat
Marokko
Algier
Tunis
Tunesien
Tripoli
Algerien
Kanarische Inseln (Span.)
El-Aaiún
Sahara (von Marokko besetzt)
Mauretanien
Nouakchott
Mali
Niger
Kap Verde
Praia
Senegal
Dakar
Gambia
Bissau
Guinea-Bissau
Guinea
Conakry
Freetown
Sierra Leone
Monrovia
Liberia
Bamako
Burkina Faso
Ouagadougou
Niamey
Côte d'Ivoire
Yamoussoukro
Ghana
Accra
Togo
Lomé
Benin
Nigeria
Abuja
Äquatorialguinea
São Tomé u. Príncipe
Jaunde
Libreville
Gabun
Brazzaville
Luanda
Ottawa
Vereinigte Staaten von Amerika (USA)
Washington
Bermuda-Inseln (G.-B.)
Atlantischer Ozean
Mexiko
Mexiko-Stadt
Bahamas
Nassau
Havanna
Kuba
Dominik. Rep.
Haiti
Puerto Rico (USA)
Kingston
Jamaika
St. Kitts u. Nevis
Antigua u. Barbuda
Guadeloupe (Fr.)
Dominica
Martinique (Fr.)
St. Lucia
Barbados
Grenada
St. Vincent und die Grenadinen
Trinidad und Tobago
Belize
Belmopan
Guatemala
Guatemala-Stadt
Honduras
Tegucigalpa
San Salvador
El Salvador
Nicaragua
Managua
San José
Costa Rica
Panama-Stadt
Panama
Caracas
Venezuela
Georgetown
Guyana
Paramaribo
Suri-name
Franz.-Guayana
Bogotá
Kolumbien
Galápagos-Inseln (Ecuador)
Quito
Ecuador
Peru
Lima
Brasilien
Brasília
Bolivien
Sucre
Paraguay
Asunción
Pazifischer Ozean
Santiago
Chile
Buenos Aires
Argentinien
Uruguay
Montevideo
Falkland-Inseln (Malwinen) (G.-B.)
Maßstab (am Äquator) 1:70 000 000
0 500 1000 1500 2000 2500 km
Abkürzungen:
AL Albanien
AND Andorra
B Belgien
BIH Bosnien und Herzegowina
DK Dänemark
EST Estland
GR Griechenland
RKS Kosovo
HR Kroatien
LET Lettland
FL Lichtenstein
LIT Litauen
L Luxemburg
MD Moldau
MC Monaco
MNE Montenegro
NL Niederlande
MK Nordmazedonien
A Österreich
RO Rumänien
RSM San Marino
CH Schweiz
SRB Serbien
SK Slowakei
SLO Slowenien
CZ Tschechien
H Ungarn
(Fr.) Frankreich
(G.-B.) Großbritannien
(Norw.) Norwegen
(Span.) Spanien